"十三五"国家重点出版物出版规划项目
人因工程学丛书

动车组人因设计

The Ergonomic Design of EMU Trains

方卫宁　裘瀚照　郭北苑　著

国防工业出版社

·北京·

图书在版编目(CIP)数据

动车组人因设计/方卫宁,裘瀚照,郭北苑著. ——
北京:国防工业出版社,2022.9
(人因工程学丛书)
ISBN 978-7-118-12581-8

Ⅰ.①动… Ⅱ.①方… ②裘… ③郭… Ⅲ.①动车-
工效学-设计 Ⅳ.①U266

中国版本图书馆 CIP 数据核字(2022)第 142681 号

国防工业出版社出版发行
(北京市海淀区紫竹院南路23号 邮政编码100048)
三河市腾飞印务有限公司印刷
新华书店经售

开本 710×1000 1/16 印张 33½ 插页 2 字数 600 千字
2022 年 9 月第 1 版第 1 次印刷 印数 1—1500 册 定价 198.00 元

(本书如有印装错误,我社负责调换)

国防书店:(010)88540777 书店传真:(010)88540776
发行业务:(010)88540717 发行传真:(010)88540762

致 读 者

本书由中央军委装备发展部**国防科技图书出版基金**资助出版。

为了促进国防科技和武器装备发展，加强社会主义物质文明和精神文明建设，培养优秀科技人才，确保国防科技优秀图书的出版，原国防科工委于1988年初决定每年拨出专款，设立国防科技图书出版基金，成立评审委员会，扶持、审定出版国防科技优秀图书。这是一项具有深远意义的创举。

国防科技图书出版基金资助的对象是：

1. 在国防科学技术领域中，学术水平高，内容有创见，在学科上居领先地位的基础科学理论图书；在工程技术理论方面有突破的应用科学专著。

2. 学术思想新颖，内容具体、实用，对国防科技和武器装备发展具有较大推动作用的专著；密切结合国防现代化和武器装备现代化需要的高新技术内容的专著。

3. 有重要发展前景和有重大开拓使用价值，密切结合国防现代化和武器装备现代化需要的新工艺、新材料内容的专著。

4. 填补目前我国科技领域空白并具有军事应用前景的薄弱学科和边缘学科的科技图书。

国防科技图书出版基金评审委员会在中央军委装备发展部的领导下开展工作，负责掌握出版基金的使用方向，评审受理的图书选题，决定资助的图书选题和资助金额，以及决定中断或取消资助等。经评审给予资助的图书，由国防工业出版社出版发行。

国防科技和武器装备发展已经取得了举世瞩目的成就，国防科技图书承担着记载和弘扬这些成就，积累和传播科技知识的使命。开展好评审工作，使有限的基金发挥出巨大的效能，需要不断摸索、认真总结和及时改进，更需要国防科技和武器装备建设战线广大科技工作者、专家、教授，以及社会各界朋友的热情支持。

让我们携起手来，为祖国昌盛、科技腾飞、出版繁荣而共同奋斗！

国防科技图书出版基金

评审委员会

国防科技图书出版基金
2018 年度评审委员会组成人员

主 任 委 员　吴有生

副主任委员　郝　刚

秘 书 长　郝　刚

副 秘 书 长　许西安　谢晓阳

委　　　员　（按姓氏笔画排序）

　　　　　　才鸿年　王清贤　王群书　甘茂治
　　　　　　甘晓华　邢海鹰　巩水利　刘泽金
　　　　　　孙秀冬　芮筱亭　杨　伟　杨德森
　　　　　　肖志力　吴宏鑫　初军田　张良培
　　　　　　张信威　陆　军　陈良惠　房建成
　　　　　　赵万生　赵凤起　唐志共　陶西平
　　　　　　韩祖南　傅惠民　魏光辉　魏炳波

"人因工程学丛书"编审委员会

主任委员 陈善广

副主任委员 姜国华　葛列众　王春慧　陶　靖

委　　员（以姓氏笔画为序）

丁　力　马治家　方卫宁　田志强
孙向红　李世其　李建辉　肖志军
张　力　张　伟　明　东　周　鹏
周前祥　郝建平　郭小朝　郭金虎
黄端生　梁　宏　蔡　刿　薛澄岐

秘　　书 徐凤刚　周敏文

丛 书 序

近年来,随着科技文明的进步和工业化、信息化的飞速发展,一门新兴学科——人因工程学(human factors engineering)越来越受到人们的关注。它综合运用计算机科学、人体测量学、生理学、心理学、生物力学等多学科的研究方法和手段,致力于研究人、机器及其工作环境之间相互关系和影响,使设计的机器和环境系统适合人的生理、心理等特点,最终实现提高系统性能且确保人的安全、健康和舒适的目标。20 世纪 40 年代,军事装备系统改造的实际需求促成了人因工程学的兴起,装备研制人员从使用者的角度出发对老旧装备升级改进,大大提高了装备的效能,扭转了人适应机器的传统思想。经过半个多世纪的发展,人因工程学的方法、技术得到了全面提升,在波音飞机的全数字化设计、哈勃天文望远镜的修复、高速列车的设计等方面发挥了巨大作用,可以说科技的进步也促进了人因工程学的高速发展。人因工程学自诞生以来,一直得到许多工业化水平先进的发达国家的高度重视,在不同阶段和地区又称为工效学、人机工程学、人类工效学、人体工学、人因学等。人因工程学在其自身的发展过程中,有机融合了各相关学科的理论,不断完善自身的基本概念、理论体系、研究方法,以及技术标准和规范,从而形成了一门研究和应用范围都极为广泛的综合性学科。

人因工程学在我国起步较晚,近 20 年来在国家载人航天工程、"863"计划、"973"计划、重大仪器设备专项的支持下,我国在人因工程学研究与应用上取得了一大批原创性理论和技术成果,为推动我国人因工程技术水平和认识水平奠定了基础。进入 21 世纪,人因工程思想日臻成熟,在国防和经济建设、社会生活中应用更加广泛,"以人为本"的设计理念更是被装备制造、产品研发领域所追逐。很多高校为此也设置了相关专业,以适应行业需求的形势发展。目前国家提出"中国制造 2025"工业化发展新蓝图,不仅会极大推动信息化与制造业的融合,也必将推动智能信息、可穿戴式人机交互新技术的发展以及人与机器的结合,为人因工程的发展带来更大的机遇和挑战。

在此背景下,中国航天员科研训练中心人因工程国家级重点实验室充分发挥其在航天人因工程研究的引领作用,与国防工业出版社策划推出"人因工程学丛书",恰逢其时,可喜可贺!

"人因工程学丛书"既有对国外学者著作的翻译,也有国内学者的原著,内容涵盖了人因工程基础理论、研究方法、先进人机交互、人因可靠性、行为与绩效、数字人建模与仿真、装备可维修性等多个研究方向,反映了国内外相关领域的最新成果,也是对人因工程理论、方法、应用的全面总结与升华。

相信该丛书的出版,将对推广人因工程学科理念,丰富和完善我国人因工程学科体系,激发更多大专院校学生、学者从事人因工程领域研究的热情,提升我国装备研制的人因设计能力和装备制造水平,必将产生积极的作用。

沈荣骏

沈荣骏,中国工程院院士。

前　言

动车组列车是高速铁路技术体系的核心,是国家相关高技术发展水平、相关制造能力、自主创新能力以及国家核心竞争力的综合体现。继续提高列车速度和实现高速列车谱系化、智能化是世界高速铁路技术的发展方向,也是我国高速铁路装备发展的战略需求。

2004年原铁道部根据国务院"引进先进技术,联合设计生产,打造中国品牌"的指导方针,通过引进国外高速铁路先进技术,立足国内、自主创新,使得我国的高速铁路动车组技术取得了质的飞跃,使得越来越多的中国人缩短了花费在旅途上的时间。

随着我国对动车组总成(即系统集成)、车体、转向架、牵引变压器、主变流器、牵引电机、牵引传动控制系统、列车控制网络系统、制动系统等九大车辆核心技术的全面掌握,中国已跻身世界高速列车技术的先进行列。近年来,我国高速动车组列车数量的不断增多,动车组的型号也逐渐丰富起来,由技术刚引进时单一编组(8辆编组)、单一用途(座车)、单一速度等级的4种车型,发展到目前包括长短编、座卧车、多种速度等级的数十种车型。

多样化的车型满足了不同市场的需求,但对列车的效率和安全提出了更高的要求。目前,国内动车组共有CRH1、CRH2、CRH3、CRH5、CRH380型等多个平台14种系列,标准包含欧系及日系两个体系。车型间存在较大差异,同一速度等级、不同技术平台各车型间车体、转向架、牵引等主要系统不同,在定员、车钩型式、通信方式、电源制式、检修修程修制、易损易耗件等方面均存在较大差异,不能实现互联运行,不能统一检修模式,甚至不能实现相互救援,这种车型间的较大差异给运营组织管理、互联互通及检修维护等带来一系列问题。可以看出,动车组的设计不仅涉及车辆的九大核心技术,而且与运用、维护和服务等人的因素密切相关。

将人因工程学要素、原则、理论及方法应用于动车组人机交互界面设计，是提高现代列车运营安全和效率的核心要素之一，它包含了对人的因素、行车环境和车载系统状态这3个方面的相互作用和相互影响，人因工程技术是实现动车组标准化、模块化、谱系化，降低运用维护成本，提高服务质量和效率的关键。

俄罗斯学者格利高里耶夫曾指出："如果机车的人因工程学、美学和其他所需特性得不到综合提高，那么铁路车辆制造业的进一步发展、竞争能力的进一步提高及机车的进一步有效利用就不可能。"因此，在制造、改进和运用机车时，全面考虑人的因素，极大地改善机车乘务组的工作条件，能有效地提高行车安全，降低人员培训及设备维护成本。

在动车组运输中，"乘客付费是为了购买车辆在运行中所需要的空间"。车辆在运行时，乘客以自己座椅为中心的活动占90%以上。车辆内部有座椅、行李架和车窗等设备，同时也包括空调、换气、照明和旅客信息等设备以及卫生间、餐车和酒吧等公共空间。那么动车组势必成为向乘客提供优质高性价比服务的运输工具，而且，为了在和其他运输行业互相竞争中取得优势，如何使每位旅客占有怎样舒适的空间就成为了一个非常重要的问题。

从20世纪90年代起，作者团队就开始关注我国列车人因工程设计，积极与铁路机车车辆制造企业合作，先后参与了200km/h DJJ1动车组、180km/h NZJ1内燃动车组、CIT400高速动车组、250km/h CRH3G动车组、160km/h CJ3城际动车组、350km/h标准动车组、东风11G内燃机车、东风7G内燃机车、中低速磁浮列车、HXN3B内燃机车、SS4B电力机车以及出口新西兰、委内瑞拉、澳大利亚、美国费城、加拿大蒙特利尔等型车的人因设计与评估，积极探索列车人因工程设计的技术及应用，其目的是提高列车的行车安全和效率，改善人员的作业条件和旅行环境，降低不同车型互换互乘的风险，提高车辆人机交互界面的互用性。

本书是结合作者所在课题组在铁路轨道车辆人因设计领域多项科研项目成果撰写而成，主要包括国家自然基金"基于任务的复杂人机交互系统操纵适配性度量与优化"（51575037）、国家高技术研究发展计划项目（"863"计划项目）"高速检测列车动车组技术"课题五"CIT400高速动车组司机室人机工程及总体布置方案研究"（2009AA110303-5）、铁道部科技基金项目"机车、动车组司机室设计规范"（2000J043A）、教育部高等教育司"人因与工效学"产学研协同育人项目（202002SJ08）。衷心感谢轨道交通控制与安全国家重点实验室、中国铁路总公司运输局机务处、中车集团唐山轨道车辆有限责任公司、中车集团青岛四方机车车辆股份有限公司、中车集团大连机车车辆有限公司、中国人类工效学学会、北京津发科技股份有限公司以及中国航天员科研训练中心在课题研究中给予的大力支持。本书的出版得到了国防科技图书出版基金的资助，在此表示由衷的感谢。

在本书的撰写过程中，引用了作者所指导研究生的许多资料，他们是陈悦源、詹自翔、田林枝、沈鹏、王红瑀、李彩凤、周晓易、王奥博、王健新，在此对他们的辛勤工作表示衷心的感谢。另外还要特别感谢北京交通大学的宁智教授，研究生孙春华，唐山轨道车辆有限责任公司技术中心的李东波、刘慧军、谷绪地，大连机车车辆有限公司杨帆，四方机车车辆股份有限公司陶玲，感谢他们在科研及本书撰写中给予的支持和帮助。最后，还要感谢科研助理李彩凤，她负责了本书的所有图的设计及编排工作，在此一并表示诚挚的谢意。

同时，本书在撰写过程中，参阅并引用了大量国内外同行专家的资料。在此，对这些专家表示衷心的感谢，对他们创造性的成果表示由衷的敬佩。

本书力求结合铁路轨道车辆工程设计的实际，对动车组人因工效学设计方法和应用进行深入地探索与思考，使其更具科学性、系统性和实用性，推动人因工程技术在轨道车辆等重大装备制造领域的应用，提高我国轨道车辆及重大装备的人机界面的设计水平。本书所有的案例来自于作者的科研实践，由于作者经验不足、认知水平有限，书中不妥之处在所难免，敬请读者批评指正。

作者

2022 年 4 月于北京交通大学红果园

目 录

第1章 绪论 ··· 1
 参考文献 ··· 12

第2章 动车组驾驶显控界面人因设计 ·· 13
 2.1 驾驶显控器件的筛选、选型与分级 ·· 13
  2.1.1 基于任务需求的操纵台显控器件筛选 ···························· 13
  2.1.2 基于聚类分析的控制器件分类与分级 ···························· 17
  2.1.3 基于任务需求的控制器件的选型 ··································· 23
 2.2 驾驶界面人机几何参数的确定 ·· 30
  2.2.1 人体百分位数及其运用原则 ··· 31
  2.2.2 驾驶作业姿势与眼点位置的确定 ··································· 34
 2.3 显示、控制器件人因布局方案优化 ·· 38
  2.3.1 驾驶显控界面布局的工效学原则 ··································· 38
  2.3.2 视区划分与显示器布局 ··· 39
  2.3.3 上肢可及区域划分与控制器布局 ··································· 43
  2.3.4 显控界面人因布局的优化算法 ······································ 46
 2.4 动车组驾驶显控界面几何适配性评价 ···································· 56
  2.4.1 驾驶界面几何适配性评价指标体系的构建 ····················· 57
  2.4.2 驾驶界面几何适配性评价 ·· 58
  2.4.3 动车组驾驶界面布局与适配性评价案例 ························ 73
 2.5 列车驾驶的可见度分析 ··· 77
  2.5.1 信号灯及前窗视野的可见度分析 ··································· 77
  2.5.2 刮雨器视野与后视镜可见度分析 ··································· 79
 2.6 动车组司控器手柄工效学设计 ··· 89
  2.6.1 手柄工效学分析及评价指标的确定 ······························· 89
  2.6.2 手柄工效学实验研究 ·· 98
  2.6.3 实验分析与讨论 ·· 103
 参考文献 ··· 109

第3章 基于乘客特征的动车组客室空间布局与设计 ········ 113

3.1 客室空间、布局与乘客应急撤离分析 ········ 113
3.1.1 列车应急撤离要求 ········ 115
3.1.2 列车应急撤离时间模型 ········ 118
3.1.3 行人微观仿真方法在列车应急撤离中的可信性研究 ···· 120
3.1.4 列车应急撤离影响因素的参数设置 ········ 131
3.1.5 空间参数对应急撤离时间的影响 ········ 140

3.2 客室空间、布局与乘降效率分析 ········ 154
3.2.1 城际列车乘降模型分析 ········ 154
3.2.2 城际列车客室布局乘降效率因素分析 ········ 162
3.2.3 单一客室布局因素对乘降效率的影响 ········ 176
3.2.4 多客室布局因素对乘客乘降效率的影响 ········ 205

3.3 动车组无障碍工效学设计 ········ 213
3.3.1 动车组无障碍设计需求 ········ 218
3.3.2 动车组空间环境无障碍设计 ········ 232
3.3.3 动车组乘客设施无障碍设计 ········ 242
3.3.4 动车组信息交流无障碍设计 ········ 255

参考文献 ········ 272

第4章 动车组座椅工效学分析与评价 ········ 280

4.1 动车组座椅的工效学要求 ········ 280
4.1.1 驾驶座椅工效学要求 ········ 280
4.1.2 乘客座椅工效学要求 ········ 287

4.2 动车组座椅的安全性分析与测试 ········ 300
4.2.1 乘客座椅安全性分析方法 ········ 300
4.2.2 乘客座椅安全性分析过程要求 ········ 302
4.2.3 动车组座椅的安全性测试方法 ········ 308
4.2.4 乘客座椅的安全性仿真分析 ········ 315

4.3 动车组座椅舒适性分析与评价 ········ 322
4.3.1 舒适与不舒适性定义 ········ 322
4.3.2 座椅的静态舒适性分析与评价 ········ 325
4.3.3 座椅的动态舒适性分析与评价 ········ 343

参考文献 ········ 348

第5章 动车组视觉光环境设计 ········ 353

5.1 动车组驾驶室视觉光环境设计 ········ 353

5.1.1　动车组驾驶室照明眩光评估 ················· 354
　　5.1.2　动车组驾驶室照明方案优化设计 ············· 368
　　5.1.3　动车组驾驶室昼光环境评估 ················· 379
　　5.1.4　基于视觉仿真的动车组驾驶台遮光檐设计 ····· 386
　　5.1.5　动车组驾驶室仪表照明设计要求及测量方法 ··· 392
　5.2　动车组客室视觉光环境设计 ······················· 395
　　5.2.1　基于乘客行为的动车组客室照明设计需求分析 · 398
　　5.2.2　基于视觉仿真的动车组客室照明设计 ········· 409
　　5.2.3　客室采光对视觉光环境的影响 ··············· 416
　　5.2.4　客室眩光对视觉光环境的影响 ··············· 427
　　5.2.5　动车组客室照明设计的综合评价 ············· 435
　参考文献 ··· 445

第6章　动车组热环境舒适性设计 ····················· 450

　6.1　动车组热舒适性需求分析 ························· 450
　　6.1.1　动车组热环境的影响因素 ··················· 450
　　6.1.2　人体热平衡与热舒适感 ····················· 453
　　6.1.3　影响人体热舒适的因素 ····················· 454
　　6.1.4　热环境综合评价（PMV-PDD）指标 ··········· 455
　　6.1.5　轨道车辆的热舒适性要求 ··················· 458
　　6.1.6　动车组热舒适性研究方法 ··················· 468
　6.2　动车组驾驶室热环境舒适性设计 ··················· 469
　　6.2.1　列车司机室模型的建立及边界条件的确定 ····· 470
　　6.2.2　列车司机室热舒适性的仿真分析与评价 ······· 475
　　6.2.3　列车司机室热舒适性优化 ··················· 483
　参考文献 ··· 495

附录　相关标准 ·· 497

Contents

Chapter 1 Introduction ……………………………………………………… 1

   References ………………………………………………………………… 12

Chapter 2 Ergonomic design of EMU driving display and control interface ……………………………………………………………… 13

  2.1 Screening, selection, and classification of driving display and control devices ……………………………………………………………… 13

    2.1.1 Screening of console display and control devices base on task requirements ……………………………………………………… 13

    2.1.2 Classification of control devices base on cluster analysis …… 17

    2.1.3 Selection of control devices base on task requirements ……… 23

  2.2 Determination of man-machine geometric parameters of the driving interface ……………………………………………………………… 30

    2.2.1 Human percentile and its application principles ……………… 31

    2.2.2 Determination of driving posture and eyepoint position ……… 34

  2.3 Optimization of the ergonomic layout of display and control devices … 38

    2.3.1 Ergonomic principles for the layout of the driving display and control interface …………………………………………………… 38

    2.3.2 Viewing zone division and display layout ……………………… 39

    2.3.3 Division of the upper limb accessible area and controller layout ………………………………………………………………… 43

    2.3.4 Optimization algorithm for ergonomic layout of display & control interface ……………………………………………………… 46

  2.4 Evaluation of geometric adaptability of EMU driving display and control interface ………………………………………………………… 56

    2.4.1 Construction of the evaluation index system for geometric adaptability of the driving interface ……………………………… 57

    2.4.2 Evaluation of geometric adaptability of driving interface …… 58

    2.4.3 EMU driving interface layout and suitability evaluation case … 73

2.5 Visibility analysis of train operation ······ 77
    2.5.1 Visibility analysis of signal lights and front windows ······ 77
    2.5.2 Analysis of wiper field of view and rearview mirror visibility ······ 79
2.6 Ergonomic design of EMU driver controller handle ······ 89
    2.6.1 Ergonomic analysis of handle and determination of evaluation indicators ······ 89
    2.6.2 Handle ergonomics experiment design ······ 98
    2.6.3 Experimental analysis and discussion ······ 103
References ······ 109

Chapter 3 Spatial layout and design of EMU passenger compartment based on passenger characteristics ······ 113

3.1 Analysis of passenger compartment space, layout and passenger emergency evacuation ······ 113
    3.1.1 Requirements for train emergency evacuation ······ 115
    3.1.2 Train emergency evacuation time model ······ 118
    3.1.3 Research on the credibility of pedestrian microscopic simulation methods in train emergency evacuation ······ 120
    3.1.4 Parameter setting of factors affecting train emergency evacuation ······ 131
    3.1.5 The influence of space parameters on emergency evacuation time ······ 140
3.2 Analysis of passenger compartment space, layout, and boarding & landing efficiency ······ 154
    3.2.1 Analysis of intercity train boarding and landing model ······ 154
    3.2.2 Analysis of influencing factors on boarding and landing efficiency of intercity train passenger compartment layout ······ 162
    3.2.3 The influence of single passenger compartment layout factors onboarding and landing efficiency ······ 176
    3.2.4 The influence of multiple passenger compartment layout factors on passenger boarding and landing efficiency ······ 205
3.3 Accessibility ergonomics design of EMU ······ 213
    3.3.1 Accessibility design requirements for EMU ······ 218
    3.3.2 Accessibility design of EMU space environment ······ 232
    3.3.3 Accessibility design of EMU passenger facilities ······ 242
    3.3.4 Accessibility design for EMU information exchange ······ 255

References ·········· 272

Chapter 4　EMU seat ergonomic analysis and evaluation ·········· 280

4.1　Ergonomics requirements for EMU seats ·········· 280
　　4.1.1　Ergonomics requirements for driving seat ·········· 280
　　4.1.2　Ergonomics requirements for passenger seats ·········· 287
4.2　Safety analysis and testing of EMU seats ·········· 300
　　4.2.1　Analysis method of passenger seat safety ·········· 300
　　4.2.2　Safety analysis process requirements for the passenger seat ·········· 302
　　4.2.3　Safety test methods for EMU seats ·········· 308
　　4.2.4　Simulation analysis of the safety of passenger seats ·········· 315
4.3　Analysis and evaluation of comfort of EMU seats ·········· 322
　　4.3.1　Definition of comfort and discomfort ·········· 322
　　4.3.2　Analysis and evaluation of static comfort of the seat ·········· 325
　　4.3.3　Analysis and evaluation of dynamic comfort of the seat ·········· 343
References ·········· 348

Chapter 5　Visual light environment design of EMU ·········· 353

5.1　Visual light environment design for the EMU cab ·········· 353
　　5.1.1　Evaluation of lighting glare in EMU cab ·········· 354
　　5.1.2　Optimized design of lighting scheme for EMU cab ·········· 368
　　5.1.3　Daylight environment assessment of EMU cab ·········· 379
　　5.1.4　Design of shading eaves for the driving platform of EMU based on visual simulation ·········· 386
　　5.1.5　Design requirements and measurement methods for instrument lighting in the EMU cab ·········· 392
5.2　Visual light environment design for the passenger compartment of EMU ·········· 395
　　5.2.1　Requirement analysis of passenger compartment lighting design for EMU based on passenger behavior ·········· 398
　　5.2.2　Lighting design of passenger compartment of EMU based on visual simulation ·········· 409
　　5.2.3　The influence of lighting in the passenger compartment on the visual light environment ·········· 416
　　5.2.4　The influence of glare in the passenger compartment on the visual light environment ·········· 427

    5.2.5 Comprehensive evaluation of lighting design for the passenger compartment of EMU ·· 435

 References ·· 445

Chapter 6 EMU thermal environment comfort design ···················· 450

 6.1 Analysis of thermal comfort requirements of EMUs ························ 450

    6.1.1 Influencing factors of the thermal environment of EMUs ······ 450

    6.1.2 Human thermal balance and thermal comfort ················ 453

    6.1.3 Factors affecting human thermal comfort ······················ 454

    6.1.4 Thermal environment comprehensive evaluation (PMV-PDD) indicators ·· 455

    6.1.5 Thermal comfort requirements for rail vehicles ················ 458

    6.1.6 Research methods for thermal comfort of EMUs ·············· 468

 6.2 Thermal environment comfort design for EMU cab ························ 469

    6.2.1 The establishment of the model of the train cab and the determination of the boundary conditions ·· 470

    6.2.2 Simulation analysis and evaluation of thermal comfort of the train cab ··· 475

    6.2.3 Optimization of thermal comfort inthe train cab ·············· 483

 References ·· 495

Appendix Related standards ·· 497

1 绪 论

人因工程(human factors engineering)是近年来随着科技进步与工业化水平的提升而迅猛发展的一门综合性交叉学科。它综合运用生理学、心理学、人体测量学、生物力学、计算机科学、系统科学等多学科的研究方法和手段,致力于研究人、机器及其工作环境之间的相互关系和影响,最终实现提高系统性能且确保人的安全、健康和舒适的目标。自20世纪初期诞生以来,人因工程一直受到发达国家的高度重视,它倡导"以人为中心"的设计理念,在航空航天、国防装备、交通运输、医疗卫生、建筑设计等领域发挥了重要作用。

在2017年第二届中国人因工程高峰论坛上,中国载人航天工程副总设计师陈善广少将曾经提到:"2/3的事故归于人因问题,而2/3的人因问题归于设计,产品的品质和安全是设计出来的。"目前在我国许多重大装备的工程设计中已经开始引入人因工程,比如在载人航天领域已经将美国NASA3000系列人-系统标准(human-systems standard)、人-系统整合(human systems integration, HSI)设计流程以及适人性评价(human rating)等要求规范引入到目前我国正在实施的空间站工程。在核电领域特别是在主控室、人-系统界面、控制器/盘台、作业空间/环境、设施设备和维修设计中,从我国核电工业起步就开始全面引入和执行美国核管会NUREG-0711(human factors engineering program review(核电厂人因工程应用模型))等人因相关标准。在航空领域,随着《国家中长期科学和技术发展规划纲要(2006—2020)》中把大型飞机规划列为重大专项,2009年在"973"计划中专门设立了"民机驾驶舱人机工效综合仿真理论与方法的研究"专题,从而开始了我国在民用航空领域人因工程的系统性研究,并在由上海飞机设计研究院设计的C919大型客机工程项目中进行了实践。在铁路领域,随着2003年高铁技术的引入以及市场和先进技术的驱动,人因工程在铁路车辆的设计中也越来越受到重视。

人作为一个系统设计模型(human-as-a-system design model, HAAS)从1987年提出就被成功地应用于国际空间站等大型工程项目,美国国防部和美国航空航天局等部门已经将人因工程以学科的形式纳入到工程体系。HAAS强调系统是最终为人设计的,人应该作为整个大系统中的一个系统进行考虑,人因工程必须在系统开发过程中充当重要角色,以保证人机界面合理设计。这里以美国航空航天局以人为中心的设计活动(human-centered design,HCD)[1]为例可以看到目前在工程项目中人因工程是如何实施的。

HCD 活动过程主要包括了解需求、方案设计和方案评估 3 个部分,如图1-1所示,其中由设计和评估测试迭代构成的反馈回路实现了对设计方案的不断修正。HCD 强调整体顶层/迭代的以人为中心系统设计/开发过程,强调在螺旋/迭代设计中要更注重在研制早期阶段进行优化概念设计,强调对 HCD 活动过程的管理与迭代应贯穿整个系统工程的生命周期以及多学科专业团队的合作之中。HCD 的核心是:时刻考虑系统性;用户负有与系统安全相关的关键控制职责;确保系统与人的能力、需求和局限相匹配;主动从用户评价中收集数据,进行设计和测评的迭代;综合应用多学科方法开展设计。HCD 纳入项目工程后,会将用户的需求、约束和能力整合到产品设计过程中,以使用户性能达到最大化。在实际工程设计中,人因工程的实施流程如图 1-2 所示。

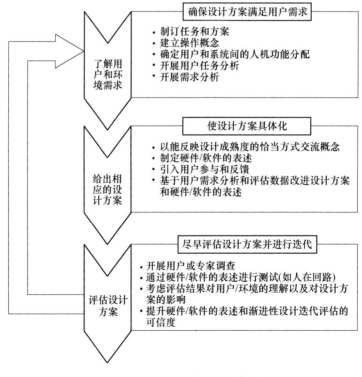

图 1-1　HCD 活动过程示意图

从整个 HCD 以及人因工程在工程设计中的实施流程可以看到将人的作业需求、人因学要素、原则和方法如何融入系统/产品设计是其核心和关键。美国人因领域的著名学者 C.D.Wickens 在《An introduction to human factors engineer

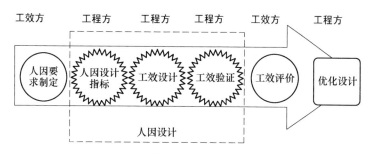

图 1-2 工程设计中人因工程的实施流程

ing》[2]一书中写道:"当设计人员试图考虑人的因素时,总是先完成产品设计,再把蓝本或原型交给人因专家提出意见改进。由于产品在设计时已投入大量时间和资金,且设计人员深信自己的设计很完美,因此即使人因专家发现并提出不合理之处,也很难让设计人员接受,设计人员往往会抵制修改,结果产品最终在人的操作、安全性上留下隐患。在产品研发后期引入人因,就把人因专家和设计人员置于矛盾的境地。"这里实际反映出的是人因工程与工程设计间的脱节问题,在 HCD 整个工程项目实施过程中,人因工程专家负责的是用户和系统人因需求的制定以及各个阶段设计方案的评估,而工程设计方案则是由设计人员来完成,设计人员对用户和系统人因需求的理解会存在偏差,加上其缺乏相关的人因分析的技术、方法和手段,往往就会造成这种问题。国外经验表明,在工程早期设计阶段尽早将人因融入设计,费用约占总投入的 2%,但是在研发生产以后再改进人因问题,花费将占总投入的 5%~20%。因此,如何在工程初期设计阶段尽快将人因融入设计,是目前亟待解决的问题。

　　人因设计正是在这种背景下提出来的,它是人因需求与工程设计之间的一座桥梁。这里提出的"人因设计"不涵盖 HCD 全部活动,而是突出前期设计,突出一次做好的理念。我们定义的人因设计是指将人因学要素、人因工程原则与方法通过某种量化的方式融于系统/产品设计的过程,以确保人员安全、健康、舒适及系统性能最优。目的是要解决工程设计阶段人因如何融于设计的问题,它是 HCD 的一个核心环节。这里设计的对象是系统/产品,设计的目标是提高系统性能且确保人的安全、健康和舒适,设计的内涵是探索人因学要素、人因工程原则工程量化的方法。人因设计能有效节省系统研发成本,包括节省人力资源、降低操作人员的技能需求、缩短训练时间、提高保障和维护效率、减少因人机适配造成的安全风险等。

　　图 1-3 是人因设计的概念模型,这个模型有 3 个核心阶段。第 1 个阶段是根据设计对象的人因需求、用户行为以及相关的人因规则和标准确定系统/产品人因设计的详细指标;第 2 个阶段是依据工效学设计指标确定相应的可工程

应用的人因设计、验证的方法及工具,展开人因的量化设计;第3个阶段是针对设计方案,依据人因设计细则对其进行工效学验证,直至满足既定的人因工程学要求。在这3个阶段中只有实现人因需求可量化、设计方法可量化、工效学验证可量化,才能最终将人因学要素、人因工程原则与方法融入工程设计。

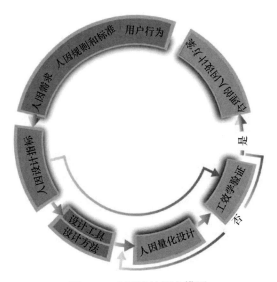

图1-3 人因设计概念模型

人因设计的关键在于如何在系统或设备的设计阶段确定可工程应用的人因设计、验证方法及工具,由于设计的对象千差万别,所以人因设计及验证的方法也是多种多样的,但是由于是解决设计阶段的问题,因此,人因设计方法也有一定的规律,它通常是以数字化仿真技术为基础,将人因与其他学科交叉和融合而形成具有针对性的解决方案。由于目前在汽车、航空、铁路、核电等工程领域,已经全面实现了无图纸的数字化设计,因此数字化仿真技术是人因设计和验证首先考虑应用的技术,它具有高效、经济等优点。

这里的工效学验证主要针对设计方案的形成过程,它不同于最终方案的工效学评估,它是人因设计中的一部分,不能取代最终的工效学评估。工效学验证一般采用数字化仿真实验技术和模型、人因实验对人因需求的量化指标进行判断,目的是突出设计前期一次做好的理念,让人因设计从系统/产品设计初期就开始引入,并从工程角度对人因参数进行自我评定。

工程设计中的工效学评估是针对设计方案定型前的全面综合评价,它主要是针对人在系统中的任务场景,评估系统需求与人的能力是否相匹配,即人可否在正常、异常和应急条件下可靠地完成任务,系统设计能否确保人的能力可以处理非例行的、意料之外的问题,系统是否具备承受人因失误并从中安全恢复的能力,评估的主要依据是人在不同任务场景下的绩效表现。而人因设计中的工效学验证主要是针对人因需求中工程的量化设计指标进行评估,主要侧重于系统自身的参数设计是否满足人因要求,以数字化验证方法为主。两者在评估准则、评估方法和评估目标上都有显著的不同,不能相互取代,两者具体区别见表1-1。

表1-1 工程设计中工效学验证与工效学评估的区别

名 称	工程阶段	对象	方法	评估准则	涉及人员
工效学验证	工程/产品设计阶段	图纸、三维模型	数字化仿真验证、人因实验	人因设计指标	技术人员
工效学评估	工程/产品研制全周期	样机	人因实验	作业绩效	人因专家、用户

对于工程中的复杂系统如空间站、核电站等,一般承制单位多、系统影响因素多、研制周期长且迭代性强,如何构建相对统一、标准化的人-系统整合设计要求,是确保系统人机界面和任务适人性、一致性的关键和基础。以提升系统和任务的适人性为目标,从制定工效学要求到具体工程的人因设计指标一般分为3个层次,即工程总体层工效学要求制定、工程系统层工效学要求裁剪和通用/典型层人因设计指标制定。

工程总体层工效学要求制定是根据任务分析识别出的完成任务的详细要求,开展工效学要求的框架结构与指标体系的设计,制订工效学要求指标体系与研究方案。通过开展实验研究、理论计算、调研分析、成果引用等形式,制定系统/产品的工效学要求,作为各工程系统开展产品设计的基本准则。

工程系统层工效学要求裁剪是工程系统根据承担任务的操作类型与特点对工效学要求进行裁剪,在覆盖且不与工效学要求冲突的前提下,形成各系统适用的设计要求。

通用/典型层人因设计指标制定是工程各系统对承担任务的操作类型进行统一的系统性分析,确定人因设计指标与相关要求。

整个人因指标确定过程与系统的不同研制阶段、参与人员以及不同的子系统密切相关,对于一个复杂的人机系统,可以将其整个研发周期分为概念、评估、论证、制造等阶段,其人因指标的构建过程如图1-4所示。

从1825年9月27日在英国建成投入使用世界上第一条由动力机械牵引的机车以来,铁路行业经历了近190多年的历史,已经形成了较为完备的技术体系。尽管目前还没有形成车辆专门的总体及系统层的工效学要求,但是对于大多数车辆通用界面类型和关键典型界面的人因设计指标,已经融入各个工程系

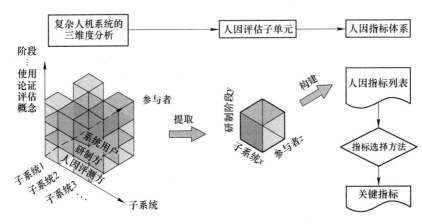

图 1-4 复杂系统人因指标构建过程[3]

统及设备的设计规范和标准之中。动车组的人因工程学设计指标主要来源于国际、区域、国家和行业标准这 4 个层面,主要涉及功能性标准、安全性标准、环境控制性标准和操控性标准,其设计指标量化提取流程如图 1-5 所示。

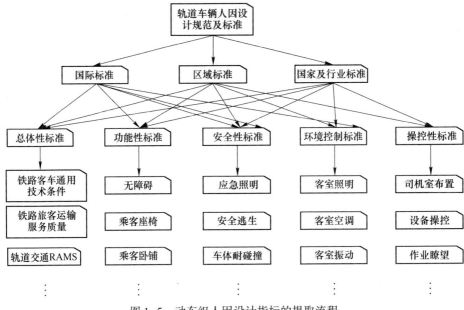

图 1-5 动车组人因设计指标的提取流程

表 1-2 是课题组通过项目实践按图 1-5 归纳整理出的国内外与列车人因设计相关的规范和标准,标准的具体名称和详细分类见附录。

表 1-2 国内外与列车人因设计相关的规范和标准分类表

标准总类	标准细类	相关标准				
总体性	总体规范	TB 10623	DB11/826	GB/T 12817	GB/T 25341.2	UIC 660
		EN 50126	ATOC/EC/GN/004	BS EN 50125-1	COMMISSION DECISION of 21 December 2007	COMMISSION REGULATION (EU) No 1300/2014
		COMMISSION REGULATION (EU) No 1302/2014	DOT/FAA/CT-96/1	EN 50125-1	GM/RT2161	MIL-STD-1472G
		PB027143	PRIIA SPECIFICATION No. 305-003	UIC 651	GB/T 21562	
功能性	司机室空间	GB/T 6769	TB/T 3491	TB/T 2963	UIC651	ATOC/EC/GN/004
		DOT/FRA/ORD-98/03	BS EN 16186-4	BS EN 16186-8		
	司机室座椅	TB/T 2961	TB/T3264	Q/CR 336	APTA PR-CS-S-011-99	DOT/FRA/ORD-98/03
		UIC 651	BS EN 16186-4	BS EN 16186-8		
	司机室操纵台	TB/T3255	TB/T 3405	UIC 612-0	ATOC/EC/GN/004	DOT/FRA/ORD-98/03
		UIC 651	TB/T 3472	BS EN 16186-2		
	司机室设备	TB/T 3051.1	TB/T 3051.2	TB/T 3262	TB/T 3427	TB/T 3405
		TB/T 3265	TB/T 1451	TB/T 3266	GB/T 5914.2	DOT/FRA/ORD-98/03
		ATOC/EC/GN/004	UIC 651	TB/T 34573	Q/CR 335	BS EN 16186-4
		BS EN 16186-8				

续表

标准总类	标准细类	相关标准				
功能性	客室	客室设备(行李架,衣帽钩,卫生间,餐车,卧铺等)	TB/T 3286	TB/T 3337	TB/T 3417	TB/T 3454.1
			TB/T 3552	TB/T3455	TB/T 3108	TB/T 3418
			TB/T 1796	UIC 560	TB 1813	UIC 565-2
			UIC 561	UIC 564-1	UIC 562	APTA PR-M-S-18-10
			BS EN 14752	EN 14752	PD CEN/TS 16635	
	乘客座椅		TB/T 3263	APTA PR-CS-S-016-99	BS EN 12299	
					RIS-2747-RST	
					UIC 567	
	信息引导		GB/T 31015	GB/T 15566	GB/T 10001.1	APTA PR-PS-S-004-99
			UIC 176	APTA PR-PS-S-002-98	UIC 580	GM/RT2130
			ISO 3864-4	ISO 7000	ISO 7001	ISO 15008
	无障碍		TB/T 37333	UIC 565-3	36 CFR Part 1192	49 CFR Part 38
				COMMISSION REGULATION (EU) No 1300/2014	ISO 24502	ADA
			COMMISSION DECISION of 21 December 2007			
			ISO TR 22411	ISO-IEC GUIDE 71	ISO 24504	ISO 24505
操控性	司机室	司机室瞭望	GB/T5914.1	BS EN 15152	ISO 19026	ISO 7193
		显示器	UIC 612-01	UIC 612-02	GM/RT2161	BS EN 16186-1
			ISO 9355-2	DOT-FAA-AM-01-17	UIC 612-03	UIC 612-04
		控制器	ISO 24500	SAE J1757-1	DOT/FRA/ORD-98/03	GM/RT2161
			ISO 9355-3	GB/T 14775	BS EN 16186-2	BS EN 16186-3
			GM/RT2161	BS EN 16186-2	TB/T 1591	ISO 13406-2
		显控设计	ISO 9355-1	DOT/FRA/ORD-98/03	GM/RT2161	DOT/FRA/ORD-98/03
	客室	控制器	UIC 566			

8

续表

标准总类	标准细类	相关标准				
安全性 司机室与客室	规则,装置	GB/T 6770	TB/T 3333	49 CFR Part 223	49 CFR part 229	49 CFR Part 238
		APTA PR-CS-S-006-98	APTA PR-CS-S-034-99	AV/ST9001	BS EN 14752	BS EN 50125-1
		GM/GN2687	GM/RT2100	GM/RT2131		
	机械安全	GB 12265.3	GB/T 18717.1	GB/T 18717.2	GB/T 18717.3	GB/T 15706
		GB 23821	GB/T 30574	GB/2893.1	GB/2893.3	BS EN 14531-6
	耐碰撞性	TB/T 3500	BS EN 15227-2008+A1-2010	EN 15227-2008+A1-2010	GM/RT2100	
	座椅	49 CFR 571.207	49 CFR 571.208			
		GM/RT2100	ISO 10326-2	APTA PR-CS-S-011-99	APTA PR-CS-S-016-99	GM/GN2687
	应急,防火	TB/T 3414	TB/T 3237	TB/T 2640	49 CFR Part 239	APTA PR-PS-S-001-98
		DIN 5510-1	DIN 5510-4	UIC 564-2	APTA SS-E-013-99	APTA PR-PS-S-002-98
		APTA PR-PS-S-003-98	APTA RP-PS-PR-005-00	APTA RT-VIM-S-020-10	ISO/TS 19706	EN 1363-1
		GM/RC2531	GM/RT2130	GO/OTS220	EN 45545-2	EN 45545-4
		EN 45545-6	BS EN 16186-4	BS EN 16186-8		

动车组人因设计

续表

标准总类		标准细类	相关标准					
环境控制	司机室	气密,振动	TB/T 3250	BS ISO 2631-4-2001+A1-2010	TB/T 1828	GB/T 5599	BS 6841-1987	BS ISO 2631-1
		噪声	GB/T 3450	DOT/FRA/ORD-98/03	DOT/FRA/ORD-98/03	ISO 2631-4		
			TB/T2011	DOT/FRA/ORD-98/03	TB/T 2325.1	TB/T 2325.2	APTA RT-VIM-S-020-10	BS EN 15153-1
		照明	CIE 117		CIE 146-147		EN 12464-1	EN 15153-1
			ISO 24502					
		空调,通风,卫生	DOT/FRA/ORD-98/03		UIC 651	BS EN 14813-1		
		内装材料及空气质量	TB/T3139		GB/T 18883			
	客室	照明	TB/T 2917.1		TB/T 2917.2	TB/T 2141	TB/T 2142	UIC 555
			APTA PR-E-RP-012-99		APTA RT-VIM-S-020-10	APTA SS-E-013-99	BS EN 13272	CIE 117
			CIE 146-147		EN 12464-1	EN 13272	GM/RC2531	GM/RT2130
			T HR RS 12001 ST					
		空调,通风,卫生,电磁	TB/T 1955		GB/T 33193.1	GB/T 33193.2	GB 9673	GB 8702
			UIC 553					
		气密,振动	GB/T 5599	UIC 518	GB/T 13441.1	GB/T 18368	TB/T 3250	UIC 513
			EN 12299		ISO 2631-1	ISO 2631-4	BS 6841	BS EN 12299
			BS ISO 2631-1	BS ISO 2631-4-2001+A1-2010			ISO 10326-2	

从表1-2归纳整理出来的国内外与列车人因设计相关的规范和标准共有194项,这是进行动车组人因设计的依据。我们将这些标准进行分类梳理,确定人因设计项点和设计指标以及相应的人因设计方法就可以展开动车组的人因设计,图1-6和图1-7分别是动车组列车司机室和客室人因设计分析的流程图,本书主要对动车组驾驶显控界面、客室空间布局、轨道车辆座椅工效学,以及动车组光、热环境等人因设计进行深入探讨。

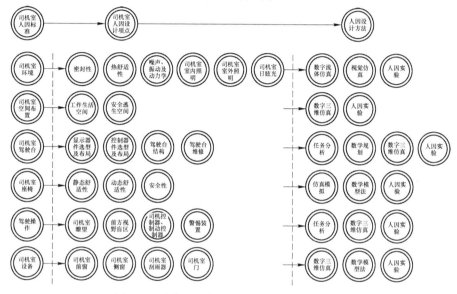

图1-6 动车组列车司机室人因设计分析流程

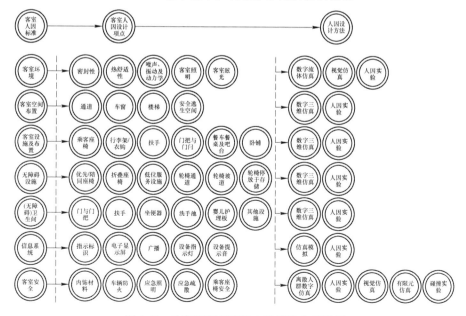

图1-7 动车组列车客室人因设计分析流程

参 考 文 献

[1] WRIGHT K,EMBREY D. Using the MARS model for getting at the causes of SPADs[J]. Rail Professional,2000(8):6-10.
[2] WICKENS C D,LEE J,LIU Y D,et al. An introduction to human factors engineering 2nd[M].New Jersey:Pearson Prentice Hall,2004.
[3] 王奥博. 复杂人机系统人因工程评估指标体系动态构建技术研究[D]. 北京:北京交通大学,2020.

2 动车组驾驶显控界面人因设计

动车组司机室是司机获取信息、做出决策并对有关系统进行指令控制、驾驶列车完成各种任务的工作场所。它提供了司机操纵列车的人机界面,同时现代动车司机室还是列车的信息中心,是整车设备系统的集中反映。司机在列车运行过程中通过司机室显示设备了解列车状态信息、运行信息,并使用操纵设备完成列车的驾驶及紧急事件处置工作。司机驾驶界面与显示界面器件的设置与布置是否科学合理,对司机能否全面、准确地完成驾驶职能具有重大影响。

随着新技术的引进,动车组的驾驶操纵方式也在发生着变化。由于越来越多的电子设备被应用于列车司机室内,导致人机之间信息交流量急剧增加,进而迫使显示器和控制器增多。新的显示、通信与控制系统会增加驾驶室内信息界面的信息量,使得司机认知与操作负荷增大,从而影响司机的认知与作业绩效,给列车运行安全带来事故隐患,同时给驾驶操纵台以至整个司机室设备布局带来诸多困难。因此,为保障列车司机室环境人机效能的充分发挥和列车行驶安全,针对列车司机驾驶界面的人因设计研究一直是各国,特别是铁路发达国家的研究热点。

2.1 驾驶显控器件的筛选、选型与分级

动车组的驾驶界面设计就是要解决3个问题:驾驶界面设置什么器件?如何设计布局?如何对设置的界面进行评价?基于任务行为的操纵台显控器件筛选就是解决驾驶界面设置什么器件,选择的器件采用什么操作形式的问题,进而将操纵台的显控器件根据作业任务的要求进行分级,为后续控制台的合理布局提供依据。

2.1.1 基于任务需求的操纵台显控器件筛选

动车组的驾驶任务繁多,包括出勤及接车、出所作业、途中运行、终到与入所作业等诸多环节,而动车组驾驶显控界面研究主要涉及动车组列车中与这些

驾驶任务相关的显示及控制器件的设计及布置,操纵台显控器件的选型必须结合动车组乘务员日常和应急异常驾驶的任务和操作需求,需要了解乘务员在作业中从何处获取与反馈信息,详尽分析驾驶任务,从而获得足够用于操纵台显控器件筛选的信息。

任务分析是人因分析领域用来正确描述和分析人机交互的一种基本方法,其中最常用的是层次任务分析(hierarchical task analysis,HTA)。HTA方法是按照目标、次目标和行为层次对任务进行分析,这项分析按照自上而下的逻辑进行,是一个确定总目标、确定次目标并制定行为的过程。

动车组乘务员驾驶操作过程可以由乘务员所需进行的任务及与人机界面交互关系构成的场景来描述。以动车组驾驶任务为目标,将目标分解为多个处理阶段作为次目标,而次目标则是通过乘务员具体的行为序列来完成的。基于HTA方法,结合行为所面向的操纵台显控器件,可以构建一种面向动车组驾驶任务的分析模型。该模型的"主目标—次目标—行为—器件"分析结构能很好地自上而下剖析需求,明确所需要的显控器件,从而实现显控器件的筛选。

动车组驾驶任务分析模型的主要步骤包括以下内容:

步骤1:明确分析任务。明确定义分析的任务,其目的在于根据驾驶任务确定驾驶界面所需的显控器件,因此需要对动车组驾驶任务进行全面的分析。

步骤2:数据收集。收集与任务相关的数据,包括任务的具体步骤、完成任务需要操控的对象以及人-机-环关系等。数据收集方法有很多,如现场观测、问卷调查、相关文档查阅等。

步骤3:确定任务的主目标。明确定义任务的主目标,为后续的分析指明方向,确保分析目标的一致性。

步骤4:确定任务的次目标。将主目标分解为有意义的次目标。次目标为完整地完成主目标所需要进行的子任务。

步骤5:分解次目标。在确定任务的次目标后,需要将次目标分解到下一层的操作行为中。这一步需要详细分解次目标,获得操作者明确的操作动作。

步骤6:确定行为指向的显控器件。在获得操作者具体的操作动作后,可以由该动作指向的对象确定操作需求,进而明确所需要的显控器件。

这里以某动力集中型动车驾驶任务分析为例,通过跟车视频,结合驾驶操作指导手册中对驾驶工作内容的论述,动车组正常行车的驾驶任务可以划分为出车准备、出段、发车、过分相、通过中间站、正线运营、停车、联挂/解联和辅助任务9个典型子任务,具体任务说明如表2-1所列。

按照建立的动车组驾驶任务分析模型,将正常行车任务继续分解到器件层,确定动车组正常行车所需的显控器件,为进一步对器件进行筛选和分级提供基本的输入,如图2-1所示。

表2-1 动车组驾驶任务说明

任务名称	任务说明
出车准备	确保设备状态良好,确认列车相关信息准确,以保证列车正常运营
出段	确认路径相关信息,确保列车安全出段,组织列车投入正线运营
发车	确保安全正确动车,确认各仪表显示正确
过分相	注意过分相时机,保证过分相顺利完成,确认各仪表显示正确
通过中间站	了解列车行车信息,控制好列车速度,需要时注意车机联控与鸣笛操作,确保安全通过
正线运营	注意路径的观察和监控器、状态屏的查看,注意速度的控制,必要时需车机联控及鸣笛的操作
停车	确保列车安全准确地停车
联挂和解联	两列车的重联和解钩
辅助任务	开关门、空调开关等

以出车准备阶段为例,频繁操作和使用的控制器件主要有 TCMS 显示屏、LKJ 显示屏、机车通信装置、CIR 操作显示终端、司机控制器、制动机、备用制动阀、制动显示屏、网压/控制电压表、总风缸/列车管压力表、前照灯开关、机械室灯开关、司机室灯开关、辅照灯开关、紧急制动按钮、受电弓开关、空压机开关、刮雨器开关、机车钥匙、列供钥匙等。同理,可以分析出段、列车启动、过分相、通过中间站、正线运营、停车和联挂/解联操作过程,进而得到正常行车情况下操纵台所需的器件,见表2-2。

通过对正常行车驾驶任务的分析,可以得到驾驶任务需求与显控界面器件之间的映射关系,从而获得可以满足驾驶任务需求的动车组司机操纵台所需的常用器件,包括制动显示屏、总风缸/列车管压力表、列车供风压力表、制动缸Ⅰ/Ⅱ压力表、LKJ 显示屏、TCMS 显示屏、网压/控制电压表、双针速度表、微机复位按钮、紧急制动按钮、备用制动数字表、状态指示灯、列供 1A/B 组转换开关、列供 2A/B 组转换开关、列供钥匙、CIR 操作显示终端、后视镜、高音风笛、停车位置按钮、停放制动按钮、停放缓解按钮、备用制动阀、制动机、无人警惕按钮、机车钥匙、主断路器开关、受电弓开关、空压机开关、前照灯开关、辅照灯开关、本端标志灯开关、它端标志灯开关、机械室灯开关、仪表灯/阅读灯开关、司机室灯开关、过分相、定速控制、司机控制器、电笛、风阀控制开关、刮雨器开关、清洗喷淋开关、窗加热开关、监控故障隔离、取暖器开关、风扇开关、车底灯开关、冷藏箱开关、打印终端、机车通信装置、撒沙脚踏开关、无人警惕脚踏开关、风笛脚踏开关、6A 系统、机车信号灯开关。

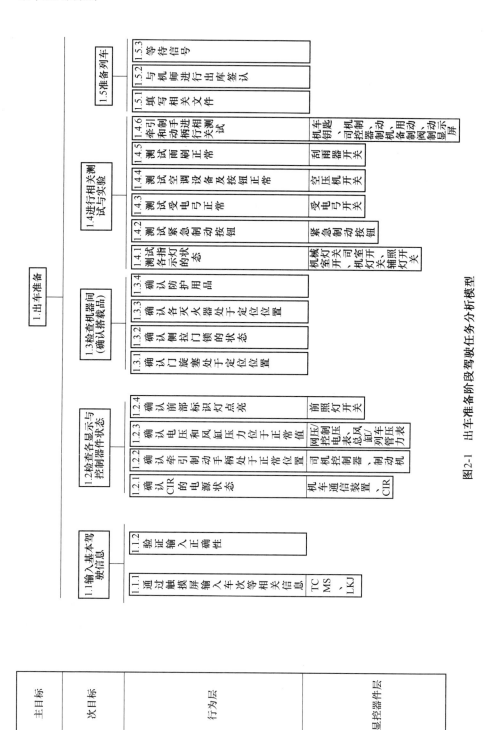

图2-1 出车准备阶段驾驶任务分析模型

第2章 动车组驾驶显控界面人因设计

表2-2 正常行车场景下使用的设备和操作器件

正常行车次任务	使用到的器件和设备
出车准备	TCMS显示屏、LKJ显示屏、机车通信装置、CIR操作显示终端、司机控制器、制动机、备用制动阀、制动显示屏、网压/控制电压表、总风缸/列车管压力表、前照灯开关、机械室灯开关、司机室灯开关、辅照灯开关、紧急制动按钮、受电弓开关、空压机开关、刮雨器开关、机车钥匙、列供钥匙
出段	司机控制器、制动机、TCMS显示屏、LKJ显示屏、机车通信装置、CIR操作显示终端
列车启动	TCMS显示器、LKJ显示屏、机车通信装置、CIR操作显示终端、司机控制器、制动机、备用制动阀、制动显示屏、停放制动按钮、总风缸/列车管压力表、网压/控制电压表
过分相	TCMS显示器、司机控制器、主断路器开关、网压/控制电压表、受电弓开关、过分相
通过中间站	TCMS显示器、LKJ显示屏、机车通信装置、CIR操作显示终端、司机控制器、制动机、定速控制、高音风笛、风笛脚踏开关、电笛
正线运营	TCMS显示器、LKJ显示屏、机车通信装置、CIR操作显示终端、司机控制器、制动机、定速控制、高音风笛、风笛脚踏开关、电笛、无人警惕脚踏开关、无人警惕按钮、前照灯开关
停车	TCMS显示器、LKJ显示屏、机车通信装置、CIR操作显示终端、司机控制器、制动机、前照灯开关、制动缸Ⅰ/Ⅱ压力表、列车供风压力表
联挂/解联	总风缸/列车管压力表、制动机、主断路器开关、受电弓开关、网压/控制电压表、TCMS显示器、司机控制器
辅助任务	撒沙脚踏开关、停放缓解按钮、微机复位按钮、停车位置按钮、仪表灯/阅读灯开关、打印终端、风阀控制开关、清洗喷淋开关、取暖器开关、它端标志灯开关、本端标志灯开关、窗加热开关、列供1A/B组转换开关、列供2A/B组转换开关、监控故障隔离、车底灯开关、冷藏箱开关、风扇开关、后视镜、制动缸Ⅰ/Ⅱ压力表、列车供风压力表、双针速度表、备用制动数字表、状态指示灯、6A系统、机车信号灯

这些控制器件是通过正常行车驾驶任务分析筛选出来的司机操纵常用器件,因此能够满足动车组正常行车中的各种任务需求。同理,通过对应急和日常异常任务的分析,可以获得满足应急和日常异常任务处理的驾驶界面显控器件,两者构成了基本的驾驶界面显控器件的组成。

2.1.2 基于聚类分析的控制器件分类与分级

1. 列车控制器件聚类算法

在动车组驾驶显控界面设计中,为了有效提高乘务员的操作效率和舒适性,避免不必要的能力浪费与疲劳,需要对显控界面进行工效学设计,即把每一个显示、控制器件放置在最优位置,使整个设计方案在最大程度上满足工效学原则。这种最优位置可以基于人的能力和特性来进行预测,其中包括感知能力、人体尺寸和生物力学特征,然而,有限的设计空间决定了将每一个器件都放置在其最优位置通常是不可能的,因此需要对器件设定优先级以及做出一定的妥协。通用的显控界面设计原则主要包括4个,即单个器件的重要性原则、使用频率原则、器件间的功能原则和使用顺序原则。

为了能获得动车组操纵台显示、控制器件的合理设计方案,需要对司机室内显示、控制器件重要性、使用频率进行研究,即确定每个器件相对于整个显控界面的权重系数,进而得到器件的优先级。根据器件的优先级,结合器件本身的功能以及列车主要操作任务中各器件的使用顺序,从而实现对显控器件的合理布局设计,以达到提高乘务员工作效率、保证其安全和健康的目的。

最直接有效地获取驾驶界面显控器件重要性、使用频率的方法是现场调查法。利用问卷量表对经验丰富的乘务员进行咨询,以获得器件的重要性、使用频率,再结合系统聚类分析法对统计数据进行 R 型聚类分析,实现对器件的分类,最后在器件分类的基础上,结合统计数据对器件进行分级,从而确定各个器件的优先级,为显控界面进一步的布局设计提供基础。

问卷量表是以书面提出问题的方式搜集资料的一种研究方法,根据 2.1.1 小节获得的动车组显控界面的显示、控制器件,采用李克特量表(Likert scale)的形式,设计动车组显控界面器件重要性和使用频率调查量表,以经验丰富的动车组乘务员为对象进行问卷调查,从而获得乘务员对各个器件重要性与使用频率的主观评价。

聚类分析(cluster analysis)是将个体或对象分类,使得同一类的对象之间的相似性比与其他类的对象之间的相似性更强。目的在于使同类间对象的同质性最大化和类与类间对象的异质性最大化,最常用的聚类分析法是系统聚类法和 K-均值聚类法,这里采用的是系统聚类法。

系统聚类法又称层次聚类法(hierarchical cluster method),它是目前聚类分析方法在实际应用中使用最多的一类方法。系统聚类方法是根据给定的簇间距离度量准则,构造和维护一棵由簇和子簇形成的聚类树,直至满足某个终结条件为止。根据层次分解是自底向上还是自顶向下形成,系统聚类方法可以分为凝聚型和分裂型。本书将采用凝聚型系统聚类方法。

设 P 为样本点集,C 为簇集,样本点之间的距离使用欧几里得距离度量,即样本点 p_i 和 p_j 之间的距离为

$$d(p_1,p_2) = \sqrt{(x_{i1}-x_{j1})^2+(x_{i2}-x_{j2})^2+\cdots+(x_{in}-x_{jn})^2} \quad (2-1)$$

簇间距离度量采用组间平均链锁法,簇间距离为样本点与簇内每个样本距离的平均值,即

$$D(c_i,c_j) = \frac{1}{n_i n_j}\sum_{p_1 \in c_i}\sum_{p_2 \in c_j} d(p_1,p_2) \quad (2-2)$$

式中：n_i、n_j 分别为簇 c_i、c_j 中样本的数目。

在动车组控制器件系统聚类算法中，以单个控制器件为初始簇，以最近簇相聚和的方法凝聚，直至得到期望的聚类数为止。假设有 N 个控制器件需要聚类，凝聚的系统聚类方法基本过程如下：

步骤1：将每个控制器件视为一个簇，每个簇仅有一个控制器件，计算簇间距离，得到初始化的距离矩阵。

步骤2：将距离最小的两个簇凝聚成一个新簇。

步骤3：使用组间平均链锁法计算新簇与其他所有簇之间的距离。

步骤4：重复步骤2、3，直至所有簇都凝聚为一个簇或得到期望的聚类数为止。

2. 基于聚类分析控制器件的分类

应用系统聚类方法对动车组驾驶显控界面控制器件分类，应首先确定各个控制器件的重要性和使用频率等自身特性，通过对资深动车组乘务员的结构化访谈与问卷调查，确定具有较高信度的控制器件特性矩阵，并以该矩阵为基础进行聚类分析。使用 SPSS22 对控制器件进行系统聚类分析，其聚类结果如下。

1）聚类分析的凝聚顺序表

表 2-3 是本问题的 R 型聚类分析的凝聚顺序表，其中显示了 42 个控制器件系统聚类的情况示例。聚类分析的第 5 阶段，器件序号为 30 和 31 聚成一小类，它们之间的距离是 0，这个小类将在第 6 阶段用到，同理，聚类分析的第 6 阶段，序号为 1 的器件与在第 1 阶段聚成的小类合并，又聚成一个小类，它们的距离是 0，形成的小类将在下面第 11 阶段用到。经过 41 个聚类阶段，42 个变量最后聚成了一个大类。

表 2-3 凝聚顺序表

阶段	凝聚的簇		距离	簇上一次出现的阶段		下一个出现阶段
	簇1	簇2		簇1	簇2	
1	40	42	0	0	0	27
2	37	39	0	0	0	12
3	32	33	0	0	0	4
4	4	32	0	0	3	21
5	30	31	0	0	0	6
6	1	30	0	0	5	11
⋮	⋮	⋮	⋮	⋮	⋮	⋮
41	1	11	353.735	40	36	0

2)聚类分析的垂直冰挂图

图2-2是R型聚类分析的垂直冰挂图。从图中可以看出,控制器件在各自特性上呈现出了较为明显的分布特征,从结果来看,控制器件分类接近5类,进一步观察其树状图可验证该结论。

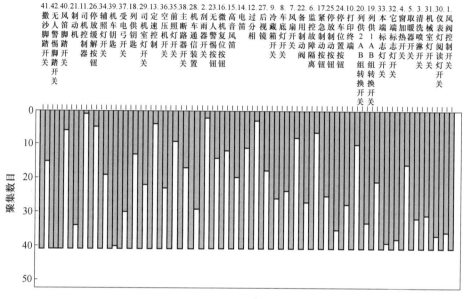

图2-2 聚类分析垂直冰挂图

3)聚类分析的树形图

图2-3是R型聚类分析的树形图。该图较直观地反映了变量聚类分析整个过程和各种类数的最终分类结果。

4)聚类分析结果

依据控制器件聚类分析结果,结合显示器件,可以将动车组驾驶显控界面控制器件分为表2-4所列的类。

3. 基于聚类分析控制器件的分级

根据问卷调查结果,结合聚类分析的分类结果,对各个类别依据其重要性链值(重要性与使用频率的乘积)进行排序,可以将以上控制器件分为5个等级,其分类结果如表2-5所列。

(1)Ⅰ类器件。该类器件是指列车行车中重要性和使用频率均很高的器件,主要包括第1类器件,即风笛脚踏开关、无人警惕脚踏开关、撒沙脚踏开关、司机控制器和制动机。

(2)Ⅱ类器件。该类器件是指重要性和使用频率均较高的器件,主要包括第2类和第3类的器件,即前照灯开关、空压机开关、刮雨器开关、机车通信装置、主断路器开关、定速控制、司机室灯开关、受电弓开关、机车钥匙、列供钥匙、辅照灯开关、停放缓解按钮、电笛、高音风笛、微机复位按钮、无人警惕按钮和过分相。

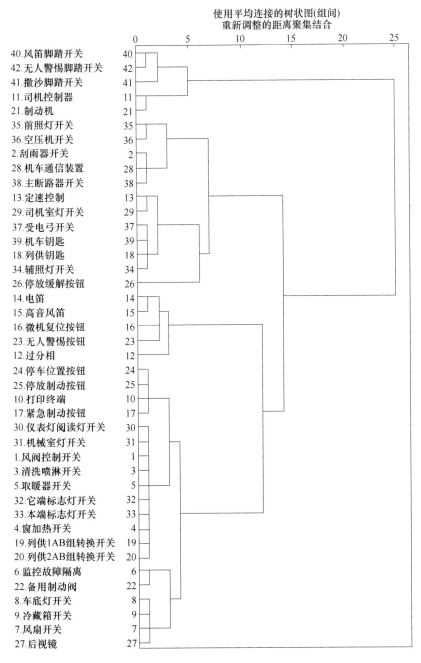

图 2-3 聚类分析树形图

表 2-4　动车组驾驶显控界面控制器件分类示例

类别名	器件和设备
第1类	风笛脚踏开关、无人警惕脚踏开关、撒沙脚踏开关、司机控制器、制动机
第2类	前照灯开关、空压机开关、刮雨器开关、机车通信装置、主断路器开关、定速控制、司机室灯开关、受电弓开关、机车钥匙、列供钥匙、辅照灯开关、停放缓解按钮
第3类	电笛、高音风笛、微机复位按钮、无人警惕按钮、过分相
第4类	停车位置按钮、停放制动按钮、打印终端、紧急制动按钮、仪表灯/阅读灯开关、机械室灯开关、风阀控制开关、清洗喷淋开关、取暖器开关、它端标志灯开关、本端标志灯开关、窗加热开关、列供1A/B组转换开关、列供2A/B组转换开关
第5类	监控故障隔离、备用制动阀、车底灯开关、冷藏箱开关、风扇开关、后视镜
显示类	CIR操作显示终端、TCMS显示屏、LKJ显示屏、6A系统、机车信号灯、总风缸/列车管压力表、制动缸Ⅰ/Ⅱ压力表、列车供风压力表、网压/控制电压表、双针速度表、备用制动数字表、状态指示灯、制动显示屏

表 2-5　各器件类别重要性链值排序

类别名	重要性均值	使用频率均值	重要性链值	等级
第1类	4.4	4.9	21.56	1
第2类	3.96	3.46	13.69	2
第3类	3.8	3.6	13.68	2
第4类	3.04	2.46	7.48	5
第5类	2.58	1.58	4.09	6
显示类	4.08	2.73	11.13	4

（3）Ⅲ类器件。该类器件是指重要性和使用频率中有一项较高、一项较低的器件，主要包括显示类，即CIR操作显示终端、TCMS显示屏、LKJ显示屏、6A系统、机车信号灯、总风缸/列车管压力表、制动缸Ⅰ/Ⅱ压力表、列车供风压力表、网压/控制电压表、双针速度表、备用制动数字表、状态指示灯和制动显示屏。

（4）Ⅳ类器件。该类器件是指重要性和使用频率均一般的器件，主要包括第4类器件，即停车位置按钮、停放制动按钮、打印终端、紧急制动按钮、仪表灯/阅读灯开关、机械室灯开关、风阀控制开关、清洗喷淋开关、取暖器开关、它端标志灯开关、本端标志灯开关、窗加热开关、列供1A/B组转换开关和列供2A/B组转换开关。

（5）Ⅴ类器件。该类器件是指重要性和使用频率均较低的器件，主要包括第5类器件，即监控故障隔离、备用制动阀、车底灯开关、冷藏箱开关、风扇开关、后视镜。

2.1.3 基于任务需求的控制器件的选型

在确定司机室满足任务要求所需的显控器件之后,需要对控制器件的操纵形式进行选型。司机室控制器件有多种类型,每种类型适合于不同工作任务的需要,并与操作者的能力相适应。为满足列车运行安全控制有效操作的需要,对选用的控制器件是否易于识别、能否反应敏捷,与显示器、设备的运动方向是否一致等进行评估是非常重要的。这里参照 ISO 9355-3[1]中针对手动控制器件的评价方法对动车组列车司机室操纵器件类型进行评估。

手动控制器件的评估过程如图 2-4 所示。

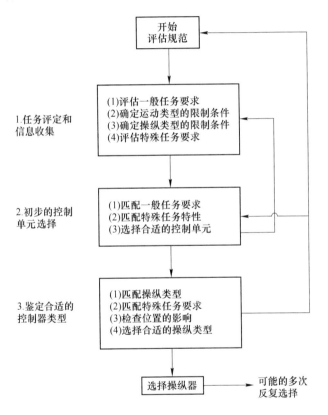

图 2-4 评估手动控制器件流程

1. 控制器件选型评估需要考虑的任务要求

在评估手动控制器件时,需要考虑的一般任务要求:①控制器件定位精度需求;②所要求的调整速度;③所施加的操纵力或力矩的大小。

特殊任务要求:①视觉核查定位;②触觉核查定位;③需要避免无意中触动或误操作;④避免手在控制器件上打滑;⑤操作者需戴手套;⑥易于保洁。

一般工作要求被用来确定合适的控制器件类型,特殊工作要求被用来从上述的控制类型中选出合适的控制器件,评估任务要求时的等级划分参照表2-6。

表2-6 评估任务等级划分参照表

编号	符号	等级
0	●	无要求
1	●	低要求
2	●	低~中等要求
3	●	中等~严格要求
4	●	严格~最严格要求

当任务要求不需要精确评估时,ISO 9355-3中的5.2和5.3所阐述的评估过程被证明是非常精确的。

由于要考虑的操纵器类型较多,为了确定选择可用的类型,ISO 9355-3中对操纵器的运动类型和操纵类型进行了定义,在进行设备选型前还需考虑下列因素:①运动类型;②动作类型;③绕轴转动;④运动方向;⑤连续运动;⑥连续旋转控制器要大于180°。

直线和旋转运动的坐标系如图2-5所示。

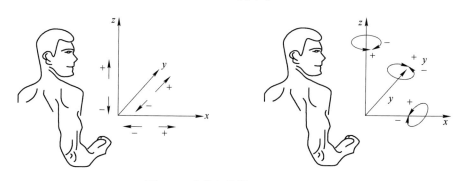

图2-5 直线和旋转运动的坐标系

操纵类型:①操作者手与控制器之间交互作用的类型;②手施力的部位;③手施力的方式。

手动控制器件的操纵类型如表2-7所列。

表 2-7 手动控制器件的操纵类型

触摸操作	抓捏操作	抓握操作
1个手指 	2个手指 	
大拇指 	3个手指 	多个手指 
整个手 	整个手 	整个手 

2. 控制器件选型评估过程

操纵器的评估过程如下：

步骤1：选出所有跟一般任务要求相匹配的选项。

步骤2：根据运动类型的要求进一步筛选步骤1选出来的各项。

步骤3：根据特殊任务要求和操纵类型的要求确定最终的操纵器类型。

表 2-8 是评估选择操纵器过程的信息记录表。

表 2-8 评估选择操纵器过程的信息记录表

信息描述	ISO 9355-3 的相关条款	任务要求评估分级					备注
		0	1	2	3 	4 	
一般任务要求	**5.2**						
（1）精确性	5.2.1						
（2）速度	5.2.2						
（3）力	5.2.3						
特殊任务要求	**5.3**						
（4）视觉核查	5.3.2						
（5）触觉核查	5.3.3						
（6）误操作	5.3.4						
（7）摩擦力	5.3.5						
（8）戴手套	5.3.6						

续表

信息描述	ISO 9355-3 的相关条款	任务要求评估分级					备注
		0	1	2	3	4	
（9）易于保洁	5.3.7					●	
运动特性	**5.4**						
（10）动作类型	5.4.2	直线			旋转		无要求
（11）绕轴转动	5.4.3	x	y	z	x	y	z	任意
（12）运动方向	5.4.4	+/-	+/-	+/-	+/-	+/-	+/-	任意
（13）连续运动	5.4.5	连续			非连续		
（14）连续旋转控制器：大于180°	5.4.6	是			否		无要求
操纵类型	5.5						
（15）抓握类型	5.5.2	触摸式		抓捏式		抓握式	无要求
（16）手施力的部位	5.5.3	手指			手		无要求
（17）手施力的方式	5.5.4	法向			切向		无要求

3. 司机室操纵台控制器件的选型评估示例

根据动车组司机室操纵台上的操纵器件，对其中常用的、比较重要的操纵器件的选型进行评估。下面以司机控制器的选型过程为例进行说明。

1）任务评定和信息收集

司机控制器主要用于控制列车的牵引。由于需要较为快速、准确地完成牵引任务，所以一般对准确性、速度都有一定的要求，对操纵力在避免误操作方面有较高的要求。

考虑司机控制器的特殊任务要求，判定其对视觉核查、触觉核查有一定的要求，对误操作和摩擦力有较高的要求，操作时有戴手套操作的要求。由于经常操作，对清洁性有比较高的要求。

因为司机控制器需要调节力的大小，所以运动方向要求"+/-"，司机控制器的运动是非连续的，以上信息一并记录在表2-9中。

表2-9 司机控制器调速选型调研信息记录表

信息描述	ISO 9355-3 的相关条款	任务要求评估分级					备注
		0	1	2	3	4	
一般任务要求	**5.2**						

续表

信息描述	ISO 9355-3 的相关条款	任务要求评估分级 0	1	2	3	4	备注
(1)精确性	5.2.1					●	
(2)速度	5.2.2				●		
(3)力	5.2.3			●			
特殊任务要求	5.3						
(4)视觉核查	5.3.2				●		
(5)触觉核查	5.3.3				●		
(6)误操作	5.3.4					●	
(7)摩擦力	5.3.5			●			
(8)戴手套	5.3.6	●					
(9)易于保洁	5.3.7			●			
运动特性	5.4						
(10)动作类型	5.4.2	直线			旋转		无要求
(11)绕轴转动	5.4.3	x	y	z	$\underline{x}$	y	z	任意
(12)运动方向	5.4.4	+/-	+/-	+/-	$\underline{+/-}$	+/-	+/-	任意
(13)连续运动	5.4.5	连续			非连续		无要求
(14)连续旋转控制器：大于180°	5.4.6	是			否		无要求
操纵类型	5.5						
(15)抓握类型	5.5.2	触摸式		抓捏式	抓握式		无要求
(16)手施力的部位	5.5.3	手指			手		无要求
(17)手施力的方式	5.5.4	法向			切向		无要求

2) 中间阶段的控制器初选项的选择

根据一般任务要求的评估分级结果查 ISO 9355-3[1]中的图 5 和图 6。

从表 2-8 和表 2-9 中选出符合对精确性和速度都有较高的要求,对操纵力也有一定的要求,且运动类型为旋转的选项为 R2、R8、R12、R15、R17、R18、R30、R32,如表 2-10 所列。

表 2-10　控制单元选择结果列表

行数	要求的可用程度			运动特性	控制单元序列		适合旋转<180°
	(1)精确性	(2)速度	(3)力	(11)绕轴运动和(12)运动方向	(13)非连续运动	(13)连续旋转运动	
R2	◐	◐	◐	$x+/-\ z+/-$	20	29	
R8	◐	◐	◐	$x+y-$	20	28	是
R12	◐	◐	●	$x+y-$	24	34	是
R15	◐	◐	●	$x-y+z-$	22	31	是
R17	◐	◐	●	$x-y+z-$	24	34	是
R18	●	◐	●	$y+/-$	21	30	
R30	●	●	◐	$z+$	20	28	是
R32	●	●	◐	$z-$	20	28	是

表 2-10 列出了满足一般任务要求的旋转运动类型选项。之后对其余运动特性的各项指标进行核查,司机控制器的运动方向要求满足"$x+/-$",根据完成操作任务的情况,司机控制器应为非连续运动,所以只需要考虑初选项中的非连续选项。

由表 2-10 得,R2、R8、R30、R32 都属于选项 20,适合的运动方向为"$x+/-z+/-y-$",选项 20 满足所要求的运动方向特性。R12、R17 都属于选项 24,适合的运动方向为"$x+/-y+/-z-$",选项 24 满足所要求的运动方向特性。

R15 所对应的为选项 22,结合选项 22 所对应的 R10 来看,选项 22 满足运动方向"$x+/-$"的要求。R18 所对应的为选项 21,结合选项 21 所对应的 R1 来看,选项 21 也满足运动方向"$x+/-$"的要求。

通过以上分析,能得出合适的司机控制器选项为 20、21、22、24。

3) 评估确定合适的控制器类型

在 ISO 9355-3[1]的图 7 中对每个控制单元均有详细的介绍,通过对每个合适的控制单元特点的核查,比较它们的特殊任务要求和操纵类型,如表 2-11 所列。

表 2-11　控制单元选择结果列表

行数	控制单元 操纵类型：(15)抓握类型 (16)手施力的部位 (17)手施力的方式	控制类型	特例	特殊任务要求					
				（4）视觉核查	（5）触觉核查	（6）误操作	（7）摩擦力	（8）戴手套	（9）易于保洁
20	手指抓捏（法向）	嵌入条形旋钮		●	◐	●	◐	◐	◐
		指针旋钮		●	●	○	●	●	●
		钥匙开关		●	●	◐	●	●	◐
21	手指抓捏（切向）	凸边圆形旋钮		●	◐	◐	●	●	●
	手指接触（切向）	平滑带边旋钮		●	●	●	●	●	●
		突起旋钮		◐	○	○	◐	◐	◐
22	手抓捏（法向）	杠杆旋钮		●	●	●	◐	●	●
		T形手柄		●	●	◐	●	●	◐

续表

控制单元				特殊任务要求					
行数	操纵类型： (15)抓握类型 (16)手施力的部位 (17)手施力的方式	控制类型	特例	(4)视觉核查	(5)触觉核查	(6)误操作	(7)摩擦力	(8)戴手套	(9)易于保洁
22	手指抓捏（法向）	嵌壁式手旋钮		●	◐	●	●	●	●
24	手抓握（切向）	杠杆手柄选择器		●	●	◐	●	●	●
		门把手型		●	◐	◐	●	●	●
		杆环型		◐	●	◐	●	●	●

由操作类型的需求可知，司机控制器调速应为手抓握式操作方式，施力方向为切向，而选项20、22均为抓捏式操作方式，选项21为接触式与抓捏式操作方式，应当排除。选项24为手抓握式的操作手柄类，较为满足操作需求。再考虑选项24中各类型的特殊任务要求，类型1与类型3均满足视觉核查、触觉核查、摩擦力、戴手套与易于清洁的要求，不满足误操作的要求；类型2不满足触觉核查与误操作的要求，相比较而言，类型1与类型3较为满足要求。与实车上司机控制器调速所采用的控制器件进行对比，其所采用的正是选项24中的类型1控制器件。

用上述方法重复对动车组司机室操作台面上其他控制器件进行选型评估分析，即可得出其对应的操纵器类型。

2.2 驾驶界面人机几何参数的确定

为了确定动车组司机室设备设施如何最适应于乘务员，设计者应明确定义设备设施的位置及其相互关系。人体测量数据提供了人体三维尺寸的基本信息,设计者可以用人体测量数据来实现设备设施位置与关系确定的目的。

为了满足各类产品的使用需求,许多国家都对本国人进行人体测量。而一般在进行动车组设计时,都采用有代表性的基本人群的人体测量数据。例如,加拿大国家铁路收集了大约6000名技师的人体测量数据,以为将来的动车组司机室设计提供更多准确的信息。

采用人因原则评估机车司机室时,理解操纵司机室的作业者的需求是很重要的。尽管设计者最应关心与专注的是动车组乘务员,也必须考虑其他可能操作与使用列车的人,如机械师、维修人员、检测人员等。

因此,设计者应关注以下应用人体测量数据时的不同原则:

(1) 当设计特征(如门口)为适应大部分人群时,应采用极端人体尺寸。在实际中,为了适用极大部分人,通常会选用最大或最小的人体测量尺寸(如第95百分位男性和第5百分位女性)。

(2) 可调节设计。例如,在考虑设计座椅时,应设置为可调节的,这样能满足不同使用者需要。

(3) 折中性设计。当某些非重要位置的设计不适合使用最大、最小人体尺寸,同时使用可调节设计又不切实际时,可使用折中性设计,即使用平均人体尺寸,如门把手、灯开关等。

(4) 考虑与人体尺寸相关的因素。人体尺寸与国家、区域、民族、年龄、性别等因素有关,设计时必须予以考虑,如中国动车组司机室,应采用中国人人体测量数据。

(5) 适当的修正量。已公布的人体数据,都是在裸体条件下测量的。因此,必须根据对象的实际情况,对人体测量数据进行适当的修正,才能作为对象适用的设计尺寸,如着装修正。

(6) 选择最新适用的人体尺寸数据。随着社会经济、科技的发展,人体尺寸数据随之变化,其最佳适应尺寸也随之变化。根据资料表明,世界各国人体身高均呈增长趋势,近20年来平均每10年增长1cm,我国的人体身高增长最快。因此,设计应选用用户群体最新适用的人体尺寸数据。

2.2.1 人体百分位数及其运用原则

1. 人体百分位数的确定

动车组驾驶界面人因适配性设计是对列车驾驶工作空间的环境界面设计和工作人员的物理性能及其两者之间的匹配情况进行分析,从而获得一种最优方案。动车组驾驶界面设计是对整个司机室的各种显示设备、操纵设备及瞭望设备的位置、形状和布置进行设计。乘务员的物理性能分析内容包括人体姿态、肢体可达性、视域有效性等。这两者之间的匹配问题也就是具有不同人体测量数据的乘务员群体和司机室组成元件的物理尺寸、布局之间的物理匹配情况。

1) 身高等级

分析《中国成年人人体尺寸》(GB/T 10000)[2]所规定的人体尺寸测量值可以发现,高大女性与中等身高男性的身高相近,而矮小男性与中等身高女性的身高相近,由此可将男女身高划分为4个等级,见表2-12。

表 2-12 身高等级

编号	身高等级	百分位数	说　　明	身高/mm
1	矮小女性	P5(女性)	5%的女性低于该百分位数身高	1510
2	中等身高女性	P50(女性)	50%的女性低于或高于该百分位数身高	1610
	矮小男性	P5(男性)	5%的男性低于该百分位数身高	
3	高大女性	P95(女性)	5%的女性高于该百分位数身高	1700
	中等身高男性	P50(男性)	50%的男性低于或高于该百分位数身高	
4	高大男性	P95(男性)	5%的男性高于该百分位数身高	1800

注:模板的各身高尺寸,均在《中国成年人人体尺寸》(GB/T 10000)中的身高尺寸上增加25mm鞋跟高度。

2) 百分位数的运用原则

按人体尺寸确定相关实体结构与空间尺寸的原则如下:

(1) 包容空间尺寸,按第95百分位数(P95):包容空间是指以人为中心,包容人体(或其某部分)的空间。例如,最小作业空间(区域)、通道、维修空间,肢体自由活动空间、门、舱口等,对这类空间要求它能包容大多数人,按高大身材人(P95)设计。

(2) 被包容空间尺寸,按第5百分位数(P5):被包容空间是指以人为中心,被人体(或其某部分)所包容的空间,如肢体的可及范围、椅面高度、所搬运物的宽度等。对于这类空间,应使矮小身材的人(P5)能包容其空间,按P5设计。

(3) 最佳作业区位置尺寸,按第50百分位数(P50):对于某些频繁使用的控制器的位置,应按中等身材人(P50)设计,因为在P50附近,人的分布频数最高,可使多数人处于舒适、高效的工作状态下。

(4) 可调结构尺寸的调节范围,为P5~P50:由于人体尺寸的差异,为优化每个工作人员的工作状态,达到舒适和高效的目的,对具有固定台面的控制台有关部位应采用可调节式结构,为适应不同身高的人都能舒适地进行操作,座椅的高度及相应搁脚板的高度应是可调节的,其调节范围为P5~P95。

在运用上述4项原则时,还需考虑操纵台主要使用者的性别,并采用相应的百分位数,如男女混合使用,则应下限取女性P5,上限取男性P95。

3) 百分位数的运用示例

由于我国动车组乘务员通常为男性,本书分别选取第5百分位和第95百分位的成年男性人体尺寸进行动车组驾驶界面布局设计量化范围的研究,表 2-13 为《中国成年人人体尺寸》(GB/T 10000)数据[2]。

表 2-13 成年人身高尺寸

类 型	第 5 百分位	第 95 百分位
中国成年男性(1988 年)/mm	1583	1775

第 5 百分位和第 95 百分位中国成年男性的人体主要测量数据如图 2-6 所示。

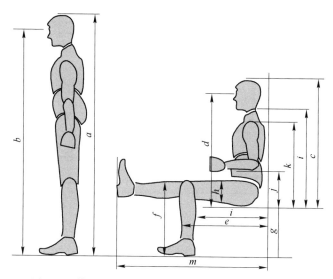

图 2-6 第 5 百分位和第 95 百分位人体主要测量数据

主要参考的中国成年男性的人体尺寸数据如表 2-14 所列。

表 2-14 主要参考的人体尺寸数据 (单位:mm)

人体尺寸参数	a	b	c	d	e	f	g	h	i	j	k	l
最小值	1583	1474	858	749	515	456	383	112	421	228	557	615
最大值	1775	1664	958	847	595	532	448	151	494	298	641	701

2. 着装修正

由于《中国成年人人体尺寸》(GB/T 10000)[2]中的人体尺寸是在无着装的情况下测量得到的,因此需要进行着装修正。人体尺寸的修正值参考《在产品设计中应用人体尺寸百分位数的通则》(GB/T 12985)[3]中相关规定,具体修正尺寸如下。

(1) 着衣修正量。坐姿时的坐高、眼高、肩高、肘高加 6mm,胸厚加 10mm,臀膝距加 20mm。

33

（2）穿鞋修正量。身高、眼高、肩高、肘高男子加25mm,女子加20mm。

美国交通运输部1996年发布的《Human Factors Design Guide》[4]着装修正尺寸如表2-15所列。

表2-15 人体尺寸数据着装修正　　（单位：mm）

人体尺寸项目	穿薄衣服	穿中等厚度衣服	穿厚衣服
腹部厚度	23.9	30.0	64.5
臀-膝高	5.1	7.6	17.8
胸厚	10.4	24.4	39.1
肘宽	14.2	26.4	53.8
臀宽（坐姿）	14.2	19.3	35.6
膝宽	12.2	12.2	42.7
膝高（坐姿）	33.5	33.5	36.6
肩宽	6.1	22.4	29.5
肩-肘长	3.6	12.7	15.7
肩高（坐姿）	4.1	14.7	20.3

进行着装修正后的驾驶界面布局设计主要参考的人体尺寸见表2-16。

表2-16 着装修正后人体尺寸数据　　（单位：mm）

人体尺寸参数	a	b	c	d	e	f	g	h	i	j	k	l
第5百分位男性	1608	1499	864	763.7	535	489.5	408	124	427	234	563	621
第95百分位男性	1800	1689	964	861.7	615	565.5	473	163	500	304	647	707

2.2.2 驾驶作业姿势与眼点位置的确定

动车组驾驶通常采取坐姿作业姿势,根据标准ISO 11064-4[5]规定,对于坐姿操作,有以下4种工作姿势,即前倾（精确的监视）、正直（操作控制器）、后倾（监视）和放松（监视）。在动车组驾驶中最常用的是正直和后倾两种工作姿势,在不同驾驶作业姿势下,作业人员的眼睛处于不同的位置上,此时,对于观察任务就有不同的可见性。因此,在乘务员使用两种作业姿势时,需要了解如何确定乘务员眼睛的参考位置。

在UIC 651[6]中给出了关于以坐姿驾驶车辆时的乘务员眼睛的参考位置,动车组驾驶座椅参考点如图2-7所示,以踵点（HP点）为人体布置基准,分别将第5百分位和第95百分位的人体摆放在司机室内,使人体的躯干和上下肢处于最佳的活动范围和角度关系。依据布置好的人体位置和人体尺寸,确定出第5百分位和第95百分位人所在位置的座椅参考点,即SRP（低）、SRP（高）,该点为坐姿作业设计参考点,坐姿作业设计参考点为后续的乘务员眼点确定提供基准。

第 2 章 动车组驾驶显控界面人因设计

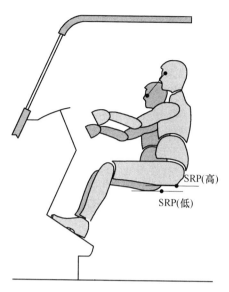

图 2-7 坐姿作业设计参考点示意图

当以坐姿驾车时,乘务员眼睛的位置以一个参照面来描述,参照面的中心位于列车操纵台纵向轴上。UIC 651[6]定义了几种驾驶姿势,其参照面的上限和下限是由所考虑的最矮和最高乘务员的实际眼睛位置决定的,即依靠图 2-8 中 $b^{(1)}$、d 和 q 的测量值确定。

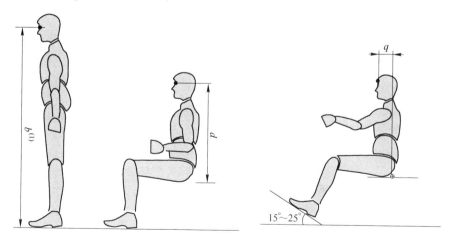

图 2-8 最矮和最高乘务员的人体主要测量数据

坐姿驾车的参照面可以偏离垂直平面,取决于操纵台/座椅系统选用的人因工程学方案以及座椅在垂直平面或水平平面中的调节量。

当司机室操纵台配备刚性或柔性的脚踏板时,乘务员就座时应将双脚置于

35

脚踏板上,根据座椅参考位置舒适就座,此时乘务员作业姿势与操纵台及座椅形成的空间,使得乘务员眼点位置形成3种情况,具体如下:

(1) 配备有水平工作面的操纵台并设有刚性脚踏板时,第5百分位与第95百分位乘务员眼点所处的位置如图2-9所示。

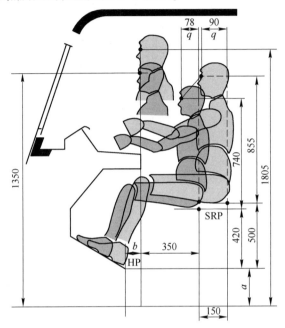

图2-9 眼睛参考位置:配备有水平工作面的操纵台并设有刚性脚踏板

(本图中参数值的单位为mm,之后图中未作说明,且没标单位的数值默认单位为mm)

(2) 配备有水平工作面的操纵台并设有可调整的脚踏板时,第5百分位与第95百分位乘务员眼点所处的位置如图2-10所示。

(3) 没有配备有水平工作面的操纵台并设有刚性脚踏板时,第5百分位与第95百分位乘务员眼点所处的位置如图2-11所示。

图2-9~图2-11这3个图中,SRP均为座椅参考点,HP均为脚后跟部的点。

当乘务员坐姿操纵台不符合上述情况时,可采用一般的监视作业姿势以及基准眼位的确定方法来确定。其参照面的极限值应按图2-8中给定的人体测量数据来确定。

① 乘务员坐姿操纵台涉及的主要人体尺寸有坐姿肘高(上臂处于垂直位置)、坐姿眼高、坐姿大腿厚、小腿加足高(腘高)和坐姿臀膝距。

② 监视作业的姿势及基准眼位的确定。列车驾驶作业应优先选用坐姿,为了作业的方便和姿势调节,在坐姿作业时,也应允许短时采用立姿执行任务。

基准眼位(简称眼位)是设计驾驶视觉条件和确定司机室信号区的基准。

第2章 动车组驾驶显控界面人因设计

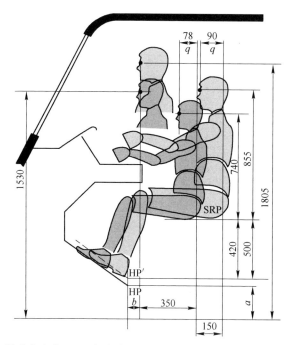

图 2-10 眼睛参考位置:配备有水平工作面的操纵台并设有可调整的脚踏板

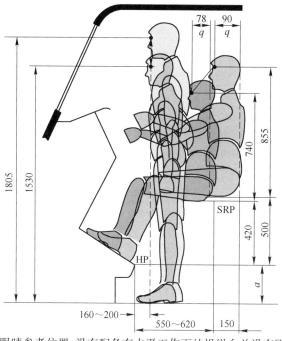

图 2-11 眼睛参考位置:没有配备有水平工作面的操纵台并设有刚性脚踏板

当采取后倾坐姿时,眼位沿近似圆弧移至垂直基准线之后,此时眼位高位于垂直基准线之后的水平距离为 150~180mm;自然视线的倾角则由相对于水平线-30°变为-15°,如图 2-12 所示。

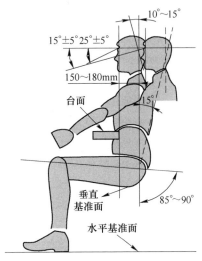

图 2-12 正直、后倾坐姿的基准尺寸

这里需要注意的是,坐姿眼位高度应小于其理论值。人在正常工作时,不是采取人体测量时的正直坐姿,而是处于放松坐姿状态,此时应考虑尺寸修正。《在产品设计中应用人体尺寸百分位数的通则》(GB/T 12985)[3]中姿势(自然放松)修正量为:立姿时的身高、眼高等减 10mm,坐姿时的坐高、眼高减 44mm,或者采用松弛坐高。

2.3 显示、控制器件人因布局方案优化

2.3.1 驾驶显控界面布局的工效学原则

司机室作业空间包含了 3 种不同的空间范围:第 1 种是人体在规定的位置上进行作业时必须触及的空间;第 2 种是人体在作业时或进行其他活动时自由活动所需要的范围,即作业活动空间;第 3 种是为了保障人体安全,避免人体与危险源直接接触所需要的安全防护空间。

司机室作业空间设计,就是根据作业任务,把所需要的仪表、设备和工具,按照作业特点和行车控制操作要求进行合理的空间布置,给设备和人员确定一个最佳的流通路线和占有区域,避免冲突,提高作业的可靠性和经济性。

列车司机室内任何设备都有其最佳的布置位置,这取决于人的感受、人体测量学特性与生物力学特性以及作业性质等因素。对于列车司机室系统而言,

由于显示/控制器较多,不可能使每个设备都处于其本身的最理想位置,需要依据一定的原则来进行安排。

1. 重要性原则

优先考虑对于实现安全驾驶目标最为重要的元件,即使其使用频率不高,也要将其中最重要的元件布置在离作业者最近或最方便的位置,这样可以防止或减少因误操作引起的意外事故或伤害。一个元件是否重要,应当根据它的作用来确定,有的元件可能并不频繁使用,但却是至关重要的,如紧急制动器,一旦使用,就必须保证迅速而准确地实施制动。

2. 使用频率原则

在列车运行过程中,乘务员操纵各种设备的频率是不一样的,需要按照使用频率来考虑它们布置位置的优先权,将使用频率高的显示器和控制器设置在乘务员最佳视区或最佳操作区,对于使用较少的设备,则可布置在次要区域。

3. 功能分组原则

将功能相同或相关的显示器或控制器组合在一起,以保证乘务员可以直观、明确地知道控制器与相应显示器之间的关系。

4. 使用顺序原则

在列车驾驶作业中,乘务员为完成某一动作或达到某一目标,按某一固定顺序操作时,对被操作对象应按其操作顺序进行排列布置,以方便乘务员的记忆和操作,避免和减少漏操作和误操作。

2.3.2 视区划分与显示器布局

动车组乘务员需要迅速地观察显示装置的指示结果并及时做出反应,以完成合理的操作。因此,司机室显示系统界面布局是否符合人因工程要求,对于乘务员正确完成操作极为重要。

乘务员对视觉信号的感知是人体对信号的感受、传递和加工,以至形成整体认识的觉察、识别和解释过程。列车司机室各类视觉信号应易于感知。视觉信号按感知程度可有下述 3 个层次:①觉察,作业者发现了信号的存在;②识别,作业者辨别出所觉察的信号;③解释(或译码),作业者理解了所识别信号的意义。

1. 视区分布及人因工程学要求

从头部与视觉的关系、视线与视野范围、色彩视觉察觉范围以及视觉任务与视野范围来探讨驾驶视区与作业。头部运动与眼球运动的关系见图2-13[7-9]。

从图 2-13 可以看出人体头部的水平最大运动角度为158°,垂直最大运动角度向前是 60°,向后是 61°,较容易的水平运动角度为 90°,垂直运动角度前后均为 30°;而眼球的水平最大运动角度为 70°,垂直最大运动角度向上是 30°,向

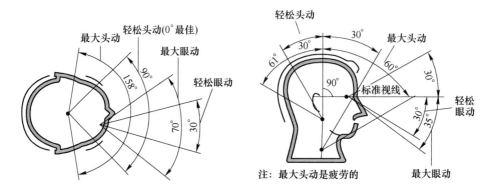

图 2-13 头部运动与眼球运动的关系

下是 35°,较容易的水平运动角度为 30°,垂直运动角度是向下 30°。

人的视线与视野范围见图 2-14[7-9]。垂直视野范围向上的上限是 50°,向下是 70°;双眼的视野范围是 188°,单眼的视野范围是 156°。人在站立和坐姿时以及松弛与非松弛状态时的正常视线是有所不同的。

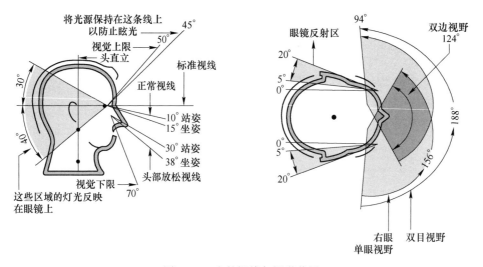

图 2-14 人的视线与视觉范围

人的视觉对不同颜色的敏感范围是不同的,人的色彩视野察觉范围见图 2-15。从图中可以看出人的视觉对于白色、黄色、蓝色、绿色和红色在水平方向和垂直方向上察觉的范围是有所区别的,这对于驾驶作业中警惕、告警色的范围设计有着十分重要的参考意义。

图 2-16 所示为视觉任务与视野范围的关系[7-9],从图中可以看出视觉任

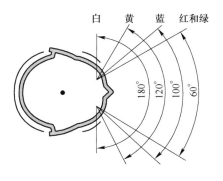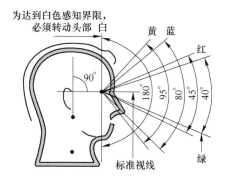

图 2-15 人的色彩视觉察觉范围

务的目标精度不同,其视野范围是不同的,一般的标准视距是人的上肢可以触及的距离。

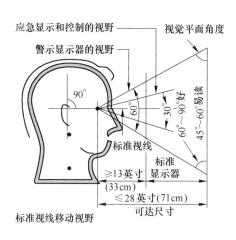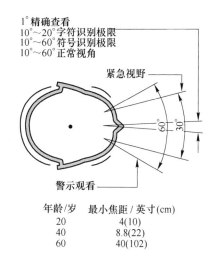

图 2-16 视觉任务与视觉范围

图 2-17 所示为 HUMANSCALE[9] 中给出的正直坐姿时的视野范围,对正直坐姿时的垂直视觉极限范围、最小/最大可视半径(最小/标准显示距离)以及警示、紧急显示的视野范围进行了明确规定。

2. 显示器排列原则

显示器的排列布局应遵循以下原则:

(1) 显示器应尽可能与乘务员的视线相垂直,当向正前方看时,显示器与视线之间的角度不允许大于45°。

(2) 最频繁观察和(或)最重要的信号,应有高的优先权,布置在距乘务员的正常视线(如果这是监视作业的主要视线)最接近的区域内;优先权较低的信

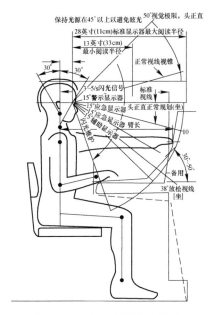

图 2-17 坐姿作业视觉范围

号,可逐渐向周边布置。将视觉信号优先布置在良好视区和有效视区的意义在于,可使乘务员持久地处于能觉察信号的环境,或者置身于能收到信号的位置。

(3) 有效视区之外,一般不宜布置视觉信号,如果视觉信号数量太多,可将很少观察的、次要的、辅助性的、不影响安全的视觉信号设置在条件视区。此时,需辅以头的转动进行观察,其空间范围一般宜于在最佳观察视野之内,不超出最大视野范围。

(4) 对于需在更大空间范围内进行观察的视觉信号,宜采用可改变观察方位的转椅。此时,视线随转动方向移动,其最大观察范围为人体转动角度叠加头部转动最大观察视野。

(5) 预警信号和告警信号一般应设置在良好视区或有效视区内。为使预警和告警信号能及时引起乘务员的注意,可采取一些辅助手段,如采用闪光的显示器或声光联合报警显示器。

(6) 视觉信号的布置宜分成若干区组,使每个区组形成一个功能性的注视点(区),以提高认读的效率和准确性。编组方法应与乘务员思维方式一致。区组的组合原则为:①按在系统中的功能组合;②按使用逻辑关系组合;③按功能的主次分区排列;④按使用频次进行组合;⑤按显示器本身的功能组合。

(7) 考虑路线最短原则,相互联系较多的显示器应靠近布置,尽可能保持头部不动,在眼球易于转动的范围内就能看清楚相关部分。

(8) 显示器的布置,应尽可能在头部及眼睛放松的状态下就能看到显示器,以免头部及眼睛长时间处于比较紧张状态。允许采取一些辅助手段,如提供一些易于变换姿势的条件。

2.3.3 上肢可及区域划分与控制器布局

1. 水平面内坐姿时手部功能可及范围

由于人的手部在执行不同作业时,所用的手部位置不同,其可控制的范围会有所差异。不同视觉作业类型、不同的器件使用频率也会导致作业时可操作区域的不同,坐姿时水平面内手功能可及范围见图 2-18[7-9]。

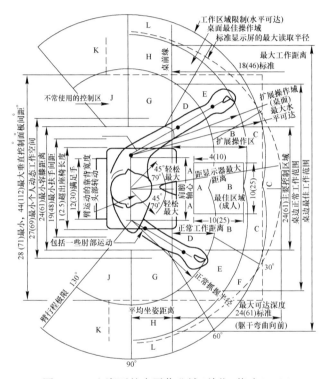

图 2-18 坐姿下的水平作业域(单位:英寸(cm))

手的可及范围与手抓握状态有关,具体如下:

(1) 手(中指)可及范围:手中指指尖点所能触及的空间范围。

(2) 手抓捏可及范围:手三指(拇指、食指、中指)抓捏状态,抓捏中心所达到的范围。这是控制系统最常用的手操作方式。手功能可及范围是采用"三指捏"状态。

(3) 手握轴可及范围:手握轴状态,轴中心所达到的空间范围。

不同控制区域、不同控制器使用条件以及不同视觉类型对应的控制区域见表 2-17。

表 2-17 不同控制区域、不同控制器使用条件
以及不同视觉类型对应的坐姿水平面内的控制区域

控制区域	对应区域	器件使用条件	对应区域	视觉类型	对应区域
舒适作业范围	A、B、D、E	使用频繁	A、B、D、G、E、H	精确作业	A、B、C、D、E、F
手(中指)可及范围(按钮、肘节开关)	任何区域	较少使用	C、F、L、J、K	非精确作业	G、H、L、J、K
手抓捏可及范围(旋钮)	A、B、D、E、G、H、J	连续或紧急使用	A、B、D	单视觉作业	J、K
手握轴可及范围(手柄)	B、E、H	双手操纵	AI、B、C	盲视作业	B、E

2. 舒适的驾驶姿势

上肢可及区域与人体的关节活动范围是密切相关的,图 2-19 中的扇形区域表示驾驶坐姿时移动身体各关节时的舒适活动范围[7-9],它对肢体活动范围进行省略简化。一般来说,舒适活动范围位于肢体极限活动范围的中间值,只需较小的抵抗重力的肌力就能完成作业。

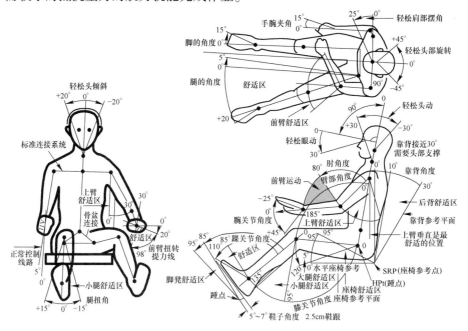

图 2-19 舒适坐姿下的人体关节角度[9]

动车组驾驶与汽车驾驶有很大的不同,乘务员需要对向上或向下的高矮柱信号进行瞭望,为了保证乘务员有较好的视野,司机室需要尽量布置在列车的前端,为了使得司机室前后空间更加紧凑,通常采用高坐姿设计。在高坐姿作

业状态下,比较舒适的大腿与小腿的夹角是110°,脚踏板与地平面的夹角是15°~25°[6],小腿与脚踏板的夹角为84°~90°,座椅靠背的倾角是向后偏离 H 点垂直线10°±5°,座椅面的倾角是向上5°±3°。根据上述这几个参数,结合图2-19和我国不同身材的人体尺寸就可以确定出动车组驾驶时较为舒适的人体作业范围。

1)控制器排列原则

控制器的排列布局应遵循以下原则:

(1)控制器的位置有利于其编码的识别。

(2)控制器应按照其操作程序和逻辑关系排列。

(3)按使用频次考虑控制器布置位置的优先权,将使用频次最高的排列在最靠近乘务员的位置;使用频次高的控制器排列在舒适操作区;使用频次低的则依次向边缘布置,设置在有效操作区和扩展操作区。

(4)对于需进行精细操作的重要控制器应排列布置在精确操作区内,设置位置应考虑观察被控信号的清晰性和准确性;次要的控制器则依次排列布置在有效操作区和扩展操作区内。

(5)紧急控制器涉及系统运行的安全,应布置在舒适操作区或精确操作区内,与其他控制器分开,标志要明显。

(6)控制器通常应安装在相关显示器的下方或右方,或根据实际需要,控制器也可安装在显示器附近。

(7)按控制器的功能进行分区,各区之间用不同的位置、颜色、图案和形状进行区分。

(8)联系较多的控制器应尽量相互靠近。

(9)控制器的排列和位置应方便乘务员的左、右手及左、右脚进行操作。

(10)对于在某些特殊情况或在危险场合下需迅速操作的控制设备,应做到即使在盲视下也不会产生误操作。

(11)控制器应尽量布置于视野内的空间,不需要视觉辅助的控制器,可以布置在人的触觉功能能辨认的地方。

(12)正常运行时使用的操纵装置均应靠近乘务员,尽可能集中在乘务员操纵台上。当乘务员面朝线路方向操作时,常用的操纵装置如操纵手柄、制动阀手把等均应使乘务员操作方便,不致使乘务员因长交路行车操作引起疲劳。

2)显示/控制器的组合原则

显示/控制器的组合布局应遵循以下原则:

(1)显示/控制器应尽量采用靠近安装、功能分组并编码、框线和标记。

(2)显示/控制器对乘务员应直观、明确。控制器通常应安装在相关显示器的下方或右方,或根据实际需要控制器也可靠近显示器。

(3)显示/控制器的复杂性及精度不应超过乘务员的掌控能力(手的灵巧

性、协调性或反应能力方面)。

(4) 完成某一操作活动或整套操作活动所需的所有显示器应组合在一起。

(5) 对于同类功能的显示/控制器应该安排在一起,并且希望其观察和操作的顺序是从左到右、从上到下或从后向前。

2.3.4 显控界面人因布局的优化算法

1. 显控界面人因布局的优化算法概述

动车组驾驶显控界面布局问题是一种带性能约束的布局问题,该类问题具有评价、建模和求解的三重复杂性。显控界面评价的复杂性体现在评价过程涉及生理学、心理学、工程学、系统科学、安全科学等学科,不仅需要保证系统功能的安全、高效实现,而且需要考虑乘务员在操作过程中的安全和舒适,这些因素通常难以给出确定的量化指标进行评价。显控界面布局问题具有建模的复杂性,是因为显控界面布局问题涉及数学、图形学、计算机科学等多方面的知识,建模的过程中需要用模型准确而清晰地表达这些知识,其复杂性主要体现在以下两个方面:①布局空间和待布物的建模,重点在于对其几何特征的模型描述,其难点在于对任意形状的描述以及由此引出的形状间干涉检验问题;②布局过程的建模,即对布局问题的目标和约束的数学描述。结合不同的工程应用背景,求解目标具有多样性,在本问题中,即为上文中的评价量化,其建模难度也是极大的。约束一般有几何约束、工艺约束等,其建模难度往往更加大于目标的建模,求解的复杂性可以通过计算复杂性理论体现。显控界面布局问题至少属于NP-难问题,到目前为止不存在多项式算法能对其进行精确求解,因而在求解大规模显控界面布局问题时需要将其进行转换来求解近优解。

许多学者将显控界面布局问题转化为经典运筹学问题进行求解,Freund等[10]以最小化效用成本为目标,将问题化为运输问题,使用匈牙利算法进行求解;Bartlett等[11]将设施布局算法CRAFT进行改进,并将改进的算法应用于较大规模的显控界面布局问题中,取得了较好的结果;Sargent等[12]也将问题视为设施布局问题,通过AHP获得器件间的相关性矩阵,以此作为输入,使用CRAFT求得最优解;Peer等[13]则使用二次分配问题的模型来求解显控界面布局问题。像处理设施布局问题一样,这些学者将人机交互界面布局问题基于器件间的相关性进行求解,但与设施布局问题不同,显控界面布局问题需要考虑人与显控界面的交互,仅仅基于器件间的相关性进行布局未考虑人的因素,这不利于人机交互。

更多的学者关注于将尽可能多的布局原则体现在布局方案中,Bonney等[14]依据重要性原则、使用频率原则、功能原则和使用顺序原则,提出了CAPABLE;Wang等[15]认为CAPABLE局限于7个器件,并且没有量化评估布局方案,因而通过量化重要性原则和相关性原则,提出了一个双目标启发算法;Pulat

等[16]和Senol等[17]分别依据器件间的相关性原则和重要性、使用频率原则对器件进行评估排序,然后依次放入事先确定的排序位置中形成布局方案;Alppay等[18]通过访谈和要求飞行员设计的形式获得器件的评分,结合依据飞行员的习惯和阅读方式得出的面板分区评价,将器件按照评分依次放入对应位置;Jung等[19]使用CSP技术来获得符合CAPABLE中4个人因原则的器件布局,通过逐渐放松约束条件来获得近优解。这些学者依据人因原则,将器件依次放入合适的布局位置,获得了人机交互性较好的布局结果。然而,通过局部的布局优化来构建整体布局方案,通常会更注重局部的布局优化,而忽视了布局整体。显控界面布局作为一个整体,应从布局整体出发来进行布局评估。

近年来,有一些学者使用元启发算法来求解显控界面布局问题,Deng等[20]基于认知工效学建立等面积器件布局问题的模型,使用基因-蚁群算法求得最优解;Eggers等[21-22]使用蚁群算法进行键盘布局优化;Yin等[23]结合语境提出一个键盘布局问题的数学模型,使用改进的粒子群算法对多目标模型进行求解;Sorensen[24]为手机键盘布局问题建立双目标模型,使用多起点下降算法获得一个帕累托解;Dell等[25]通过改进一些二次分配问题中效率最高的元启发式算法来求解键盘布局问题,并比较了新算法的计算结果。这些方法都较好地解决了键盘布局问题,但是并不适用于显控界面布局问题。

这里提出了一种显控界面全面设计方法,全面的设计方法体现在两个方面:一方面,该方法是从布局总体出发对布局方案进行评价的,而不是对每个器件分别进行评价;另一方面,4个传统的人因原则被一起用来评估整个布局方案。

2. 显控界面人因布局的优化模型

在本节中,列出所需描述的符号如表2-18所列。

表2-18 符号及其含义

符 号	含 义
L	操纵台的长度
W	操纵台的宽度
$G = \{(x,y) \mid 0 \leq x \leq L, 0 \leq y \leq W, x, y \in Z\}$	格点集合
$D = \{D_1, D_2, \cdots, D_n\}$	器件集合,n为器件数量
L_d	器件d的长度
W_d	器件d的宽度
im_d	器件d的重要性
f_d	器件d的使用频率
$r_{d_1}^{d_2}$	器件d_1和d_2之间的相关性

续表

符 号	含 义
$\text{cl}_{d_1}^{d_2}$	$\begin{cases} \text{cl}_{d_1}^{d_2} = 1 & (\text{器件 } d_1 \text{ 和 } d_2 \text{ 属于同一功能分组}) \\ \text{cl}_{d_1}^{d_2} = 0 & (\text{器件 } d_1 \text{ 和 } d_2 \text{ 不属于同一功能分组}) \end{cases}$
P_{dxy}	0-1 变量, $\begin{cases} P_{dxy} = 1 & (\text{器件 } d \text{ 放置在格点}(x,y) \text{ 上}) \\ P_{dxy} = 0 & (\text{器件 } d \text{ 不在格点}(x,y) \text{ 上}) \end{cases}$
I_{dxy}	器件 d 放置在格点 (x,y) 上时的重要性评估
F_{dxy}	器件 d 放置在格点 (x,y) 上时的使用频率评估
$R_{d_1 x_1 y_1}^{d_2 x_2 y_2}$	器件 d_1 和 d_2 分别在格点 (x_1,y_1) 和 (x_2,y_2) 时两者的相关性评价
$\text{CL}_{d_1 x_1 y_1}^{d_2 x_2 y_2}$	器件 d_1 和 d_2 分别在格点 (x_1,y_1) 和 (x_2,y_2) 时两者的功能分组评价

下面给出以下假设:

(1) 布局空间即显控界面被划分为格点,器件只能放置在格点上。

(2) 根据器件型式和操纵方式的不同,器件间的最小距离要求不同。为保证器件间的最小间隔距离,每个器件的长、宽都被扩大。根据每个器件的型式和操纵方式,器件在长度和宽度上增加一个单位的最小间隔距离。

1) 约束定义

给定一个 $L \times W$ 的矩形操纵台和 n 个不同的器件,器件需要互不干涉地完全放置在操纵台上,并且每个器件只能放置一次。操纵台被划分为足够小的格点,格点的位置即为器件可能的布置位置。

每个器件有且仅有一次机会布置在操作台上,因此要确保器件的唯一性,即

$$\sum_{x=0}^{L} \sum_{y=0}^{W} P_{dxy} = 1 \quad (d = 1, 2, \cdots, n) \quad (2-3)$$

在本问题中,要确保所有器件完全放置在操纵台内部,然而格点是事先给定的,而器件大小不一,不能确保放置在边缘格点上的大面积器件不超出操纵台的边界,因此需要加入边界约束,即

$$\sum_{x=0}^{L} \sum_{y=0}^{W} x \cdot P_{dxy} + L_d \leqslant L \quad (d = 1, 2, \cdots, n) \quad (2-4)$$

$$\sum_{x=0}^{L} \sum_{y=0}^{W} y \cdot P_{dxy} + W_d \leqslant W \quad (d = 1, 2, \cdots, n) \quad (2-5)$$

如果器件 d 被放置在格点 (x,y) 上,如图 2-20 所示,那么该器件覆盖了格点,有

$$\{(r,s) \mid x \leqslant r \leqslant x+L_d, y \leqslant s \leqslant y+W_d, r,s \in Z\} \quad (2-6)$$

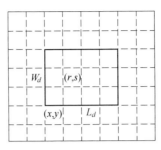

图 2-20 器件 d 放置在格点 (x,y) 上时覆盖的格点

器件间不能重叠,因此这些格点不能再放置其他器件,即每个格点最多只能被一个器件覆盖,由此建立约束为

$$\sum_{d=1}^{n} \sum_{x=r-L_d}^{r} \sum_{y=s-W_d}^{s} P_{dxy} \leqslant 1 \quad (r=0,1,\cdots,L;s=0,1,\cdots,W) \quad (2-7)$$

考虑到格点 (x,y) 的坐标都大于 0,而 (r,s) 可能小于器件的长和宽 $L_d \times W_d$,因此可以简化约束,即

$$\sum_{d=1}^{n} \sum_{x=\max(0,r-L_d)}^{\min(r,L-L_d)} \sum_{y=\max(0,s-W_d)}^{\min(s,W-W_d)} P_{dxy} \leqslant 1 \quad (r=0,1,\cdots,L;s=0,1,\cdots,W)$$

$$(2-8)$$

其中还有一些针对特定器件而言的约束,比如,时刻表必须放置在操作台水平中央离乘务员最近的地方;一些器件有左右手操作的要求,如左开门、左关门等需要左手操作,而右开门、右关门需要右手操作,这时需要对这些器件加些额外的约束,即

$$P_{dxy} = 1 \quad (d=1, x=\frac{L}{2}-\frac{L_1}{2}, y=0) \quad (2-9)$$

$$P_{dxy} = 0 \quad (d=2, x \geqslant \frac{L}{2}) \quad (2-10)$$

式中: $d=1$ 表示时刻表; $d=2$ 表示右手操作的器件。

2) 目标函数

在 2.3.1 小节中提到,操纵台布局问题主要涉及 4 个工效学原则,分别是重要性原则、使用频率原则、功能分组原则和使用顺序原则,本节将依据这些工效学原则,建立多个目标函数,作为操纵台布局问题的优化方向。

根据评价标准的不同,这些工效学原则可以分为两大类:一类是以器件与操作台本身的相对位置关系为评价标准的重要性原则和使用频率原则;另一类是以器件间的距离关系为评价标准的功能分组原则和使用顺序原则。

依据重要性原则和使用频率原则来评估器件放置位置的好坏,首先需要根据乘务员的操作便利性和舒适性对操作台进行区域划分,显控界面被分为操作区和显示区,乘务员以标准坐姿坐在操纵台中轴线上,胸前距离台面前沿100mm,操作区的划分如图 2-18 所示。

分别依据重要性和使用频率对每个器件进行评价,则有 im_d 和 f_d,由器件所在的格点位置 (x,y) 和器件本身的重要性 im_d 或使用频率 f_d 可以评估器件在该格点时的重要性 I_{dxy} 或使用频率 F_{dxy}。依据重要性原则或使用频率原则来评估一个布置方案,则需要对所有器件的重要性或使用频率进行求和,即以下两个目标函数,有

$$I = \sum_{d=1}^{n} \sum_{x=0}^{L} \sum_{y=0}^{W} I_{dxy} \cdot P_{dxy} \tag{2-11}$$

$$F = \sum_{d=1}^{n} \sum_{x=0}^{L} \sum_{y=0}^{W} F_{dxy} \cdot P_{dxy} \tag{2-12}$$

依据功能分组原则和使用顺序原则来评估操纵台的布置时,首先需要根据器件的大小和器件间的距离对两个器件的接近程度进行评估。这里引入 Fitts 定律[26],用时间来评估器件间物理上的接近程度。Fitts 定律认为,从当前器件位置到达一个目标器件位置的时间,与两者之间的距离和目标器件的大小有关,可以表示为

$$t = \alpha + \beta \log_2\left(\frac{D}{A} + 1\right) \tag{2-13}$$

式中:参数 α 和 β 是确定的常量,在计算中,使用由 MacKenzie 等[27]通过实验确定的数值,即 $\alpha = 0$ 和 $\beta = 10/49$;D 为两个器件中心点之间的距离,可以由器件所在的格点与器件本身的尺寸大小确定;A 为器件的面积。

分别依据功能分组和使用顺序对两个器件之间的关系进行评价,则有 $cl_{d_1}^{d_2}$ 和 $r_{d_1}^{d_2}$。由两个器件所在的格点位置 (x_1,y_1) 和 (x_2,y_2) 以及两个器件之间的分组情况 $cl_{d_1}^{d_2}$ 或相关性 $r_{d_1}^{d_2}$,可以评估两个器件分别在这两个格点位置时的功能分组 $CL_{d_1x_1y_1}^{d_2x_2y_2}$ 或 $R_{d_1x_1y_1}^{d_2x_2y_2}$。依据功能分组原则或使用顺序原则来评估一个布置方案,则需要对所有器件的功能分组或相关性进行求和,即以下两个目标函数,有

$$CL = \sum_{d_1=1}^{n-1} \sum_{x_1=0}^{L} \sum_{y_1=0}^{W} \sum_{d_2=2}^{n} \sum_{x_2=0}^{L} \sum_{y_2=0}^{W} CL_{d_1x_1y_1}^{d_2x_2y_2} \cdot P_{d_1x_1y_1} \cdot P_{d_2x_2y_2} \tag{2-14}$$

$$R = \sum_{d_1=1}^{n-1} \sum_{x_1=0}^{L} \sum_{y_1=0}^{W} \sum_{d_2=2}^{n} \sum_{x_2=0}^{L} \sum_{y_2=0}^{W} R_{d_1x_1y_1}^{d_2x_2y_2} \cdot P_{d_1x_1y_1} \cdot P_{d_2x_2y_2} \tag{2-15}$$

3) 求解算法设计

通过结合格点技术和定量化的工效学原则,建立起操纵台布局问题的数学模型。操纵台布局问题中的操纵台通常较大,同时需要布置的器件较多,因而

模型规模非常大,使用现有的求解器对模型进行求解较为困难,所以本节使用智能算法对模型进行求解。

作为群智能算法的一种,粒子群算法是由 James Kenney 和 Russ Eberhart 于 1995 年提出的一种全局搜索算法,通常用来寻找数学规划模型的高质量解。粒子群算法源于对鸟群捕食行为的研究,由于其具有简单、易于实现、参数较少的优点,粒子群算法在函数优化、神经网络训练、模式分类、模糊控制等领域得到了广泛的应用,并取得了较好的效果,使用粒子群算法对操纵台布局问题的数学模型的求解过程如下。

(1) 解的表示。

在粒子群算法中,一个粒子即为在解空间中的一个解。从上文中可以看出,$P_{dxy}=1$ 表示器件 d 放置于格点 (x,y) 上。由于有器件唯一性的约束,即 $\sum_{x=0}^{L}\sum_{y=0}^{W}P_{dxy}=1$,因而对于一个器件 d 而言,可以使用格点 g_d 表示其放置位置。而一个粒子是由所有器件的位置构成,因而可以使用 $\boldsymbol{g}=(g_1,g_2,\cdots,g_n)^\mathrm{T}$ 表示。

所有器件只能在满足器件对应边界约束的格点中选择位置,来确保边界约束的满足。

(2) 适应度评价。

适应度是在解优化问题时用来评估解的优劣程度。在本程序中,适应度主要由目标函数和罚函数两部分构成。在上文中,已经将 4 个工效学原则转化为 4 个定量化的目标。这 4 个目标通过加权和构成单一的目标,即

$$H = \omega_1 I + \omega_2 F + \omega_3 \mathrm{CL} + \omega_4 R \tag{2-16}$$

其中设定 $\omega_1=\omega_2=\omega_4=1$,$\omega_3=10$。

罚函数是将约束转化为目标函数。当求得的解满足所有约束时,其值为零。当有约束不满足时,根据其不满足的程度给予一定的惩罚。在本问题中,主要约束有以下 4 个,即

$$C_1 = \sum_{x=0}^{L}\sum_{y=0}^{W} P_{dxy} - 1 = 0 \tag{2-17}$$

$$C_2 = \sum_{x=0}^{L}\sum_{y=0}^{W} x \cdot P_{dxy} + L_d - L \leqslant 0 \tag{2-18}$$

$$C_3 = \sum_{x=0}^{L}\sum_{y=0}^{W} y \cdot P_{dxy} + W_d - W \leqslant 0 \tag{2-19}$$

$$C_4 = \sum_{d=1}^{n}\sum_{x=\max(0,r-L_d)}^{\min(r,L-L_d)}\sum_{y=\max(0,s-W_d)}^{\min(s,W-W_d)} P_{dxy} - 1 \leqslant 0 \tag{2-20}$$

取 $q_n = \max\{0, C_n\}$($n=1,2,3,4$),结合上文建立的模型是 0-1 整数规划模型,设置罚函数为

$$\begin{cases} P_n = 10q_n & (q_n \leq 1) \\ P_n = 20q_n & (1 < q_n \leq 3) \\ P_n = 100q_n & (3 < q_n \leq 5) \\ P_n = 300q_n^2 & (q_n > 5) \end{cases} \tag{2-21}$$

由目标函数和罚函数可以得出粒子的适应度,即

$$F = H - \sum P_n \tag{2-22}$$

(3) 粒子速度与位置的更新。

粒子 i 在一个 n 维空间中搜索,其信息由两个 n 维向量表示,分别为位置信息 $\boldsymbol{g}_i = (g_{i1}, g_{i2}, \cdots, g_{in})^{\mathrm{T}}$ 和速度信息 $\boldsymbol{v}_i = (v_{i1}, v_{i2}, \cdots, v_{in})^{\mathrm{T}}$。在每次迭代中,每个粒子根据 4 个信息改变自身速度,分别为自身当前位置 $\boldsymbol{g}_i$、自身当前速度 $\boldsymbol{v}_i$、自身历史最优位置 $\mathbf{Pbest}_i$ 和粒子群历史最优位置 $\mathbf{Gbest}$。在求得本次迭代中的 $\mathbf{Pbest}_i$ 和 $\mathbf{Gbest}$ 后,需要根据以下公式更新速度,即

$$\boldsymbol{v}_i' = w \cdot \boldsymbol{v}_i + c_1 \cdot \mathrm{rand}_1 \cdot (\mathbf{Pbest}_i - \boldsymbol{g}_i) + c_2 \cdot \mathrm{rand}_2 \cdot (\mathbf{Gbest} - \boldsymbol{g}_i) \tag{2-23}$$

式中:w 为惯性权重;c_1 和 c_2 为学习因子,设置为 $c_1 = c_2 = 2$,rand_1 和 rand_2 是介于 $[0,1]$ 的随机数。

为了避免陷入局部最优解,同时保证较好的算法收敛性,将惯性权重设置为随着迭代次数而变化的,其变化模型为

$$w = w_{\max} - (w_{\max} - w_{\min}) \cdot \frac{\mathrm{iter}}{\mathrm{iter}_{\max}} \tag{2-24}$$

式中:$w_{\max}$ 和 $w_{\min}$ 分别为 w 的最大值和最小值;iter 和 $\mathrm{iter}_{\max}$ 分别为当前迭代次数和最大迭代次数。

在更新完速度后,需要对粒子位置进行更新。

$$\boldsymbol{g}_i' = \boldsymbol{g}_i + \boldsymbol{v}_i' \tag{2-25}$$

(4) 算法过程。

算法步骤如下:

步骤 1:随机初始化粒子位置和速度。

步骤 2:计算所有粒子的适应度,并记录全局最优粒子。

步骤 3:更新所有粒子的位置和速度。

步骤 4:计算所有粒子的适应度。

步骤 5:更新个体最优适应度和全局最优适应度。

步骤 6:判断是否到达最大迭代次数。如果是,进入步骤 7,否则执行步骤 3。

步骤 7:输出全局最优粒子及其适应度。

算法流程框图如图 2-21 所示。

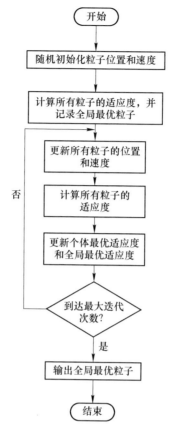

图 2-21 算法流程框图

（5）优化结果的调整。

由于格点设置小于器件，使得优化结果看上去比较乱。因此，在得到优化结果后，需要在不影响优化结果的情况下对布局进行调整。

器件以功能分组原则进行分组，以组为单位进行器件微调。以器件 D_1 自身为中心，搜索一定距离内的同组器件。如果存在这样的器件，并且器件 D_1 在移动后不会覆盖其他器件，则将器件 D_1 与搜索到的器件对齐；否则，不对器件 D_1 进行移动。

4）结果示例

为检验提出方法的有效性，这里对某动力集中型动车操纵台台面上的显控器件进行了算例测试，程序使用 C++编写，并在 i7 3.50GHz 的处理器和 16GB 内存的机器上运行。

（1）输入数据。

程序输入的数据主要包括器件名称、长度、高度、重要性、使用频率、功能分组、类型和相关性。其中重要性、使用频率和相关性均为5级,是由专家打分得到的,功能分组是依据器件功能划分的。类型分为控制器件和显示器件两种,人机交互界面的大小为200cm×78cm。算例的输入示例如表2-19、表2-20所列。

表2-19 算例输入示例(除相关性外的属性)

器件名称	长度/cm	高度/cm	重要性	使用频率	功能分组	类型
2. 制动机	26	22	5	5	1	控制器件
3. 司机控制器	29	19	5	5	9	控制器件
28. TCMS显示屏	35	25	3	5	7	显示器件
⋮	⋮	⋮	⋮	⋮	⋮	⋮

表2-20 算例输入示例(相关性)

器件名称	制动机	司机控制器	TCMS显示屏
制动机	0	5	4
司机控制器	5	0	3
TCMS显示屏	4	3	0
⋮	⋮	⋮	⋮

(2) 结果分析。

程序迭代10000次大概需要20min。程序运行中布局质量如图2-22所示。其最终达到的最优解为-15908,最终布局形式如图2-23所示,其中的显控器件为①时刻表、②制动机、③司机控制器、④后视镜、⑤备用制动阀、⑥停车位置按钮、⑦停放制动按钮、⑧停放缓解按钮、⑨高音风笛、⑩无人警惕按钮、⑪机车钥匙、⑫受电弓开关、⑬主断路器开关、⑭空压机开关、⑮前照灯开关、⑯辅照灯开关、⑰本端标志灯开关、⑱它端标志灯开关、⑲机械室灯开关、⑳阅读灯开关、

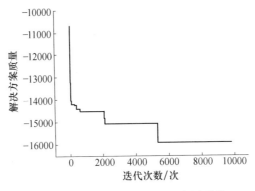

图2-22 程序迭代过程中的布局质量

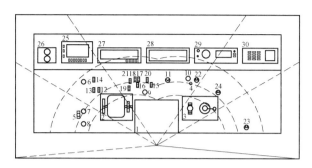

图 2-23　算法布局结果

㉑司机室灯开关、㉒过分相、㉓定速控制、㉔电笛、㉕制动显示屏、㉖风表模块（包括总风缸/列车管压力表、列车供风压力表、制动缸Ⅰ/Ⅱ压力表）、㉗LKJ 显示屏、㉘TCMS 显示屏、㉙多功能状态仪表模块（包括网压/控制电压表、双针速度表、微机复位按钮、紧急制动按钮、备用制动数字表、状态指示灯、列供 1A/B 组转换开关、列供 2A/B 组转换开关、列供钥匙）、㉚CIR 操作显示终端。

从图 2-23 中可以看出以下特征：

（1）重要性、使用频率最高的控制器件时刻表、制动机和司机控制器均在舒适操作区，其次的停放缓解按钮、高音风笛、前照灯开关和辅照灯开关放置在有效操作区，其他控制器件都被安排在可扩展操作区，无控制器件被安排在操作区之外。

（2）重要性、使用频率较高的显示器件 LKJ 显示屏、TCMS 显示屏在轻松眼动区，其次的制动显示屏、机车通信装置和多功能状态仪表模块放置在最大眼动区，风表模块在双目视野区。

（3）相关性较高的如制动机与备用制动闸、停车位置按钮、停放制动按钮、停放缓解按钮、前照灯开关与辅照灯开关、本端标志灯开关、它端标志灯开关之间均放置在相近的区域内。

（4）相关性较高的制动显示屏、风表模块、LKJ 显示屏、TCMS 显示屏被放在一起。

（5）功能分组原则中，制动机与备用制动闸，停车位置按钮、停放制动按钮与停放缓解按钮，受电弓开关、主断路器开关与空压机开关，前照灯开关与辅照灯开关、本端标志灯开关、它端标志灯开关、机械室灯开关、阅读灯开关与司机室灯开关，各个分组都被放置在一个区域中。

（6）在显示器件的功能分组中，制动显示屏与风表模块、LKJ 显示屏与 TCMS 显示屏分别放置在相邻位置上。

我们提出的这种人机交互界面设计方法的特点是建立了一个基于一般性模型和人因原则的评价函数，该方法是为了寻找器件在操作台上可能的最优布置方案。传统的人机交互界面设计方法通常注重各个器件的单独优化,或者只考虑了单个人因布局原则。这里将人机交互界面格点化,并建立了整数规划模型,从而从布局整体出发来优化布局方案。重要性、使用频率、相关性和功能分组等4个人因原则被定量化为4个目标,作为评价布局方案优劣的准则,粒子群算法被用来求解模型的最优解。

从计算实验可以看出,算法能够有效地找到比较好的解决方案,不仅如此,由于算法本身的随机性,使得多次运行算法能够生成多个不同的布局方案。多个优秀布局方案的呈现,可以给设计者和决策者为最终布局方案的确定提供多种参考。

2.4 动车组驾驶显控界面几何适配性评价

动车组驾驶界面适配性设计主要是针对驾驶工作空间的显示控制界面和工作人员的身体物理性能及两者之间的匹配情况进行的设计[28],其设计是否合理直接影响乘务员驾驶作业的效率、安全健康和舒适程度。良好的驾驶界面适配性设计可以有效地增进乘务员的驾驶绩效,避免不必要的能力浪费与疲劳,降低不必要的训练成本和对特殊技巧及能力的依赖,减少人为错误,有效地改善乘务员驾驶操作的满意度。准确地评价动车组列车驾驶界面适配性,可在设计阶段及时发现潜在的适配性设计缺陷并加以改进,从而可以有效地提高设计效率,节约后期实验测试成本。

对于单一操作对象,可将适配性评价问题近似地简化为单一姿势评估,相关研究包括 Ovako 工作姿势评价法(OWAS)[29-30]、快速上肢评价方法(RULA)[31]、快速全身评价方法(REBA)[32]以及 PATH(posture activity tools and handling)[33]等方法。这些方法通过观察不同身体部位的活动范围,利用关节角度对姿势进行分类[34],目前已经被广泛应用于工程车辆驾驶[35]、计算机操作[36]和公路施工作业[37]等人员的姿势评价中。

动车组列车驾驶界面中显控器件存在着多样化和玻璃化(大量液晶显示屏的应用)的趋势,如 CRH3 型动车组主控制台上就有 25 种控制器件和 8 个显示器件[38]。驾驶界面评价是一个对多操作对象评价的问题,常用的解决方案是运用姿势评价方法对各个器件逐一评估,依据木桶原理进行改进[39];或者通过专家评分给各显控器件赋权,转化为单一器件评价问题[40];或者是利用人工神经网络[41-42]、灰色系统[43-44]、证据推理[45-47]方法等手段来进一步提高专家综合评价法的准确性。

上述几种方法通常聚焦于器件布局而忽视了操作任务本身,对于同一器件,不同任务环境下其评价结果可能完全不同。这是因为不同的任务环境有不同的操作资源需求,因此器件的重要度和操作频次也会相应地发生变化。例如,对于同一个驾驶界面,具有丰富经验的段内调车作业的乘务员和主要从事正线驾驶的乘务员可能会给出不同的适配性评价结果。

目前已有一些相关标准和规范可用于指导动车组列车驾驶界面人机适配性设计,比如UIC 651给出了乘务员手部的最佳操作区域,若操作器件布置在该区域内,则该器件人机适配性评分较高[6],但若操作器件布置在区域边缘则评分就较低。姿势评价方法也存在相似的问题,RULA方法将肩屈分为-20°~20°、20°~45°、45°~90°以及超过90°这4个范围,分别赋予1~4分[31]。可见,姿势评分与关节角度指标之间的关系是离散的、突变的,如肩屈20°和21°在数值上差异并不大,但在姿势评分上的差异却十分显著,这显然不太合理。

动车组列车驾驶界面适配性评价中各指标的度量实际上具有模糊性的特征。例如,乘务员对操纵杆的操作姿势好坏难以做出明确的回答,而使用"不太好""还行"等词语表达其中包含的模糊特性。因此,采用模糊理论处理此类问题具有原理清晰、能够充分利用单一评价对象准则,从而得到每一个评价指标的适配性程度等特点[48-49],这将有利于在设计阶段发现动车组驾驶界面适配性设计的缺陷。本节将基于驾驶任务建立动车组驾驶界面适配性评价指标体系,提出基于模糊性的适配性评价模型和计算方法,并在CRH2型动车组列车驾驶界面改进设计中进行应用探讨。

2.4.1 驾驶界面几何适配性评价指标体系的构建

基于任务分析所得到的任务-器件关联模型,分别构建任务层以及器件层指标,再根据操作形式的不同,将各个器件划分为不同的作业类,构建"任务-器件-作业"层级模型。如图2-24所示,以构建的基于正线运营任务的动车组驾驶界面适配性评价指标体系为例,分为任务层、器件层、作业类3个层级。任务层为基于正线运营驾驶任务的驾驶界面的总体适配性评价目标,器件层包含了

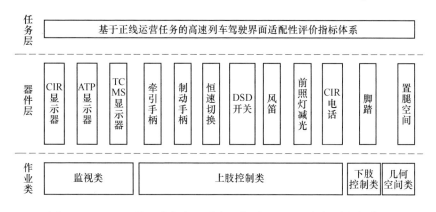

图2-24 基于正线运营任务的动车组驾驶界面适配性评价指标体系

完成该任务所需器件的中间评价过程,作业类被划分为监视类、上肢作业类、下肢作业类和几何空间类。根据使用器件的人体器官将器件层器件分配到不同的作业类之中。

基于人机交互参数构建作业类中的最终评价指标,以有效避免人体尺寸和工效标准带来的限制。例如,对于几何空间类的指标,用裕量作为其指标因素,而不是空间本身的尺寸参数。结合动车组驾驶任务特点和每一个因素对被试主观感受的影响调研结果,对一些不敏感的指标进行了适当筛除及合并,最终将作业类中的指标划分为图 2-25 所示。

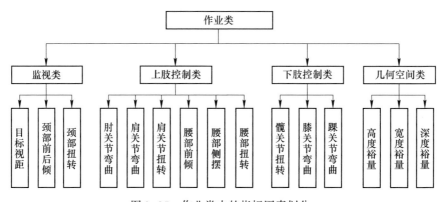

图 2-25　作业类中的指标因素划分

2.4.2　驾驶界面几何适配性评价

1. 模糊多层评价建模

囿于篇幅限制,这里仅介绍模糊粗糙集、模糊综合评价的基础部分及其在界面几何适配性中的应用,详细的数学理论推导等内容可参看相关模糊数学论著。

模糊粗糙集理论由 Dubois 和 Prade 于 1990 年提出[50],相比普通的粗糙集[51],模糊粗糙集可以最大程度地保留连续的属性值信息,以避免离散化处理过程所导致的信息损失问题,使最终的结果更加准确。

将建立的动车组驾驶界面适配性评价指标体系输入其中的对象集,即可输出最终的评价结果,如图 2-26 所示。为了将对象集中包含的指标值转换为评价集对应的模糊评价向量,以及明确各层指标对评价结果的影响能力,还需确定作业类指标的隶属度函数和指标权重。

1) 确立对象集

设某任务下的动车组驾驶界面适配性为评价对象集(论域)U,该对象集包含 m 个器件层评价指标,即

$$U = \{U_1, U_2, \cdots, U_i, \cdots, U_m\} \tag{2-26}$$

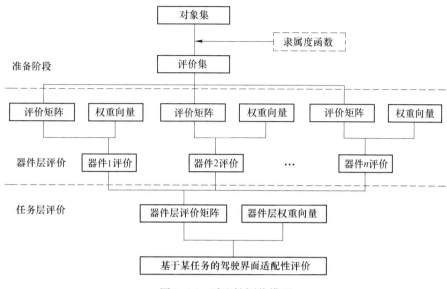

图 2-26 适配性评价模型

且满足条件 $\bigcup_{i=1}^{n} U_i = U$、$U_i \cap U_j = \emptyset$、$i \neq j$。

依据适配性评价指标体系,对于器件层的每一个指标使用作业类中的某类指标来评价,即

$$\begin{cases} U_i = \{u_{i1}, u_{i2}, \cdots, u_{in_1}\} & (U_i \text{属监视类指标}) \\ U_i = \{u_{i1}, u_{i2}, \cdots, u_{in_2}\} & (U_i \text{属上肢控制类指标}) \\ U_i = \{u_{i1}, u_{i2}, \cdots, u_{in_3}\} & (U_i \text{属下肢控制类指标}) \\ U_i = \{u_{i1}, u_{i2}, \cdots, u_{in_4}\} & (U_i \text{属几何空间类指标}) \end{cases} \quad (2-27)$$

式中:n_1、n_2、n_3、n_4 分别对应上述 4 类指标中的子指标数。

以正线运营任务适配性评价对象集 U 为例,第 5 个器件层评价指标为制动手柄,可表示为

$U_5 = \{$肘关节弯曲,肩关节前后摆,肩关节内外摆,腰部前倾,腰部侧摆,腰部扭转$\}$

2) 建立评价集

设评价集为 V,包含 n 个评价等级,即

$$V = \{v_1, v_2, \cdots, v_n\} \quad (2-28)$$

评价对象中的每个指标均与评价集中的每个等级对应,评价等级的标度按照区分程度的要求一般选取 3 级到 9 级不等。本节将动车组驾驶界面适配性评价的等级划分为 5 级建立评价集,各等级具体含义如表 2-21 所列。

表 2-21 适配性评价等级标度及其含义描述

V	分值 τ	评语	等级含义描述
v_1	5	很好	非常令人满意,作业非常舒适且顺畅完成任务
v_2	4	好	总体令人满意,作业基本上处于舒适范围
v_3	3	一般	尚可接受,作业姿势一般,需适当调整
v_4	2	差	令人不太满意,作业让人有不舒适的感觉
v_5	1	很差	让人难以接受,作业非常不舒适或难以完成任务

3) 隶属度函数

隶属度函数的一般形式主要有三角形隶属度函数[52]、梯形隶属度函数[53]、余弦形隶属度函数[54]等。考虑模型计算的简洁性,在参考各类人因工程文献资料[2,55-56]及现有准则方法的基础上使用三角形隶属度函数作为模型初步构造作业类中各指标与评价等级之间的隶属度函数,再通过采集到的各指标数据和与之对应的被试主观感受进行修正,得到最终的隶属度函数如图 2-27 所示。

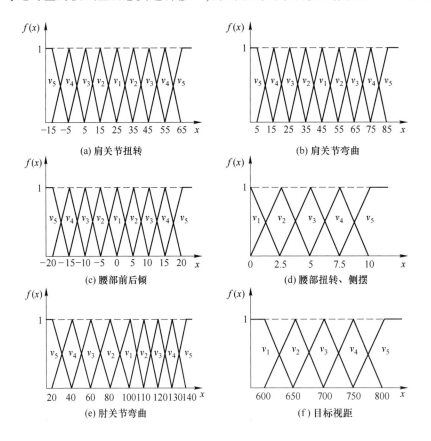

(a) 肩关节扭转　　(b) 肩关节弯曲
(c) 腰部前后倾　　(d) 腰部扭转、侧摆
(e) 肘关节弯曲　　(f) 目标视距

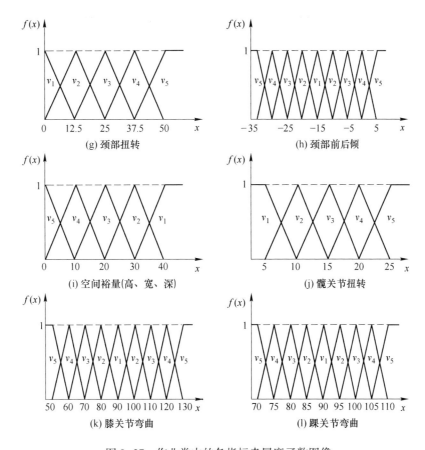

图 2-27 作业类中的各指标隶属度函数图像

4) 评价建模解析原则

通过器件层的单一器件模糊评价,可得到各个器件的评价模糊数 B_i,它们代表各个器件的适配性评价结果,进一步将这些器件的评价模糊数组成任务-器件层模糊评价矩阵 $\boldsymbol{R} = (B_1, B_2, \cdots, B_i)^T$,设 $\boldsymbol{B}$ 为根据任务-器件层模糊评价矩阵 $\boldsymbol{R}$ 及其权重向量 $\boldsymbol{W}$ 经过模糊运算所得到的评价模糊数,有

$$\boldsymbol{B} = \boldsymbol{W} \circ \boldsymbol{R} = (w_1, w_2, \cdots, w_m) \circ \begin{bmatrix} b_{11} & b_{12} & \cdots & b_{1n} \\ b_{21} & rb_{22} & \cdots & b_{2n} \\ \vdots & \vdots & \vdots & \vdots \\ b_{m1} & b_{m2} & \cdots & b_{mn} \end{bmatrix} = (b_1, b_2, \cdots, b_n)$$

(2-29)

评价模型输出结果 $\boldsymbol{B}$ 为该任务下动车组驾驶界面对各个评价等级的隶属度的向量集,采用适当的解析原则可得出最终评价结果。

一种常见的原则是最大隶属度原则,但是该原则忽略了隶属度最大等级之外的其余各项。考虑到各评价对等级的从属比例,可将隶属度向量集与表2-21中评价等级对应的分值 $\boldsymbol{\tau} = (\tau_1, \tau_2, \cdots, \tau_n,)$ 进行以下处理,得到定量的评价总分为

$$G = \boldsymbol{B} \cdot \boldsymbol{\tau}^{\mathrm{T}} \qquad (2-30)$$

2. 评价指标权重的确定

对于作业类指标,由于各类中的指标因素较少,且所有指标均与人的感觉直接相关,因此采用AHP(层次分析法)[57]能够准确且直接地确定其权重。

而对于器件层指标,可能由于驾驶任务不同,存在较多的指标因素,且被试不能直接根据自身经验对这类指标进行确定,因此采用一种融合了决策者对实际情况判断的模糊粗糙集赋权方法,相关定义见前文。这种方法综合了主观和客观信息,既能够降低决策者个人偏好对权重的影响,又能最大程度地避免客观赋权方法过度依赖客观样本数据而忽略实际情况的缺陷。使用模糊粗糙集理论确定器件层指标权重的具体过程如图2-28所示。

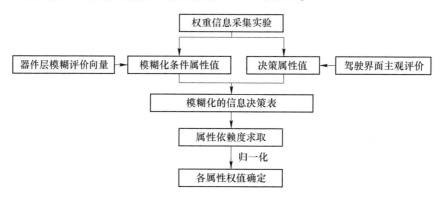

图2-28 基于模糊粗糙集的器件层指标权重确定过程

由于使用层次分析法赋权的前提是建立指标因素重要度判断矩阵,而使用模糊粗糙集赋权方法的前提是建立决策信息表,因此需要通过实验收集两类赋权方法确定作业类指标和器件层指标权重所需要的信息。

1) 被试选取

充分考虑到不同身高对驾驶界面评价的影响,按照我国人体尺寸分布[2]对被试群体进行筛选,选取了16名中国成年男性作为被试,身高分布在165~179cm范围内,以对第5百分位至第95百分位的身高进行覆盖。被试年龄为21~27岁,身体状况良好且对人因工程学相关原理和轨道车辆基本知识均有一定的了解。

2) 实验设备

(1) FAB生物力学功能评估系统。

FAB生物力学评估系统采用的传感器可以准确测量人体运动姿势,不但可

以捕捉静态人体姿势,还可以准确地捕捉动态人体运动。将16个传感器连接在被试的头、上臂、下臂、胸、盆骨、大腿、小腿、足底等身体相应的部位后,可以通过两个接收器接收数据,并能导出关于被试全身关节角度、关节运动速度、扭矩等数据表。实验使用该设备记录被试完成规定实验动作的关节角度数据,被试穿戴FAB动作捕捉系统以及相应的模拟显示,如图2-29所示。

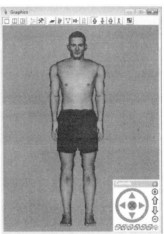

图2-29　FAB动作捕捉系统

(2) 人机交互柔性实验平台。

采用课题组自行研制的列车驾驶界面人机交互柔性实验平台作为实验采集被试主观评价的物理样机,该物理样机具有变换出不同布局方案的能力,其设计准则主要包括以下几个方面:

① 台面尺寸按照第95百分位男性人体尺寸参数设计,可以覆盖多种台型。

② 柔性实验平台整体结构和范围应满足UIC651[6]和《350km/h高速电动车组通用技术条件》中司乘操作界面的要求。

③ 显示器件垂直角度可在20°~45°范围内调整,位置可随意调整。

④ 控制器件采用具有高逼真度的三维打印带有磁性的ABS仿真器件,根据需求布置位置、数量均可随意调整。

⑤ 踏脚的角度可在15°~25°范围,位置可在纵向0~300mm范围内调整。

⑥ 平台容膝高度、宽度、深度可以通过升降装置和限位板进行调整。

3) 实验场景

(1) 布局方案制订。制订10套基准布局方案用来开展权重信息收集实验,这些布局方案的制订遵循以下几点准则:

① 统一同种器件在不同方案中的形状、大小、颜色等因素,这里对显示器件中的文字统一采用《CTCS-3级列控车载设备人机界面显示规范》作为约束,对

② 实验方案统一采用6块显示面板,分别用于布置ATP显示器、TCMS显示器、CIR显示器、仪表类器件及上述显示装置的备用冗余模块;脚踏倾角分为15°、20°和25°这3个档次调节;置腿空间的高度、宽度、深度分别在600~650mm、400~500mm和300~600mm范围内进行调整。

③ 为便于在人机交互柔性实验平台上开展被试操作实验,对所有布局方案中使用的器件进行统一编号并粘贴标记。例如,图2-30所示为其中一套基准布局方案,图中代号所对应的器件如表2-22所列。

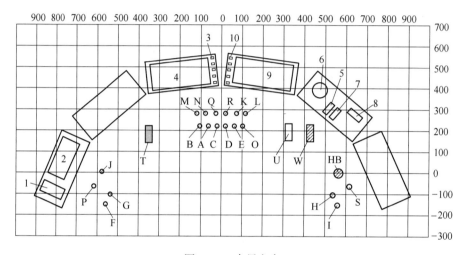

图2-30 布局方案

表2-22 器件代号及其含义描述

代号	器件	代号	器件	代号	器件
A	灯测试	N	VCB合	1	CIR电话
B	风笛	O	DSD开关	2	CIR显示
C	恒速切换	P	前照灯减光	3	TCMS按键
D	紧急复位	Q	空调温度	4	TCMS显示器
E	降弓	R	空调风量	5	电压表
FGHI	左右开关门	S	雨刷开关	6	双针压力表
J	钥匙开关	T	牵引手柄	7	网压表
K	联挂	U	制动手柄	8	故障显示器
L	解联	W	换向手柄	9	ATP
M	VCB断	HB	紧急制动		

(2) 任务操作序列制定。

依据前文动车组驾驶任务分析的结果,根据任务的执行层次和操作顺序,制定9项典型驾驶任务的操作序列。例如,"正线运营"驾驶任务操纵序列,应用操作规则将驾驶任务分解为若干次任务,分析各项次任务对应的执行要素,再根据人体部位分析结果关联执行要素与器件之间的操作形式,结果如图 2-31 所示。

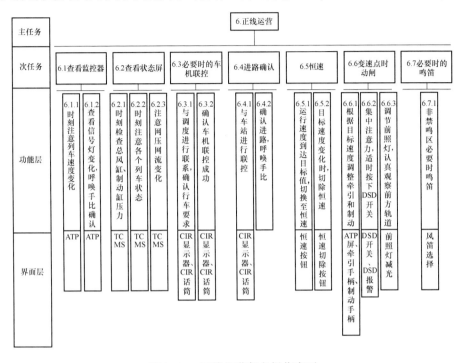

图 2-31 正线运营任务操作序列

4) 实验流程

实验针对每名被试在人机界面柔性实验平台上分别完成 5 套布局方案的 9 项典型驾驶任务操作,其中这 5 套布局方案从制订的 10 套基准布局方案中随机选出,再进行小范围的调整,以保证收集样本之间的独立性。实验开始前,主试为被试穿戴 FAB 动作捕捉设备,连接并测试设备工作是否正常。之后被试就座并将脚放置于脚踏之上,脚后跟位于脚踏下沿,按照 UIC 651[6] 中有关乘务员眼点确定方法的规定调整座椅至适当位置。实验进行中,被试根据主试的任务操纵序列口令对布局方案中指定的器件进行作业,这一过程中 FAB 设备将记录用于确定器件层权重的关节角度指标数据,对于监视类的视距、空间类的裕量指标数据,主试使用测量设备进行记录。被试完成一套方案的某一动作序列后即对该布局方案总体适配性给予由低到高 1~5 分的评分,需完成该布局方案下的 9 项驾驶任务操纵序列的指标数据采集和主观评分,评分的依据参照表 2-21。每一套方案结束后由主试调整实验装置至下一套方案,直到完成全部 5 套布局方案为止。最后,被试根据其在整个实验过程中驾驶作业动作的主观感觉填写作业指标重要度两两比较量表,实验过程如图 2-32 所示。

图 2-32 权重信息采集实验

5）数据处理

（1）作业类指标权重数据。

按前文所述的权重信息收集实验，得到所有被试对作业类中每一类指标重要度的两两比较结果，构建判断矩阵。

对监视类作业指标，依据被试作业的主观感受对目标视距、颈部前后倾、颈部扭转 3 个指标重要程度的两两比较，构建判断矩阵为

$$A_1 = \begin{bmatrix} 1 & \frac{2}{3} & \frac{3}{7} \\ \frac{3}{2} & 1 & \frac{3}{5} \\ \frac{7}{3} & \frac{5}{3} & 1 \end{bmatrix}$$

对上肢控制类作业指标，依据被试作业的主观感受对肘关节弯曲、肩关节前后摆、腰部前倾等 6 个指标重要程度的两两比较，构建判断矩阵为

$$A_2 = \begin{bmatrix} 1 & \frac{3}{5} & \frac{4}{7} & \frac{4}{7} & \frac{12}{25} & \frac{2}{5} \\ \frac{5}{3} & 1 & \frac{6}{7} & \frac{3}{5} & \frac{4}{7} & \frac{4}{9} \\ \frac{7}{4} & \frac{7}{6} & 1 & \frac{3}{5} & \frac{3}{5} & \frac{3}{5} \\ \frac{7}{4} & \frac{5}{3} & \frac{5}{3} & 1 & \frac{3}{5} & \frac{1}{2} \\ \frac{25}{12} & \frac{7}{4} & \frac{5}{3} & \frac{5}{3} & 1 & \frac{6}{7} \\ \frac{5}{2} & \frac{9}{4} & \frac{5}{3} & 2 & \frac{7}{6} & 1 \end{bmatrix}$$

对下肢控制类作业指标,依据被试作业的主观感受对髋关节扭转、膝关节弯曲、踝关节弯曲 3 个指标重要程度的两两比较,构建判断矩阵为

$$A_3 = \begin{bmatrix} 1 & \frac{4}{5} & \frac{12}{23} \\ \frac{5}{4} & 1 & \frac{1}{2} \\ \frac{23}{12} & 2 & 1 \end{bmatrix}$$

对几何空间类作业指标,这里特指置腿空间,依据被试作业的主观感受对高度裕量、宽度裕量、深度裕量 3 个指标重要程度的两两比较,构建判断矩阵为

$$A_4 = \begin{bmatrix} 1 & \frac{4}{5} & 1 \\ \frac{5}{4} & 1 & \frac{18}{19} \\ 1 & \frac{19}{18} & 1 \end{bmatrix}$$

依据 AHP 方法对矩阵一致性进行检验。其中 $n=3$ 时 RI=0.58;$n=6$ 时 RI=1.24。最终得到 $A_1 \sim A_4$ 这 4 类判断矩阵的一致性指标 CR 分别为 0.0046、0.0011、0.0068、0.0074,均小于 0.1,表明上述矩阵一致性较好,可以用于确定作业类指标权重。

(2)器件层指标权重数据。

按照表 2-23 通过模糊化决策信息表求解条件属性与决策属性之间的依赖度,以收集的正线运营任务下的权重数据处理为例,过程如下:

步骤 1:模糊化决策信息表构建

将实验中采集到的样本数据通过作业类指标隶属度函数转换为评价矩阵作为指标权重决策信息表中的条件属性值。实验同时让被试根据完成正线运营任务的主观舒适感觉对使用该方案完成该动作序列进行主观评分,将这些主观评分值作为权重决策信息表中的决策属性值,最终构建正线运营任务下的器件层权重的模糊化决策信息表,表 2-23 列举了决策信息表中部分样本各条件属性的值与决策属性值。

表 2-23 模糊化决策信息表(样本 1~3)

样本	CIR 显示器(A)	ATP 显示器(B)
1	0.014,0.287,0.000,0.225,0.475	0.000,0.730,0.271,0.000,0.000
2	0.000,0.018,0.621,0.151,0.210	0.266,0.236,0.289,0.000,0.210
3	0.209,0.092,0.007,0.483,0.210	0.000,0.635,0.365,0.000,0.000

续表

样本	TCMS 显示器(C)	牵引手柄(D)
1	0.128,0.680,0.192,0.000,0.000	0.300,0.490,0.120,0.049,0.041
2	0.000,0.492,0.298,0.000,0.210	0.342,0.182,0.118,0.341,0.018
3	0.423,0.577,0.000,0.000,0.000	0.208,0.474,0.215,0.103,0.000
样本	制动手柄(E)	恒速切换(F)
1	0.136,0.606,0.132,0.109,0.017	0.222,0.130,0.181,0.110,0.357
2	0.182,0.632,0.103,0.084,0.000	0.314,0.166,0.000,0.090,0.430
3	0.482,0.138,0.111,0.260,0.009	0.226,0.283,0.191,0.209,0.092
样本	DSD 开关(G)	风笛(H)
1	0.251,0.094,0.186,0.081,0.389	0.194,0.231,0.131,0.161,0.283
2	0.198,0.282,0.000,0.000,0.520	0.259,0.221,0.022,0.118,0.380
3	0.233,0.251,0.224,0.153,0.140	0.252,0.288,0.228,0.229,0.003
样本	前照灯减光(I)	CIR 电话(J)
1	0.265,0.355,0.133,0.157,0.090	0.252,0.204,0.164,0.041,0.339
2	0.335,0.274,0.010,0.016,0.364	0.502,0.118,0.000,0.000,0.380
3	0.181,0.380,0.275,0.074,0.090	0.116,0.334,0.270,0.161,0.119

样本	脚踏(K)	置腿空间(L)	主观评分(Z)
1	0.436,0.294,0.217,0.053,0.000	1.000,0.000,0.000,0.000,0.000	4
2	0.166,0.324,0.510,0.000,0.000	1.000,0.000,0.000,0.000,0.000	3
3	0.302,0.208,0.196,0.294,0.000	1.000,0.000,0.000,0.000,0.000	4

步骤 2：模糊等价类划分

决策属性为被试主观评分值共分为 5 级，因此按照评价分值的不同划分决策属性等价类为 $U/Z = \{Z_1, Z_2, Z_3, Z_4, Z_5\}$。同理，划分表 2-23 所列的其余各个条件属性($A \sim L$)的模糊等价类分别为

$$\frac{U}{X} = \{X_{v1}, X_{v2}, X_{v3}, X_{v4}, X_{v5}\}$$

式中：$X = A, B, \cdots, L$；$X_{v1} \sim X_{v5}$ 为依据各属性模糊评价等级划分的等价区间。

步骤 3：条件属性下近似集求取

根据隶属度函数的定义，计算各条件属性的下近似集，以条件属性 A 为例，相对于决策属性等价类 Z_1，有

$$f_{A \vee Z_1}(x) = \sup_{F \in U/A} \min(f_F(x), \inf_{y \in U} \max\{1 - f_F(y), f_{Z_1}(y)\})$$

取样本 2 作为算例，有

$$f_{Z_1}(A_{v1}) = \min\{0, \inf(0.986, 1, \cdots, 1, 0.871)\} = 0$$

$$f_{Z_1}(A_{v2}) = \min\{0.018, \inf(1, 0.982, \cdots, 1, 0.829)\} = 0.018$$

$$f_{Z_1}(A_{v3}) = \min\{0.621, \inf(1, 1, \cdots, 0.798, 1)\} = 0.333$$

$$f_{Z_1}(A_{v4}) = \min\{0.151, \inf(0.775, 0.849, \cdots, 0.535, 0.688)\} = 0.151$$

$$f_{Z_1}(A_{v5}) = \min\{0.21, \inf(0.525, 0.790, \cdots, 0.765, 0.612)\} = 0.21$$

因此

$$f_{A \vee Z_1}(2) = \sup_{F \in U/A}\{f_{Z_1}(A_{v1}), f_{Z_1}(A_{v2}), f_{Z_1}(A_{v3}), f_{Z_1}(A_{v4}), f_{Z_1}(A_{v5})\} = 0.333$$

同理可求出

$$f_{A \vee Z_2}(2) = 0.333, f_{A \vee Z_3}(2) = 0.333, f_{A \vee Z_4}(2) = 0.379, f_{A \vee Z_5}(2) = 0.333$$

步骤4:模糊正域隶属度求取

根据模糊正域的定义,可继续求出样本2对于模糊正域的隶属度,有

$$f_{\text{pos}A(Z)}(2) = \sup_{X \in U/Z} f_{A \vee X}(2) = 0.379$$

求解其余样本的模糊正域隶属度,限于篇幅,仅列举部分结果,如表2-24所列。

表2-24 各条件属性值模糊正域隶属度(样本1~3)

样本	CIR 显示器(A)	ATP 显示器(B)	TCMS 显示器(C)	牵引手柄(D)
1	0.3	0.313	0.401	0.49
2	0.379	0.289	0.401	0.342
3	0.483	0.365	0.423	0.474
样本	制动手柄(E)	恒速切换(F)	DSD 开关(G)	风笛(H)
1	0.394	0.357	0.389	0.283
2	0.394	0.43	0.48	0.38
3	0.482	0.283	0.251	0.288
样本	前照灯减光(I)	CIR 电话(J)	脚踏(K)	置腿空间(L)
1	0.355	0.339	0.436	0
2	0.364	0.502	0.51	0
3	0.38	0.334	0.302	0

步骤5:属性依赖度求取

根据依赖度的定义,可计算条件属性A相对于决策属性Z的依赖度,有

$$\gamma_A(Z) = \frac{\sum_{x \in U} f_{\text{pos}A(Z)}(x)}{|U|} = 0.355$$

同理,可求出其他条件属性相对于决策属性Z的依赖度,即

$\gamma_B(Z) = 0.396$，$\gamma_C(Z) = 0.407$，$\gamma_D(Z) = 0.433$，$\gamma_E(Z) = 0.4$，
$\gamma_F(Z) = 0.382$，$\gamma_G(Z) = 0.378$，$\gamma_H(Z) = 0.383$，$\gamma_I(Z) = 0.386$，
$\gamma_J(Z) = 0.378$，$\gamma_K(Z) = 0.366$，$\gamma_L(Z) = 0.104$。

对上述属性依赖度进行归一化处理，可得正线运营任务下器件层的权重向量。

6）结果

（1）作业类指标权重。

通过上述分析过程，根据建立的判断矩阵结合 AHP 方法，得到 4 项作业类中各指标权重值，ω_i 分别与图 2-25 所示作业类指标对应，最终的作业类权重结果如表 2-25 所列。

表 2-25 作业类指标权重计算结果

作业类	ω_i（按作业类各指标因素顺序排列）
监视类	$\omega_1 = 0.21$，$\omega_2 = 0.30$，$\omega_3 = 0.49$
上肢控制类	$\omega_1 = 0.09$，$\omega_2 = 0.12$，$\omega_3 = 0.14$，$\omega_4 = 0.17$，$\omega_5 = 0.22$，$\omega_6 = 0.26$
下肢控制类	$\omega_1 = 0.24$，$\omega_2 = 0.27$，$\omega_3 = 0.49$
几何空间类	$\omega_1 = 0.31$，$\omega_2 = 0.35$，$\omega_3 = 0.34$

（2）器件层指标权重。

根据条件属性与决策属性依赖度的归一化处理结果，得到 9 项典型驾驶任务下的器件层指标权重值，用向量 **W** 表示。例如，正线运营任务下的器件层指标权重向量元素分别与图 2-24 中的器件层指标相对应，最终的器件层指标权重结果如表 2-26 所列。

表 2-26 9 项典型驾驶任务器件层权重向量

驾驶任务	器件权重向量
出车准备	**W** = (0.051，0.056，0.054，0.049，0.049，0.053，0.055，0.056，0.057，0.057，0.055，0.055，0.059，0.052，0.054，0.060，0.056，0.056，0.015)
出段	**W** = (0.103，0.109，0.118，0.113，0.112，0.106，0.104，0.102，0.104，0.029)
发车	**W** = (0.070，0.081，0.081，0.068，0.068，0.068，0.073，0.086，0.079，0.082，0.075，0.074，0.077，0.021)
过分相	**W** = (0.111，0.111，0.131，0.139，0.120，0.118，0.120，0.118，0.034)
通过中间站	**W** = (0.098，0.110，0.113，0.120，0.111，0.106，0.106，0.105，0.101，0.029)
正线运营	**W** = (0.081，0.091，0.093，0.099，0.092，0.087，0.087，0.088，0.088，0.086，0.084，0.024)
停车	**W** = (0.123，0.140，0.141，0.150，0.144，0.140，0.127，0.036)

续表

驾驶任务	器件权重向量
开关门	W = (0.331,0.308,0.281,0.080)
联挂接连	W = (0.106,0.106,0.114,0.106,0.103,0.112,0.104,0.108,0.111,0.029)

（3）模型指标度量方法。

完成上述过程,适用于动车组正常行车 9 项典型驾驶任务的驾驶界面适配性评价模型被建立,获取模型计算相应的原始数据,即可得出最终的适配性评价分值。存在多种方法获取模型计算原始数据。例如,上文中已经提到的一种典型的基于物理样机的获取方法,即使用 FAB 设备在柔性实验平台上征集特定的被试采集模拟任务操纵序列,采集驾驶过程中操作相应器件的关节角度。也可以采用仿真方法获取模型计算原始数据。由于不依赖物理样机和被试,这类方法更加适用于在设计阶段进行的适配性评价。例如,使用 JACK 人因仿真分析软件,加载特定百分位尺寸人体模型采集相应的模型计算原始数据。

7）模型验证

下面通过一组实验来讨论模型计算方法得出的适配性评价结果与主观评价方法得到的结果有何异同。设定驾驶任务为正线运营,选用第 50 百分位中国成年男性人体尺寸[2],按照上节实验布局方案的制订准则,另外制订出 10 套布局方案,并建立相应的三维模型。

首先使用模型计算方法对 10 套布局方案的适配性进行评价,将三维模型导入人因分析软件 Jack 7.0 中,加载身高为第 50 百分位的中国成年男性人体模型,采用仿真手段获取模型计算所需的各器件作业类指标数据。

主观评价实验征集了 10 名身高接近第 50 百分位的中国成年男性被试,所有被试的身高在 170~173cm 范围内,身体状况良好且了解人因工程学相关原理和基本的轨道车辆知识。实验使用的装置为课题组自行研制的人机交互柔性实验平台,被试执行正线运营任务操纵序列依次完成 10 套驾驶界面布局方案的主观适配性评价,适配性主观评价量表采用 1~5 分,评分依据如表 2-21 所列。

将实验得到的被试对 10 套实验布局方案的适配性主观评分均值、方差以及通过 Jack 7.0 仿真方法获取数据代入模型计算获得的适配性评分值进行整理,如表 2-27 所列。

表 2-27 主观评价即模型仿真适配性分值

实验方案	主观评价分值		模型计算分值
	平均值	方差	
1	4.50	0.28	4.12
2	4.00	0.44	3.85

续表

实验方案	主观评价分值		模型计算分值
	平均值	方差	
3	3.90	0.54	3.73
4	3.50	0.50	3.31
5	3.80	0.40	3.87
6	4.00	0.22	3.93
7	4.10	0.54	3.95
8	3.60	0.49	3.36
9	4.20	0.40	3.73
10	3.50	0.28	3.27

对于10套方案,主观评分值与模型计算分值的趋势对比如图2-33所示,可以看出主观评价实验得到的被试平均分值和模型计算获得的评价分值基本接近,即使采用的实验方案不同,两种方式获得的分值变化趋势也基本相同,这说明这里的评价模型计算方法能够得出与主观评价大致相近的结果。

运用线性回归检验主观评价和模型预测值之间关系,如图2-34所示,结果表明两者具有很强的相关性($R^2 = 0.78$, $F_{(1,8)} = 28.79$, $p<0.005$)(其中,R^2为决定系数,F为F检验的统计量,p为显著性),模型可以准确预测被试的适配性主观评价分值($\beta=0.89$, $p<0.001$),因而将该模型应用在设计阶段的驾驶界面人机适配性评价是有效可行的。

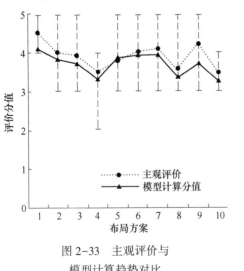

图2-33 主观评价与模型计算趋势对比

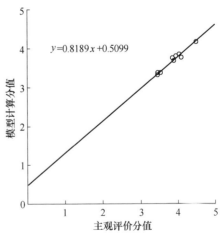

图2-34 主观评价与模型计算结果回归分析

另外,回归方程的截距为0.5099>0,而回归系数为0.8189<1,结合趋势对

比图还可以看出对于分值位于3.0~5.0分的驾驶界面,采用模型评价的结果相对于主观评分值总体偏低,从驾驶界面设计阶段的角度考虑,该模型的评价结果是比较保守的,有利于避免适配性缺陷的遗漏,而造成这种偏差的主要原因可能来自以下方面:

(1) 不同的评价模型结果的解析原则会产生输出评价分值上的差异。在上文中已经说明了两种评价模型的输出结果解析原则,使用最大隶属度原则会忽略掉对评价结果影响最大等级之外的所有信息,这也就意味,只要大部分的指标对极端分值的隶属度最高,就极可能得到如5分或者1分的极端分值。而本书使用的模糊评价向量与评价集对应等级分值加权的原则能最大限度地解释模型结果,但是也难以输出极端分值,除非所有指标得分都是极端值。

(2) 由于主观感觉的复杂性,采用三角形函数构建的各个作业类指标隶属度函数只是对主观感觉的一种简化描述,而无法完全地解释,减少这方面的偏差需要进一步研究主观感觉与评价之间的量化关系模型。

2.4.3 动车组驾驶界面布局与适配性评价案例

1. 适配性评价结果

使用2.4.2小节方法对第5百分位和第95百分位乘务员完成正常行车9项任务下的某型动力集中动车组驾驶界面(图2-35)的适配性进行评价,最终得到各项任务下的评价分值,结果如表2-28所列。从中可以看出对于该驾驶界面,第5百分位和第95百分位乘务员对9项驾驶任务的适配性总体评分处于一般水平,且对于同一驾驶任务第95百分位乘务员的评分整体高于第5百分位乘务员评分。就各项具体任务而言,执行正线运营、通过中间站、出段、停车、开关门和联挂解联任务下的驾驶界面适配性分值位于3.5~4.0分,处于一般偏上的等级;执行出车准备、发车、过分相任务时,该车驾驶界面适配性分值位于3.0~3.5分,处于一般偏下的等级。评价结果表明上述任务中的部分器件的布局存在一定问题。

表2-28 某型动车组驾驶界面适配性评价分值

驾驶任务	出车准备	出段	发车	过分相	通过中间站	正线运营	停车	开关门	联挂解联
第5百分位乘务员	3.171	3.705	3.072	3.488	3.613	3.627	3.796	3.856	3.515
第95百分位乘务员	3.250	3.771	3.137	3.534	3.704	3.764	3.857	3.769	3.568

进一步查看各驾驶任务下各器件的适配性评分,结合正常行车任务框架下的9项驾驶任务器件层的权重,通过器件相应的作业类指标评价向量,根据模糊理论中的最大隶属度原则[58]快速分析导致各任务适配性评分降低的主要问题器件,最终发现问题如表2-30所列。可以看出,问题主要集中在驾驶界面台面部分两

动车组人因设计

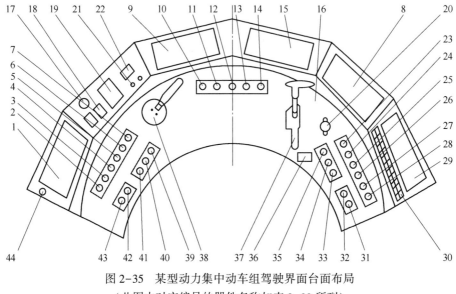

图 2-35 某型动力集中动车组驾驶界面台面布局
(此图中对应编号的器件名称如表 2-29 所列)

侧的任务器件及针对第5百分位的牵引制动手柄的布局,对于脚踏和置腿空间第5百分位和第95百分位乘务员评分均在4.0分以上,处于好的水平。

表 2-29 对应器件名称

编号	器件	编号	器件	编号	器件
1	备用 ATP 显示器	16	钥匙开关	31	关右门
2	挡风玻璃加热	17	双针压力表	32	开右门
3	暖气开关	18	网压表、电压表	33	阅读灯
4	空调风量开关	19	广播话筒	34	司机室灯
5	空调温度开关	20	换向开关	35	灯测试按钮
6	刮雨器开关	21	解联、联挂开关	36	紧急制动
7	遮阳帘开关	22	CIR 打印机	37	牵引控制器、DSD
8	备用 TCMS 显示器	23	停放制动按钮	38	制动控制器
9	主 ATP 显示器	24	紧急复位	39	风笛选择开关
10	VCB 断	25	制动测试	40	前照灯减光
11	VCB 合	26	复位	41	风笛开关
12	降弓	27	保护接地合	42	开左门
13	恒速	28	扬声器按钮	43	关左门
14	恒速切除	29	CIR 显示器、话筒	44	蜂鸣器
15	主 TCMS 显示器	30	故障显示器		

第2章 动车组驾驶显控界面人因设计

表2-30 9项驾驶任务下发现的布局问题

序号	器件	作业类指标中发现的问题
1	牵引、制动手柄	第5百分位乘务员执行上肢控制作业时的肘关节弯曲指标评价等级较低
2	CIR显示器、电压表、网压表、双针压力表、故障显示器	第95百分位和第5百分位乘务员执行监视作业时的颈部扭转指标评价低
3	CIR电话	第95百分位和第5百分位乘务员执行上肢控制作业时的肘关节和肩关节弯曲、肩关节和腰部扭转指标评价低
4	风笛、开关门	第95百分位和第5百分位乘务员执行上肢控制作业时的肩关节和腰部扭转指标评价低
5	前照灯减光	第95百分位和第5百分位乘务员执行上肢控制作业时的肩关节扭转指标评价低

2. 驾驶界面改进分析

结合在适配性评价中发现的以上问题,根据2.3节中关于布局问题的研究结果,对该型动车组驾驶界面从以下几个方面进行改进。

(1)第95百分位乘务员制动手柄和牵引手柄的肘关节弯曲评价向量分别为(0,0.975,0.025,0,0)和(0,0,0.450,0.550,0),依照模型公式(2-30),其对应的评分分别为3.975和2.450,分别处于较好和较差的水平;而第5百分位乘务员相应的评价向量分别为(0,0,0,0.100,0.900)和(0,0,0,0.450,0.550),对应的评分分别为1.100和1.450,均处于差到很差的水平。这是由于制动手柄和牵引手柄的布局距离乘务员稍远,从而导致乘务员肘关节弯曲角度过小,尤其对于身体尺寸百分位较小的第5百分位乘务员更为明显,为了使制动控制器和牵引控制器更加适应90%乘务员人群的使用,将两个司控器的布局位置调整至第50百分位乘务员的最佳位置范围内。

(2)第5百分位和第95百分位乘务员在监视CIR显示器、电压表、网压表、双针压力表、故障显示器时均不同程度存在颈部扭转指标评价低的现象,这是由于上述显示装置的使用频次和重要程度不及TCMS、ATP显示器,因而被布置于驾驶界面台面的边缘位置的面板上,监视时颈部扭转角度较大所导致。可将电压表、网压表、双针压力表所在面板与右侧第2块备用TCMS面板对调,使此类显示器件大部分位于2.3节所划分的正常显示区中,可在一定程度上提高整体评分。

(3)第5百分位和第95百分位乘务员在上肢控制作业时CIR电话、开关门、风笛和前照灯减光等器件评分偏低的问题,主要是由于肩关节和腰部扭转、肘关节弯曲等作业类指标评分较低引起的,从动车组驾驶界面的布局情况来看,这些器件主要位于乘务员两侧的位置,因此很可能是由于该车驾驶界面两侧区域器件布局过于靠后、曲率过大所导致。因此,在改进中将两侧区域的器件总体向前移,使整体布局分布在曲率更小的台面上。

(4) 结合 2.3 节中对驾驶界面器件的布局量化范围,将各区域器件分别置于舒适操作区、有效操作区、扩展操作区内,改进后的驾驶界面台面部分器件的最终布局方案如图 2-36 所示,对应编号的器件名称如表 2-29 所列。

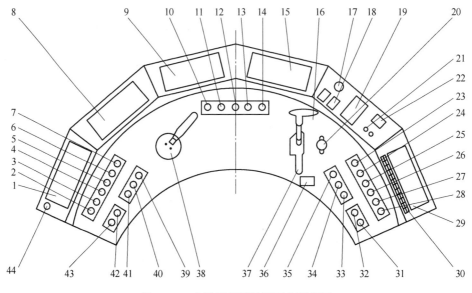

图 2-36 改进后的驾驶界面台面布局

3. 改进后适配性评价

使用动车组驾驶界面适配性评价方法对完成正常行车 9 项任务下的改进后驾驶界面的适配性进行评价,最终得到各项任务下的评价分值,结果如表 2-31 所列。

表 2-31 改进后的驾驶界面适配性评价分值

驾驶任务	出车准备	出段	发车	过分相	通过中间站	正线运营	停车	开关门	联挂解联
第 5 百分位乘务员	3.457	3.884	3.398	3.779	3.878	3.917	4.047	3.899	3.813
第 95 百分位乘务员	3.581	3.905	3.487	3.831	3.893	3.970	3.986	3.887	3.890

图 2-37 列举了表 2-28 与表 2-31 所列的改进前、后的驾驶界面依照正常行车任务框架下的 9 项驾驶任务的适配性评价分值,从分值变化情况可以看出,改进后的驾驶界面适配性评分除了第 5 百分位乘务员执行开关门任务基本持平外,执行其他驾驶任务时的评分均有不同程度的明显提升,尤其是通过中间站、正线运营、停车等任务分值达到或接近 4.0 分;出车准备、发车、联挂解联任务分值提升也较为明显。结果表明,针对驾驶界面的改进建议可以有效提升该车驾驶界面的适配性。

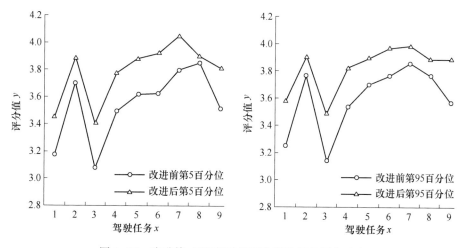

图 2-37 改进前、后的驾驶界面各驾驶任务评分对比

2.5 列车驾驶的可见度分析

在司机室内仪器、仪表的布局及瞭望视野设计中,必须充分考虑乘务员视域的分布、司机室内各类仪器、仪表的布局及瞭望可见度的合理性,这对乘务员正确完成各种操作极为重要。影响动车组乘务员视野的因素很多,主要包括前窗玻璃面积,刮雨器作用面积,除霜和防雾装置性能,减少水、防止结污能力及仪表面操作台面的结构形式和布置位置等。良好的设计既要保证视野宽阔、盲区小,又要保证工作舒适。

乘务员需要看见控制行车的作业信号、轨道上的障碍物(如平交道口的行人和车辆)、公里标、用作控制提示的地标、轨道情况、在某些条件下的道岔位置等。列车控制动作有效的关键因素是必须看到前方足够远的地方。

目前一些动车组车型司机室设计有逃生门,如图 2-38 所示,这样的结构下,逃生门会限制水平方向的视角,对轨道较近处的视野产生遮挡。另外,现代高速动车组较大细长比的流线型车头结构也会对乘务员的视野产生影响,如图 2-39 所示。由此可见,列车驾驶的可见度与列车的车体设计直接相关,它将直接影响到行车安全。本节主要对信号灯及前窗视野的可见性、刮雨器视野与动车组光学后视镜的可见范围以及前方视野盲区的相关内容进行探讨。

2.5.1 信号灯及前窗视野的可见度分析

下述规则规定了列车沿直线和半径大于等于 300m 曲线运行时,各运行方向的可见度状况。它们适用于乘务员位置。当另一个人的位置在司机室内是

图 2-38　苏格兰铁路时速 160km/h 的 Class380 动车组　　图 2-39　中国铁路时速 350km/h"复兴号"动车组

永久性固定设备时,下述规则也适用于另一个人的位置。

1. 涉及轨道车辆的参照位置

相对于轨道车辆的参考位置,规定如下:

(1) 水平方向上的参考位置:在直线轨道上,假定车辆在中央位置上,车辆的纵向中心轴线同轨道中心线一致;在弯道上,假定车辆的纵向中心轴线同弯道曲线半径垂直,且垂直点为车辆的纵向轴线中点。

(2) 垂直方向上的参考位置:假定车辆达到一半允许磨耗程度并能承载 2/3 的负荷,一辆动车车辆或一列动车组能承载其有效载荷的 2/3。

2. 乘务员眼睛的参考位置

当以坐姿或站姿驾车时,乘务员眼睛的位置以一个参照面来描述,参照面的中心位于司机台纵向轴上,具体不同的驾驶姿势的眼睛参考位置参见 2.2.2 小节。

站立姿势驾车的参照面是垂直的。但是,坐姿驾车的参照面可以偏离垂直平面,取决于操纵台/座椅系统选用的人因工程学方案以及座椅在垂直平面或水平平面中的调节量。

3. 高柱信号的可见性

高柱信号高 6.3m,距车钩前端面 10m 或 10m 以外,分别位于距线路中央 2.5m 的左、右两侧,UIC 651[6]中规定,从位于眼睛参考面内的每一点都必须能看见高柱信号如图 2-40 所示。

当以坐姿驾车时,允许降低高处信号的可见度,但是司机室地板和前窗上部之间的距离不得小于规定的最小距离 1800mm。

4. 矮柱信号的可见性

矮柱信号距车钩前端面 15m 或 15m 以外,分别位于距线路中央 1.75m 的轨道左、右两侧。UIC 651[6]中规定,从位于眼睛参考面内的每一点都必须能看见矮柱信号如图 2-40 所示。建议应尽可能降低能看见低处信号的最小距离。

这里需要注意的是,不同国家高矮柱信号的形式和设置位置是有差异的,

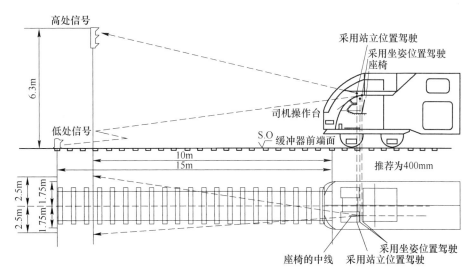

图 2-40　UIC651 规定的高矮柱信号灯可见性

如澳大利亚的 RDS 7533 标准中规定的信号可见性与 UIC 651 就不同,美国 DOT/FRA/ORD-98.03 标准中就没有高矮柱信号,它定义的是桥梁信号、道口信号和桅杆信号,同时还对转撤器、岔道、公里标灯目标的瞭望进行了规定。因此,在实际确定信号可见性的过程中,需要根据具体列车所运营线路的信号形式和设置方式来确定。

2.5.2　刮雨器视野与后视镜可见度分析

1. 刮雨器视野与后视镜可见度要求

1) 刮雨器视野

列车前窗的大小、位置以及刮雨器的结构型式和布置位置对乘务员前方视野有着直接的影响。因此,在列车司机室总体布置设计过程中必须对刮雨器的安装位置和刮扫区域进行分析,保证乘务员在异常天气行车具有良好的信号瞭望视野。

列车前窗玻璃刮扫面积和刮扫部位应以乘务员的眼睛位置为基准,要求刮扫系统不仅有足够的刮扫面积,而且应有正确的刮扫部位。

根据列车前窗瞭望视野要求,通过轨道两侧的高矮柱信号做第 95 百分位和第 5 百分位坐姿眼点的上、下、左、右 4 个切平面,它们与前窗玻璃相交的 4 条交线即构成了为视野所要求的最小刮扫区域。在这一刮扫区域要求必须能刮扫干净,因此,刮雨器的刮扫面积一定要大于该区域,并且刮雨器的安装位置应保证刮雨器在工作时能有效覆盖这一区域(图 2-41)。

图 2-41 前窗信号瞭望视野与刮雨器刮扫面积关系

2）后视镜可见度

后视镜作为安全行车的辅助装置,目前在列车司机室装备中已经普遍被采用。在美国联邦铁路局 APTA RT-VIM-S-026-12 标准中明确规定,在轨道车辆的每个司机室端部两侧外部均应安装后视镜或摄像机,以便乘务员在紧急情况下监视站台上的乘客、关闭车门或移动列车。有的动车组列车采用电动后视镜,有的采用光学后视镜。例如,时速 140km/h 西门子公司的 Desiro RABe514（图 2-42）和时速 160km/h 匈牙利国家铁路 FLIRT3 动车组（图 2-43）采用的是光学后视镜,时速 200km/h 庞巴迪公司的 TWINDEXX Express 双层动车组（图 2-44）和时速 160km/h AGC 动车组（图 2-45）采用的是电动后视镜。这里主要针对光学后视镜对可见度影响进行分析。

图 2-42 西门子 Desiro RABe514 动车组　　图 2-43 匈牙利国家铁路 FLIRT3 动车组

图 2-44 庞巴迪 TWINDEXX Express 动车组　　图 2-45 庞巴迪 AGC 动车组

2. 动车组后视镜视域参数确定

乘务员通过后视镜必须看到的区域,称为后视镜的视域。后视域范围的大小与后视镜的镜面尺寸、形状和安装位置等因素有关,后视域性能的好坏将直接影响列车行驶的安全性。列车在行驶过程中,乘务员要了解列车周围的环境和发生的事故,如列车火灾、山体崩塌、列车接尾、货物跌落等,所以后视镜的视域纵向距离最远应能看到出现事故的地方;在列车进站或离站时,乘务员应该能观察到进出站信号,所以视域的水平距离应能看到信号发生的位置;在列车起步、调车等特殊情况下,需要看到车体内侧和下侧以及列车本身的情况,所以后视域还必须满足纵向最近距离瞭望的要求。后视瞭望的纵向最远距离 a、纵向最近距离 b 以及在最近处物体的高度 e 和水平宽度 e'、水平最远距离 c 和竖直最高的高度 k 是确定动车组后视镜的视域必须已知的参数,如图 2-46 所示。

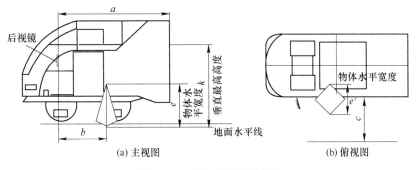

图 2-46 列车后视域示意图

1) 动车组后视镜曲率半径的确定

采用凸面镜可以扩大视野,视野随凸面镜镜面曲率半径 R 的缩小而增大,R 越小,视野越大,同时像也变小,容易造成失真。失真有距离失真和像差失真,只要合理选择 R,这两种失真都可以克服。R 越大,像距、像高越大,距离失真越小。当 $R \to \infty$ 时成了平面镜,像高成了物高。当 R 足够大时,如 $R \geqslant 1000\mathrm{mm}$ 时,动车组乘务员很快就会适应。像差失真随物距 u 和曲率半径 R 的增大而减小,当 R 达到 500mm 以上,物距 u 为 1m 时像差失真就察觉不到了。为此,曲率半径如何选取、选多大合适,可根据成像原理从几何光学中推导出来。

曲率半径越小,凸面镜的焦距越短,对一个球形曲率的凹面镜,焦距等于镜子曲率半径的一半,即

$$\frac{1}{u} + \frac{1}{v} = \frac{1}{f} = \frac{2}{R} \tag{2-31}$$

式中:u 为物距;v 为像距;f 为焦距;R 为曲率半径。

在图 2-47 中,O 为曲率中心,F 为焦点,高为 ZZ_1 的物体在镜成像为 $Z'Z_1'$,ϕ 为焦距。由 $\triangle OZZ_1$ 与 $\triangle OZ'Z_1'$ 相似,得

$$\frac{h'}{h} = \frac{R-v}{R+u} \tag{2-32}$$

式中：h' 为像高；h 为物高。

眼睛识别物体细节的能力称为视敏度，用视角表示。视角是确定被看物体尺寸范围的两端点光线射入眼球时的交角，如图2-47所示。

设物体的尺寸为 h'，距离眼睛的距离为 l，则视角 θ 定义为

$$\theta = 2\arctan\frac{h'}{2l} \tag{2-33}$$

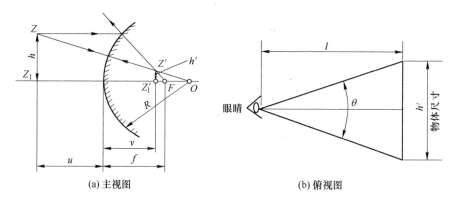

图 2-47　列车后视域示意图

对于正常人的眼睛，在白天晴朗的光线下，看清东西的视角仅为 $2'$，但要看清后视镜中的像，需要考虑不同天气的光线可见度、空气透明度、镜面清洁度等，观察者随着观察距离的增大，视角减小。结果在实验中发现，视角为 $20'$ 时对镜中的像可以确认，$40'$ 时完全可以确认（此时，观察距离为 1.67m）。因此，可以引入"许用视角" $[\theta]$ 的概念，定义为

$$[\theta] = \frac{h'}{l+v} \tag{2-34}$$

一般取 $[\theta] = 20' \sim 40'$。

将式(2-34)代入式(2-32)，并与式(2-31)构成方程组，得

$$\begin{cases} \dfrac{[\theta](l+v)}{h} = \dfrac{R-v}{R+u} \\ \dfrac{1}{u} + \dfrac{1}{v} = \dfrac{2}{R} \end{cases} \tag{2-35}$$

解方程组，得

$$R = \frac{uh - \theta lu - \theta u^2 + \sqrt{(uh - \theta lu - \theta u^2)^2 - 8u^2\theta l(\theta u - \theta l + h)}}{2(\theta u - \theta l + h)}$$

$$\tag{2-36}$$

这样,已知 u、h、θ 和 l 后,便可求出后视镜曲率半径 R。这里的 u 和 h 是指后视瞭望的纵向最远距离 a 处物体的物距和物高。

2) 后视镜镜面尺寸的确定

后视镜镜面尺寸越大,后视野越大,但会影响前视野,而且面积大了,不必要看的景物也会映入镜中,影响乘务员的判断力。其确定原则是把需要看清的景物,即视域内的景物映入镜中。后视镜的位置不同,其镜面尺寸、曲率半径也应不同。根据凸面镜成像原理,在曲率半径 R 选定的情况下,物体成像的大小取决于物距 u,u 越小,所成的像越大,要想在镜中得到完整不失真的像,镜面的尺寸要求就越大。为此,根据最近视域的要求,以动车组乘务员在凸面镜中看到距离后视镜最近物体完整的像所需镜面的大小,通过光路图来确定后视镜的镜面尺寸。

首先,确定后视镜的镜面高度,成像的几何关系如图 2-48 所示。视域内距离后视镜最近的物体 AB,物体的最高点和最低点分别为 A 和 B,它们到主光轴的高度分别为 h_1 和 h_2,物距为 u_1 和 u_2,通过后视镜成像为 A' 和 B',到主光轴的高度分别为 h_1' 和 h_2',交点为 A_1 和 B_1,像距分别为 v_1 和 v_2。眼点 E(假设在主光轴的上方,下方同理)到后视镜的垂直和水平的距离 EE'、$E'O'$ 已知(O' 为后视镜中心)。

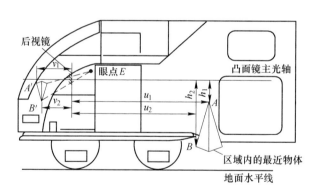

图 2-48 成像的几何关系示意图

由凸面镜成像公式(2-31),可得

$$\begin{cases} \dfrac{1}{u_1} + \dfrac{1}{v_1} = \dfrac{1}{f} = \dfrac{2}{R} \\ \dfrac{1}{u_2} + \dfrac{1}{v_2} = \dfrac{1}{f} = \dfrac{2}{R} \end{cases} \quad (2\text{-}37)$$

解方程组,得

$$\begin{cases} v_1 = \dfrac{Ru_1}{2u_1 - R} \\ v_2 = \dfrac{Ru_2}{2u_2 - R} \end{cases} \qquad (2-38)$$

根据凸面镜横向放大率公式,横向放大率(为正值)表示为

$$\sigma = \dfrac{h'}{h} = \dfrac{v}{u} \qquad (2-39)$$

由式(2-38)和式(2-39),可得像高:

$$\begin{cases} h'_1 = \dfrac{h_1 R}{2u_1 - R} \\ h'_2 = \dfrac{h_2 R}{2u_2 - R} \end{cases} \qquad (2-40)$$

根据物体相对于主光轴的位置不同,成像有以下 3 种情况。

(1) 物体在主光轴下方,成像在主光轴下方,如图 2-49(a)所示。连接 $A'E$ 和 $B'E$ 分别交后视镜主光轴上 N' 和下 N,$N'N$ 即为后视镜高度的最小值。设 $EE' = p, E'O' = q, O'N' = d_1, O'N = d_2$。

图 2-49 成像放大示意图

由几何关系可求得

$$\begin{cases} d_1 = \dfrac{pv_1 - qh'_1}{v_1 + q} \\ d_2 = \dfrac{h'_2 q - v_2 p}{v_2 + q} \end{cases} \qquad (2-41)$$

将式(2-38)中的 v_1、v_2 和式(2-40)中的 h'_1、h'_2 代入式(2-41),得

$$\begin{cases} d_1 = \dfrac{pRu_1 - qRh_1}{2qu_1 - qR + Ru_1} \\ d_2 = \dfrac{pRh_2 - qRu_2}{2qu_2 - qR + Ru_2} \end{cases} \qquad (2-42)$$

由此,可取镜高 $d = 2\max(d_1, d_2)$。

(2)物体在主光轴两侧,成像在主光轴两侧,如图 2-49(b)所示。连接 $A'E$ 和 $B'E$ 分别交后视镜主光轴上 N' 和 N,$N'O$ 为后视镜主光轴上高度的最小值。延长 $A'N'$ 与主光轴交于点 M',由图 2-49(b)所示的几何关系可得

$$d_1 = \frac{pv_1 + qh'_1}{q + v_1} \tag{2-43}$$

将式(2-38)中的 v_1 和式(2-40)中的 h'_1 代入式(2-43),可得

$$d_1 = \frac{pRu_1 + qRh_1}{2qu_1 - qR + Ru_1} \tag{2-44}$$

由此,可取镜高 $d = 2d_1$。

(3)物体在主光轴上方,成像在主光轴上方时,算法同式(2-31)。

以上讨论了用主视图成像的几何关系确定镜面的高度。同理,可由俯视图确定镜面的宽度。

3)后视镜安装位置的确定及校核

后视镜的布置应充分考虑人的坐姿和人眼的视野范围,根据乘务员在司机室内座椅的位置,即可确定乘务员眼点的位置。后视镜与乘务员眼睛的距离不能太远,即受视距的限制。视距是指人在操作系统中正常的观察距离。视距过远或过近都会影响辨认的速度和准确性,视距与观察目标的大小和形状以及工作要求密切相关。通常对于乘务员在坐姿下观察后视镜,视距建议选在150cm以上。后视镜的布置以靠近眼点直前视线为宜,物体越靠近直前视线,越容易看清楚。这样,车辆后方的状况可以直接映入直视前方的动车组乘务员眼内,使之不必经常转动眼睛和头部就能获得车后和车侧的信息。为此,根据人体工程学的要求:后视镜在水平方向的位置应处于双眼最大水平直接视野范围内;在垂直方向的位置应处于最大垂直直接视野范围内。上述角度最好应水平方向 50°~55°,垂直方向 35°~40°。φ 角的理想值应在此范围内选取。

动车组后视镜的布置应充分考虑人的坐姿和人眼的视野范围。根据乘务员在司机室内座椅的位置建立坐标系,绘出相应的眼参照表面。关于眼参照表面的定位、眼点的求法,按照铁路标准 UIC 651[6] 规定执行。

如果以眼点位置为极坐标原点,目距 l 为动径,坐标夹角 φ 是 l 与眼点的夹角,如图 2-50 所示。l 由式(2-45)解得

$$l = \frac{Ruh - R^2h - Ru\varphi(u + R)}{2u^2\varphi + Ru\varphi - R^2\varphi} \tag{2-45}$$

后视镜的安装位置应使乘务员在正常工作状态下,通过瞭望后视镜满足视域的要求。为此,要确定凸面镜的后视野范围(图 2-51),其步骤如下。

步骤1:根据 UIC 651 标准作出列车司机室乘务员的眼点参照表面,将眼点参照表面定位在车身坐标系中。

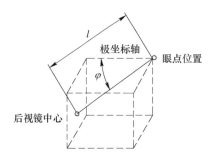

图 2-50 眼点位置与后视镜中心位置示意图

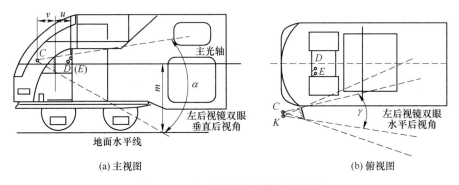

(a) 主视图　　　　　　　　　(b) 俯视图

图 2-51 左后视镜位置校核示意图

步骤 2：根据初步选定的后视镜及安装位置，在两视图上画出后视镜的投影线。

步骤 3：求左、右眼参照表面距后视镜中心最远点 D、E，这两点代表距镜面最远的乘务员眼睛位置(眼点)。

步骤 4：根据光学中凸面镜成像原理，求出乘务员眼点在镜中的成像点 C、K。

步骤 5：在主视图和俯视图上，以 C 点为顶点作镜面两端射线，即可求出垂直方向和水平方向后视角，这就是乘务员的车外后视野范围。

(1) 垂直视野的校核。

以左后视镜的校核为例(右后视镜与此相同)，由上述方法，做出垂直方向的视野范围如图 2-51(a)、图 2-52 所示。C 点为眼点 D 的像(主视图上 D、E 重合)，假设眼点在主光轴上方(下方同理)，由点 C 作后视镜两端的射线 Cl 和 Cl'，所成的角 α 为后视镜的垂直后视角。Cl' 与主光轴的交点为 M，C、D 在主光轴上的投影分别为 C'、D'，距离分别为 h' 和 h，像距和物距分别为 u 和 v，主光轴到地面的距离为 m。根据距离后视镜水平距离的不同，可见范围有以下两种情况。

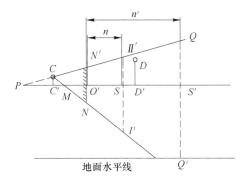

图 2-52 左后视镜垂直位置校核计算示意图

① 当在 S 处时,可见物的范围为 II',I' 到地面之间为盲区。令 $O'S=n$,$IS=L_1$,$I'S=L_2$,延长 QC 与主光轴交于点 P,由图 2-52 所示的几何关系,可得

$$\begin{cases} L_1 = \dfrac{nd - 2nh' + dv}{2v} \\ L_2 = \dfrac{nd + 2nh' + dv}{2v} \end{cases} \quad (2\text{-}46)$$

把式(2-38)中的 v 和式(2-40)中的 h' 代入式(2-46),得

$$\begin{cases} L_1 = \dfrac{2ndu - ndR - 2nRh + Rud}{2Ru} \\ L_2 = \dfrac{2ndu - ndR + 2nRh + Rud}{2Ru} \end{cases} \quad (2\text{-}47)$$

即在距离后视镜水平距离为 n 处,可见到距离地面 $m-L_2$ 到 L_1+m 高度范围内的物体。

② 当在 S' 处时,$O'S'=n'$,可看到的范围为距离地面高度 QQ',由图 2-52 所示几何关系,可得

$$\begin{cases} L_1 = \dfrac{2n'du - n'dR - 2n'Rh + Rud}{2Ru} \\ L_2 = m \end{cases} \quad (2\text{-}48)$$

即在距离后视镜 n' 处,可见到从地面到高为 L_1+L_2 范围内的物体。

因此,在给出物体到后视镜的水平距离 n 或 n' 时,由式(2-47)和式(2-48)就可以得出相应的垂直视野范围,物体在此范围内可见。

(2) 水平视野的校核。

水平方向的视野范围如图 2-51(b)、图 2-53 所示,后视镜与竖直平面的交角为 β,眼点 D、E 在镜中成像为 C、K,由点 C、K 作镜面两端点的射线,确定双眼水平后视角为 γ。眼点 D、E 到主光轴的距离 h_1、h_2,物距 u_1、u_2 为已知。像距为 v_1、v_2,像到主光轴的距离分别为 h'_1、h'_2。在距离后视镜中心距离为 t 处,可见到

的水平视野距离为 GG'，并与主光轴交于点 T。

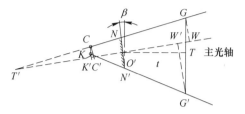

图 2-53　左后视镜水平位置校核计算示意图

过 G、G' 点作主光轴的垂线，交点为 W、W'，令 $WG=g_1$，$W'G'=g_2$，则 $TW=g_1\tan\beta$，$TW'=g_2\tan\beta$，$O'T=t/\cos\beta$，由图 2-53 所示的几何关系，可得

$$\begin{cases} g_1 = \dfrac{0.25d^2v_1\cos\beta + 0.25d^2t - 0.5dh'_1 t}{0.5dv_1\cos\beta + 0.5dh'_1\sin\beta - 0.25d^2h'_1\sin\beta} \\ g_2 = \dfrac{0.25d^2v'_2\cos\beta + 0.25d^2t - 0.5dh'_2 t}{0.5dv_2\cos\beta - 0.5dh'_2\sin\beta + 0.25d^2h'_2\sin\beta} \end{cases}$$

将式(2-38)中的 v 和式(2-40)中的 h' 代入 g_1、g_2 中得

$$\begin{cases} g_1 = \dfrac{0.25u_1d^2R\cos\beta + 0.5d^2u_1t - 0.25d^2Rt - 0.5dRh_1t}{0.5dRu_1\cos\beta + 0.5dRh_1\sin\beta - 0.25d^2Rh_1\sin\beta} \\ g_2 = \dfrac{0.25u_1d^2R\cos\beta + 0.5d^2u_2t - 0.25d^2Rt - 0.5dRh_2t}{0.5dRu_2\cos\beta - 0.5dRh_2\sin\beta + 0.25d^2Rh_2\sin\beta} \end{cases}$$

$$GG' = (g_1 + g_2)/\cos\beta \tag{2-49}$$

即在距离后视镜中心 t 处，可看到水平宽为 GG' 范围内的物体。

因此，在给出物体到后视镜的水平距离 t 时，由式(2-49)就可以得出相应的水平视野范围，物体在此范围内可见。

如果用上述方法确定的后视野范围能满足视域的要求，就可以保证95%的乘务员在工作时仅靠头部和眼睛的自然转动就能获得车后和车侧的交通信息。如果上述后视镜不满足视野要求，可调整后视镜的安装角度，或修改后视镜的设计位置和大小尺寸，重新用上述方法计算，重新校核，直到后视野满足要求为止。

美国联邦铁路明确规定，列车后视镜的视场应满足从乘务员目视点垂直平面后30m延伸至地平线，后视镜距离车身侧壁至少5m的范围；同时还应满足从乘务员目视点垂直平面后4m后，后视镜距离车身侧壁1m的范围，如图2-54所示。由于目前我国铁路对动车组后视镜瞭望要求没有明确规定，计算结果只是给出了各种参量之间相应的数学关系，因此，在实际选择后视镜时，需要根据实际情况确定其中的部分参数，推算未知参数。

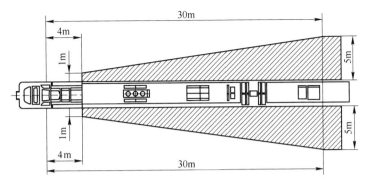

图 2-54 美国联邦铁路列车后视镜视场要求

2.6 动车组司控器手柄工效学设计

乘务员通过操作司机控制器来达到对列车控制的目的,司机控制器是动车组运行的主命令控制器,是利用控制电路的低压电器间接控制主电路的电气设备,它被广泛应用于各种轨道交通领域。乘务员通过对控制器手柄进行前推后拉(在矢状面进行旋转,下文称直线操作方式)或旋转(在横断面进行旋转,下文称旋转操作方式)等操作来对列车进行控制,而手柄作为完成驾驶任务中重要的人机交互器件,直接影响使用者的操作行为,若手柄设计不当,无论对于乘务员自身还是对于操作绩效方面来说都会产生影响。在乘务员方面,长时间操作后会加速其手部疲劳,影响手部舒适性,使手部疼痛,严重者则可能会造成乘务员的累积性损伤或腕管综合征(CTS);在操作绩效方面,则会降低乘务员操作的精准度,容易引起行车事故[59]。因此,司控器设计的好坏关系着乘务员的安全和健康,也影响着行车的安全性。

在设计一把手柄时,最令人关心的因素之一就是手柄与手之间的接触面,即人机界面。手柄的设计直接影响功能的发挥和使用者的舒适性,所以符合人因工程学要求的手柄必须考虑到使用者的感受。手柄的设计因素包括手柄的长度、宽度、截面形状、接触面的材质及纹理、操作类型等。如果将这些因素融入手柄的设计,那么最终的手柄将更能满足使用者的需要。在本书的研究中将综合手柄的设计因素,探索如何实现手部与控制器手柄的最优匹配关系,使乘务员在进行作业时提高操作的精准度,减少手部疲劳或不适感,为今后乘务员控制器手柄的选型和设计提供参考。

2.6.1 手柄工效学分析及评价指标的确定

1. 手柄工效学分析

自1814年斯蒂芬·森发明了第一辆机车以来,司机控制器作为直接控制列车行驶的机器便随之发展到今天。尽管随着科技的进步,机车从蒸汽机车发展到内燃机车,再从内燃机车发展到电力机车等,但是司机控制器对机车控制的主导地位从来不曾改变。现今,我国共引进4种高速列车车型,分别为CRH1、CRH2、CRH3、CRH5,通过对高速列车各种车型的列车司机控制器手柄进行统计,将按照下述方法对手柄进行分类。按操作手柄数量可分为单手柄操作及双手柄操作,单手柄操作为右手操作,同时完成牵引和制动任务,其操作方式为前推后拉的直线操作,手抓握手柄的方式可分为掌心向下和掌心向左。双手柄操作为左手完成制动任务,右手完成牵引任务,左手制动的操作方式有前推后拉的直线操作和前推后拉的旋转操作,右手牵引的操作方式为前推后拉的直线操作,手抓握手柄的方式可分为掌心向下和掌心向左,分类方式可由图2-55所示。通过对手柄的分类可总结出手柄的操作方式主要有直线操作和旋转操作,直线操作时,手的抓握方式又可分为掌心向下和掌心向左或向右。

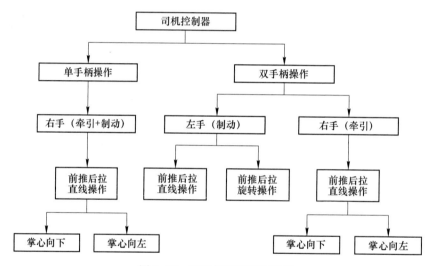

图2-55 司机控制器手柄分类

在行车过程中,司机操纵方式为手柄控制方式,若手柄的设计不合理,会增加乘务员的手部负荷,加速乘务员手部疲劳,影响行车的精确控制。手柄的工效学研究是坚持以人为核心,力求从手柄的使用性研究中找出能改善手柄使用性与质量的因素。通过深刻剖析手的解剖学、生物力学、人体测量学等特征,结合人因工程学的思想,发现手柄的位置、操纵力、尺寸大小、表面与形状、操作方式等因素对乘务员手部负荷有着很大的影响。

1) 空间布局

乘务员与操作手柄的相对位置直接影响到乘务员在对手柄施力过程中的操作力及行程,不合理的安装位置会导致笨拙的操作姿势,增加操作的难度,从而增加乘务员的工作负荷,导致乘务员手部快速疲劳,长此以往,甚至会引起腕管综合征等疾病。所以,手柄的安装位置或布局要考虑人体测量学、人的感受特性与生物力学特性,因此在对手柄进行工效学研究时,手柄的安装位置或称手柄的空间布局应作为其影响因素之一。

手柄是行车运行时十分重要的一类控制器件,需要布置在使用者上肢最佳作业区内。这里以第50百分位的男性人体尺寸数据来考虑,因为在第50百分位附近,人的分布频数最高,可使多数人处于舒适、高效的作业状态下。第50百分位主要人体尺寸数据及确定手柄位置所需坐姿人体尺寸数据如表2-32和表2-33所列[2]。

表2-32　确定手柄位置范围所需主要人体尺寸　(单位:mm)

项　目	第5百分位	第50百分位	第95百分位
身高	1583	1678	1775
体重	48	59	75
上臂长	289	313	338
前臂长	216	237	258
大腿长	428	465	505
小腿长	338	369	403
肩宽	344	375	403
臀宽	282	306	334
坐姿臀宽	295	321	355

表2-33　确定手柄位置范围所需坐姿人体尺寸　(单位:mm)

项　目	第5百分位	第50百分位	第95百分位
前臂加手前伸长	416	447	478
前臂加手功能前伸长	310	343	376
上肢前伸长	777	834	892
上肢功能前伸长	673	730	789
坐姿中指指尖点上举高	1249	1339	1426

依据《Humanscale》中上臂至躯干的舒适姿势的调节范围[60]以及《操纵器一般人类工效学要求》(GB/T 14775)中规定的操纵杆作业舒适用力的上臂与前臂的夹角如表2-34所列[61]。

表2-34　操纵杆作业手臂活动范围

身体部位	关节	活动	舒适调节范围
上臂至躯干	肩关节	外摆、内摆	0°
		上摆、下摆	+15°~+35°
		前摆、后摆	+40°~+90°
下臂至上臂	肘关节	弯曲、伸展	+90°~+135°

在 Jack 软件中,采用第 50 百分位中国人男性人体尺寸数据建立坐姿司机控制器作业人体数字模型,如图 2-56 中细实线所示,根据上臂至躯干的舒适姿势的调节范围以及操纵杆作业舒适用力的上臂与前臂的夹角,用计算机仿真的方式可得到手柄布置位置范围如图 2-56 中粗黑线所示。

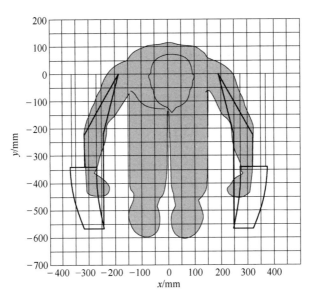

图 2-56　手柄最佳位置范围

2) 司机控制器手柄操作力

由人体活动中的生物力学特性可知,在不同用力条件下,人体局部能量消耗不同,疲劳程度也相应不同。静态施力状态下肌肉供血受阻的程度与肌肉收缩产生的力成正比,当对手柄施力进行操作时,如果操纵装置的阻力过小,不仅不会使操作者感觉到舒适,反而更容易使其肌肉产生疲劳感,并产生误操作。相反,若操作力过大,会过分压迫手掌,影响手部血液循环,造成手掌麻木、疼痛。而令人感到舒适的操作装置在操作过程中应对人体有一定的反作用力,从而产生一种变相的力学信息反馈,这样乘务员对自身的施力及操作情况才有一个客观的了解,在操作过程中才能对手部的用力进行合理分配。

原铁道部运输局 2012 年 10 月发布的《动车组司机控制器技术条件》中规定手柄应操作灵活,操作力应符合规定。一般位置的操作力最大值不大于 49N;紧急、快速(制动)位置的操作力应比一般位置的操作力要大,一般应大于 10N,并且详细规定了 CRH1、CRH2、CRH3 型车的操作力大小。

3) 司机控制器手柄尺寸

司机控制器手柄为手掌抓握,手柄的尺寸大小也会影响操作的舒适性。如果手柄太小,力量便不能发挥,而且局部可能会产生大的压力(如用一支非常细的铅笔写作),但如果手柄对手来说太大的话,操作者难以握持,在心理上会产生难以操作的想法,这种想法通过反馈,从而加速了手部疲劳,并且手的肌肉肯定也会在一个不舒适的情况下作业。因此,手柄尺寸和手的大小匹配关系非常重要。

手柄的尺寸需参照人体手部尺寸来设计。手柄的长度主要取决于手掌宽度。手掌一般在71~97mm之间(5%女性至95%男性数据)[2],因此合适的手柄长度为100~125mm。而手柄的直径大小取决于手的握持尺寸和力量大小,《操纵器一般人类工效学要求》(GB/T 14775)中手握司控器手柄设计直径规定为35~50mm,并且推荐值为40mm[61]。

4) 司机控制器手柄表面与形状

手柄的表面与形状设计对操作的舒适性有直接的影响,符合人体触感或外观的手柄会使操作者产生舒适的感觉。如手柄的形状与人的手部内侧凹凸区域相符,并且制作材料采用可防滑的磨砂材质,对提高手柄操作舒适性有很大作用。

表面有无防滑处理、手柄的潮湿感、手柄的硬度等都与手柄的材质有很大关系,手柄的材料选择是否合理会严重影响操作的舒适性。目前手柄材质的选择主要从绝缘、质轻、耐磨、防潮防汗、握持力强等方面着手,因此大多数手柄表面都选用橡胶以及绝缘合成材料等。并且为了确保手柄有较好的握持感,让手与手柄之间有较大的摩擦力,手柄表面可进行适当的纹路设计,也可对抓握部位进行表面贴层处理。

不同产品的手柄形状多种多样,式样也多种多样,由于不同形式的手柄其工作方式的不同或人的喜好程度不同等,针对每个产品的手柄使用情况需做具体分析,但是手柄的设计始终遵循"手柄与手相匹配"的原则。手柄形状决定了抓握时手掌的压力分布,在很大程度上决定了乘务员操作时的舒适性,因而可以通过抓握手柄时手表面的压力分布来指导手柄几何形状的设计。

Fransson-Hall 和 Kilom 将手掌分为若干区,如图2-57所示,测量每个区域的疼痛压力阈值,发现大鱼际区及虎口区域的疼痛阈值最低,是整个手掌比较敏感的区域[62]。

如果对手部各个区域施加一个相等恒定的作用力,可承受较高压力的手掌区域所产生的不舒适度就较低。为了便于统计描述,将手掌区域按照手的生理结构分区,如图2-58所示,各手部区域对压力的承受能力由小到大排序如表2-35所列。

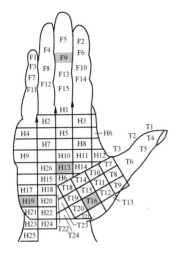

图 2-57 手掌分区(疼痛阈值)

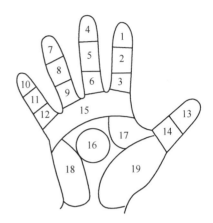

图 2-58 手掌分区(生理结构)

表 2-35 手掌各区承压能力排序(由小到大)

排序	1	2	3	4	5	6	7	8
区域	19	17	16	10	18	15	14	7
排序	9	10	11	12	13	14	15	16
区域	6	1	11	13	8	4	5	2

从表 2-35 可知,手柄形状设计需合理分配手掌压强的分布,让大鱼际区、虎口及掌心等部位承受较小压力,手指等部位承受较大压力。

5) 司机控制器手柄操作方式

司机控制器手柄的操作方式分为旋转操作和直线操作两类,抓握方式分为掌心向下、掌心向左/右抓握两种。操作方式及抓握方式影响使用者抓握时的手腕弯曲角度,根据手的生物力学特征可知,手腕弯曲角度过大会过分压迫腕骨神经,影响手部舒适性。并且相比掌屈、背屈形式,尺偏、桡偏形式会更容易让使用者感觉不舒适,而令人舒适的操作方式则表现为手腕处于顺直状态。

当进行旋转操作时,手部需要克服阻力矩才能完成操作任务,为克服阻力矩,手需要施加力矩,具体表现为手腕呈现桡偏或尺偏状态。力矩越大,弯曲角度越大,尺骨和桡骨的压迫感越强,使用者感觉越不舒适,当力矩和弯曲角度大到一定程度则会对手腕造成伤害。若不可避免地需要使用旋转操作,则手柄设计应尽可能将手腕弯曲类型转化成掌屈、背屈形式,减少桡骨和尺骨的压迫,如图 2-59 所示。并且选择合理的力臂长度,使施力部位与转轴中心的距离不致过小,导致力矩过大,或力臂过大超出手柄合理布局范围。

当进行直线操作时,掌心向下的操作方式让使用者手腕出现掌屈、背屈现

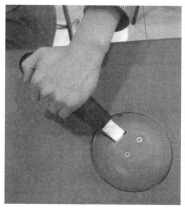

图 2-59 桡偏转化成背屈

象,弯曲的角度受手柄形状、手柄行程及手柄高度等因素的影响。由于掌屈、背屈的灵活性较高,使用者可根据具体的使用情况来调节手腕,使得弯曲角度减小。掌心向左或向右的操作方式一般对应的手柄为柱形手柄或锥形手柄,使用者抓握手柄时手腕出现桡偏、尺偏现象,弯曲角度受手柄行程及手柄高度等因素的影响。相比掌心向下的操作方式,使用者难以根据具体使用情况来灵活调节手腕角度,若手腕弯曲角度过大,使用者会感觉极其不舒适。

2. 手柄评价指标确定

手柄的工效学评价是对手柄设计及品质检验的一项重要环节,在对手柄进行工效学评价时,必须保证评价角度的全面性以及数据信息的可追溯性,这是手柄设计在实际实践过程中的必然要求。全面、合理的手柄工效学评价指标可为这一问题提供有效的、可量化的解决方案。从人因工程学的角度分析可知,乘务员在操作手柄时,反映乘务员手部负荷的指标有很多,如任务完成前后的握力差、手柄的操作力、抓握手柄时手掌的压力分布及手腕弯曲角度、手部肌肉的表面肌电信号、手柄的空间布局等。如何将这些指标有效地综合起来作为评价手柄的手段则是手柄工效学评价环节的关键。

这里分别使用形态学、生理学、心理学3种评价方法对各手柄进行详细的分析,具体依据手腕弯曲角度、手掌表面压力、上肢肌肉表面肌电信号以及疲劳等级量表从手部疲劳影响机理的角度进行深入研究,并对各手柄进行工效学量化评估。

1) 形态学指标——手腕弯曲角度

手腕弯曲角度分为桡/尺偏角度、掌/背屈角度,通过对手的生物力学研究分析,手腕弯曲角度过大,会引起腱的疼痛,长时间会导致腕管综合征。而相比掌屈或背屈,桡骨或尺骨偏离更容易造成操作不舒服和手受伤。手柄的操作方式是造成这一指标变化的主要原因,手柄形状也间接地影响该指标的大小。因此,用操作时手腕弯曲角度来评价手柄的优劣是有效的。

动车组司机控制器手柄处于不同挡位时,手腕弯曲角度会有不同程度的变化,当操作至第 i 个挡位时,乘务员的桡、尺偏弯曲角度记为 α_i,掌、背屈角度记为 β_i。

指标的确立过程实际上是对实验数据进行数学处理的过程,手腕弯曲角度应当转化成量化指标来对手柄进行评价。

(1) 最大角度。

最大角度分为最大桡/尺偏角度和最大掌/背屈角度。

最大桡/尺偏角度为

$$\alpha_{\max} = \max_{i \leq N} \alpha_i \tag{2-50}$$

最大掌/背屈角度为

$$\beta_{\max} = \max_{i \leq N} \beta_i \tag{2-51}$$

式中:N 为司机控制器手柄操作挡位数。

(2) 平均角度。

平均角度分为平均桡/尺偏角度和平均掌/背屈角度。

平均桡/尺偏角度为

$$\alpha_m = \frac{1}{N} \sum_{i=1}^{N} \alpha_i \tag{2-52}$$

平均掌/背屈角度为

$$\beta_m = \frac{1}{N} \sum_{i=1}^{N} \beta_i \tag{2-53}$$

2) 形态学指标——手掌压强分布

抓握手柄时,手柄与手之间的压力称为手掌的压力分布。从手的解剖学来讲,手掌肌肉分布较多的区域能够承受比较大的压力,肌肉分布较少及布满神经末梢的区域,即使承受较小的压力,也会影响血液循环和压迫神经系统而产生麻痹、酸痛等不适感,并且影响神经传导。不同的手柄形状造成不同的手掌表面压力,由于手掌上各部位肌肉分布不同的缘故,各区所能承受的压力大小不同,所以将手上比较薄弱的区域(如掌心、虎口部位)承受的压力作为评价手柄的指标是可靠的。

手掌压强分布最终通过一系列的量化指标来体现。

(1) 最大压强。

最大压强即所测区域全部测量点中的压强最大值,即

$$P_{\max} = \max_{ij} P_{ij} \tag{2-54}$$

式中:i 为所测区域单元传感器的行数;j 为所测区域单元传感器的列数;ij 为所测量区域单元传感器的总数量。

（2）平均压强。

平均压强是所测区域受压点压强的算术平均值，即

$$P_m = \frac{1}{N_p} \sum_{i=1}^{N} \sum_{j=1}^{M} P_{ij} \qquad (2-55)$$

式中：N_p 为受压单元传感器数，显然有 $N_p \leq ij$。

（3）接触面积。

接触面积 S 是所有受压单元传感器的宏观表现。通过分析接触面积，可以得出手与手柄之间接触的位置，从而判断其是否满足手部舒适性要求。

（4）整体载荷。

整体载荷是传感器上全部受压点压强的算术累和值，即

$$P_s = \sum_{j=1}^{N_p} P_j \qquad (2-56)$$

3）主观指标——Borg 量表

主观评价方法是一种简单、快速和经济的疲劳评价方法。运用该方法能够收集工作场所中劳动者的体力因素和心理因素的负荷及疲劳水平。它的最大优点是直观、应用范围广、费用低。存在的主要问题是信度和效度较低，在绝对定量的评价上有困难，评价并不准确可靠。主观评价法一般是与其他方法结合使用。

Borg 量表是一种比较常见的主观评价法，它是瑞典人 Borg 提出的一种心理学评分方法，主要是通过调查表或作业负荷评价量表等方式，一般将疲劳分成几个级别，由调查者填写或受试者亲自填写，凭受试者的主观感受进行作业负荷直接测定的方法[63]。常用来评定疼痛、疲劳和劳动负荷，测量过程中受试者需要将负荷程度主观感觉与量表进行对应，可快速准确地描述负荷程度。Borg 量表分级说明见表 2-36。

表 2-36 Borg 量表分级说明

级别	说　　明
0 级——没什么感觉	这是你在休息时的感觉，你丝毫不觉疲惫，你的呼吸完全平缓，在整个运动期间你完全不会有此感觉
1 级——很弱	这是你在桌前工作或阅读时的感觉，你丝毫不觉疲惫，而且呼吸平稳
2 级——弱	这是你在穿衣服时可能出现的感觉，你稍感疲惫或毫无疲惫感，你的呼吸平缓，运动时很少会体验到这种程度的感觉
3 级——温和	这是你慢慢走过房间打开电视机时可能出现的感觉，你稍感疲惫，你可能轻微地察觉到你的呼吸，但气息缓慢而自然，在运动过程初期你可能会有此感觉
4 级——稍强	这是你在户外缓慢步行时可能产生的感觉，你感到轻微疲惫，呼吸微微上扬但依然自在。在热身的初期阶段可能会有此感觉

续表

级别	说明
5级——中强	这是你轻快地走向商店时可能出现的感觉,你感到轻微的疲惫,你察觉到自己的呼吸,气息比4级还急促一些,你在热身临近结束时会有此感觉
6级——强	只是你约会迟到急忙赶去时可能出现的感觉,你感到疲惫,可以维持这样的步调,你呼吸急促,而且可以察觉得到
7级——很强	这是你激烈运动时可能出现的感觉,你势必感到疲惫,但你可以确定自己可以维持到运动结束,你的呼吸急促,可以与人对话,但你可能宁愿不说话,这是你维持运动训练的底线
8级——非常强	这是你做非常剧烈的运动时可能出现的感觉,你势必感到极度疲惫,而你认为自己可以维持这样的步调直到运动结束,只是你无法百分之百地确定,你的呼吸非常急促,你还是可以与人对话,但你不想这么做
9级——超强	这是极度剧烈运动下所出现的感觉,你势必体验到极度的疲惫,如果你自问是否能持续到运动结束,你的答案可能是否定的,你的呼吸非常吃力,而且无法与人交谈,你可能在试图达到8级的片刻会有此感觉,这是许多专业运动员训练的级数,对他们而言,要达到这个级数也非常困难,你的例行运动不应该达到9级,而当你达到9级时,你应该让自己慢下来
10级——极强	在这一级里你将体会到彻底的精疲力竭,这一级你无法持久,就算持久了对你也没什么好处

2.6.2 手柄工效学实验研究

影响乘务员手部负荷的因素很多。ISO 9355 中详细规定了手柄的尺寸及操作力,并且规定了两种操作方式(直线操作、旋转操作)。手柄的空间布局已根据上肢操作舒适区域通过 Jack 软件仿真来得到,手柄的表面等也在前文详述,然而相关标准并没有规定具体的操作方式及手柄的形状。为了对高速列车司机控制器手柄的操作方式及手柄形状进行工效学研究,分别针对操作方式及手柄形状设计了两个实验进行研究。

1. 被试选取

招募了没有动车组驾驶经验的 15 名男性学生作为被试。在选择被试时,要求手和手腕未做过外科手术,近期内手和手腕未有过受伤情况,无上肢肌肉骨骼疾病。由于高速列车司机控制器手柄为固定手操作,为了保持被试者的同属性,所以要求被试均为右手。经过培训后,被试可以熟练操作司控器、理解主试意图并完成实验内容。在实验期间,要求被试身体健康状况良好,无肌肉疲劳现象,实验前 24h 未进行剧烈运动。被试在实验前均签署了实验知情同意书。参加本次实验的被试信息见表 2-37。

表 2-37 被试信息表

被试项	最大值	最小值	平均值	标准偏差
年龄/岁	29	21	23.27	2.43
体重/kg	79	60	70.87	6.10
身高/cm	179	170	174.20	2.91
手掌长/cm	194	173	187.13	6.96
手掌宽/cm	94	78	87.47	4.96
手掌厚/cm	40	25	31.47	4.55
握持直径/cm	48	43	45.37	1.48

2. 实验平台搭建

实验使用了 CRH380A 型动车组的牵引控制器和制动控制器,如图 2-60 所示,这两种控制器都采用了快速释放结构,可快速改变安装状态。车载的牵引控制器为直线操作方式,制动控制器为旋转操作方式。将制动控制器逆时针方向旋转 90°,可变为直线操作方式。牵引控制器共有 11 个牵引级位,每一牵引级位操作力大小为 (3.0±0.5) kgf (1kgf≈9.8N);制动控制器共有 8 个制动级位,每一制动级位操作力大小为 (1.3±0.6) kgf。

设计并制作了两个实验平台以满足直线操作和旋转操作的实验需求。实验平台长 1200mm、宽 350mm、高 900mm,容膝高度 667mm。在实验台下方放置有脚踏,可在 15°~25°间调节。所有空间尺寸均满足 UIC 651 的相关要求。其中实验平台 I 将制动控制器逆时针方向旋转 90°安装,对应于直线操作方式(图 2-61);实验平台 II 将制动控制器常态安装,对应于旋转操作方式(图 2-62),同时可进行手柄形状的相关研究。

(a) CRH380A 牵引控制器

(b) CRH380A 制动控制器

(c) 旋转置于左侧的 CRH380A 制动控制器

图 2-60 研究用的控制器

实验平台配置有乘务员椅,使被试可以充分调整坐姿至最舒适的操作位置,减少无关变量的影响。实验平台采用前后对称设计,使被试可以使用右手操作所有控制器。对于每个手柄工效学实验,实验平台可保证实验操作力、操作行程、操作姿势及操作位置的一致性,为实验的进行及变量的控制提供可靠的硬件基础。

图 2-61 实验平台 I

图 2-62 实验平台 II

通过调研国内外 52 种列车的司机控制器,总结出 6 种典型动车组司机控制器形状用于比较研究,各手柄的详细信息如表 2-38 所列。各手柄的尺寸均满足 UIC 612[64]的要求,由 ABS 工程塑料制成,且表面经过抛光处理。

表 2-38 6 种手柄形状的详细信息

缩写	RH	P	T	S	C	F
形状	圆筒形	梨形	T 形	球形	椭圆柱形	锥形
图片						
尺寸	φ40mm	长 76mm 宽 100mm 高 72mm	长 127mm 宽 40mm 高 72mm	φ48mm	φ40mm	高 42mm φ40mm φ27mm

3. 实验设备选取

选用佳能 EOS1000D 相机,分别从俯视角和右侧视角拍摄照片,用于测量手腕的桡/尺偏和掌/背屈情况。

选用 Tekscan 压力分布测量系统采集分析被试使用不同手柄时的手掌各区域压力,该系统配备的 4256E 型压力传感器具有 0~345kPa 的量程以及 750Hz 的采样率。为保证手掌所有区域的压力分布都能完整采集,配置了两种形式的采集手套(图 2-63)。测量系统在每次实验开始前均按标准进行校准,以保证测量精度。

4. 实验设计与实施

分别设计实验 A 和实验 B,研究操作方式和手柄形状的工效学影响。实验场景、平台、控制器、手柄形状等信息具体可见表 2-39。如前文提及,牵引控

  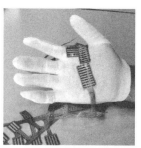

(a) 系统全貌　　　　　(b) Ⅰ型手套配置形式　　　　(c) Ⅱ型手套配置形式

图 2-63　压力分布测量系统

器和制动控制器的各级位操作力存在差异,为排除操作力带来的干扰,在实验 A 中仅使用制动控制器,在实验 B 中仅使用牵引控制器,以控制无关变量。

在实验 A 中,自变量为操作方式,因变量为手腕弯曲角度和疲劳自评分值;在实验 B 中,自变量为手柄形状,因变量为手腕弯曲角度、手掌压强分布情况和疲劳自评分值。

表 2-39　实验设计详细信息

实验	实验 A		实验 B
控制器	制动控制器		牵引控制器
实验平台	平台Ⅱ	平台Ⅰ	平台Ⅰ
控制器安装形式	常态安装形式	逆时针方向旋转 90°安装形式	常态安装形式
手柄形状	RH	RH	P、T、S、C、F
操作形式	旋转操作	直线操作	直线操作

实验开始前,被试首先了解实验流程、填写基础统计数据并签署知情同意书。之后主试测量被试的身高和手掌数据,帮助被试调整脚踏和座椅至最舒适坐姿。开始实验后,被试在主试的指导下使用右手完成相应的控制器操作。

实验 A 由以下两步完成:

步骤 1:被试分别使用两种操作方式的制动控制器,主试使用相机记录被试在 8 个制动级位下的手部图像。

步骤 2:被试在持续操作两种操作方式的制动控制器各 30min 后,分别填写直观类比量表以主观评价其上肢疲劳和手腕不舒适程度。

实验 B 由以下 4 步完成:

步骤 1:被试分别使用 5 种形状的牵引控制器,主试使用相机记录被试在 11 个牵引级位下的手部图像。

步骤 2:被试穿戴Ⅰ型手套,前推后拉完成一个完整的 11 级位操作过程,在这一过程中手部压力测量系统以 5Hz 的采样率持续记录被试手部压力。

步骤 3：被试穿戴Ⅱ型手套，重复步骤 2。

步骤 4：被试脱卸压力采集手套，持续操作 5 种手柄形状的牵引控制器各 30min 后，分别填写直观类比量表以主观评价其上肢疲劳、手腕不舒适程度以及手掌不舒适程度。

在现行的动车组系统中，通常会配置有巡航控制系统，因而在巡航阶段，无需高速列车乘务员频繁操作司机控制器调整速度。然而，当进行减速停车操作或巡航系统故障时，乘务员需要持续操作司控器调整列车速度，因而可以说实验的场景设置来源于实际，具有相当的应用背景。由于实验 A 的步骤 2 和实验 B 的步骤 4 目的在于测试上肢的疲劳程度，被试被要求持续操作司控器足够长度时间以激发疲劳，即实验中被试操作司控器 30min 的原因。

每名被试每天只能操作一种司控器，以排除持续疲劳带来的影响，完成所有实验共需要 7 天时间。为排除不同控制器实验顺序带来的影响，每名被试使用的司控器排序是随机的。

5. 数据处理

1) 手腕角度

将各个级位的手部图片导入 AutoCAD 中，画出小臂与手背水平方向的中线，测量两中线间的夹角为手腕桡、尺偏角度；画出小臂与手背上方的轮廓线，测量两轮廓线间的夹角为手腕掌、背屈角度（图 2-64）。

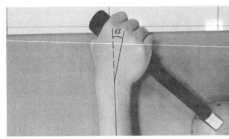 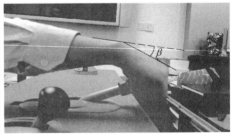

(a) 桡偏/尺偏角度测量　　　　　　　(b) 掌屈/背屈角度测量

图 2-64　手腕角度测量

2) 手掌压强

在实验 B 中测量了 19 个手掌区域，其中第 16、17、19 区是对压力最敏感的，因而对这部分数据进行分析处理。运用 Tekscan 配套的 6.51 版 Grip Research 软件处理原始数据，计算最大压强 p_{max} 和平均压强 p_m 用于统计分析。

3) 统计方法

计算手腕角度、手掌压强、主观评价量表的平均值和标准差，通过 Tukey 多重比较事后检测的单因素方差分析比较组内差异；取 $p<0.05$ 作为显著性水平的判断标准。

2.6.3 实验分析与讨论

1. 实验数据处理结果

1）操作方式

（1）对手腕角度的影响。

表2-40显示了不同操作方式下的手腕弯曲情况。操作方式均没有对桡偏-尺偏最大角度（$F_{(1,28)}=1.173, p=0.288, \eta^2=0.040$）、桡偏-尺偏平均角度（$F_{(1,28)}=0.274, p=0.605, \eta^2=0.010$）、掌屈-背屈最大角度（$F_{(1,28)}=0.742, p=0.396, \eta^2=0.026$）、掌屈-背屈平均角度（$F_{(1,28)}=0.294, p=0.592, \eta^2=0.010$）产生显著影响。

表2-40 不同操作方式手腕弯曲角度

手腕角度	操作方式	均值 $\bar{x}/(°)$	标准差 SD/(°)
桡偏-尺偏最大角度	旋转操作	31.82	3.24
	直线操作	30.51	3.37
桡偏-尺偏平均角度	旋转操作	16.55	2.74
	直线操作	16.00	2.95
掌屈-背屈最大角度	旋转操作	25.90	3.77
	直线操作	24.70	3.85
掌屈-背屈平均角度	旋转操作	20.00	3.20
	直线操作	19.32	3.68

在实验A中被试使用右手抓握手柄，不同的操作方式导致了不同的手掌朝向：旋转操作条件下，掌心向下；直线操作条件下，掌心向内。在实验A中仅使用了制动控制器，可能影响手腕弯曲角度的手柄形状、操作杆长度等因素均保持恒定，因而可以推断操作方式没有对桡偏-尺偏和掌屈-背屈角度形成显著性影响。

（2）对主观评价的影响。

操作方式没有对手腕不舒适主观评分形成显著性影响（$F_{(1,28)}=0.189, p=0.667, \eta^2=0.007$）。被试对旋转操作方式（$\bar{x}=4.8667$，SD=0.8338）或直线操作方式（$\bar{x}=5.0000$，SD=0.8452）在手腕不舒适度的评分没有显著差异，结果从侧面支持了前文结论。

操作方式对前臂疲劳主观评分形成了显著性影响（$F_{(1,28)}=37.030, p<0.0001, \eta^2=0.569$）。被试在前臂疲劳度的主观评分上，旋转操作方式（$\bar{x}=$

5.8000，SD=0.7746)显著高于直线操作方式($\bar{x}$=4.2667，SD=0.5936)。

2) 手柄形状

(1) 对手腕角度的影响。

图 2-65 显示了不同手柄形状条件下的手腕弯曲情况。手柄形状对桡偏-尺偏最大角度($F_{(4,70)}$ = 48.801, $p<0.0001$, η^2 = 0.736)、桡偏-尺偏平均角度($F_{(4,70)}$ = 14.903, $p<0.0001$, η^2 = 0.460)、掌屈-背屈最大角度($F_{(4,70)}$ = 59.248, $p<0.0001$, η^2 = 0.772)、掌屈-背屈平均角度($F_{(4,70)}$ = 43.732, $p<0.0001$, η^2 = 0.714)均产生了显著影响。

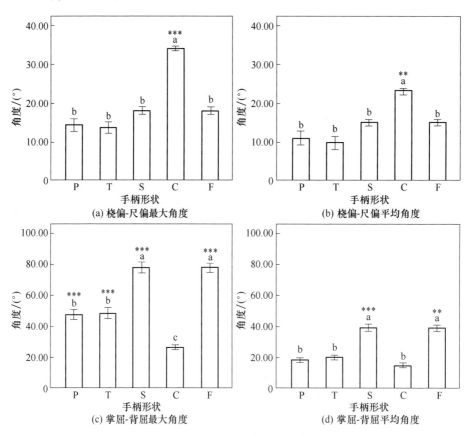

图 2-65 不同手柄形状条件下的手腕角度

(2) 对手掌压强的影响。

图 2-66 显示了不同手柄形状条件下的手掌压强分布情况。手柄形状对 16 区的最大压强($F_{(4,70)}$ = 280.816, $p<0.0001$, η^2 = 0.941)和平均压强($F_{(4,70)}$ = 87.873, $p<0.0001$, η^2 = 0.834)、17 区的最大压强($F_{(4,70)}$ = 367.783, $p<0.0001$, η^2 = 0.955)和平均压强($F_{(4,70)}$ = 231.469, $p<0.0001$, η^2 = 0.930)以及 19 区的

最大压强($F_{(4,70)}$ = 50.040,$p<0.0001$,η^2 = 0.741)和平均压强($F_{(4,70)}$ = 181.592,$p<0.0001$,η^2 = 0.912)均产生了显著影响。

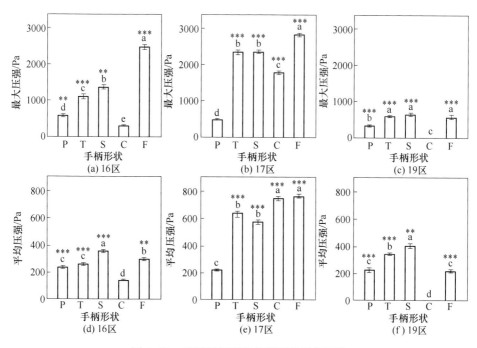

图 2-66 不同手柄形状条件下的手掌压强

（3）对主观评价的影响。

表 2-41 和图 2-67 显示了不同手柄形状条件下,前臂疲劳、手腕不舒适度以及手掌各部位不舒适度的主观评价情况。手柄形状对前臂疲劳($F_{(4,70)}$ = 54.754,$p<0.0001$,η^2 = 0.758)、手腕不舒适度($F_{(4,70)}$ = 52.464,$p<0.0001$,η^2 = 0.750)以及手掌 16 区($F_{(4,70)}$ = 224.837,$p<0.0001$,η^2 = 0.928)、17 区($F_{(4,70)}$ = 224.635,$p<0.0001$,η^2 = 0.928)和 19 区($F_{(4,70)}$ = 45.423,$p<0.0001$,η^2 = 0.722)的主观评价均产生了显著性影响。

表 2-41 不同手柄形状条件下各部位主观评价平均值

手柄形状	前臂	手腕	手掌 16 区	手掌 17 区	手掌 19 区
P	3.87	2.8	1.47	0.8	2.53
T	4.07	2.93	4.27	4.8	3.87
S	5.47	4.6	5.53	4.87	3.93
C	6.67	6.13	0.73	1.73	1.33
F	5.47	4.8	6.67	7.4	3.8

(4) 手掌压强与主观评价的关联性。

在最大压强和手掌不舒适度间具有显著的统计学正相关性($r_{(15)} = 0.771$, $p = 0.001$)。该正相关性意味着,一般情况下,被试的手掌最大压强越大对应的手掌不舒适度越高。

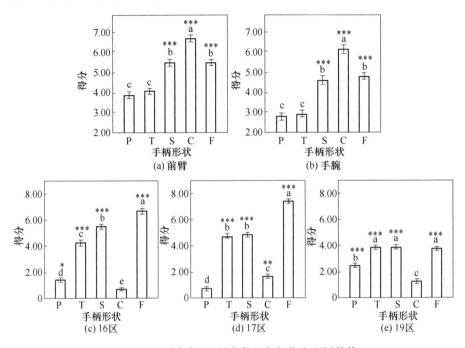

图 2-67 不同手柄形状条件下各部位主观评价值

3) 操作力的影响

虽然实验 A 和实验 B 是两个完全独立的实验,使用了具有不同操作力的两种完全不同的控制器,但两个实验均在直线操作方式下使用了具有相同尺寸的圆筒形手柄。实验数据表明,操作力对前臂疲劳($F_{(1,28)} = 117.818$, $p < 0.0001$, $\eta^2 = 0.808$)和手腕不舒适度($F_{(1,28)} = 13.669$, $p = 0.0001$, $\eta^2 = 0.328$)的主观评价均形成显著影响。实验数据也表明,主观评价的前臂疲劳度和手腕不舒适度随着操作力的增加而增加。

2. 讨论

如前文所述,控制器的操作力确实会对前臂疲劳和手腕不舒适度造成影响,为了排除操作力带来的干扰,在实验 A 和实验 B 中分别独立研究操作方式和手柄形状的工效学影响。在实验 A 中仅使用制动控制器,在实验 B 中仅使用牵引控制器。

在实验 A 中,当采用直线操作方式时,被试的上臂外展角度几乎为零,手腕偏屈角度、手肘屈伸角度、肩屈伸角度随着制动控制器级位的变化而变化。由于上臂外展保持稳定,上臂、前臂、手掌几乎在2D平面内运动,当采用水平旋转操作方式时,上臂外展角度最大可达到30°,超出肩支点的上臂外展舒适区间(0°~10°)[65],当上臂外展角发生变化时,上臂、前臂、手掌在3D立体空间内运动。相比于在2D平面内运动,上臂需要调动更多的肌肉力量去克服制动控制器的操作阻力。综上所述,直线操作方式可以显著降低上臂的工作负荷,在进行司机控制器设计时,应优先考虑采用直线操作方式。

如图2-65所示,在以直线操作方式进行的实验B中,圆筒形手柄的手腕弯曲角度与其他4种形状的手柄有着明显不同。在实验过程中,被试为保持掌心向左的姿态,当级位变换时,被试令手腕作出向小拇指侧偏转的尺偏或向大拇指侧的桡偏动作。因而圆筒形手柄数据具有最大的桡偏-尺偏角度,以及最小的掌屈-背屈角度。桡偏-尺偏动作较掌屈-背屈动作更为不适[66],与图2-67中圆筒形手柄具有最差的前臂疲劳和手腕不舒适度主观评价保持一致。

梨形、T形、球形和锥形手柄需要被试掌心朝下使用手指包裹才能有效握持。在实验过程中,被试为保持掌心向下的姿态,当进行级位变换时,被试令手腕作出掌屈或背屈动作,因而该4种手柄形状没有对桡偏-尺偏角度形成显著性影响(图2-65)。

被试使用大鱼际凸起、小鱼际凸起以及手指的远端部位抓握梨形手柄(图2-68(a)),由于接触区域分布于手掌,被试很容易调整姿态以减少掌屈-背屈角度。例如,当前推手柄时,被试可通过使用令大鱼际、小鱼际凸起受力而减少掌屈-背屈角度[67]。当使用T形手柄时,接触区域是拇指、食指的部分区域和掌心(图2-68(b)),被试在抓握T形手柄时依然具有很大的手部姿势调整空间。由于尺寸较小,被试需利用掌心才能有效握持球形手柄和锥形手柄,囿于与手掌的接触区域偏小,被试难以调整手掌握持姿势。因而在图2-65中可见梨形手柄和T形手柄较球形手柄和锥形手柄具有更小的掌屈-背屈角度,同时在图2-67中可见,梨形手柄和T形手柄较球形手柄和锥形手柄具有更好的前臂疲劳与手腕不舒适度主观评价。

从图2-66中可见,手柄形状即被试握持手柄的方式也影响了每一接触区域的最大压强和平均压强。与平均压强类似,手掌主观评价的结果佐证了每一区域的最大压强。这一发现合乎情理,压力越大手掌上的压强也越大。在本研究中,采用最大压强进行下一步深入研究,当握持锥形手柄时,圆锥截头锥体锐利的边缘使压力更为集中,因而可见手掌16区、17区具有最高的最大压强;当握持球形手柄时,虽然该形状具有光滑平顺的表面,但是由于体积偏小,压力同样相对集中于掌心处,导致在手掌16区、17区具有第二高的最大压强。17区是拇指和食指的连接部位即虎口,T形手柄的17区最大压强虽然和球形手柄没有显著差异,但16区的最大压强显著小于球形手柄。由于握持梨形手柄时与手掌接触面积较大,在16区、17区具有最小的最大压强。握持圆筒形时掌心向左,与其他 4 种手柄相比较为特殊,虽然在 17 区具有较高的最大压强,但由于手柄长度较长、接触面积较大,该最大压强还是小于 T 形手柄和球形手柄。值得注意的是,圆筒形手柄的 19 区压强为零,表明操作圆筒形手柄时掌心不接触手柄。

 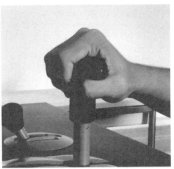

(a) 梨形手柄　　　　　　　　(b) T 形手柄

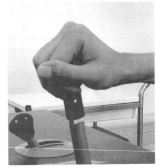  

(c) 球形手柄　　　　(d) 锥形手柄　　　　(e) 圆筒形手柄

图 2-68　抓握姿态

3. 结论

这里通过实验探究了操作方式和手柄形状对高速列车司机控制器的人因工效学的影响,研究表明两种操作方式间手腕弯曲角度没有差别,但直线操作方式可以显著降低乘务员的前臂疲劳导致的工作负荷。手柄形状通过握持方式的不同,在手腕弯曲角度、手掌压强分布以及主观评价上产生显著影响。握持圆筒形手柄时需要掌心向左内翻,在进行级位变换时通过桡偏或尺偏以维持有效握持,因而获得了最差的主观评价。操作梨形手柄和 T 形手柄时,可以较自由地调整手部姿势以维持有效握持,因而获得了较好的主观评价。由于握持时可以充分利用手掌增大接触面积,梨形手柄具有最好的手掌压强分布,在设计高速列车司机控制器时,应优先考虑直线操作方式,手柄形状应使乘务员握持控制器时掌心向下,如梨形手柄和 T 形手柄。

参 考 文 献

[1] ISO/TC 159/SC 4 Ergonomics of human-system interaction. Ergonomic requirements for the design of displays and control actuators - Part 3:Control actuators:ISO 9355-3[S]. Geneva:International Organization for Standardization,2006.

[2] 全国人类工效学标准化技术委员会. 中国成年人人体尺寸:GB/T 10000[S]. 北京:中国标准出版社,1988.

[3] 全国人类工效学标准化技术委员会. 在产品设计中应用人体尺寸百分位数的通则:GB/T 12985[S].北京:中国标准出版社,1991.

[4] WAGNER D,BIRT J A,SNYDER M,et al. Human Factors Design Guide (HFDG) For Acquisition of Commercial Off-The-Shelf Subsystems,Non-Developmental Items,and Developmental Systems:DOT/FAA/CT-96/1[R]. Springfield:National Technical Information Service,1996.

[5] ISO/TC 159/SC 4 Ergonomics of human-system interaction. Ergonomic design of control centres - Part 4:Layout and dimensions of workstations:ISO 11064-4[S]. Geneva:International Organization for Standardization,2013.

[6] International Union of Railways. Layout of driver's cabs in locomotives,railcars,multiple unit trains and driving trailers:UIC 651[S]. Paris:International Union of Railways,2002.

[7] DIFFRIENT N,TILLEY A R,BARDAGJY J C. Humanscale 1/2/3[M]. Cambridge:The MIT Press,1974.

[8] DIFFRIENT N,TILLEY A R,BARDAGJY J C. Humanscale 4/5/6[M]. Cambridge:The MIT Press,1981.

[9] DIFFRIENT N,TILLEY A R,BARDAGJY J C. Humanscale 7/8/9[M]. Cambridge:The MIT Press,1982.

[10] FREUND L E,SADOSKY T L. Linear programming applied to optimization of instrument panel and workplace layout[J]. Human Factors,1967,9(4):295-300.

[11] BARTLETT M W,SMITH L A. Design of control and display panels using computer algorithms[J]. Human Factors,1973,15(1):1-7.

[12] SARGENT T A,KAY M G,SARGENT R G. A Methodology for optimally designing console panels for use by a single operator[J]. Human Factors,1997,39(3):389-409.

[13] PEER S K,SHARMA D K,RAVINDRANATH K,et al. A multi-criteria procedure for the user interface components layout problem[J]. Asia-Pacific Journal of Operational Research,2009,26(2):257-284.

[14] BONNEY M C,WILLIAMS R W. CAPABLE. A computer program to layout controls and panels[J]. Ergonomics,1977,20(3):297-316.

[15] WANG M J,LIU C M,PAN Y S. Computer-aided panel layout using a multi-criteria heuristic algorithm[J]. International Journal of Production Research,1991,29(6):1215-1233.

[16] PULAT B M,AYOUB M A. A computer-aided panel layout procedure for process control jobs—LAYGEN[J]. IIE Transactions,1985,17(1):84-93.

[17] ŞENOL M B,DAĞDEVIREN M,ÇILINGIR C,et al. Display panel design of a general utility helicopter by applying quantitative and qualitative approaches[J]. Human Factors and Ergonomics in Manufacturing & Service Industries,2010,20(1):73-86.

[18] ALPPAY C,BAYAZIT N. An ergonomics based design research method for the arrangement of helicopter flight instrument panels[J]. Applied Ergonomics,2015,51:85-101.

[19] JUNG E S,PARK S,CHANG S Y. A CSP technique-based interactive control panel layout[J]. Ergonomics,1995,38(9):1884-1893.

[20] DENG L, WANG G H, YU S H. Layout design of human-machine interaction interface of cabin based on cognitive ergonomics and GA-ACA[J]. Computational Intelligence and Neuroscience, 2016(3):1-12.

[21] EGGERS J, FEILLET D, KEHL S, et al. An ant colony optimization algorithm for the optimization of the keyboard arrangement problem[J]. European Journal of Operational Research, 2003, 148(3):672-686.

[22] EGGERS J, FEILLET D, KEHL S, et al. Optimization of the keyboard arrangement problem using an ant colony algorithm[J]. European Journal of Operational Research, 2003, 148(3):672-686.

[23] YIN P Y, SU E P. Cyber Swarm optimization for general keyboard arrangement problem[J]. International Journal of Industrial Ergonomics, 2011, 41(1):43-52.

[24] SöRENSEN K. Multi-objective optimization of mobile phone keymaps for typing messages using a word list [J]. European Journal of Operational Research, 2007, 179(3):838-846.

[25] DELL'AMICO M, DÍAZ J C D, IORI M, et al. The single-finger keyboard layout problem[J]. Computers & Operations Research, 2009, 36(11):3002-3012.

[26] FITTS P M. The information capacity of the human motor system in controlling the amplitude of movement [J]. Journal of Experimental Psychology, 1954, 47(6):381-391.

[27] MACKENZIE I S, SELLEN A, BUXTON W A S. A Comparison of Input devices in element pointing and dragging tasks[C]// ROBERTSON S P, OLSON G M. Proceedings of the SIGCHI Conference on Human Factors in Computing Systems. New York: ACM, 1991.

[28] 郭北苑, 方卫宁. 动车组司机室[M]. 北京: 北京交通大学出版社, 2012.

[29] KARHU O, KANSI P, KUORINKA I. Correcting working postures in industry: a practical method for analysis[J]. Applied Ergonomics, 1977, 8(4):199-201.

[30] MATTILA M, KARWOWSKI W, VILKKI M. Analysis of working postures in hammering tasks on building construction sites using the computerized OWAS method[J]. Applied Ergonomics, 1993, 24(6):405-412.

[31] MCATAMNEY L, CORLETT E N. RULA: a survey method for the investigation of work-related upper limb disorders[J]. Applied Ergonomics, 1993, 24(2):91-99.

[32] HIGNETT S, MCATAMNEY L. Rapid entire body assessment (REBA)[J]. Applied Ergonomics, 2000, 31(2):201-205.

[33] BUCHHOLZ B, PAQUET V, PUNNETT L, et al. PATH: A work sampling-based approach to ergonomic job analysis for construction and other non-repetitive work[J]. Applied Ergonomics, 1996, 27(3):177-187.

[34] VIEIRA E R, KUMAR S. Working postures: A literature review[J]. Journal of Occupational Rehabilitation, 2004, 14(2):143-159.

[35] MASSACCESI M, PAGNOTTA A, SOCCETTI A, et al. Investigation of work-related disorders in truck drivers using RULA method[J]. Applied Ergonomics, 2003, 34(4):303-307.

[36] LEVANON Y, LERMAN Y, GEFEN A, et al. Validity of the modified RULA for computer workers and reliability of one observation compared to six[J]. Ergonomics, 2014, 57(12):1856-1863.

[37] PAQUET V, PUNNETT L, BUCHHOLZ B. An evaluation of manual materials handling in highway construction work[J]. International Journal of Industrial Ergonomics, 1999, 24(4):431-444.

[38] 孙帮成. CRH380BL 型动车组[M]. 北京: 中国铁道出版社, 2014.

[39] JENKINS D P, BAKER L M, HARVEY C. A practical approach to evaluating train cabs against task requirements[J]. Proceedings of the Institution of Mechanical Engineers, Part F: Journal of Rail and Rapid Transit, 2014, 230(3):1-10.

[40] KAROULIS A, SYLAIOU S, WHITE M. Usability evaluation of a virtual museum interface[J]. Informati-

ca,2006,17(3):363-380.

[41] MCCULLOCH W S,PITTS W. A logical calculus of the ideas immanent in nervous activity[J]. The Bulletin of Mathematical Biophysics,1943,5(4):115-133.

[42] XIA C Y,LI Q F,YAN S Y,et al. Man-machine interface evaluation method of the power plant based on artificial neural network[C]// GUO M,ZHAO L,WANG L. 2008 Fourth International Conference on Natural Computation. Washington,D. C. :IEEE Computer Society,2008.

[43] DENG J L. Control problems of grey systems[J]. Systems & Control Letters,1982,1(5):288-294.

[44] WANG W W,YANG X Y. A evaluation method of software interface design used on home appliances[J]. Applied Mechanics and Materials,2013,263-266:1559-1563.

[45] SHAFER G. A mathematical theory of evidence[M]. Princeton:Princeton university press,1976.

[46] KEENEY R L,RAIFFA H,MEYER R F. Decisions with multiple objectives:preferences and value tradeoffs[M]. Cambridge:Cambridge University Press,1993.

[47] YANG J B. Rule and utility based evidential reasoning approach for multiattribute decision analysis under uncertainties[J]. European Journal of Operational Research,2001,131(1):31-61.

[48] ZADEH L A. Fuzzy sets[J]. Information and Control,1965,8(3):338-353.

[49] LIN H-F. An application of fuzzy AHP for evaluating course website quality[J]. Computers & Education, 2010,54(4):877-888.

[50] DUBOIS D,PRADE H. Rough fuzzy sets and fuzzy rough sets[J]. International Journal of General System,1990,17(2-3):191-209.

[51] PAWLAK Z. Rough sets[J]. International Journal of Computer & Information Sciences,1982,11(5): 341-356.

[52] PEDRYCZ W. Why triangular membership functions? [J]. Fuzzy Sets and Systems,1994,64(1):21-30.

[53] VAN BROEKHOVEN E,DE BAETS B. Fast and accurate center of gravity defuzzification of fuzzy system outputs defined on trapezoidal fuzzy partitions[J]. Fuzzy Sets and Systems,2006,157(7):904-918.

[54] 周前祥,姜国华. 基于模糊因素的载人航天器乘员舱内人-机界面工效学评价研究[J]. 模糊系统与数学,2002,16(1):99-103.

[55] United States Government Department of Defense. Department of defense design criteria standard human engineering:MIL-STD-1472G[S]. Scotts Valley:Create Space Independent Publishing Platform,2012.

[56] SALVENDY G. Handbook of human factors and ergonomics[M]. 4th ed. Hoboken:John Wiley & Sons,2012.

[57] SAATY T L. How to make a decision:the analytic hierarchy process[J]. European Journal of Operational Research,1990,48(1):9-26.

[58] 彭祖赠,孙温玉. 模糊数学及其应用[M]. 武汉:武汉大学出版社,2002.

[59] YUAN G B,ZHI T L,NING F W. Effects of operation type and handle shape of the driver controllers of high-speed train on the drivers' comfort[J]. International Journal of Industrial Ergonomics,2017,58:1-11.

[60] 朗格. 袖珍工效学数据汇编[M]. 黄金凤,译. 北京:中国标准出版社,1985.

[61] 全国人类工效学标准化技术委员会. 操纵器一般人类工效学要求:GB/T 14775[S]. 北京:中国标准出版社,1993.

[62] FRANSSON-HALL C,KILBOM Å. Sensitivity of the hand to surface pressure[J]. Applied Ergonomics, 1993,24(3):181-189.

[63] BORG G A. Psychophysical bases of perceived exertion[J]. Medicine & Science in Sports & Exercise,

1982,14(5):377-381.

[64] International Union of Railways. Driver Machines Interfaces for EMU/DMU,Locomotives and Driving Coaches - Functional and System Requirements Associated with Harmonised Driver Machine Interfaces:UIC 612-0[S]. Pairs:International Union of Railways,2009.

[65] AARÅS A,WESTGAARD R H,STRANDEN E. Postural angles as an indicator of postural load and muscular injury in occupational work situations[J]. Ergonomics,1988,31(6):915-933.

[66] REMPEL D M,KEIR P J,BACH J M. Effect of wrist posture on carpal tunnel pressure while typing[J]. Journal of Orthopaedic Research,2008,26(9):1269-1273.

[67] Guo B Y,Tian L Z,FANG W N. Effects of operation type and handle shape of the driver controllers of high-speed train on the drivers' comfort[J]. International Journol of Industrial Ergonomics,2017,58:1-11.

3 基于乘客特征的动车组客室空间布局与设计

在动车组运输中,乘客付费是为了购买车辆在运行中所需要的空间,客室是乘客铁路旅行中十分重要的活动空间,客室空间布局与动车组的安全性、经济性和舒适性密切相关,是动车组设计中一个非常重要的问题。

动车组客室空间布局与设计主要包括平面空间布局和截面空间布局。客室的平面空间布局主要包括座椅布局的排列、应急出口和过道的排布、内部设施的分布、结构系统的布置等。客室的截面空间布局是指在满足运营需求的车辆动、静态限界条件下,对车辆横断面内的座椅、行李架、旅客信息系统以及其他车体相关设施进行排布,其影响因素包括截面形状与空气阻力、剖面宽度、高度和乘客头部空间、客室空调及其他系统结构布置等。

客室空间布局与设计是以最大限度地满足乘客的安全性和舒适性为基本原则,客室座椅、应急出口和过道的排布应满足应急撤离等相关规定的要求,客室设备管线的布置应在满足正常功用的前提下考虑安全性影响,尽量减少对客室空间占用,使有限的客室空间尽量显得宽敞舒适。对于饮用水及卫生间排污、用水需要根据旅程长短、动车组运用区域及当地乘客的风俗习惯合理进行规划,盥洗室、卫生间和餐厅等生活设施数量足够且舒适,在布局时应对相关设施进行有效的重量管理。

动车组客室布置设计的限制条件比较多,影响和制约客室布置的因素也比较复杂。本章主要着重从安全应急撤离、乘降效率和无障碍设计3个方面对客室空间布局设计进行探讨。

3.1 客室空间、布局与乘客应急撤离分析

目前动车组普遍采用全封闭式的车体结构,以满足降噪和提高气密性的要求,提高列车的乘坐舒适性。然而,一旦发生安全事故,全封闭式车体结构的逃生撤离路径相对较少,造成应急撤离救援工作非常困难,严重的还会造成极其恶劣的社会影响。国外相关研究表明,当大量人员需要紧急撤离时,内部空间及布局对应急撤离有显著的影响。由于列车内部空间及布局在应急状况下的

应急撤离能力对车内人员安全至关重要,因此,在动车组客室空间布局与设计时必须要考虑乘客的应急撤离。

人员应急疏散行为的研究始于1909年,至今已有100多年的历史[1-2]。在这100多年中,研究人员对应急疏散的研究内容从灾后调查到计算机仿真过程,最后到指导疏散场景的设计。研究对象也由早期的大型公共建筑拓展到其他领域,其中与大众生活息息相关的交通工具应急疏散得到了越来越多学者的关注。乘客应急疏散研究的方法可以分为实景疏散实验和计算机仿真建模。

早期的研究多为实景应急撤离实验,实景应急撤离实验是在人为制造的应急撤离场景下研究应急撤离及其各种因素的影响规律。通常情况下,应急撤离实验不可能完全真实地复现灾难现场,只能随机选取有代表性的乘客,在弱化的灾难状况模拟条件下,让被试竞相离开事故现场到达指定地点[3]。在实景疏散实验的研究中,主要研究火灾对车辆的影响、乘客应急疏散行为和基本参数的采集[4-7]。

实景实验的缺点有实验硬件条件要求高,组织复杂,难以获得足够的数据进行优化;这种实验由于涉及较为逼真的实验场景和大量的参试人员,实验周期长、费用高,参试人员也极易受到伤害。

随着计算机技术的发展,不少学者提出了利用数字仿真技术进行应急撤离的研究,继而引发了应急撤离仿真模型的开发和利用。计算机仿真建模首先使用特定场景下的实景撤离数据对仿真模型进行验证,再使用仿真模型进行模拟分析[8-9]。

目前适用于应急撤离仿真的应用软件有 STEPS、FDS + Evac、Legion、EXODUS、SIMULEX 等[10],这些仿真模型各自都建立了较为完备的理论和方法体系,可以实现对疏散因素影响机理的探索,已经有越来越多的学者将应急撤离仿真技术应用到了列车应急撤离仿真研究中。与实景撤离实验相比,计算机仿真可以将现实中难以实行的实验放到计算机生成的虚拟空间中去进行,而不受实验场景、规模和经费的限制,也不存在事故发生的可能。尽管仿真技术不可能将影响撤离过程的所有因素以及因素之间的耦合规律融入进去,但不可否认的是这种仿真技术对飞机、船舶、列车等交通工具的设计和安全评估具有十分重要的指导价值。

现有的实景撤离实验主要针对列车火灾情况下的撤离效率、撤离时间进行研究以及采集和获取不同场景下乘客应急撤离行为及基本参数。仿真模拟则主要针对不同应急撤离场景对乘客应急撤离能力进行评估,或探究各种出口因素对撤离效率的影响,而从车辆设计的角度对影响乘客应急撤离的车内空间及布局因素进行的相关研究比较少,往往是在样车研制完成后,通过实验测试再进行改进。有少数学者对车辆布局及空间影响因素进行了探索,但只是关注单因素对应急撤离的影响,没有进行准确的函数拟合的研究,忽略了因素间的共同影响和相互制约。因此,这里将从计算机仿真角度,较为系统地对影响应急撤离的列车车内空间及布局因素进行研究,从而在设计阶段优化列车车内空间布局,有效地提高车辆的安全性。

3.1.1 列车应急撤离要求

建立应急撤离时间模型是研究和评价乘客疏散行为的关键,目前在航空和海事领域对乘客的疏散时间均有明确的规范和标准。国际民航组织(International Civil Aviation Organization,ICAO)和中国民用航空总局(Civil Aviation Administration of China,CAAC)在适航审定中明确规定飞机遇到紧急情况需要做出紧急撤离行动,在陆地撤离时必须在90s内完成机上所有乘客和机组人员的安全撤离,并迅速远离机体150m外;在水上撤离时必须在120s内完成[11]。在海事领域,国家海事组织(International Maritime Organization,IMO)先后发布了针对不同船型的应急撤离分析标准,提出了船舶紧急疏散时间模型[12]即 $1.25(A+T)+2/3(E+L) \leqslant n$,$A$ 为感知事故时间;T 为运动到疏散地点所需时间;$E+L$ 为搭乘救生船并入水所需时间;n 为总的疏散时间。一般滚装客轮以及3层以下客轮允许的最大疏散时间为60min,多于3层客轮允许的最大疏散时间为80min。

在铁路领域,目前还没有明确相关的国际和国内标准针对乘客疏散,仅在《欧盟铁路系统中的机车车辆和客运机车子系统的互操作性技术规范》[13]中有所涉及。该规范对与乘客应急撤离密切相关的火灾探测系统、乘客报警系统、制动时间以及应急出口和消防系统均进行了明确的规定,具体要求如下:

1. 火警探测系统

存在火灾隐患的设备和区域应配备火警探测系统以便尽早探测到灾情。在探测到火警时,应通知司机,并自动采取适当的措施将对乘客和乘务员的危害降到最低限度。对于卧铺车厢,在探测到火警时,应能够激活相应区域的声、光学报警,声音报警应能唤醒乘客,而光学报警应清晰可见,无障碍物遮挡。

2. 乘客报警系统

乘客报警系统应能方便列车中的乘客向司机报告潜在的危险,并且在激活时可以影响动车组列车后续运行状态(如在没有司机响应乘客报警系统时列车自动制动)。当列车停站或正在驶离站台时,触发乘客报警系统将会导致行车制动或紧急制动,致使列车完全停止。在其他情况下,如果司机没有响应乘客报警,在其触发(10 ± 1)s秒后将会自动启动行车制动。

3. 紧急制动

1) 等效响应时间

等效响应时间是在简化制动计算模型中的一个辅助量。其基本假设是制动过程包含一个梯度独立、未制动的滚动阶段和一个减速阶段,等效响应时间对应着滚动阶段。根据文献[14]计算该时间需要有以下两个量:一是包含了制动过程所涉及的所有系统时间特性的制动距离 s;二是不包含时间特性的制动距离 $s_{f(t)=100\%}$。则等效响应时间的计算公式为

$$t_e = \frac{s - s_{f(t)=100\%}}{v_0} \tag{3-1}$$

对于固定编组或预先确定编组的车辆而言,根据在应急制动情况下产生的总应急制动力,其等效响应时间和延迟时间应小于以下值:对于最大设计速度不小于250km/h的车辆而言,等效响应时间应小于3s,对于其他车辆而言应小于5s,延迟时间应小于2s。

2) 制动时间

制动时间是指从初始制动要求开始到列车达到最终速度 $v_2 = 0$m/s 所需要的时间。根据文献[14],制动时间可以通过时间步长的计算获得。

按照惯例,减速度和制动力通常被认为是正值。设定初始步骤的时间 $t = 0$s,即在制动开始的瞬间。

计算所需要的时间步长 Δt 由相对距离误差 Δs 确定,通过时间步长 Δt 和 $2\Delta t$ 计算距离得到的相对距离误差不应大于最小精度要求。如果没有其他规范要求,相对距离误差取 $\Delta s = 0.001$。

相对距离误差的计算公式为

$$\Delta s = \left| \frac{s_{f(2\Delta t)} - s_{f(\Delta t)}}{s_{f(\Delta t)}} \right| \tag{3-2}$$

式中:Δt 为积分循环的时间步长;$s_{f(\Delta t)}$ 为时间步长 Δt 计算得到的距离;$s_{f(2\Delta t)}$ 为 2 倍时间步长 ($2\Delta t$) 计算得到的距离;Δs 为相对距离误差。

时间步长积分循环计算示例如下。

步骤1:计算在 t_j 的减速度,即

$$a_j = \frac{\left(\sum F_{B,i} + \sum F_{\text{ext}}\right)_j}{m_{\text{dyn}}} \tag{3-3}$$

步骤2:计算 t_{j+1} 的速度,即

$$v_{j+1} = v_j - a_j \cdot \Delta t \tag{3-4}$$

步骤3:计算 t_{j+1} 的距离,即

$$s_{j+1} = s_j + v_j \cdot \Delta t - \frac{1}{2} \cdot a_j \cdot \Delta t^2 \tag{3-5}$$

步骤4:判断是否达到循环结束标准 $\varepsilon \geq v_2 - v_{j+1}$,如果达到,则结束计算。
步骤5:计算下一个时间步长,回到步骤1。

$$j = j + 1 \tag{3-6}$$

$$t_{j+1} = t_j + \Delta t \tag{3-7}$$

其中各参数的定义及单位如表3-1所列。

表3-1 时间步长积分循环计算参数定义表

参数	定义	单位
a_j	t_j 时刻车辆减速度	m/s²
ε	可接受偏差	m/s
$F_{B,i}$	由制动机 i 产生的制动力 $f(t,v,s)$	N
F_{ext}	外部力	N
j	积分步长数	
m_{dyn}	动态质量	kg
s_j	t_j 时刻距离	m
Δt	时间步长	s
t_j	积分步 j 的减速时间	s
v_j	t_j 时刻车辆速度	m/s
v_2	车辆最终速度	m/s

4. 应急出口

在车体两侧应提供足够数量的应急出口,并设置明确的标识。这些出口应易于接近,其大小尺寸应能满足所有乘客通行,且所有应急出口均应能由一位乘客从列车内部开启。

所有车体外部门应配备应急开启装置,使其可作为应急出口使用。可容纳40名乘客的车辆至少应设置两个应急出口;可容纳超过40名乘客的车辆应至少设置3个应急出口,所有预备载客的车辆在车辆每侧至少应有一个应急出口。另外,根据欧盟标准 EN 45545-4[15],最近的应急出口距离乘客应不超过15m,而在尽头的车辆应在尽头6m内设有应急出口。对于应急出口无法完全满足上述要求的车辆,其1/3以上的车窗应能作为应急出口使用。应急出口的最小尺寸为500mm(高)、700mm(宽)。

车门数量和尺寸应允许乘客在不带行李的情况下在 3min 内完成撤离,此时要求轮椅乘客在撤离时不用轮椅,行动能力差的乘客可在其他乘客或乘务员协助下实施疏散,验证此项要求应进行现场实验测试。

5. 列车乘客消防系统

车辆应在乘客/乘务员区域内设置完全隔离的横断面隔板,这些隔板最大距离为30m,并满足在火灾条件下耐燃至少15min。车辆应配置满足完全隔离和隔热至少15min的防火屏障,建议设置在以下位置:

(1) 驾驶室与驾驶室后面的隔间之间(假设火灾发生在后隔间)。

(2) 在内燃机舱和相邻乘客/乘务员区域之间(假设火灾发生在内燃机舱)。

(3) 在设置有电气线路或牵引电路设备的舱室和乘客/乘务员区域之间(假设火灾发生于电气电路舱室)。

如果使用其他消防系统取代横断面隔板,则应满足以下条件。

(1) 应在每节车厢配置。

(2) 在火灾开始后至少 15min 内,设备应能确保在至少 30m 内,车厢内部明火和烟雾不会危及人员安全。

3.1.2 列车应急撤离时间模型

国际上通用的安全应急撤离准则为:灾害环境发展到人员身体耐受极限的时间,即人员可用安全应急撤离时间 ASET(available safety egress time),应大于人员应急撤离至相对安全区域时所需时间 RSET(required safety egress time),则可认为人员可以安全应急撤离[16-18],即

$$ASET>RSET \tag{3-8}$$

保证人员安全应急撤离的关键是 RSET 必须小于 ASET,也就是灾情达到危险状态的时间。

列车在火灾发生时刻起,灾情的发展和人员的应急撤离自同一条时间线不可逆地进行。其中,火灾过程大体可分为起火、火灾增大、充分发展、火势减弱、熄灭等阶段;列车人员的应急撤离分为察觉到火灾、行动准备、应急撤离行动、应急撤离至安全场所等阶段。根据欧盟监管条例规定[13],火灾开始后至少 15min 内,在至少 30m 内应确保车厢内部明火和烟雾不达到危险程度。据此规定灾害环境发展到人员身体所能承受的耐受极限时的时间 ASET 为 15min。

针对列车客室人员应急撤离,主要考虑极端灾害环境对人员应急撤离的安全性评估。根据列车人员应急撤离流程和国际通用安全应急撤离准则,以事件的发展为时间轴,探测器报警为时间起点,所有人员离开列车为时间终点,建立列车乘客安全应急撤离模型,如图 3-1 所示。

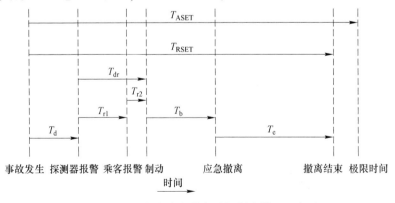

图 3-1 人员安全应急撤离时间判定模型示意图

若列车发生灾情,判定安全应急撤离的数学模型为

$$T_{\text{RSET}} = T_{\text{d}} + \max(T_{\text{r1}} + T_{\text{r2}}, T_{\text{dr}}) + T_{\text{b}} + T_{\text{e}} < T_{\text{ASET}} \qquad (3-9)$$

式中:T_{d} 为灾害探测器探测到灾害的时间;T_{r1} 为乘客确认灾害发生后通过乘客报警系统的反应时间;T_{r2} 为乘客报警系统触发至列车自动制动的时间;T_{dr} 为司机确认灾害发生并触发应急制动的时间;T_{b} 为列车应急制动停车时间;T_{e} 为全体乘客和乘务员撤离列车所需的时间。

1. 探测报警时间 T_{d}

探测报警时间包括探测出灾害的时间和发出报警通知乘客的时间。目前动车组列车均采用自动探测装置探测火灾,对于由自动探测装置探测灾害的时间主要由装置的性能、灾源的强度以及灾源与装置的距离决定。考虑到动车组列车是一个公共场合,乘客会很快发现火灾,同时列车内配备充足的探测器、警报器和广播设备,可以及时将灾情通知乘客,因此可以将探测时间取为60s[19]。

2. 司机制动时间 T_{dr}

在列车行驶过程中,司机在接到报警信息后需要向调度中心汇报情况,并将列车停在适合于应急撤离的地方,如最近的车站。如上述过程不可行,则应在轨道上实施可控的应急撤离[20]。司机制动时间是从司机接到报警信息开始到司机触发制动按钮结束,包括司机将列车驶向合适地点的时间。

3. 乘客报警时间 T_{r1}

乘客报警时间是指在接到报警信息后,乘客采取具体应急撤离行动之前所需要的时间,包括信息确认时间、行为反应时间。乘客报警时间与乘客所处的特定情境有关,如表3-2所列[21]。另外,该时间的长短与采取的报警设备形式[22],乘客的心理行为特征,乘客的性别、年龄,对列车的熟悉程度,乘客的灵敏性甚至乘客的集群特征密切相关。

表3-2 典型乘客报警时间

报警时间	最小时间/s	最大时间/s
乘客处于清醒状态且对周边环境熟悉	0	60
乘客处于清醒状态但对周边环境不熟悉	0	120
乘客处于睡眠状态且对周边环境熟悉	15	120
乘客处于睡眠状态但对周边环境不熟悉	30	180
需要协助	60	600

对于现行的动车组列车,乘客更多地处于清醒状态,同时乘客区结构较为简单,易于熟悉,且功能区都设有一定数量的乘务员,因此认为乘客状态为清醒且对周边环境熟悉,以最差的情况考虑,取反应时间为60s。对于动车组列车而言,乘客/乘务员在确认灾情后,应先通过乘客报警系统向司机报警,而后采取相应的措施防止灾情扩大。

4. 自动制动反应时间 T_{r2}

在乘客/乘务员触发乘客报警系统后,司机应立即响应。根据《欧盟列车技术规范》[13]规定,如果司机没有响应乘客报警,在其触发(10±1)s后自动启动行车制动。

5. 列车应急制动时间 T_b

列车应急制动时间是从司机触发应急制动开始到列车完全停止的时间。制动时间可以根据3.1.1小节计算获得。

6. 应急撤离时间 T_e

应急撤离时间是指从乘客开始做出应急撤离行动到应急撤离至安全区域的时间,即发生灾情乘客从车厢经由通道、出口(车门、逃生窗等)撤离到车厢外的时间。所有乘客安全撤出列车车厢的时间取决于通道的顺畅情况。根据《欧盟列车技术规范》[13]的规定,应急出口应允许乘客在不带行李的情况下在3min内完全撤离。通常会对列车进行实际应急撤离实验来获得该车型列车的实际撤离时间。而在列车设计初期,往往采用仿真模型来确定设计车型的应急撤离时间是否符合要求。下面将详细阐述通过仿真确定乘客应急撤离时间,并使用该方法研究客室空间对乘客应急撤离的影响。

3.1.3 行人微观仿真方法在列车应急撤离中的可信性研究

仿真是基于模型而非真实对象本身进行实验,因此,仿真结果不可能完全精确地代表真实对象,存在一个可信性(credibility)问题,也称为模型的可信性,缺乏足够可信性的仿真是没有意义的[23]。本节选取美国联邦铁路管理局于2005年实施的乘客应急撤离实景实验进行验证。采用的计算机仿真系统是人体动力学仿真软件 Legion,根据实际参演乘客的属性,设置不同性别比例下乘客的速度参数,针对乘客撤离至高站台这一场景进行仿真模拟,验证乘客撤离至高站台这一工况下,Legion 进行乘客应急撤离研究的可行性。

在铁路领域,实景应急撤离实验通常采用实际列车或者疏散模拟器进行不同场景下的应急撤离实验。在这过程中,往往伴随着较高的实验成本以及参试人员的安全风险,如何确保参试人员在逼真灾难模拟状态下的安全是实景撤离实验面临的巨大挑战。伴随着疏散动力学计算机模拟仿真技术的发展,利用已有实验研究中的基础参数作为模型输入条件,有可能在列车设计阶段仿真模拟轨道车辆设计需要执行的应急撤离要求。此外,相对于实景撤离实验周期长、数据记录复杂等缺点,计算机仿真方法可以以较低的成本和更短的时间来评估轨道车辆紧急出口系统的应急撤离能力,更容易探索各种因素对列车应急撤离能力的影响。

迄今为止,已经有多种应急撤离模型用于人员撤离模拟的研究,根据建筑环境划分的不同,主要分为两类,即网络模型和网格模型。网络模型是根据实际建筑的物理格局来分割模拟空间,并且人员在撤离过程中被认为是从一个节点通过弧移动到另一个节点;它多以群体为研究对象,不考虑单个人员对灾害的心理反应、个体之间的相互关系以及环境对撤离行为的影响。网格模型不考虑建筑实体的具体物理分隔,它把整个建筑平面人为地分割成形状和面积相同的网格,从而可以保证很精确地表示应急撤离空间的几何形状以及内部建筑物的位置,并在任何时刻将每个人员置于精确位置[24]。

随着人体动力学等基础研究的不断细化,国内外学者研发了一系列各具特色的应急撤离仿真软件,其中在科研以及工程领域常用的应急撤离软件主要有STEPS、EXDOUS、SIMULEX、FDS+Evac、Legion 等,其信息如表 3-3 所列。

表 3-3 常见的典型应急撤离仿真软件

软件名称	开发者	时间/年	典型使用场景	建模理论
STEPS	Mott McDonald Hoffman & Henson	1997	公共建筑(包括车站)	网格模型
EXDOUS	英国格林威治大学 FSEG 团队	1993	公共建筑、交通工具	网格模型
FDS+Evac	芬兰 VTT 火灾技术安全小组	2005	公共建筑	网格模型
SIMULEX	苏格兰 Peter Thomposn 博士	1994	大型复杂建筑	网络模型
Legion	G.K.Still 英国 Legion 公司	1997	公共建筑、交通工具	网格模型

可以看出,目前大多数应急撤离仿真软件采用的是网格模型,即基于个体行为的建模思想,可以很好地反映乘客在不同场景下对灾害的心理反应以及个体之间的相互关系;同时不同软件适用的建筑物类型也存在差异。Legion 作为目前最为成熟、先进的行人交通仿真软件之一,已为世界范围内许多大型体育赛事和交通枢纽的步行人流规划、设施设计和运营提供了技术支持[25-26]。根据 FAA 中应急撤离仿真使用模型选取的基本要求,Legion 在模型输入中支持 CAD 模型导入,可以快速、方便地完成不同客室配置列车应急撤离场景的建模与仿真分析。同时模型采用实时运动仿真,能较为真实地还原应急撤离情景。其建模思想采用的社会力模型属于网格模型,在仿真建模中,不仅能够仿真行人步行运动,还可以考虑到行人相互间的作用和与周围环境中的障碍物之间的作用。可见,这个平台满足了 FAA 中应急撤离仿真使用模型选取的基本要求。由于目前 Legion 平台在列车应急撤离仿真中的应用较少,因此在本节中需要对其适用性做进一步验证分析。

1. 列车应急撤离仿真模型可信性验证方法

针对列车应急撤离仿真方法的可信性验证,采用的是时间序列可信性[27]的方法,主要包含以下 3 个步骤:

步骤 1:输入所有的仿真时间序列和实测时间序列,使用动态时间规整(dynamic time warping,DTW)计算距离矩阵 D。

步骤 2:使用多维标度(multi-dimensional scaling,MDS)对距离矩阵 D 进行

降维,确定各个样本在低维空间中的位置。

步骤3:使用霍特林 T^2 检验仿真结果与实测结果是否存在差异。

1) 动态时间规整

DTW 是一个被广泛应用于衡量两个时间序列相似性的算法。应用领域包括语音识别、签名认证、形状匹配等时间序列分析领域。DTW 的优点在于能够比较速度不同的时间序列。由于在列车应急撤离中,撤离速度往往会在一定范围内变化,因而使用 DTW 来比较仿真中的动态过程是合适的。

给定两个时间序列数据 $R = r_1, r_2, \cdots, r_m$ 和 $S = s_1, s_2, \cdots, s_n$,其中 R 和 S 的长度可以不同。要衡量 R 与 S 之间的相似性,DTW 首先通过使用一个成本函数计算 r_i 和 s_j 两点之间的距离,进而构建一个 $m \times n$ 的相似性矩阵 $\boldsymbol{D}$。最常见的成本函数为欧几里得距离,即相似性矩阵 $\boldsymbol{D}$,也称为距离矩阵 $\boldsymbol{D}$,其元素为 $d(r_i, s_j) = (r_i - s_j)^2$。

DTW 认为时间是连续单调的,因而在 $\boldsymbol{D}$ 中由起点 $(1,1)$ 经过所有样本点到达终点 (m,n) 的最小成本路径可以在不违反假设的前提下计算出来。而 R 和 S 的相似度可以用该路径的成本除以路径长度来表示。

定义 $w_k = (i,j)_k$ 为第 k 段路径的成本,则问题变成了计算一条路径,即

$$W = w_1, w_2, \cdots, w_\kappa \quad (\max(m,n) \leq \kappa \leq m + n - 1) \tag{3-10}$$

其目标函数为

$$\min \sum_{k=1}^{\kappa} w_k / \kappa \tag{3-11}$$

其约束为

$$\begin{cases} \omega_1 = (1,1) \\ \omega_\kappa = (m,n) \\ 0 \leq r_k - r_{k-1} \leq 1 \\ 0 \leq s_k - s_{k-1} \leq 1 \end{cases} \tag{3-12}$$

使用动态规划来求解该最短路径问题。定义 $\gamma(i,j)$ 为从起点 $(1,1)$ 到点 (i,j) 的最短距离,则问题的递归公式为

$$\gamma(i,j) = d(r_i, s_j) + \min\{\gamma(i-1, j-1), \gamma(i-1, j), \gamma(i, j-1)\} \tag{3-13}$$

因此,R 与 S 的相似度为

$$\text{sim}_{RS} = \frac{\gamma(m,n)}{\kappa} \tag{3-14}$$

显然,相似度的值域为 $[0, +\infty]$。sim_{RS} 越接近于 0,表示 R 与 S 的相似性越高。然而,因为不满足三角不等式,DTW 距离并不是度量。事实上,DTW 距离是一种高维度的松弛度量[28]。因此,需要对 DTW 距离进行降维处理。

第3章 基于乘客特征的动车组客室空间布局与设计

在验证一个仿真模型时,存在着来自于仿真的大量时间序列样本和至少一个实景时间序列样本。混合这些样本并计算它们之间的相似性矩阵,有

$$\text{SIM} = (\text{sim}_{ij}) \tag{3-15}$$

2) 多维尺度分析

MDS 是一种以空间或平面分布的形式表达样本间相似性的多元数据分析方法。MDS 是应用于基于图的模式识别、时间序列分类等领域的分类方法。与其他降维方法需要原始数据不同,MDS 仅需要一个由上一步可以得到的相似性矩阵 SIM。

使用上文得到的相似性矩阵 SIM 能够构建一个矩阵,即

$$\boldsymbol{A} = (a_{ij}) = \left(-\frac{1}{2}\text{sim}_{ij}^2\right) \tag{3-16}$$

令 $\boldsymbol{B} = (b_{ij})$,则

$$b_{ij} = a_{ij} - \overline{a_{i.}} - \overline{a_{.j}} + \overline{a_{..}} \tag{3-17}$$

计算矩阵 $\boldsymbol{B}$ 的特征值并由大到小排序为

$$\lambda_1 \geqslant \lambda_2 \geqslant \cdots \geqslant \lambda_p \tag{3-18}$$

如果没有特征值是负数,则表明 $\boldsymbol{B} \geqslant 0$,进而表明 SIM 是相似性矩阵;否则,SIM 不是一个相似性矩阵。令

$$a_{1,k} = \frac{\sum_{i=1}^{k} \lambda_i}{\sum_{i=1}^{p} |\lambda_i|} \tag{3-19}$$

$$a_{2,k} = \frac{\sum_{i=1}^{k} \lambda_i^2}{\sum_{i=1}^{p} \lambda_i^2} \tag{3-20}$$

式中:p 为特征值的总数。

两个等式相当于主成分分析(principal component analysis,PCA)中的累计贡献率。通常希望 k 值较小而 $a_{1,k}$ 和 $a_{2,k}$ 较大。通常设置 $k = 1, 2, 3$。$\hat{\boldsymbol{x}}_{(1)}, \hat{\boldsymbol{x}}_{(2)}, \cdots, \hat{\boldsymbol{x}}_{(p)}$ 表示 $\boldsymbol{B}$ 的正交化特征向量,对应于特征值 $\lambda_1, \lambda_2, \cdots, \lambda_p$。在确定 k 的值后,取前 k 个特征向量 $\hat{\boldsymbol{x}}_{(1)}, \hat{\boldsymbol{x}}_{(2)}, \cdots, \hat{\boldsymbol{x}}_{(k)}$,确保 $\hat{\boldsymbol{x}}'_{(i)} \hat{\boldsymbol{x}}_{(i)} = \lambda_i (i = 1, 2, \cdots, k)$。通常特征值 $\lambda_k > 0$。如果其值小于 0,则应减小 k 值。

令 $\hat{\boldsymbol{X}} = \hat{\boldsymbol{x}}_{(1)}, \hat{\boldsymbol{x}}_{(2)}, \cdots, \hat{\boldsymbol{x}}_{(k)}$,则 $\hat{\boldsymbol{X}}$ 的行向量 $\boldsymbol{x}_1, \boldsymbol{x}_2, \cdots, \boldsymbol{x}_N, \boldsymbol{x}_{N+1}$ 是 MDS 的经典解。N 是仿真样本的数量。在使用 MDS 降维后,N 个仿真结果和 1 个实景结果被降维到一个 k 维空间中,而它们之间的 DTW 距离信息被尽可能地保留下来了。因此,该统计方法可以被用来检验仿真结果的可信度。

3) 霍特林 T^2 检验

在降维之后,仿真样本变为 $X = (x_1, x_2, \cdots, x_N)'$,实景样本为 $\mu_0 = x_{N+1}$。设 μ 为 X 的均值向量,则以下假设将被检验。

$$H_0: = \mu_0, H_1: \mu \neq \mu_0 \tag{3-21}$$

协方差矩阵 Σ 未知,使用它的无偏估计,有

$$S = \frac{1}{N-1} \sum_{i=1}^{N} (X_i - \mu)(X_i - \mu)' \tag{3-22}$$

因此,多元统计量为

$$T^2 = N(\mu - \mu_0)' S^{-1} (\mu - \mu_0) \tag{3-23}$$

霍特林统计量服从参数为 $p, N-1$ 的 T^2 分布,即

$$T^2 \sim T^2_{p,N-1} \tag{3-24}$$

由霍特林分布与 F 分布的关系可知,当原假设 H_0 为真时,有

$$F = \frac{N-p}{(N-1)p} T^2 \sim F(p, N-p) \tag{3-25}$$

使用 F 分布,原假设的拒绝域为

$$\frac{N-p}{(N-1)p} T^2 > F_\alpha(p, N-p) \tag{3-26}$$

使用这种方法,可以验证仿真系统是否可信。

2. 列车应急撤离仿真模型可信性分析

列车应急撤离仿真模型的可信性分析主要包括验证场景的选取、列车应急撤离场景构建以及应急撤离客流分析 3 个方面的内容。

1) 验证场景的选取

从国外铁路领域研究现状可以看出,美国、英国等国家相继进行了列车的实景撤离实验。其中 FRA 于 2005、2006 年在国家交通系统中心(National Transportation Systems Center)与马萨诸塞湾运输局(Massachusetts Bay Transportation Authority)的合作下,进行了一系列通勤列车实景撤离实验,并对不同场景下的参试乘客属性以及撤离时间、出口流量等数据均给予了详细说明,为不同紧急情况下乘客撤离时间提供了依据[29]。FRA 在 railEXDOUS 列车疏散仿真的开发与验证中,选用上述实景撤离实验进行了仿真验证[30]。

在 2005 年的实景撤离实验中,FRA 于波士顿北站进行了 12 组不同场景下的高站台实景撤离实验,包括正常或者紧急照明条件下的两种工况:①采用一端门或两端门撤离至站台;②采用车厢隔断门撤离至相邻车厢。由于本章中在研究空间参数对应急撤离时间的影响规律时,仅考虑了正常照明条件下乘客撤离至高站台中的典型场景,因此在本次仿真验证中仅需要验证 Legion 适用于此场景即可。故选取文献[29]中的实验 4 验证分析 Legion 用于仿真列车正常照明条件下乘客采用两端车门撤离至高站台这一工况的可行性。

此次实验共有84名通勤乘客参与,其基本特征统计如表3-4所列。同时在实验中为了减少学习效应的影响,对每位乘客进行编号,每次实验开始时首先进行座位的随机分配。

表3-4 乘客性别、年龄特征分布

变量	类别	数量/人	比例/%
性别	男性	40	48
	女性	44	52
	总计	84	100
年龄	30岁以下	25	30
	30~50岁	33	39
	50岁以上	26	31
	总计	84	100

实验4中所用的列车为MBTA提供的单层通勤列车MBB-CTC-3,图3-2所示为此次实验场景的平面示意图,图3-3所示为实验中所用摄像机的视频采集图。其中14台微型摄像机安装在车厢顶部以及座椅上,车厢两端门垂直距离3.3m处,分别架设一台摄像机,用来观测乘客撤离的实验过程。

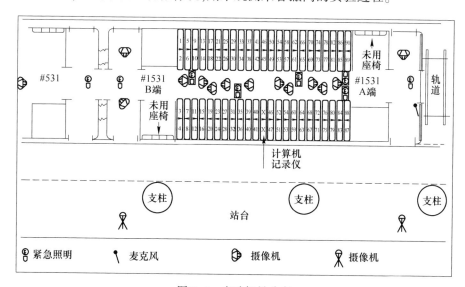

图3-2 实验场景分布

通过分析实验中的视频采集,获取到需要收集的数据,包括每个出口的首位乘客撤离时间、总撤离时间、撤离的人数、出口流量以及行走速度等参数,其中出口流量表示每单位时间经过出口的人数,单位为"人/s"。其计算公式为

$$出口流量 = \frac{撤离人数}{撤离时间} \qquad (3-27)$$

(a)所有摄像机视图

(b)摄像机16

图 3-3 视频采集

实验 4 的数据如表 3-5 和表 3-6 所列,其中乘客撤离数据如表 3-5 所列,乘客的速度分布如表 3-6 所列。

表 3-5 实验 4 乘客撤离数据

变量	实验4(站台-两端门)	
	左端车门	右端车门
首位乘客撤离时间/s	6	6
乘客撤离时间/s	49	45
出口流量/(人/s)	0.88	0.91

表 3-6 乘客的速度分布

性别	比例/%	最小速度/(m/s)	最大速度/(m/s)	均值/(m/s)
男	47.62	1.2	2.0	1.5
女	52.38	1.0	1.8	1.3

2) 列车应急撤离场景构建

Legion 仿真软件由 Model Builder(建模)、Simulator(仿真)和 Analyser(分析)3 个模块组成,相应地,在本次乘客撤离仿真验证中的主要工作包括列车车厢模型构建、乘客人员参数标定以及运行仿真与仿真结果分析。

(1) 构建列车车厢模型。

根据实验中使用车型 MBB-CTC-3 所提供的尺寸,绘制出车厢的二维结构 CAD 图,并将其简化,导入 Model Builder 模块,如图 3-4 所示,进行后续建模、仿真和分析。

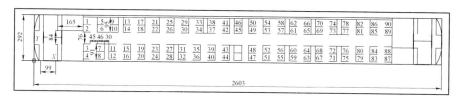

图 3-4 MBB-CTC-3 简化车厢结构

(2) 标定乘客人员参数。

乘客作为应急撤离的主体,其自身的属性(如年龄、性别、行李携带情况等)对其应急撤离特性有着很大的影响。根据文献[31],乘客的交通特性与乘客的年龄、性别、出行目的、受教育程度、体质等因素有关。同样地,在 Legion 里需要标定的人员参数包括速度参数以及行李携带情况,其中速度参数以乘客的性别与年龄分布来体现。根据实验中统计的实际 84 名参演人员的乘客速度分布如表 3-4 所列,依次输入对应不同性别的乘客速度。

(3) 运行仿真与仿真结果分析。

在对乘客人员参数标定后,建立乘客应急撤离方式为最短路径形式,并在实验开启的车门出口处建立分析线,图 3-5 所示为乘客疏散仿真过程,确认无误后导出 .Ora 格式的文件,运行仿真模块(simulator),仿真模拟乘客应急撤离的场景。同时为保证仿真结果的准确性,仿真 25 次取平均值。仿真完成后,输出相应的 Excel 工作表记录乘客撤离的基本数据,作为后续数据分析的基础。

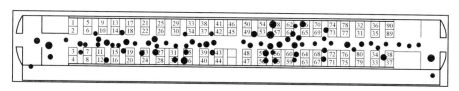

图 3-5 实验 4 仿真模型

3) 应急撤离客流分析

针对每个出口,选取首位乘客应急撤离时间、总应急撤离时间、出口处乘客平均流量、撤离曲线和撤离过程中出口流量变化分别对实验进行验证分析。其中首位乘客应急撤离时间、总应急撤离时间、出口处乘客平均流量采用单样本 t 检验方法进行验证分析,撤离曲线采用直观分析法进行对比分析,撤离过程中出口流量变化采用上文方法进行验证。

(1) 首位乘客应急撤离时间。

对 25 组应急撤离仿真时间对数化处理后进行单样本 t 检验。在实际撤离实验中两端车门首位乘客的撤离时间均为 6s,取对数为 0.778,对比仿真实验,结果为左端车门首位乘客仿真应急撤离时间对数值(均数 $M=0.763$,标准差 SD

=0.067），$t_{(24)}=-1.156$，$p=0.259$；右端车门首位乘客仿真应急撤离时间对数值（$M=0.778$，$SD=0.058$），$t_{(24)}=0.433$，$p=0.669$，没有充足的证据表明仿真撤离时间与实景撤离时间有显著性差异。

（2）总应急撤离时间。

实景撤离实验中左端车门乘客的撤离时间为49s，右端车门撤离时间为45s，取对数后分别为1.690和1.653。t检验结果为左端车门仿真应急撤离时间对数值（$M=1.686$，$SD=0.015$），$t_{(24)}=-1.2637$，$p=0.219$；右端车门仿真应急撤离时间对数值（$M=1.657$，$SD=0.019$），$t_{(24)}=1.007$，$p=0.324$，没有充足的证据表明仿真总撤离时间与实景总撤离时间有显著性差异。

（3）出口平均流量。

从表3-5中得知，实际左端、右端车门出口平均流量分别为0.88人/s和0.91人/s，取对数后分别为-0.056和-0.041，分别对两端车门出口平均流量进行单样本t检验，结果为左端车门出口平均流量对数值（$M=-0.052$，$SD=0.018$），$t_{(24)}=0.606$，$p=0.550$；右端车门出口平均流量对数值（$M=-0.044$，$SD=0.019$），$t_{(24)}=-0.866$，$p=0.395$，没有充足的证据表明仿真出口平均流量与实景出口平均流量有显著性差异。

（4）乘客应急撤离曲线。

乘客应急撤离曲线是实际撤离实验以及仿真实验中完成撤离的乘客人数随时间变化的直观图。从图3-6中可以看出仿真模拟中，撤离至站台的人数随时间的变化规律同实景撤离实验相吻合。

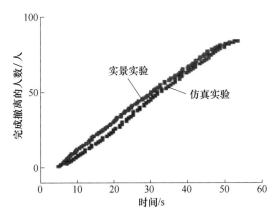

图3-6 实景与仿真应急撤离时间对比

（5）撤离过程中出口流量变化。

前3个指标反映的是仿真实验总体的可信度，并未从撤离细节分析。然而，乘客应急撤离是一个动态过程，一个均值将会丢失过程中的大量信息，因此需要从撤离细节上进一步分析其可信度。应急撤离曲线给出了两者细节上的对比，可以从主观上评估其可靠性。然而，客观地评价该过程的可靠性可以更加准确地给出仿真模型的可信度，本节使用前面所述方法来检验仿真模型的可信度。实景实验流量如图 3-7 所示。

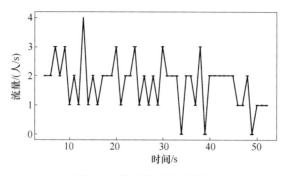

图 3-7　实景实验出口流量

使用 DTW 算法可以得到所有样本的相似性矩阵 SIM。图 3-8 显示了相似性矩阵对应的热力图，从中可以主观地看出样本之间没有显著性差异。

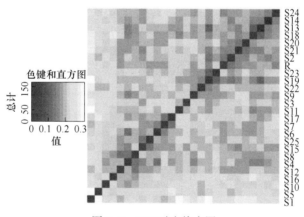

图 3-8　SIM 对应热力图

图 3-9 是使用 ward.D 链值方法获得的聚类结果，从中可以看出无法从仿真数据中辨别出实景数据。从图灵测试的角度来说，这些仿真数据可以认为是真实数据。

接着使用 MDS 进行降维，设定 $k=3$ 来保留尽可能多的信息。图 3-10 展示了降维后的结果。其中圆形为实景实验客流样本，三角形为仿真实验客流样本。从图中可以看出，实景样本几乎位于仿真样本的中心，而仿真样本也近乎均匀分布在实景样本周围。可以定性地认为仿真样本与实景样本之间没有差异。

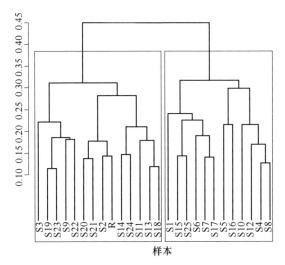

图3-9 两类样本 ward.D 链值法的聚类结果

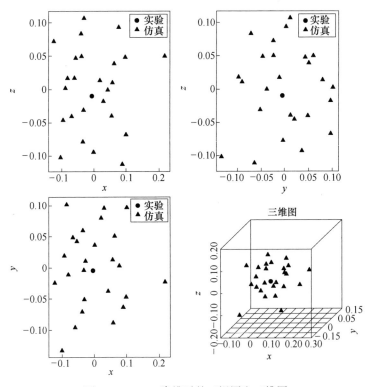

图3-10 MDS降维后的三视图和三维图

霍特林 T^2 检验表明,仿真样本($M = (0.233, 0.195, 0.423) \times 10^{-3}$, SD =

（0.083,0.064,0.062），$T^2(3,22) = 0.309$，$p = 0.819$），$p>0.05$ 表明没有充足的证据表明仿真过程是不可信的。结果显示有81.9%的置信度认为仿真模型的整个动态过程与实景实验没有差别。

4）仿真结果与 railEXODUS 仿真结果的对比

2014年，FRA 在进行 railEXODUS 的开发后，对2005年、2006年的实验进行了仿真模拟，全面验证了 railEXODUS 适用于列车应急撤离仿真的可行性。其中针对实验4进行了开启两端门的乘客应急撤离时间、首位乘客应急撤离时间、出口流量参数的验证。表3-7是实景撤离实验、采用 railEXODUS 以及 Legion 仿真模拟的结果对比。从表中可以看出实验4首位乘客撤离时间、乘客撤离总时间、出口流量参数指标中，Legion 仿真模拟的结果均比 railEXODUS 的仿真模拟结果更为精确，同时也进一步说明采用 Legion 软件进行列车应急撤离仿真具有较好的可信性。

表3-7 Legion 与 railEXODUS 实验4仿真结果的对比

实验4	首位乘客撤离时间/s		乘客撤离时间/s		出口流量/(人/s)	
	左侧车门	右侧车门	左侧车门	右侧车门	左侧车门	右侧车门
实景撤离	6	6	49	45	0.88	0.91
railEXODUS	4.6	4.7	53.8	52	0.80	0.79
Legion	5.76	5.94	48.54	44.95	0.88	0.91

3.1.4 列车应急撤离影响因素的参数设置

列车应急撤离过程中，乘客的应急撤离是受多种动态因素影响的一个复杂过程。在对列车应急撤离时间进行研究时，必须考虑影响应急撤离时间的相关因素。本节将影响乘客应急撤离主要因素分为空间及布局因素、应急撤离场景因素、乘客属性因素[24]。以下分别针对3类参数设置进行分析，确定在后续仿真中需要研究的典型场景，以及仿真输入中车辆空间及布局参数、乘客属性的设置范围。

1. 车辆空间及布局参数设置

文献[30]研究表明，在紧急情况下对乘客应急撤离时间有影响的车辆设计因素主要包括车型与尺寸、座椅布置方式、过道和楼梯的宽度（多层车辆）、门和逃生窗的数量、出口尺寸、座席间距、出口设置位置等。其中，列车的紧急出口指示标志、应急照明、应急广播等导引系统也是影响撤离时间的重要因素[32-35]。

由于本节主要研究有关车辆空间及布局方面的评价因素，结合动车组车厢实际空间及布局设计，将针对过道宽度、车门净开度、席间距空间参数以及座椅布置方式等布局参数展开深入探讨。

动车组人因设计

1) 列车空间参数设置

动车组空间参数指物质客观存在形式,由长度、宽度、高度、大小表现出来。本节中针对过道宽度、车门净开度、席间距空间参数,依据实际车型参数尺寸结合人因工程学的相关规范和标准确定各因素取值范围,作为后续单因素仿真范围以及实验设计各因素水平确定的依据。如表3-8所列为国内主要动车组车型的二等车车厢空间参数。从表中可以看出,实际车型的过道宽度设计值范围从453mm到600mm,车门净开度从660mm到1100mm,席间距从900mm到980mm[36-38]。

表3-8 我国主要动车组车型二等车车厢客室空间参数

(单位:mm)

车型	过道宽度	车门净开度	席间距
CRH-1	580	1100	900
CRH-2	600	660	980
CRH-3	500	900	—
CRH-3G	580	800	980
CRH-5	570	800	960
CRH-380A	600	720	—
CRH-380B	453	900	—

动车组客室设计参考的人因工程学规范和标准主要有《中国成年人人体尺寸》(GB 10000)、《在产品设计中应用人体尺寸》(GB/T 12985)、《军事装备和设施的人机工程设计手册》(GJBZ 131)以及国际铁路联盟UIC 560~UIC 567中的相关规定。这里根据上述规范和标准对列车车内空间参数进行分析。

(1) 过道宽度。

过道作为乘客进出的重要通道,其宽度直接影响到乘客正常活动的便利性以及灾害条件下应急撤离的效率。《军事装备和设施的人机工程设计手册》(GJBZ 131)给出了活动工作空间的最小间隙,如表3-9、图3-11、图3-12所示。其中满足单人通过的狭窄人行道尺寸为肩宽 D,即560mm,双人面对面通过尺寸 B 最小为760mm,双人并行通过尺寸 A 最小为1060mm;由于受列车车厢宽度的约束,在满足布局不变的前提下,最大可以满足双人面对面通过,因此在本节研究中,不再考虑满足双人并行通过这一情况。

表3-9 活动空间工作尺寸

项 目	尺寸/mm		
	最小	最佳	着防寒服
双人并行通过 A	1060	1370	1530

续表

项　目		尺寸/mm		
		最小	最佳	着防寒服
双人面对面通过 B		760	910	910
狭窄人行道尺寸	高度 C	1600	1860	1910
	肩宽 D	560	610	810
	行走宽度 E	305	380	380

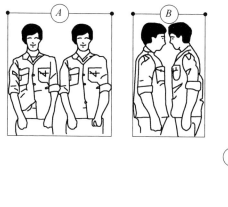

图3-11　活动空间工作尺寸

图3-12　乘客携带行李尺寸图

（2）车门净开度。

车门最小净开度以一人手提一行李为基础,有

最大肩宽+功能修正量+行李厚度＝469mm+6mm+200mm＝675mm

(3-28)

其中,最大肩宽根据《中国成年人人体尺寸》(GB 10000),第95百分位取值为469mm[39],功能修正量参考表3-10[40]。在 UIC 560 中规定车门开门后须有800mm 宽度的自由通路[41]。

表3-10　正常人着装身材尺寸功能修正值

名称	着装修正值	穿鞋修正值	身体自然放松修正值
肩宽	+6mm	—	—
臀膝距	+5mm	—	—
大腿厚	+10mm	—	—

(3）席间距。

席间距指座椅前排参考点至后排座椅相同参考点的距离,如图3-13所示。UIC 567[42]附录C.2.1中规定,二等座顺置排列的席间距至少为940mm,一等座至少为1010mm,因此,这里选取二等座的最小席间距为940mm,最大席间距为1010mm。

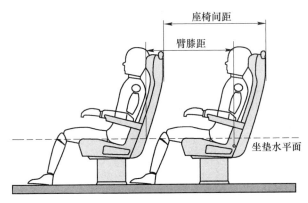

图3-13 席间距尺寸示意图

综合实际车型数据、人因工程学分析以及国际铁路联盟颁布的相关规定,动车组过道宽度、车门净开度、席间距3个因素的尺寸范围选取了三者的极限值,如表3-11所列。

表3-11 动车组二等车车厢空间参数

空间参数	最小尺寸/mm	最大尺寸/mm
过道宽度	450	760
车门净开度	660	1100
席间距	900	1010

2）列车座椅布置参数设置

动车组车内布局参数指车内设施相对位置的摆放,本节中以座椅布置方式为影响列车人员应急撤离的主要布局参数[43]。动车组常见的座椅布置方式有两种:2+2布置、2+3布置,图3-14和图3-15所示为CRH380A的两种典型座椅布置方式。

2. 应急撤离场景分析与确定

1）应急撤离场景分析

由于铁路运营的特殊性,不同的应急撤离场景会对乘客撤离产生不同的影响。例如,列车的停靠位置,当列车在轨道、隧道、桥梁等特殊条件下进行必要的乘客撤离时,其救援撤离工作将非常困难,应急撤离会产生一定的延迟。

第3章 基于乘客特征的动车组客室空间布局与设计

图 3-14 CRH380A 2+2 座椅布置

图 3-15 CRH380A 2+3 座椅布置

根据 FRA 的规定[44]以及《CRH3 司机手册》，可以依据撤离路径、车体类型和列车朝向对乘客的应急撤离场景进行分类，撤离场景如表 3-12 所列。

表 3-12 应急撤离场景

撤离路径	车体类型	列车层数	列车朝向
（1）撤离至相邻车厢	a、b、c、d	单层	向上
	e、f、g、h	多层	
（2）撤离至站台	a、b、c、d	单层	
	e、f、g、h	多层	
（3）撤离至轨道	a、b、c、d	单层	
	e、f、g、h	多层	
（4）在隧道中撤离	a、b、c、d	单层	
	e、f、g、h	多层	
（5）在桥梁上撤离	a、b、c、d	单层	
	e、f、g、h	多层	
（6）所有组合	1、2、3、4、5、a、b、c、d	单层	倾斜
	1、2、3、4、5、e、f、g、h	多层	

注：a 为单层通勤列车；b 为单层城际列车；c 为单层城际列车卧铺；d 为单层餐车；e 为双层通勤列车；f 为双层城际列车；g 为双层城际列车卧铺；h 为双层餐车。

根据撤离位置的不同，可以将乘客应急撤离划分为撤离至相邻车厢、撤离至站台、撤离至轨道、在隧道中撤离和在桥梁上撤离 5 种状况。

(1) 撤离至相邻车厢(列车内部撤离)。

列车某节车厢发生灾害时,将事故车厢内的旅客撤离至相邻车厢并关闭隔断门。在人员撤离时,乘务员应通过扬声器广播要求旅客镇静有序地按照规定方向(通过车内通道门按照车头或车尾方向)逐个离开列车。在这种撤离模式下最不利的情况是灾害发生在头车的人员撤离,此时所有人员只能向一个方向撤离离开列车。

(2) 撤离至站台。

在车站内,如果某节车厢或某一列车需要人员撤离,那么可以通过站台侧开启的车门将乘客撤离到站台上,乘客还可使用邻近车厢的车门进行撤离。

(3) 撤离至轨道。

应急撤离时,建议不要在轨道、桥梁或隧道中停车。如果列车无法行驶并在轨道上停止运行时,乘务员需要确认安全侧的轨道后开始实施撤离工作,如图3-16和图3-17所示,乘客通过舷梯撤离到空闲侧的轨道上,也可以通过车辆间的安全渡板将乘客撤离到相邻的救援列车上。

因为列车地板面到轨道的高度一般在1.4~1.8m之间,所以必须采用撤离舷梯来保证乘客的人身安全。同时,对于8节编组的动车组通常只有1~2个撤离舷梯,也就意味着只能从列车车厢的一扇或两扇车门进行人员的撤离。

图3-16 列车安全渡板

图3-17 列车疏散舷梯

(4) 在隧道中撤离。

尽管建议将出现事故的列车停靠在安全的地方,通常是最近的车站站台,但是在实际情况中列车不是每次都能停靠在理想的位置,乘客有时会不得已在隧道中进行应急撤离,如1991年苏黎世Hirschengraben隧道的应急撤离、2000年奥地利登山缆车事故等[45]。相比撤离至轨道,在隧道中撤离更易发生人群拥挤。

(5) 在桥梁上撤离。

与在隧道中撤离一样,在桥梁上撤离是非理想位置。为防止落水,通常在桥梁上的撤离会比较慢。

2) 应急撤离仿真场景的确定

由前文可以看出,根据应急撤离位置的不同可以将应急撤离场景粗略地分为 5 类。对于列车车辆设计的应急撤离能力安全评估实验场景,英国铁路安全与标准委员会(Railway Safety and Standards Committee)在 2013 年发布的列车火灾疏散与安全标准中[46],给予了详细规定。在列车应急撤离能力安全评估中需要完成以下 3 个典型应急撤离场景的验证:①站台侧车门撤离至站台;②仅一个应急撤离装置(疏散舷梯)撤离到轨道上;③通过应急撤离装置(疏散舷梯)撤离到相邻的救援列车上。

针对以上典型应急撤离场景的要求,由于本节仅针对列车车厢内部空间对应急撤离时间影响规律研究,不涉及撤离方式对乘客撤离的影响,因此在选取应急撤离场景时,仅考虑列车在站台的疏散情况,不考虑采用应急撤离装置的场景。本节研究以 CRH5 型二等车作为基本模型输入,设定应急撤离场景为列车在车站内,乘客通过站台侧开启的所有车门撤离到站台上。

3. 乘客属性参数确定

列车灾害发生时,乘客的应急撤离过程十分复杂,乘客自身属性的构成对应急撤离时间有很大的影响。在乘客应急撤离仿真实验中,人员特性的微小差异便会导致仿真结果的迥异[2]。因此,对乘客应急撤离能力的评估还需要考虑乘客的性别、年龄等属性的分布情况。

目前,有关交通工具的应急撤离仿真研究中,对于人员属性的输入,主要采用以下 4 种方式。

(1) 采用软件系统默认值,由于在研究应急撤离时大多采用国外开发的仿真软件,这些参数值都是根据外国人的特性统计而来的,与国人的行为特性存在一定程度的偏差,易造成与国人实际应急撤离情况的不同。

(2) 采用演练时参试人员的属性进行参数设置,在应急撤离演练中,往往采用校园以及社会招聘的方式进行参试志愿者的招募。例如,上文验证分析的实景撤离实验中,FRA 采用社会志愿者招聘的方式,从普通乘客中招募了 84 名参试人员[29],有关乘客基本属性同表 3-4,乘客性别年龄分布如表 3-13 所列。

表 3-13 应急撤离演练中乘客性别、年龄分布

属性	年龄			性别	
	30 岁以下	30~50 岁	50 岁以上	男	女
比例/%	30	40	30	48	52

(3) 采用实际调研的统计结果。国内有关于乘客基本属性的实际调研数据相对欠缺,在调研范围内有一定的局限性。其中比较有代表性的,李建斌[47]通过对武广高速铁路沿线车站旅客的抽样调查,归纳和分析了乘客的出行特征,其具体调研结果如表3-14所列。

表3-14 武广高铁乘客年龄分布

年龄	18岁以下	18~25岁	26~35岁	36~45岁	46~55岁	56岁以上
比例/%	1	21	33	28	12	5

(4) 采用应急撤离规范中规定的乘客属性分布。有关航空、船舶领域均形成了完善的体系标准,对于应急撤离评价中乘客属性的构成给予了明确的规定。因此,分析航空以及海事人员应急撤离中相关乘客属性的研究,对于铁路领域有着十分重要的借鉴意义。

在航空领域,美国联邦航空局(FAA)、中国民用航空局(CAAC)[11,48]均在飞机适航性标准中规定,对于客座量超过44人的大型客机必须表明其最大乘座量的乘员能在90s内在模拟的应急情况下从飞机撤离至地面,在应急撤离演示时,需满足由正常健康人组成有代表性的载客情况。

(1) 至少40%是女性。
(2) 至少35%是50岁以上的人。
(3) 至少15%是女性,且50岁以上。
(4) 旅客携带3个真人大小的玩偶(不计入总的旅客装载数内),以模拟2岁或不到2岁的真实婴孩。
(5) 凡正规担任维护或操作飞机职务的机组人员、机械员和训练人员不得充当旅客。

在船舶领域,国际海事组织(IMO)在2007年核定颁布的《新建客船、现有客船应急撤离分析指南》(MSC.1/Circ.1238)中关于应急撤离人员属性的规定见表3-15[12]。

表3-15 客船应急撤离规范中乘客属性的规定

性别、年龄	比例/%
女,2~30岁	7
女,30~50岁	7
女,50岁以上	16
女,50岁以上,残疾人(1)	10
女,50岁以上,残疾人(2)	10
男,2~30岁	7
男,30~50岁	7

续表

性别、年龄	比例/%
男,50 岁以上	16
男,50 岁以上,残疾人(1)	10
男,50 岁以上,残疾人(2)	10
女性船员	50
男性船员	50

铁路、航空及船舶领域不同文献中疏散人员的规定比较如表 3-16 所列。

表 3-16　各类交通工具应急撤离乘客属性比例的对比

属性	FRA 实际演练	武广高铁	航空领域	船舶领域
性别比例(男:女)	0.48:0.52	—	<3:2	1:1
年龄结构	30 岁以下:30% 30~50 岁:40% 50 岁以上:30%	18 岁以下:1% 18~25 岁:21% 26~35 岁:33% 36~45 岁:28% 46~55 岁:12% 56 岁以上:5%	50 岁以上: >35% 50 岁以上(女): >15%	2~30 岁:7% 30~50 岁:7% 50 岁以上:16% 50 岁以上残疾人(1):10% 50 岁以上残疾人(2):10%
特点	(1)男女比例≈1:1 (2)老年人比例小	(1)调研范围局限 (2)缺少性别比例 (3)老年人比例小	(1)适航性标准 (2)未划分年龄结构	(1)船舶应急撤离分析标准 (2)年龄、性别划分比航空详细、严格

在性别比例方面,我国武广高铁实际调研案例中未做乘客性别比例统计,而在 FRA 应急撤离演练中性别比例接近 1:1,船舶上规定各年龄段的男女比例均为 1:1,根据民航适航性要求,飞机应急撤离要求被试至少要有 40% 女性。

在年龄划分以及各年龄段构成比例上,FRA 实际演练的乘客比例以及武广高铁调研结果与航空、船舶上的规定有较大的差距,其中 FRA 中演练乘客在 30~50 岁区间比例最大,其 50 岁以上乘客比例为 30%,均低于航空及船舶上对 50 岁以上乘客比例的要求。同样地,武广高铁实际调研中,其 56 岁以上乘客仅占 5%,远低于航空、船舶上对 50 岁以上乘客比例的规定。由于乘客速度受年龄分布的影响较大,老年人的撤离速度低于中青年的撤离速度,在应急撤离仿真中,应考虑老年乘客比例偏大的情况,使仿真结果更有说服性。对于 50 岁以上的老年人,船舶上要求 50 岁以上乘客比例为 72%,大于航空对于 50 岁以上的人至少占35%的要求。

通过以上分析可以看出,船舶规范中规定的应急撤离人员其性别、年龄构成划分更加详细严格,老年人所占比例最大,因此本次列车应急撤离仿真人员属性的输入参考船舶规范中有关应急撤离人员属性的规定,其具体乘客性别、年龄分布见表3-15。

3.1.5 空间参数对应急撤离时间的影响

1. 基于仿真的应急撤离场景构建

1) 参数设置

(1) 乘客速度分布。

Legion中需要标定的人员参数包括速度参数以及行李携带情况,其中速度参数以乘客的性别与年龄分布来体现。对于不同性别、年龄下行人在平坦地面的行走速度,国际海事组织(IMO)根据实验得出了人员行走速度与性别、年龄的关系[12],见图3-18、表3-17。

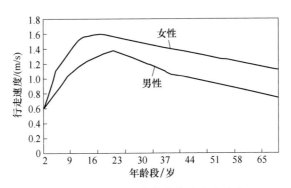

图3-18 IMO不同年龄段行人行走速度

表3-17 行走速度与行人性别、年龄的关系

性别	年龄A/岁	速度/(m/s)
女性	2~8.3	$0.06A+0.5$
	8.3~13.3	$0.04A+0.67$
	13.3~22.25	$0.02A+0.94$
	22.25~37.5	$-0.018A+1.78$
	37.5~70	$-0.01A+1.45$
男性	2~5	$0.16A+0.3$
	5~12.5	$0.06A+0.8$
	12.5~18.8	$0.008A+1.45$
	18.8~39.2	$-0.01A+1.78$
	39.2~70	$-0.009A+1.75$

通过表3-17,可以求出表3-18划分的每个年龄层下的不同年龄、性别的乘客对应行走速度。根据国际海事组织(IMO)规定,每个分组的行走速度均为均匀分布。

表3-18 行人各性别、年龄的行走速度分布　　　(单位:m/s)

性别、年龄	最小行走速度	平均行走速度	最大行走速度	行走速度分布
女,2~30岁	0.93	1.24	1.55	$U(0.93,1.55)$
女,30~50岁	0.71	0.95	1.19	$U(0.71,1.19)$
女,50岁以上	0.56	0.75	0.94	$U(0.56,0.94)$
女,50岁以上,残疾人(1)	0.43	0.57	0.71	$U(0.43,0.71)$
女,50岁以上,残疾人(2)	0.37	0.49	0.61	$U(0.37,0.61)$
男,2~30岁	1.11	1.48	1.85	$U(1.11,1.85)$
男,30~50岁	0.97	1.3	1.62	$U(0.97,1.62)$
男,50岁以上	0.84	1.12	1.4	$U(0.84,1.4)$
男,50岁以上,残疾人(1)	0.64	0.85	1.06	$U(0.64,1.06)$
男,50岁以上,残疾人(2)	0.55	0.73	0.91	$U(0.55,0.91)$

(2) 负载率的选取。

CRH5型车厢共有8节编组,如图3-19所示,其中一等座车一辆(8号车),定员60人;二等座车7辆(1~7号车),其中1号车定员74人,2~5号车定员均为93人,6号车为带酒吧的二等座车,定员42人,7号车为带残疾人卫生间的二等座车,定员74人,额定载客量共计622人。

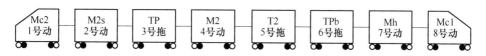

图3-19 CRH5型车编组图

在应急撤离仿真实验中,采用一节CRH5型二等车厢作为实验场景。考虑极端情况,按照列车设计最大载客能力确定乘客数量,即按除座椅外空余面积4人/m²计算乘客数量,一节车厢共计130人。

(3) 应急撤离路线。

乘客在应急撤离时,根据就近原则进行撤离。此时所有乘客通过站台侧开启的车门进行撤离,当车厢有多个车门可作为安全出口时,乘客均选择离其最近的车门进行撤离。图3-20所示为单节车厢内乘客的应急撤离路线示例图。

2) 建立仿真模型

上文已经对Legion仿真乘客应急撤离研究的可行性进行了验证。因此,本

图 3-20　乘客应急撤离路线

节选用 Legion 作为仿真实验平台,以 CRH5 型二等车作为基本模型输入,针对上述场景建立图 3-21 所示的仿真模型。

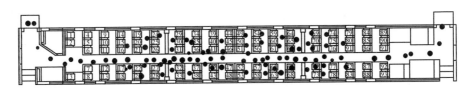

图 3-21　CRH5 型二等车应急撤离仿真场景

2. 空间及布局参数单因素对应急撤离时间的影响

1) 实验设计及参数

根据上文中的归纳分析,本节研究的空间参数分别为过道宽度、车门净开度、席间距;布局参数为座椅布置方式。其中,单因素仿真节点划分情况如表 3-19 所列。

表 3-19　单因素仿真节点

空间及布局参数		仿真节点/cm							
空间参数	过道宽度	45	52	59	66	73	80		
	车门净开度	38	47	56	65	74	83	92	101	110
	席间距	90	92	94	96	98	100		
布局参数	座椅布置方式	2+2				2+3			

在确保其他空间及布局参数不变的情况下,通过改变某单一因素的参数,建立相应的模型进行仿真分析,以应急撤离时间作为衡量指标,依次仿真模拟乘客应急撤离的场景,由于单节车厢情况下应急撤离时间较短,为保证仿真结果的准确性,每个节点仿真 20 次,后续生成数据取其平均值作为此节点的应急撤离仿真时间,以减小偶然误差。

2) 实验结果及数据处理

(1) 过道宽度对应急撤离时间的影响。

表 3-20 为不同过道宽度下乘客的应急撤离仿真时间描述性统计。

第3章 基于乘客特征的动车组客室空间布局与设计

表3-20 不同过道宽度下乘客应急撤离时间描述性统计

过道宽度/cm	仿真次数	均值/s	标准差/s	标准误差/s	置信区间/s
45	20	118.9	13.6	3.0	(112.50,125.22)
52	20	117.6	8.6	1.9	(113.58,121.68)
59	20	110.3	4.3	1.0	(108.25,112.25)
66	20	106.5	5.1	1.1	(104.16,108.90)
73	20	104.9	5.6	1.2	(102.34,107.54)
80	20	104.1	5.7	1.3	(101.42,106.72)

整体分析过程可以分为两步:①使用单因素方差分析研究过道宽度对乘客应急撤离时间的影响,比较不同过道宽度之间是否有显著性差异;②对自变量与因变量之间进行相关性分析,如果相关性显著,则进行曲线拟合,拟合出两者间的关系曲线[49]。

方差分析结果如表3-21所列,$F_{(5,114)} = 13.67, p = 1.87 \times 10^{-10}$,可以看出$p$值远小于0.05,表明过道宽度的改变对乘客撤离时间有显著性影响。

表3-21 方差分析结果(应急撤离时间-过道宽度)

模型	平方和	自由度	平均值平方	F值	p值
组间	4174.44	5	834.89	13.67	1.87×10^{-10}
组内	6960.31	114	61.06		
总计	11134.75	119			

过道宽度与应急撤离时间的Pearson相关系数为-0.96,$p = 0.003 < 0.05$,即过道宽度与平均应急撤离时间之间相关关系显著。采用曲线拟合方法,使用二次函数对两者进行曲线拟合,其模型汇总如表3-22所列。回归方程与函数曲线如图3-22所示。结果表明,该二次模型具有95%的拟合程度,$R^2 = 0.95$,$F_{(2,3)} = 30.76, p = 0.01 < 0.05$。

表3-22 模型汇总和参数估计(应急撤离时间-过道宽度)

方程	模型汇总					参数估计值		
	R^2	F值	自由度df_1	自由度df_2	p值	常数	系数b_1	系数b_2
二次	0.95	30.76	2	3	0.01	174.65	-1.63	0.009

从曲线拟合结果中可以得到,应急撤离时间与过道宽度之间的关系为

$$y = 174.65 - 1.63x + 0.009x^2 \quad (3-29)$$

从图3-22中可以看出,应急撤离时间随过道宽度的增加而减少,并且该减少趋势也随着过道宽度的增加而减少。过道宽度对乘客应急撤离时间的影响规律显著。

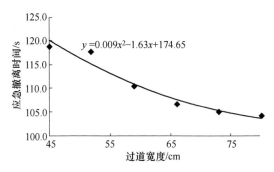

图 3-22 应急撤离时间与过道宽度回归方程

（2）车门净开度对应急撤离时间的影响。

如表 3-23 所列为不同车门净开度下的仿真结果描述性统计。

表 3-23 不同车门净开度乘客应急撤离时间描述性统计

车门净开度/cm	仿真次数/次	均值/s	标准差/s	标准误差/s	置信区间/s
38	20	126.5	10.1	2.3	(121.73,131.17)
47	20	115.9	7.2	1.6	(112.51,119.21)
56	20	111.8	3.9	0.9	(110.02,113.66)
65	20	111.6	5.7	1.3	(108.91,14.23)
74	20	109.5	6.1	2.5	(106.62,112.32)
83	20	112.4	5.7	1.5	(109.79,115.09)
92	20	111.7	5.1	0.9	(109.33,114.11)
101	20	101.6	5.2	1.2	(108.15,113.01)
110	20	113.6	7.4	1.6	(110.17,117.05)

表 3-24 所列为方差分析结果，$F_{(8,171)} = 12.46$，$p = 5.21 \times 10^{-14}$，表明不同车门净开度对乘客应急撤离时间有显著性影响。

表 3-24 方差分析结果（应急撤离时间-车门净开度）

模型	平方和	自由度	平均值平方	F 值	p 值
组间	4167.23	8	520.90	12.46	5.21×10^{-14}
组内	7147.8	171	41.8		
总计	11315.03	179			

车门净开度与应急撤离时间的 Pearson 相关系数为 -0.597，该相关系数的显著性 $p = 0.09$，即有 91% 的置信度认为车门净开度与平均应急撤离时间之间相关关系显著。采用曲线拟合方法，使用 3 次函数对两者进行曲线拟合，其中模型汇总如表 3-25 所列。回归方程与函数曲线如图 3-23 所示。结果表明，车

门净开度可以解释应急撤离时间93.3%的变异性,$R^2 = 0.933$,$F_{(3,5)} = 23.133$,$p = 0.002 < 0.05$。

表3-25　模型汇总和参数估计(应急撤离时间-车门净开度)

方程	模型汇总					参数估计值			
	R^2	F值	df_1	df_2	p值	常数	b_1	b_2	b_3
三次	0.933	23.133	3	5	0.002	215.050	-3.826	0.045	0.0002

从曲线拟合结果可以得到,应急撤离时间与车门净开度之间的关系为

$$y = 215.05 - 3.826x + 0.045x^2 - 0.0002x^3 \quad (3-30)$$

应急撤离时间随车门净开度的增加而减少,并最终呈现平缓的趋势。当车门净开度大于65cm时,应急撤离时间趋于平缓。

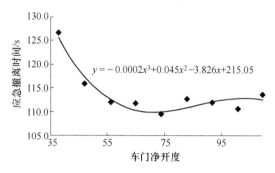

图3-23　应急撤离时间与车门净开度回归方程

(3)席间距对应急撤离时间的影响。

表3-26所列为不同席间距条件下所有节点的仿真结果描述性统计。

表3-26　不同席间距下乘客应急撤离时间描述性统计

席间距/cm	仿真次数/次	均值/s	标准差/s	标准误差/s	置信区间/s
90	20	113.0	5.3	1.2	(110.54,115.48)
92	20	115.4	8.1	1.8	(111.62,119.20)
94	20	115.8	7.1	1.6	(112.46,119.14)
96	20	115.7	6.2	1.4	(112.86,118.62)
98	20	112.1	7.9	1.8	(108.40,115.76)
100	20	110.3	4.7	1.0	(108.15,112.53)

表3-27所列为方差分析的结果,其中$F_{(5,114)} = 2.33$,$p = 0.047$,表明席间距对应急撤离时间有显著性影响。

表3-27 方差分析结果(应急撤离时间-席间距)

模型	平方和	自由度	平均值平方	F值	p值
组间	517.61	5	103.52	2.33	0.047
组内	5058.68	114	44.37		
总计	5576.29	119			

席间距与应急撤离时间的 Pearson 相关系数为-0.55,该相关系数的显著性为0.26,大于0.05,即没有足够的证据表明席间距与平均应急撤离时间之间有线性相关关系。使用二次函数对两者进行曲线拟合,其中模型汇总如表3-28所列,回归方程与函数曲线如图3-24所示。结果表明,席间距可以解释应急撤离时间93.0%的变异性,$R^2=0.93$,$F_{(2,3)}=21.08$,$p=0.017<0.05$。

表3-28 模型汇总和参数估计(应急撤离时间-席间距)

方程	模型汇总					参数估计值		
	R^2	F值	df_1	df_2	p值	常数	b_1	b_2
二次	0.93	21.08	2	3	0.017	-1343.20	31.05	-0.17

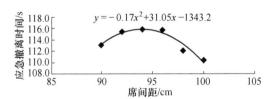

图3-24 应急撤离时间与席间距回归方程

从曲线拟合结果可以得到,应急撤离时间与席间距之间的关系为

$$y = -1343.2 + 31.05x - 0.17x^2 \tag{3-31}$$

即席间距在90~100cm 范围时,应急撤离时间随席间距的增加而呈现二次函数关系。席间距既可以促进疏散,也可以抑制疏散。当席间距在92~96cm 时,疏散时间基本不变,且疏散效率最低。席间距大于或小于该区间都有助于疏散。

(4) 座椅布置方式对应急撤离时间的影响。

表3-29所列为不同座椅布置方式下乘客的撤离时间,其中采用2+2座椅布置方式下撤离时间为113.1s,采用2+3座椅布置方式下撤离时间为115.5s,两种座椅布置方式下,总撤离时间相差2.4s,采用2+2座椅布置方式,应急撤离时间减少2.1%。根据 t 检验结果,$t(38)=-1.14$,$p=0.26$,表明两者间没有显著性差异。

表 3-29 不同座椅布置方式下乘客应急撤离时间

座椅布置方式	仿真次数/次	均值/s	标准差/s	标准误差/s	置信区间/s
2+2	20	113.1	6.8	1.5	(109.9,116.3)
2+3	20	115.5	6.4	1.4	(112.5,118.5)

3)分析与讨论

通过以上实验可以对空间及布局参数单一因素对应急撤离时间的影响规律进行分析,撤离时间与过道宽度呈现二次项函数关系,在过道宽度由 45cm 增大到 80cm 时,撤离时间下降显著,随着过道宽度继续增大,撤离时间趋于稳定。

撤离时间与车门净开度之间拟合为三次函数关系,在车门净开度小于 65cm 时,车门净开度对应急撤离时间的影响较显著。当车门净开度大于 65cm 时,过道处的通行能力起主要限制作用,造成撤离时间平缓变化。这与李国辉[50]在飞机客舱过道宽度与车门净开度对撤离时间的影响得出的结论一致。研究表明,过道宽度及车门净开度并不是通常认定的宽度越大撤离效率越高,在其值小于某一定值时,宽度变化对撤离效率影响显著,当大于此定值时,宽度的增大对撤离效率的提升并不明显。

对于席间距这一空间参数,在给定范围内与撤离时间呈现二次函数关系。当席间距小于 96cm 时,席间距仅能通过一个人,此时乘客排队依次从座椅上撤离至过道中。席间距的增大导致乘客在座椅间的竞争加剧,从而使得乘客拥挤在座椅间,降低了撤离效率。当席间距增大到大于 96cm 时,两个乘客同时从座椅间撤离到过道中的拥挤效应减缓,席间距的增大导致乘客从座椅间的撤离效率提高,进而提高了整体撤离效率。

座椅布置方式中,采用 2+2 以及 2+3 两种不同方式时,对乘客的应急撤离时间产生的影响相对较小。

3. 基于正交实验的多因素对应急撤离时间的影响研究

1)实验设计及参数

根据前文中单因素空间参数确定的范围,分别选取过道宽度、车门净开度、席间距各因素代表性水平如下。

(1)过道宽度因素选取实际车型的最小尺寸 45cm 以及根据人因工程分析单人通过的狭窄人行道尺寸 56cm,双人面对面通过尺寸 76cm。

(2)车门净开度因素选取实际车型的最小尺寸 66cm、实际车型的中等尺寸 80cm 以及实际车型的最大宽度 110cm。

(3)席间距因素选取实际车型最小尺寸 90cm、中等尺寸 96cm 及最大尺寸 101cm。

可以看出,本次实验为三因素三水平的设计,实验的因素水平不多,结合此场景下单因素实验中每一处理的应急撤离时间在 115s 左右,实验的耗时及规模并不大,因此在此场景下选取全因子实验,全面地量化各因素主效应及交互效应的结果[51]。根据实验因素及水平,选取 3^3 析因实验用表,如表 3-30 所列,其具体实验因子及水平用表如表 3-31 所列。

表 3-30　3^3 析因实验表

实验组号	实验因素		
	过道宽度 A	车门净开度 B	席间距 C
1	2	3	1
2	3	2	1
3	1	2	1
4	1	1	3
5	2	2	3
6	2	2	1
7	1	3	1
8	2	3	3
9	3	2	2
10	3	1	1
11	3	1	3
12	3	3	2
13	1	3	2
14	2	2	2
15	1	1	1
16	2	1	1
17	2	1	3
18	1	3	3
19	2	3	2
20	3	2	3
21	3	3	1
22	1	2	3
23	2	1	2
24	3	3	3
25	3	1	2
26	1	1	2
27	1	2	2

表 3-31　实验因子及水平表

因子水平	仿真实验因子/cm			指标
	过道宽度	车门净开度	席间距	
1	45	66	90	应急撤离时间
2	56	80	96	
3	76	110	101	

2）实验结果及数据处理

本次实验为 3^3 析因实验，共需进行 27 组不同处理下的仿真实验，每组实验进行多次重复仿真以减少输出结果的随机误差，表 3-32 所列为实验仿真结果统计表。

表 3-32　仿真结果统计表

实验组号	实验因素水平组合/cm			撤离时间/s				置信区间
	过道宽度	车门净开度	席间距	仿真次数/次	均值	标准差	标准误差	
1	45	66	90	30	122.52	4.61	0.84	(120.80,124.24)
2	45	66	96	30	130.18	7.12	1.30	(127.52,132.84)
3	45	66	101	30	124.2	6.81	1.24	(121.66,126.74)
4	45	80	90	30	121.06	7.48	1.37	(118.27,123.85)
5	45	80	96	30	124.68	6.34	1.16	(122.31,127.05)
6	45	80	101	30	125.02	6.72	1.23	(122.51,127.53)
7	45	110	90	30	120.66	8.13	1.48	(117.62,123.70)
8	45	110	96	30	127.02	6.75	1.23	(124.50,129.54)
9	45	110	101	30	122.46	5.23	0.95	(120.51,124.41)
10	56	66	90	30	111.68	4.06	0.74	(110.16,113.20)
11	56	66	96	30	112.12	4.77	0.87	(110.34,113.90)
12	56	66	101	30	111.22	4.50	0.82	(109.54,112.90)
13	56	80	90	30	110.48	5.46	1.00	(108.44,112.52)
14	56	80	96	30	112.16	4.40	0.80	(110.52,113.80)
15	56	80	101	30	110.2	4.36	0.80	(108.57,111.83)
16	56	110	90	30	111.34	4.39	0.80	(109.70,112.98)
17	56	110	96	30	125.66	7.17	1.31	(122.98,128.34)
18	56	110	101	30	109.58	4.82	0.88	(107.78,111.38)

续表

实验组号	实验因素水平组合/cm			撤离时间/s				置信区间
	过道宽度	车门净开度	席间距	仿真次数/次	均值	标准差	标准误差	
19	76	66	90	30	105.94	3.37	0.61	(104.68,107.20)
20	76	66	96	30	104.24	4.04	0.74	(102.73,105.75)
21	76	66	101	30	104.08	3.83	0.70	(102.65,105.51)
22	76	80	90	30	104.38	4.89	0.89	(102.55,106.21)
23	76	80	96	30	105.24	4.31	0.79	(103.63,106.85)
24	76	80	101	30	103.4	4.06	0.74	(101.88,104.92)
25	76	110	90	30	102.68	3.26	0.59	(101.46,103.90)
26	76	110	96	30	105.5	4.36	0.80	(103.87,107.13)
27	76	110	101	30	101	3.76	0.69	(99.60,102.40)

实验结果分析采用回归分析和方差分析。回归分析(regression analysis)是确定两种或两种以上变量间相互依赖的定量关系的一种统计分析方法。按照自变量的多少,其可分为一元回归分析和多元回归分析,在本次实验中自变量有3个,因变量为应急撤离时间,因此选用多元回归分析方法。方差分析(analysis of variance,ANOVA)是从观测变量的方差入手,研究诸多控制变量中哪些变量是对观测变量有显著影响的变量。根据自变量个数的不同,方差分析可以分为单因素方差分析和多因素方差分析。同理,本次实验采用多因素方差分析。

(1) 回归模型。

对于3^3析因设计,其全模型对应的系数、系数标准误差、t值、p值如表3-33所列。

$$\eta = A_0 + A_1X_1 + A_2X_2 + A_3X_3 + A_4X_1X_2 + A_5X_1X_3 + A_6X_2X_3 + A_7X_1X_2X_3 \tag{3-32}$$

表3-33 3^3析因设计统计参数

模型	系数	系数标准误差	t值	p值
常量	53.47	108.5	0.493	0.622
过道宽度	0.907	1.797	0.504	0.614
车门净开度	0.362	1.243	0.291	0.771
席间距	0.973	1.133	0.859	0.391
过道宽度×车门净开度	-0.005	0.021	-0.257	0.797

续表

模型	系数	系数标准误差	t 值	p 值
过道宽度×席间距	−0.015	0.019	−0.820	0.413
车门净开度×席间距	−0.003	−0.013	−0.255	0.799
过道宽度×车门净开度×席间距	0.00005	0.0002	0.224	0.823

注：模型整体 $R^2 = 0.608$，$F_{(7,802)} = 177.7$，$p<0.01$。

从表3-33中可以看出，模型中所有变量的p值均大于0.05，即采用全模型时，所有变量均不显著，需要采用逐步回归的方法对模型做进一步解释，表3-34所列为逐步分析的结果，对应的回归模型方程为

$$\eta = 83.95 + 0.45X_1 + 0.005X_2 + 0.691X_3 - 0.011X_1X_3 \quad (3-33)$$

表3-34 3^3析因设计统计参数-逐步回归模型

模型	系数	标准化系数	系数标准误差	t 值	p 值
常量	83.951	−2.882	22.810	3.681	0.0002②
过道宽度	0.454	0.044	0.377	1.203	0.229
车门净开度	0.005	0.0005	0.012	0.391	0.696
席间距	0.691	0.067	0.238	2.904	0.004①
过道宽度×席间距	−0.011	−0.001	0.004	−2.859	0.004①

注：模型整体 $R^2 = 0.608$，$F_{(4,805)} = 311.8$，$p<0.01$。
① $p<0.01$；
② $p<0.001$。

$F_{(4,805)} = 311.8$ 和 $p<0.05$ 表明整个回归模型是显著的。$R^2 = 0.608$ 表示回归模型整体有中等程度的拟合，可以用于解释3个因素对撤离时间的影响。

（2）方差分析。

为了研究各个因素的主效应和交互效应，对逐步回归模型进行了方差分析。表3-35所列为方差分析的结果。图3-25~图3-28分别为3个因素的主效应图和交互效应图。方差分析的结果表明，仅席间距对疏散时间有显著影响，而没有充足的证据表明其他因素或交互作用有显著影响。

表3-35 逐步回归模型方差分析结果

因素	自由度	平方和	均方和	F 值	p 值
过道宽度	2	2	0.84	0.008	0.992
车门净开度	2	48	23.88	0.230	0.795
席间距	2	2814	1406.97	13.539	0.000002
过道宽度×席间距	4	46	11.62	0.118	0.978
残差	799	83035	103.92		

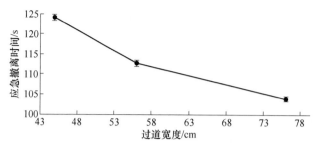

图 3-25　过道宽度的主效应

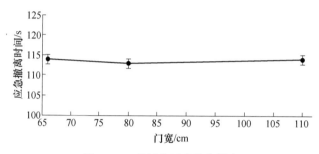

图 3-26　车门净开度的主效应

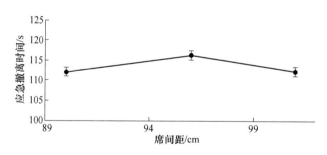

图 3-27　席间距的主效应

3) 分析与讨论

通过以上回归分析和方差分析可以看出,过道宽度在[45cm,76cm]内对应急撤离时间有影响,但是没有充足的证据表明其显著。这是由于在本节中水平数较少,结合上节的结果可以看出,当水平数量充足时,过道宽度在该区间内对应急撤离时间有显著影响。车门净开度在[66cm,110cm]内对应急撤离时间基本没有影响,这验证了上节中车门净开度大于 65cm 时对应急撤离的影响趋于平缓。席间距对应急撤离时间有显著影响,与上节相同,其影响呈倒 U 形曲线。当席间距较小时,乘客只能排队离开座椅,乘客有序撤离使得撤离效率较高。但随着席间距的增大,乘客急于撤离却又没有充足的空间,从而使得乘客在座

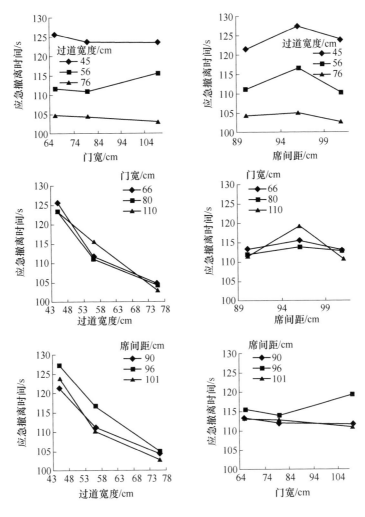

图 3-28 交互效应图

席间发生拥挤,降低了撤离效率。当席间距增大到 96cm 时,席间距不会引起乘客的堵塞效应,而乘客的逃生意识使得撤离效率重新提高。

在交互效应中,只有过道宽度和席间距的交互效应在回归模型中的系数显著。然而,方差分析显示没有足够的证据表明其有显著性影响。当席间距较小时,乘客的活动主要受制于席间距,因而过道宽度的改变对撤离时间影响较小。然而,随着席间距的增大,乘客不再受制于席间距,此时过道宽度是乘客撤离的瓶颈,过道宽度的增大能够较大程度地减少撤离时间。在较小的过道宽度下增大席间距,使得乘客更容易从座席间出来,然而较小的过道会引起堵塞效应,当席间距增大时会使该效应严重化,从而导致撤离时间变大,而在较大的过道宽度下,由于没有堵塞效应,席间距的增大能够促进撤离。当过道宽度为

62.82cm左右时,席间距增大的简单效应与交互效应正好抵消,此时席间距在[90cm,101cm]内的改变不会显著影响撤离时间。

3.2 客室空间、布局与乘降效率分析

目前城际列车是动车组的一种主要形式,它是为满足数量和质量日益增长的客运需求,在经济较发达城市或地区间开行的密度较大、运行有规律、旅行速度高、购票方式简便、舒适度好、等级较高的速度低于200km/h动车组列车[52]。城际列车在大载客量、多站点停车的情况下,实现"公交化"运营目标的关键在于缩短列车停站时间[53]。由于列车停站时间主要受乘客上下车时间影响[54],因而提高乘客乘降效率对于改善线路通行能力、提高运营服务质量有重要意义。

影响乘降效率的因素可以分为自然因素和人为因素两大类。自然因素有气候条件、乘车时间等,人为因素有站台布设、车辆型号等[55]。Rüger曾指出通过优化列车内饰设计可减少1/3停站时间[56],由此可见,客室布局对于乘降效率的影响是比较大的。本节将重点考虑列车布局对于乘降效率的影响,通过研究城际列车客室布局对乘客乘降效率的影响机理,为有效提高乘客乘降效率、缩短列车停站时间提供理论基础,以提高列车通行能力和服务水平[57]。

3.2.1 城际列车乘降模型分析

1. 乘降时间研究

为确定城际列车停站时间,很多学者研究了不同客流情况下的停站时间并建立回归模型。停靠时间模型源自公交系统,而后扩展到铁路系统中。停靠时间模型的基本模式为固定时间与乘降时间之和。分析现有停靠时间模型有助于了解影响乘降效率的因素。

1984年,Wirasinghe和Szplett[62]提出列车停站时间t_s由两部分构成,即开关车门的固定时间t_0和最长车门使用时间,即

$$t_s = t_0 + \max_i \{t_i\} \quad (3-34)$$

式中:t_i为第i个车门的使用时间。车门i的使用时间是在i处上车人数(a_i)和下车人数(b_i)的函数。

1998年,Lam[63]在研究香港地铁系统(MTR)时建立了回归模型。他沿用Wirasinghe和Szplett的理念,将列车停站时间分为开关车门的固定时间和最长车门使用时间。通过调研MTR站台得出在MTR车站的列车停站时间模型为

$$DT = 10.5 + 0.021Al + 0.016Bo \quad (3-35)$$

式中:DT为列车停站时间(s);Al为列车的下车人数;Bo为列车的上车人数。

1989年,Weston根据1980年伦敦地铁运营公司系列实验得到的数据总结

出了 LUL 公式,又名 Weston 公式[64-65],即

$$ss = 15 + \left[1.4\left(1 + \frac{F}{35}\right)\left(\frac{T-S}{D}\right)\right]$$
$$\cdot \left[\left(F\frac{B}{D}\right)^{0.7} + \left(F\frac{A}{D}\right)^{0.7} + 0.027\left(F\frac{B}{D}\right)\left(F\frac{A}{D}\right)\right] \quad (3-36)$$

式中:ss 为列车停站时间(s);A 为下车乘客数量;B 为上车乘客数量;D 为每列车车门数;F 为峰门/平均门;S 为每辆车的座椅数;T 为通过的乘客数。

根据当地实际情况,Weston 将车门开启和关闭时间取值定为 15s。经 Harris[66]证明,高载客量情况下,该公式需要微调参数,但是函数关系整体仍然适用。此外,Harris[65]使用多国停站时间数据证明 LUL 公式在地铁领域具有鲁棒性。

2000 年,Puong[67]对波士顿马萨诸塞州海湾交通管理局 54 列列车的停站时间进行分析得到以下模型,即

$$DT = 12.22 + 2.2B_d + 1.82A_d + 0.00062(TS_d)^3 B_d \quad (3-37)$$

式中:DT 为列车停站时间;A_d、B_d、TS_d 分别为每个车门下车、上车和站立的人数。

2012 年,Douglas[68]统计研究了新南威尔士州列车停站时间,建立列车停站时间预测模型:

$$DT = 10 + 1.9A_d^{0.7} + 1.4B_d^{0.7} + 0.007(A_d + B_d)(Std_d) + 0.005A_d B_d$$
$$(3-38)$$

在模型中,变量包括每个车门的上、下车乘客数量和站立的乘客数量。考虑到由于乘客站立将导致混合流,Douglas 将固定时间设立为 10s。

表 3-36 对比了国外 5 个轨道交通停站时间模型研究因素的范围。国内也有一些学者基于当前运输情况建立了相应的回归模型,如江志彬等[69]考虑客流较大情况下乘客无法及时上车的现象,建立了一个基于计划列车运行图与实际客流的停站时间模型。

表 3-36 列车停站时间模型对比

模型(年份)	因素			
	乘客	混流效应	拥挤效应	其他
Wirasinghe-Szplett 模型(1984)	√	√	×	√
Weston 模型(1989)	√	√	√	√
lam 模型(1998)	√	×	×	×
Puong 模型(2000)	√	×	√	×
Douglas 模型(2012)	√	√	√	×

总之,目前国内外学者主要通过观察统计建立停站时间回归模型。通过分析这些模型发现,停站时间由固定时间(设备开关时间)和乘客乘降时间决定。随着客流量的增大,停站时间中乘降时间所占比例加大,乘降时间由峰门的乘客乘降时间决定,由于列车乘客分布不均,不同上下车人数比值会影响乘降时间,因而在研究乘客乘降时应考虑混流效应。

2. 乘客乘降行为研究

乘客乘降行为发生在站台与车厢连接处,其与站台、车厢和乘客本身存在直接的联系。因此,多数学者从站台、车厢和乘客3个方面对乘降行为进行研究,研究情况分析见表3-37。

表3-37 乘客乘降行为研究总结

序号	研究者(年份)	研究对象	研究变量	方法	结论
1	D. SzpIett、S. C. Wirasinghe(1984)[70]	列车	站台布设	现场调研	站台入口处容易出现长队现象
2	C. Jonathan(1993)[71]	公共汽车	低地板	现场调研	低地板比常规设计更有优势,平均每个正常乘客(13%~15%)节省0.5s,每个行为障碍乘客节省1~6s
3	Richard P. Guenthner等(1988)[72]	公交	票价	现场调研	付费方式之间无显著差异
4	Wiktoria Heinz(2003)[73]	列车	门宽、高度差、台阶缝隙、行李	现场调研	80~90cm范围内,增加门宽,乘客速率平缓增加;站台和列车地板齐平有助于乘客上下车
5	Sebastián Seriani等(2003)[74]	地铁	站台禁入区、垂直扶手、混合流	仿真+实验	上下车不同门可以减少31%~82%的乘降时间,考虑可行性,垂直扶手最好设置在距离门框0.4m处。设置站台禁入区会减少50%的乘降时间
6	Ir. Paul B. L. Wiggenraad等(2000)[54]	列车	站台布设	现场调研	窄车门(800mm)的乘客上下车时间要比一般(900mm)时间慢10%,宽(1300mm)车门的比一般时间快10%
7	Nigel G. Harris(2004)[66]	列车	座椅布局	实车实验	减少座椅数量能使更多的乘客尽快上车

第3章 基于乘客特征的动车组客室空间布局与设计

续表

序号	研究者(年份)	研究对象	研究变量	方法	结论
8	Daamen 等(2008)[75]	列车	站台缝隙、高度差、门宽、客流方向、时间压力、行李、上车人数、上车比例、排队规则、车厢及站台的拥挤程度	实验平台	门的通行能力受到水平和垂直距离差、行李的影响,增加水平、垂直距离差会减弱多达15%的通行能力,考虑行李时,会减弱多达25%
9	Xenia Karekl 等(2010)[76]	地铁	门宽、台阶高、两者组合	现场调研	增加台阶高度会降低客流速度,增加车门宽度会提高客流速度
10	Bernhard Rüger 等(2008)[56]	列车(长途)	座椅布局、通道宽、行李架位置	现场调研	站台缝隙应小于10cm,门宽应大于90cm,通道应大于60cm,分散排布座椅,多使用对向座椅
11	Rodrigo Fernandez(2011)[77]	公交车	站台高、门宽、付票方式、车内乘客密度、座椅布局、站立乘客位置	实验平台(PAMELA)	15cm站台高、宽门、提前付费,乘降时间可下降1/3
12	Taku Fujiyama 等(2012)[78]	列车	门宽、台阶高、门厅	实验平台(PAMELA)	增加门宽会增大客流速度,设置台阶会降低客流速度,隔断玻璃前缩进量在0~400mm范围内波动时,客流速度增大,400~800mm之后无显著变化
13	Tomasz Schelenz 等(2012)[79]	公共汽车	不同人数、不同车门数量	仿真方法	4车门的公共汽车比3车门的乘降效率高
14	Holloway 等(2015)[80]	列车	年龄、行李类型、台阶	实验平台(PAMELA)	台阶越多,乘降时间越长。年轻人受到台阶和行李的变化较老年人小
15	Jake Kelley(2016)[81]	地铁	水平、垂直扶手、车门混合流	现场调研	水平和垂直扶手会影响停站时间,上下车应该分开
16	Gonzalo de Ana Rodríguez 等(2016)[82]	地铁	屏蔽门	实验平台(PAMELA)	屏蔽门不会对乘降产生不利影响,有助于引导乘客分布
17	Sebastian Seriani 等(2017)[83]	地铁	站台人流分布	实验平台(PAMELA)	有无屏蔽门对乘客密度无显著影响

续表

序号	研究者(年份)	研究对象	研究变量	方法	结论
18	Roselle Thoreau 等 (2016)[84]	地铁	门宽、隔断玻璃前缩进量、座椅类型、屏蔽门、站台缝隙、中央扶手	实验平台 (PAMELA)	门宽较优水平为1.7~1.8m,使用屏蔽门无影响,200mm的站台缝隙会增加乘客移动速度,在缩进量50mm、300mm、500mm范围内,对于客流速度无显著影响
19	韩宇等(2007)[55]	地铁	自然因素(天气状况)、人为因素(车型、车门数、车门宽、站台高度差)	现场调研	当前设施条件下,基本能够满足人们普遍的上下车要求。影响乘降效率的主要是人为因素
20	王亚飞(2016)[85]	地铁	禁入区、车门宽、垂直扶手位置、上车乘客数/下车乘客数	仿真+实验	仿真实验和模拟实验的优水平组合不同,但均表明改变车门宽度、禁入区域大小可改变乘客乘降效率

在早期乘降行为的研究中,一般假设乘客在站台上均匀分布。1984年,D. Szplett 和 S. C. Wirasinghe[70]研究卡尔加里市区和城郊 LRT 车站乘降行为和站台乘客分布时发现乘降时间与站台布设密切相关,乘客在站台上并非均匀分布,在站台入口处容易排长队,尽管如此,仍可以通过站台设计或站台服务鼓励乘客均匀分布,这一研究结论为之后的站台设计提供了基础。

2001 年,Wiggenraad[54]调查了荷兰 7 个铁路车站的停站时间,指出列车停站时间受计划停站时间、上下车乘客数量、列车和基础设施特性(包括站台布局、站台高度、站台缝隙、车厢地板和站台高度差)影响。通过分析高峰时段和非高峰时段的停站时间发现实际列车停站时间不受时段影响,在站台入口处有明显的乘客群集现象,乘客平均乘降时间为 1s。Wiggenraad 还分析了车门宽度对乘降效率的影响:窄车门(800mm)的乘客乘降时间要比一般车门(900mm)慢10%,宽车门(1300mm)的比一般车门快 10%。

2006 年,Nigel G. Harris[66]在对 Class 455 车型进行重新布局时提出,由于站立乘客使用的面积小于坐着的乘客,同时,减少座椅数量有利于乘客在列车内部移动,因此减少座椅数量能使更多的乘客尽快上车。

2008 年,Winnie Daamen 等[75]研究了台阶缝隙、台阶高度、门宽、乘客年龄、性别、乘客流方向、时间压力、携带行李、站台拥挤程度等因素对于乘降效率的影响,结果表明携带行李会降低乘客乘降效率。

2011 年,Bernhard Rüger 等[86]通过调研采集数据发现,不同座椅排布会对乘客通行效率造成影响。座椅纵向排布会导致通道狭长,妨碍乘客通行,滞留队伍呈增长趋势,阻碍后续乘客上车。对向排布可使乘客快速安放行李,减少乘客滞留,有利于乘客通行。分区客室布置允许乘客将行李储存在专用区域内,方便乘客顺畅通过,有利于其他乘客上车。这也说明行李架位置不同会对乘客上下车造成影响。通道宽小于60cm时,乘客滞留问题随携带行李体积增大而越发严重,考虑到车辆限制条件,通道宽度建议不小于60cm。

2011年,Rodrigo Fernandez[77]使用PAMELA(pedestrian and movement environment laboratory)实验平台进行了一系列实验,研究了站台高(0、150mm、300m)、门宽(窄、宽)和售票方式(车外售票、车内电子卡支付)对于乘降效率的影响。

2012年,Xenia Karekla等[76]通过调研采集数据方法研究了列车与站台之间的高度、台阶高和门宽对乘降效率的影响,认为提高乘降效率成本在于升高站台、购买新列车。

2014年,Nigel G. Harris等[87]使用130个车站的数据对站台宽、站台到出口距离、站台管理、双侧站台、站台与车辆之间的水平距离、垂直距离、勾股距离、屏蔽门、门宽、车辆台阶、车内楼梯、隔断玻璃前的宽度、门厅容量、座椅方向、车内面积、门心距离、乘降人数、门厅乘客数在内的18个可能变量进行了分析研究,据此得出站台与车辆之间的距离达到15cm后才会对乘降造成影响,隔断玻璃前的宽度达到一定阈值后才会产生效应,门宽在1.4m左右呈现非线性变化。最终,Harris建立了乘降效率的多元线性模型。

2014年,Taku Fujiyama等[78]通过使用PAMELA实验平台研究了上车客流为主和下车客流为主的两种客流情况下的门宽、台阶高、门厅大小对乘客乘降的影响。研究表明,加大门宽可以提高乘客乘降效率,台阶越高,乘客乘降效率越低。

2015年,SebastiánSeriani等[74]通过仿真和实验方法研究了站台禁区、垂直扶手位置、车门开启方式对乘降时间的影响。结果表明,站台分成3个乘降区域会减少50%的列车停留时间。站台区域的划分将乘客分成两支上车流和一支下车流,减少了上车乘客和下车乘客之间的交互作用,从而减少乘客乘降时间。虽然实验结果比仿真结果略高,但均表明设立站台上下车分区能减少乘客乘降时间。此外,不同的扶手布局形式会对乘降效率造成一定影响。研究指出,最好的方案是在门中间设置一个中央垂直扶手。在这种情况下,列车停留时间比栏杆设立在车厢中心的情况减少13%~34%。此外,为了降低站台客流密度,避免阻碍乘客从站台进入车厢,建议栏杆布设在门框后约0.40m处。如果不能将扶手布置在门中间,建议在车厢中部设立两个对称的扶手。在客流量比较大时,建议上下车门单独使用,这将比上下车共用门降低31%~82%的乘降时间。

Catherine Holloway等[80]于2016年通过一系列实验测试了不同台阶布置

下,携带不同行李的不同年龄乘客的乘降时间。结果表明,台阶越多,乘客需要的乘降时间越长。同等条件下,老年人较青年人的乘降时间更容易受到台阶数量的影响。随着年龄增长,平均乘降时间增加。携带行李会影响乘客上下车,且携带的行李体积越大,乘降时间越长。

2016年,Roselle Thoreau等[84]通过使用PAMELA研究了门宽、座椅类型、屏蔽门、站台缝隙对于乘客乘降的影响。研究表明,最佳门宽为1.7~1.8m,使用屏蔽门对于乘客乘降无明显影响,但是200mm的站台缝隙会加快乘客行动。

国内关于乘降效率的研究集中在乘降时间和乘客行为上。2008年,张琦等[88]等对北京地铁乘客乘降行为进行观察分析,获取了地铁站台的乘客行为特征,建立了相应的乘客行为仿真模型。该模型通过引入势能场的概念解决复杂交织行人流的问题。在后续仿真实例校核中,模型得到很好的验证,为之后的仿真研究提供了依据。然而,在面对大规模、结构复杂的枢纽环境时,势能场构建和相关参数的选取有待进一步研究。

2007年,韩宇等[55]在对北京地铁站乘客乘降效率影响因素分析时发现,在当前地铁硬件设施水平下,自然因素对乘降效率均无显著影响,主要影响因素为人为因素,不同乘客群体层次差异对于整体乘降效率有一定的影响。

2016年,王亚飞[85]通过实地调查分析北京地铁乘客乘降行为,选取相关因素进行模拟和仿真实验对乘降行为进行研究,确定垂直扶手、门宽、禁入区大小对乘降行为影响的主次顺序,为乘客乘降管理、地铁设计提出了指导性建议。

根据近年来国内外相关文献对乘客乘降行为的研究,表3-38归纳总结出了目前影响乘降效率的各种因素。

表3-38 乘降效率影响因素

	影响因素	参考文献		影响因素	参考文献
车辆属性	车辆台阶数量	[54,76]	乘客属性	乘客数量	[60-63,65-67,71,89]
	台阶宽度和高度	[54,75,76,80,86-87]			
	扶手	[75,81,84,85]			
	隔断玻璃前宽度	[87]		年龄、行李	[75,80]
	门厅容量	[87]		车内拥挤程度	[89]
	车厢容量	[87]	车站设施	站台布局	[54,70]
	座椅间距	[86]		站台分区	[54,74]
	座椅排向	[86]		到出口距离	[87]
	通道宽度	[86]		站台宽度	[87]
	行李架位置	[86]		屏蔽门	[80,82-84,87]
	门心距离	[87]			
	车门宽度	[54,76,80,85-86]			
	楼梯	[87]			

上述因素的设定依赖于研究背景及研究车型。随着轨道交通的快速发展，目前城际列车为提高乘降效率多采用宽车门、低地板等设计。因此，本节主要针对现有城际列车布局设计对乘降效率的影响进行研究，其他因素如乘客属性、车站设施等暂不考虑。

3. 城际列车乘降模型分析总结

为缩短城际列车停站时间，提高其通行能力和服务水平，不同的学者从车站、车辆及乘客等多个角度研究乘降效率，分析发现以下两点。

（1）之前的乘降时间模型是停站时间模型的一部分，其主要考虑峰门处乘降乘客数量和平均乘降时间。研究结果表明，乘降会受车门、乘客数量和乘降乘客比例影响。

（2）早期学者主要从站台布设、乘客分布的角度对乘降行为进行研究，之后逐步扩展到票务、禁入区域、列车与站台连接处（站台、站台与列车间的缝隙、车门）、垂直扶手等相关因素，且随着地铁设施、实验平台的完善，关于乘客乘降的研究不断细化，有不少学者开展了屏蔽门、大型行李架、人的心理压力等影响乘降效率因素的研究。

受限于以往研究条件和研究背景，上述研究还存在以下的局限性。

（1）目前国内外学者更关注于站台布局、站台和车厢连接处的相关因素对乘降效率的影响，鲜有研究列车客室布局因素对于乘降效率的影响。站台、站台与车厢连接处等列车外部因素固然对乘降有显著影响，但考虑到上下车是一个完整的进程，发生在车厢内部的下车准备阶段也会影响到乘客下车速度，已上车的乘客若不能及时落座也会对后续上车乘客的速度产生影响。列车内饰设计对乘降效率影响的研究还亟待深入和进一步完善。

（2）以往研究对象多为地铁车辆，受限于时间和车型，参数选取范围有限，随着列车技术的不断发展和列车服务水平的不断提升，一些影响乘降效率的车辆参数取值范围已发生改变，如车门现多采用宽车门，而以往研究多针对窄车门。对于服务城市群内乘客、提供较高等级服务的城际列车，原针对地铁车辆参数的研究成果是否适用还有待于研究。

（3）除参数选取范围问题，因素研究分级水平较少也是目前研究的不足之一。以往研究参数中，车门、垂直扶手、禁入区、站台缝隙等研究因素多为3水平，不能有效反映参数取值变化对乘降时间影响的规律。

（4）目前研究乘降效率的参数通常采用观察记录法或实验法进行数据汇总，进而建立相应的回归模型。但这些方法需要消耗大量的人力、物力和时间。另外，由于统计车型不同，观察记录法不能很好地控制变量，可能是导致不同学者研究结论不一致的原因之一。基于不同调研对象搭建实验平台的研究结果也不尽相同。例如，Fernández[90]的研究结果表明，站台与列车高度差为150mm时可减少乘降时间，而该结果与Holloway[80]的结论相反。类似地，Fujiyama[78]

认为有利于乘客乘降的最优水平组合是门宽1.8m与缩进量800mm,而Fernández[90]的研究结论则是门宽为1.65m最有利于乘客乘降。

3.2.2 城际列车客室布局乘降效率因素分析

城际列车服务范围和运营要求的特殊性决定了其客室布局不同于传统旅客列车,了解其客室设计及布局现状将有助于进行针对性研究。本节通过对国内外81种城际列车车型的调研,归纳总结出城际列车客室设计及布局特点。通过分析乘客乘降进程,归纳出影响乘客乘降的客室布局因素。在此基础上,根据人因工程学标准和国内外城际列车客室布局参数确定这些影响因素的取值范围,为后续仿真实验提供基础。

1. 城际列车客室现状分析

城际列车起源于欧洲,运行在经济发达、产业集中、人口众多、生活水平较高的中心城之间,这些地区人们出行频繁,有大量的公务、商务、旅游客流,要求开行速度高、密度大、舒适度好的高质量旅客列车。

英国铁路在20世纪60年代就首创了城间快车(inter-city,IC)客运模式[52],并于20世纪70年代将最高运行速度提高到200km/h,推出了系列型城际列车,如InterCity225、InterCity250等。目前国外城际列车的运行速度在100~200km/h之间,主要运用国家有德国、加拿大、法国、瑞士、意大利、瑞典、日本和韩国。具体车型、编组和运用单位情况如表3-39所列。

表3-39 国外城际列车车型

国家	制造商	车型		运行时间/年	运行速度/(km/h)	运营单位	编组
德国	西门子	DesiroEMG312		2000	140	斯洛文尼亚国家铁路	2/3
	西门子	DesiroRABe514		2006	140	SBB苏黎世城轨	4
	西门子	DesiroML	Class460	2009	160	德国中部莱茵铁路公司	3
			NMBS/SNCB	2009	160	SNCB	3
			Lastotschka	2011	160	RZD俄罗斯铁路公司	5
			OBB	2015	160	奥地利	3
	西门子	DesiroRUSSochi		2013	160	俄罗斯索契	5
	西门子	DesiroOSE		2004	160	希腊铁路	5
	西门子	DesiroET425		2001	160	马来西亚吉隆坡	4
	西门子	DesiroUK	Class185	2005	160	英国第一集团	3
			Class350/1	2005	160	TransPennine	4
			Class350/2	2009	160	TransPennine	4

第3章 基于乘客特征的动车组客室空间布局与设计

续表

国家	制造商	车型	运行时间/年	运行速度/(km/h)	运营单位	编组
德国	西门子	DesiroUK	Class360/1	2003	160	国家特别快车集团	4
			Class360/2	2005	160	西斯罗机场连线	5
			曼谷机场-城市路线	2008	160	泰国国家铁路	3
			曼谷机场-特别快车	2008	160	泰国国家铁路	4
			Class380/0	2010	160	第一Scot铁路	3
			Class380/1	2010	160	第一Scot铁路	4
			Class444	2004	160	西南部列车	5
			Class450	2004	160	西南部列车	4
			Class700	2015	160	GoviaThameslink铁路	8/12
	西门子	ETR470CISALPINOAG	1996	200	意大利铁路	9
	西门子	ICE-T	1999	210	斯图加特-苏黎世	5/7
	西门子	ICx	2012	230	德国铁路(DB)	5/14
加拿大	庞巴迪	Talent	643	1998	120	德国DBAG	3
			644	1998	120	德国DBAG	3
				1998	100	Regiobahn	2
			BM93	2000	140	NSB/挪威	2
				1999	120	OCTRANSPO/加拿大	3
			643.2	2002	120	Euregiobahn	2
			Rh4023	2004	140	OeBB/奥地利	3
			Rh4024	2004	140	OeBB/奥地利	4
	庞巴迪	Talent2	2007	160	德国联邦铁路(DBAG)科特布斯-莱比锡	2/4
	庞巴迪	AGC	2007	160	SNCF	3/4
	庞巴迪	SPACIUM	2008	140	法国国铁	7/8
	庞巴迪	TWINDEXXVario	2001	160	德国北部基尔-汉堡和弗朗斯堡-汉堡铁路	4
	庞巴迪	TWINDEXXExpress	2012	200	SBB,Switzerland瑞士	4
	庞巴迪	OMNEO	2004	140/160/200	法国铁路	6/10

动车组人因设计

续表

国家	制造商	车型		运行时间/年	运行速度/(km/h)	运营单位	编组
法国	阿尔斯通	Coradia Nordic		2004	160	瑞典	6
		Coradia Duplex		2001	160	法国和卢森堡、比利时	2/5
				2010	200	瑞典	2/7
		Coradia	Continental	2008	160	德国 DB 慕尼黑-帕绍等线路	3/6
			ETR470				
			Nordic	2008	160	瑞典	4/6
			Lint	2008	140	德国铁路运营商 DB	1/3
瑞士	Stadler	FLIRT(欧洲13个国家,共32个车型)	RABe521	2004	160	瑞士联邦铁路 SBB	3/6
				2007	160	德国联邦铁路 Regio 公司	5
			Class74/75	2012	200	NSB 挪威	4
			FLIRTTILO低地板车	2007	160	瑞典/意大利	4
				2012	160	德国 DB	3/6
	Stadler	FLIRT3(共7种车型)		2010	160	SBB 瑞士	4/6
	Stadler	KISS/DOSTO		2011	200	维也纳	6
				2012	160	德国 BLSAG	4
				2015	160	德国 AlphaTrains	6
				2013	160	法国	3
				2012	160	德国	4
意大利	安萨尔多	IC4		2012	200	意大利	4
瑞典	ABB	X2000		1990	200	瑞典铁路局斯德哥尔摩-哥德堡	2/7
日本	东急车辆制造	JR 东日本 E259 系		2009	130	成田机场特急	6
	东急车辆制造	京成 AE 形电车(2代)		2009	160	京成佐仓-京成臼井	8
	日本车辆制造	E351 系电车		1993	130	东日本旅客铁道	4/8
	日本车辆制造	小田急 60000 型电动车		2008	120		10
	日本车辆制造	特急型车辆东京 AE 型		2010	160		8
	日立制造所	Class395		2009	200	英国伦敦-阿什福德	6

续表

国家	制造商	车型	运行时间/年	运行速度/(km/h)	运营单位	编组
韩国	Hyundai Rotem	IncheonInt'lAirportLineEMU（Generaltype）	2010	120	AirportRailroadCo.,Ltd	6/8
		GreeceAthensMetroSeries2EMU	2004	130	AttikoMetro	6
		HongKongTCLineEMU	2007	140	TheMassTransitRailway Corporation（MTRC）	8
		BrazilRiodeJaneiroCentralEMU	2007	120	Supervia	4
		TurkeyTCDDEMU	2009	140	TurkishStateRailway（TCDD）	3
		Shinbundang Line DriverlessEMU	2010	120	ShinbundangRailroad Corporation	6/8/10
		NewZealandWellington MatangiEMU	2011	121	GreaterWellington RailLimited（GWRL）	2
		Tunisia SNCFTEMU	2010	130	TunisianNationalRailway（SNCFT）	4
		ITX-SaemaeulIntercity EMU	2014	165	KORAIL	6
		USADenver EMU	2017	127	DenverTransitSystems,LLC（DTS）	2
		UkraineIntercity ExpressEMU	2012	176	Ukrzaliznytsia	9
		MalaysiaKTMB ExpressEMU	2009	160	MalayanRailway（KTMB）	6
		KORAILGyeongchun LineDouble-deckEMU	2011	198	KORAIL	8
		SEPTASilverliner-V	2006	160	SEPTARegionalRail	2

德国西门子公司、加拿大庞巴迪公司、法国阿尔斯通公司是城际列车的主要制造商，下面简述3家制造商生产的3款典型城际列车车型，通过分析这3款车型设计，总结城际列车设计特点。

1）西门子 DesiroML 系列

DesiroML[91]基本设计为2辆编组，能根据需求适应不同的乘客容量，最多可组成4辆编组的列车。每节车厢每侧有两个1300mm宽的门，每辆车车门之间的中间部分为低地板区域，地板高度为800mm，适用于760mm高站台。其中一辆头车的低地板区域为多功能区，设有若干折叠式座椅、一个轮椅放置区和一个无障碍卫生间。根据用户要求，可以选择安装饮料和快餐自动售货机。

DesiroML 座席为 2+2 排布,2 节编组列车乘客席位数为 120~184 个。DesiroML 列车内饰见图 3-29,其具体技术参数如表 3-40 所列。

图 3-29 DesiroML 列车内饰

表 3-40 DesiroML 2 节编组列车参数

项 目	参 数
编组方式	2
列车尺寸(长×宽×高)	4840mm×2674mm×4343mm
地板高度	800mm
车门数量(单侧)	2
车门宽度	1300mm
座椅排布	2+2,顺排为主,面对面为辅
座椅数量	120~184 个
超员标准	4 人/m^2
卫生间	1 个,无障碍卫生间

2) 庞巴迪 Talent2 车型

Talent2 车组可提供 2~6 辆编组,车组长度为 40~104m[92]。4 节编组列车每侧有 4~8 个车门,车门宽度 1300mm,中间车地板高度可根据用户要求改变。4 辆车编组的动车组设有存放轮椅和自行车的多功能车厢、大型行李架以及提供饮料自动售货机、快餐自动售货机以及一个带有高桌的酒吧区域。一等座采用 2+1 座位布置,座椅间距 1830mm。二等座采用 2+2 布局形式,座椅间距为 1710~1790mm。过道宽度 750mm。Talent2 4 节编组列车内饰见图 3-30,其具体技术参数如表 3-41 所列。

图 3-30 庞巴迪 Talent2 列车内饰

表 3-41 Talent2 4 节编组列车参数

项 目	参 数
编组方式	4 辆编组
宽度	2926mm
登车口高度	600mm
地板高度	695mm
车门数(每侧)	4~8 扇
车门宽度	1300mm
座位数	224 个(一等 12 个)
座位排布	2+2/2+1,面对面/顺排
座位间距	1710~1790mm(一等 1830mm)
过道	750mm
卫生间	无障碍卫生间+普通卫生间

3) 阿尔斯通 Coradia Continental 车型

Coradia Continental 可以允许 3~6 辆车组成多种编组。车体每侧安装一扇或两扇带有光栅监控的双页塞拉门,门宽 1300mm。对于 550mm 高的站台,入口的高度距轨面为 600mm,低地板区域的地板高度为 730mm。车厢内设置有用于存放自行车以及婴儿车的多功能区域、自动售货机和卫生间,配有大型行李架。座椅采用 2+2 形式排布,一等座椅间距 1700mm,二等座椅间距 775mm。Coradia Continental 列车内饰见图 3-31,其具体技术参数如表 3-42 所列。

图 3-31 Coradia Continental 列车内饰

表 3-42 Coradia Continental 列车技术参数

项 目	参 数
编组形式	3~5 辆编组
列车长度	54080/70480/86880mm
列车宽度	2920mm
站台高度	550mm
入口高度	610mm
地板高度	730mm
车门数量(单侧)	每列 1 扇或 2 扇
车门尺寸(宽度×高度)	1300mm×2000mm
座椅间距	1700/775mm
座椅排布	2+2,顺排为主,面对面为辅
座椅数量	一等 12 个,二等 160/228/281 个
站席(5 人/m^2)	226/304/293 个
卫生间	无障碍卫生间(轮椅可进入式)

4) CRH6 车型

国内城际列车车型研究起步较晚,下线运行的车型有中车四方股份公司研发设计的 CRH6 型电力动车组,包括 CRH6A 和 CRH6F 两种车型。CRH6A 车速 200km/h,主要用于大站停或一站直达式运营模式,每节车厢设置两对宽 1100mm 的单开电动塞拉门供乘客乘降,座席 557 个,具备 4 人/m^2 的立席超员能力。CRH6F 型动车组车速 160km/h,启停频繁,停站时间相对较短,每节车厢设置 3 对 1300mm 宽的双开塞拉门,以保证旅客乘降速度,座席 518 个,额定载客量 1502 人(站客 4 人/m^2),具备 6 人/m^2 的立席超员能力[93]。CRH6 列车内饰见图 3-32,其具体技术参数如表 3-43 所列。

第3章　基于乘客特征的动车组客室空间布局与设计

图3-32　CRH6列车内饰

表3-43　CRH6列车技术参数[93]

项目	CRH6A	CRH6F
编组形式	4动4拖	4动4拖
列车尺寸(长×宽×高)	24500mm×3300mm×3860mm	24500mm×3300mm×3860mm
地板高度	1260mm	1260mm
车门数量(单侧)	2扇或3扇	3扇
车门宽度	1300mm	1300mm
座椅排布	2+2	2+2
超员标准	4人/m²	6人/m²
大型行李架	有	有

5) 城际列车客室设计参数小结

通过对国内外81种城际列车的调研,可以看出城际列车是一种介于高速远途列车和地铁车辆之间的一种特殊车型,是一种舒适性较好的运载工具。其车体通常采用动车组列车,可实现双向牵引。一方面,可以节省列车改变运行方向时机车换挂等作业时间;另一方面,必要时可实现双机牵引,提高列车运行速度[52]。为实现快速乘降,城际列车增加了同时上下的车门数量,同时扩大了车门宽度。另外,列车车厢底板高度与大多数普通站台平齐,为压缩列车沿途停站时间创造了有利条件。可以看出城际列车的硬件设施既要满足乘客乘坐的舒适性,又要兼顾乘降效率,因而其具备以下特点。

(1) 采用低地板技术实现车内空间布局最大化,方便乘客上下车,同时保证轮椅通行。

(2) 站台与车厢间隙小,保证乘客乘降安全,一般不超过100mm。

(3) 采用地铁自动开门技术由司机室统一开启车门,每列车每侧车门数1~3扇,多数采用宽度1300~1950mm的双开门。

(4) 座椅排布多为2+2座椅,部分一等座为2+1布置,宽车体(大于

3200mm)车型多为2+3布置。顺排座椅间距在750~850mm之间,面对面座椅距离在1710~2000mm之间;座椅布局采用顺排布置和面对面布置的车型各占50%。

(5)融入人性化设计理念,考虑特殊群体的需求。各车型大多设有多功能区、大型行李架等设施,轮椅和自行车存放区一般设置折叠座椅,部分车型为满足站席要求设置垂直扶手。

(6)站立乘客载客量的标准:一般按 4~5 人/m² 设计,多数车型按照 4 人/m² 计算。

国内外81种城际列车客室布局相关设施参数范围见表3-44。

表3-44 城际列车客室布局相关设施参数

因素	范围	代表车型
车门数量单侧	1~3 扇/车	Coradia Continental-Class185
车门宽度	900~1950mm	ICX-SPACIUM
门厅宽度	1200~20000mm	Class444-FLIRTRA RABe524
座椅排布	2+1/2+2/2+3	AGC/Desiro ET425/Class450
座椅排向	横排/顺排/面对面	CoradiaDuplex/Class380/Class18
超员标准	4~6 人/m²	DesiroML-CRH6F
顺排座椅间距	750~850mm	Talent2-CRH6F
面对面座椅间距	1710~2000mm	Talent2-Desiro RABe514
通道宽度	468~850mm	Desiro RABe514-CRH6F
其他设施	垂直扶手、大型行李架、轮椅/自行车存放区、自动售货机、儿童角	

2. 客室布局因素分析

1)客室布局研究对象选定

群体动力理论创始人 Kurt Lewin 把人的行为看成个体特征和环境特征的函数[94]:

$$B = f(P, E) \quad (3-39)$$

式中:B 为人的行为;P 为个体特征;E 为环境特征。

由式(3-39)可知,城际列车乘客乘降行为 B 由乘客特征 P 及环境特征 E 这两个因素决定。其中,除了站台空间外,列车内饰是影响乘客行为的重要环境特征。基于此,通过研究乘客乘降行为,分析乘客在经过不同设施时的行为差异,找出客室设施影响乘客行为的规律,挖掘出影响乘客乘降行为的客室布局因素。

乘客乘降行为并不只是瞬间的上车动作和下车动作,而是一个具体的进程[95]。乘客乘降行为流程见图 3-33。

对于单个下车乘客而言,下车过程始于车内广播或乘客对列车时刻表的熟

第 3 章 基于乘客特征的动车组客室空间布局与设计

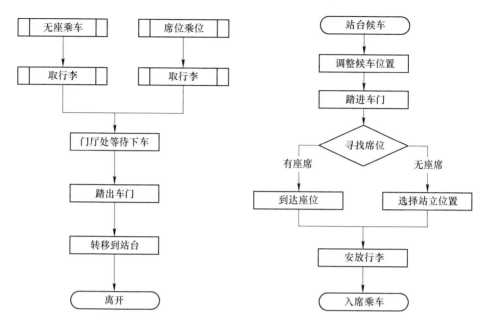

图 3-33 上下车流程框图

悉程度,当乘客意识到自己将要下车时开始做下车准备,携带较多行李的乘客一般提前准备好行李,就近选择车门等候下车,其他乘客根据自身行动能力及车厢拥挤程度决定继续留在座位上还是到车门附近等候列车进站。列车进站停稳后,乘客陆续离开座位,经由通道到达门厅,并在门厅处调整自己的位置,使自己尽可能方便下车,车门打开后,乘客开始踏出车门,移动到站台上,寻找出口离开。

对于单个上车乘客而言,上车过程始于乘客在站台候车,当得知所要乘坐的列车即将到站时,开始做出乘坐列车的准备(包括准备行李、抱起小孩等行为),向列车可能停站的位置移动。列车减速进站后,乘客根据列车停站位置选择上车车门。在踏入车门之后,乘客根据车厢拥挤程度寻找合适位置。

根据以上乘客乘降流程将车内空间分为 4 个区域,即入口处、滞留区、车内行走空间、乘客个人空间(图 3-34)。乘客上车一般需依次经过入口处、滞留区、车门行走空间和乘客个人空间,下车进程与之相反。

(1) 入口处。

入口处是上下车乘客的共同目标,是乘降过程直接交汇的区域。入口处的主要设施为车门,车门宽度历来是研究乘降效率的重点,增大车门宽度有利于乘客乘降,但较少的学者研究了车门宽度增加的边际效益。车门宽度不能无限增加,应研究设置合适的车门宽度以获得最大的综合效益。

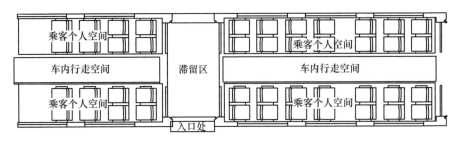

图 3-34　车厢分区

（2）滞留区。

滞留区主要指由车厢对侧车门与隔断玻璃形成的类矩形门厅。作为缓冲区域，下车乘客在此调整位置寻找下车机会，上车乘客在此选择到达个人空间的路径。车厢内人数固定时，不同门厅大小会造成不同程度的拥挤。门厅拥挤程度过高易导致乘客流冲突，阻碍乘降过程，降低乘降效率。因此，门厅面积也是影响乘降效率的研究因素之一。

（3）车内行走空间。

车内行走空间主要指用于乘客通行的走廊，狭长的空间形状易造成堵塞现象。下车乘客离开座位后首先进入此区域，若通道乘客数量较多，部分乘客会选择继续留在座位上等候下车，造成下车总时间延长。上车乘客在通道处排队寻找位置时，若遇到前面乘客发生阻塞则无法顺利通行，使得队尾乘客无法顺利上车，造成上车时间延长。更严重的情况是，下车乘客未及时走出通道而与迎面走来的上车乘客产生冲突，若无法及时避让，则会降低整体乘降效率。此外，出于行李安全的考虑，部分携带较大行李的乘客占用通道存放行李，走廊通道过窄会引发通道堵塞，降低乘降效率[56]。基于以上分析，走廊宽度会影响乘降效率，因此有必要进行研究。

（4）乘客个人空间。

乘客个人空间主要针对座席乘客，其范围包括为乘客提供支撑的座椅设备及其周边空间。影响乘客个人空间大小的因素包括座椅大小、同排座椅数量、座椅间距和座椅排向[96]。受轨距和站台设施限制，城际列车主流车型一般为窄车型，单个座椅宽度一般在 450mm 左右，座椅布置一般为 2+1 和 2+2 形式。本节主要考虑座椅布置对乘降效率的影响，暂不考虑其他因素。

前后排座椅间距为座垫前端与前排靠背之间通道的宽度。作为连接座椅和车内行走空间的缓冲地带，座椅通道过窄容易造成乘客起身、落座不便。靠近走廊通道的座椅通道被占用时，里排乘客活动受限，影响后续乘客乘降进程。乘客选择下车路径时，可能会受到出口距离和座椅朝向的双重因素影响。不同下车路径选择会造成车厢内部乘客分布不同，进而影响乘降效率。由于改变座椅排向也会改变座椅间距,因此将座椅排向和座椅间距当作整体变量考虑,称为座椅排布。

除上述车内固定设施外,区域内还包含有附属设施——垂直扶手。无人使用时垂直扶手作为小障碍物能起到分流作用;有人使用时其位置的改变会影响乘客在车厢中的分布,影响车厢内部拥挤程度,对乘降进程造成影响[85]。

对比国内外相关文献研究对乘降行为影响的车辆属性(表3-39),除客室外因素(车辆台阶数量、台阶宽度和高度、门心距离)以及双层列车特有因素(楼梯)、行李架位置外,上述讨论结果与文献相吻合。由于行李架位置改变容易对车内其他设施造成影响,本节暂不考虑行李架位置因素。

通过对乘降行为和区域设施之间交互的分析以及对影响乘降效率的车辆内饰因素文献的梳理,初步确定影响乘降效率的潜在因素为车门宽度、门厅面积、通道宽度、座椅及周边空间和垂直扶手位置。根据因素属性将这些因素分为空间因素和布置因素,具体见表3-45。本节将重点研究车门宽度、门厅面积、通道宽度、座椅排布以及垂直扶手位置对乘降效率的影响。

表3-45 车辆客室布局潜在影响因素

分区	设施	物理量	影响属性
入口处	车门	宽度	空间
滞留区	门厅	面积	空间
车内行走空间	通道	宽度	空间
乘客个人空间	座椅设备周边空间	座椅大小	空间
		座椅间距	空间
		同排座椅数量	布置
		座椅排向	布置
附属设施	垂直扶手	位置	布置

2) 布局因素尺寸范围确定

轨道交通车辆在设计阶段,一般需要从使用者与设施、设备的关系出发,着重考察车辆内部设施与设备的人因工程学性能[97],城际列车客室布局参数的选取应符合相关人因工效学标准。伴随城际列车设计经验日趋成熟,空间参数通过与经济性等参数的迭代设计逐步趋于稳定[96],这些可量化的参数已经基本决定了车辆的内部空间,也间接限定了乘降效率,因此可以依据这些参数值和典型车辆内饰布局对乘客乘降过程进行仿真,使研究结果更接近城际列车的实际乘降情况。基于以上考虑,本节将参考人因工效学标准和81种国内外城际列车客室布局尺寸,确定车门宽度、门厅面积、通道宽度、座椅排布和垂直扶手位置等因素的取值范围。

根据人因工程学原则,客室布局在进行参数选取的时候,必须保证90%以上的乘客能够使用车内设施和空间,因此国内车辆一般参照《中国成年人体尺寸》(GB 10000)第5百分位至第95百分位的相关参数进行空间及设施布局设计[97]。此外,还应参照相关铁路和建筑行业规范,主要包括欧盟委员会条例 EU No1300/2014适用于行动不便者的铁路技术规范、《国际铁路联盟规程》(UIC 560)以及《无障碍设计规范》(GB 50763)。

(1) 门宽。

目前国内外城际列车75%以上的车型采用1300mm车门宽度,其中国外一般为900~1950mm,国内一般为1300mm。

根据UIC 560第1.4.3项规定车门开门后须有800mm宽度的自由通路[41];《无障碍设计规范》[98](GB 50763)第3.5节规定无障碍通道不宜小于900mm,平开门、推拉门、折叠门开启后的通行净宽度不应小于800mm,有条件时,不宜小于900mm;EU No1300/2014第4.2.2.3.2条规定所有外端门在开启之后须保证800mm可用宽度[99]。综上,城际列车门宽合理范围是800~1950mm。

(2) 门厅面积。

车厢宽度一定时,门厅面积取决于门厅宽度。经文献分析,国外81种城际列车门厅宽度为1200~2000mm。

UIC 565-3附录F指出,轮椅通道为1100mm时,与之垂直的走廊净宽度最小设置850mm;EU No1300/2014附录K规定,轮椅通道为1200mm时,与之垂直的走廊净宽度最小设置800mm[99]。可以看出,门厅宽度与轮椅通道宽度密切相关,UIC 565-3对轮椅通道的规定如图3-35所示。因此,城际列车合理的门厅宽度是850~2000mm。

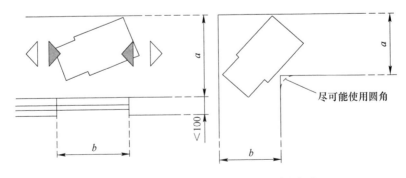

图3-35 无障碍设计规范对轮椅通道的规定

轮椅通道尺寸的相关规范如表3-46所列。

表 3-46　轮椅通道尺寸的相关规范　　　　　　　（单位:mm）

标准/条例	轮椅通道 a	1200	1100	1000	900	850	800
UIC 565-3	有效门宽或垂直走廊通道宽	—	850	900	1000	—	—
EU No1300/2014		800	850	900	1000	1100	1200

（3）通道宽度。

现有城际列车通道宽度为 468~850mm,EU No1300/2014 附录 J 中规定,距离地板高度 1000mm 的最小通道宽为 450mm[98]（图 3-36）。综上,城际列车合理的通道宽度应为 450~850mm。

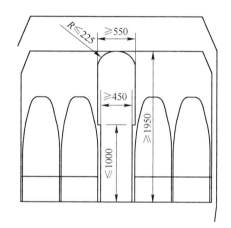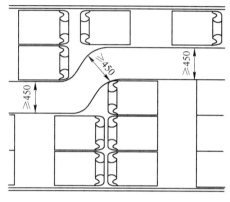

图 3-36　离地 1000mm 高度的最小通道宽（EU No1300/2014）

（4）座椅排布。

目前城际列车顺排座椅间距在 750~850mm 内,面对面座椅间距在 1710~2000mm 内。

参考 EU No1300/2014 附录 H,优先席位座椅顺向排布时其有效宽度应大于 680mm,座垫前端距离靠背应大于 230mm;面对面排布时,座垫前端距离不小于 600mm[98]（图 3-37）。由于此标准适用于优先席位,仅作参考,不作为限定值。

（5）垂直扶手。

国内外城际列车垂直扶手一般安装在门厅中央,部分安装在靠近车门处（图 3-38）。《无障碍设计规范》（GB 50763）规定,扶手直径应为 35~50mm;EU No1300/2014 第 4.2.2.9 条规定,安装在门厅的扶手直径应为 30~40mm,安装位置距离所有设施端面不得小于 45mm[98]。综上,垂直扶手直径设定范围为 35~40mm,具体可能的布局位置将根据文献研究结果在 3.2.3 小节中具体说明。

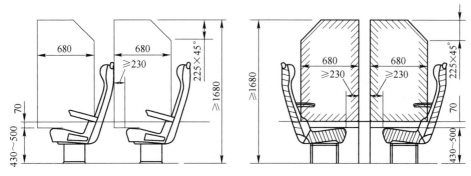

图 3-37 优先席位座椅间距参照尺寸(单位:mm)

图 3-38 城际列车垂直扶手布置

基于以上讨论,城际列车客室布局中乘降效率影响因素的取值范围如表 3-47 所列。

表 3-47 研究对象可选范围

影响因素		下限	上限
车门宽度		800mm[①]	1950mm
门厅宽度		850mm[①]	2000mm
通道宽度		450mm[①]	850mm
座椅排布	顺向	750mm	850mm
	面对面	1710mm	2000mm
垂直扶手	直径	35mm[①]	40mm[①]
	位置	距离端面不得小于 40mm[①]	

①必须严格遵守,其他参数可视具体车型进行调整。

3.2.3 单一客室布局因素对乘降效率的影响

本节使用 Legion 仿真系统对空间因素和布置因素逐一进行实验分析。首先根据城际列车限制条件、站台布设建立基本的设施模型,在输入乘客属性参数、设定实验场景、设立分析区后,完成基本实验仿真模型的创建。然后根据文献的研究范围和车辆的限制条件对 3.2.2 小节得出的因素范围进一步细化,确定实验水平,完成单因素实验场景的构建。通过离散仿真,运用统计分析方法就单一因素对乘降效率的影响进行讨论。

1. 实验仿真模型的搭建

由于影响乘降效率的因素众多,在研究空间与布置因素时需要对车厢限制条件、站台布设、乘客属性等变量进行控制,以更好地分析实验自变量和因变量之间的相互关系。本节以唐山轨道客车有限责任公司设计的车速 160km/h CJ3 城际动车组为对象,基于京津城际铁路运行背景设置站台、乘客属性等控制变量,完成基本实验仿真模型的搭建。

1)车辆及站台参数的选取

(1)车辆。

车辆的限制条件决定着车厢内部设施的尺寸和车辆的定员人数。在设计决策过程中,无论是先定位车厢几何参数再设计空间布局,还是先设计座椅容量、空间布局再确定车厢几何参数,都应对车辆的尺寸进行了解[97]。唐山轨道客车有限责任公司车速为 160km/s CJ3 城际动车组车型(以下简称唐车),架构符合城际列车设计规范,代表城际列车设计发展方向,该车目前处在未定型设计阶段,车体参数允许在一定范围内调整。因此,本节将唐车作为基本研究对象,以其车厢整体尺寸、车内设施数量、座椅等设施尺寸作为基本参数。

唐车为两动两拖的 4 节编组形式,4 节车厢编号分别为 MC01、TP02、TP03、MC04,MC01 车厢与 MC04 车厢各有 4 个安全门,靠近站台一侧的车门为两个,车厢定员均为 56 人,TP02 车厢与 TP03 车厢各有 6 个安全门,靠近站台一侧的车门为 3 个,车厢定员分别为 68 人与 64 人。图 3-39 所示为唐车车辆布局。

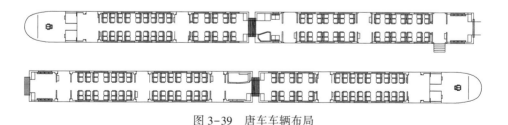

图 3-39 唐车车辆布局

由于 4 节车厢车门数和布置情况各不相同,为严格控制变量,选取 TP03 车厢作为基础研究对象。该车厢以中部车门为中心对称设置有固定座椅 28 对,车厢左侧设置有 8 个折叠座椅,右侧设置有洗手间和轮椅区。TP03 车厢具体布局尺寸见图 3-40 与表 3-48。

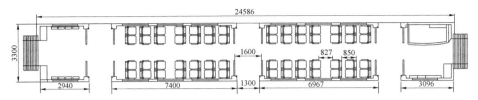

图 3-40 TP03 车厢布局尺寸(单位:mm)

表 3-48 TP03 车厢参数

参数	TP03
车厢长度	24586mm
车厢宽度	3300mm
车门数量	3 对
车门开度	1300mm
门厅宽度	1600mm
座椅排布	2+2,顺为主,面对面为辅
座椅宽度	450mm
座椅扶手	50mm
通道宽度	940mm
座椅间距	850mm

(2) 站台。

《城际铁路设计规范》(TB 10623)建议岛式中间站台宽应在 8.5~10.5m 内,中间站进出站通道出入口宽度为 3.0~4.0m,靠线路侧站台边缘至出站通道出入口或建筑物边缘的距离不应小于 2.5m。综上,设定 9m 宽站台,在站台中央设置一处 3m 宽出口。

根据以上车厢参数和站台布设,完成基础 CAD 模型构建,见图 3-41。

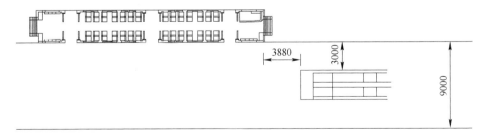

图 3-41 基础模型 CAD 底图(单位:mm)

2）乘客属性参数的输入

乘客属性的设置应尽量符合城际列车乘客属性。刘栋栋等[100]针对北京南站行人特征参数进行了细致的调研，其样本数据量大，统计结果翔实（包括年龄比、性别比、行李比、速度），是目前可获得的较为详细的国内城际列车乘客行为特征参数。本节选取其研究结果中工作日行人数据作为乘客属性参数输入。

（1）乘客行人类别的组成。

依据刘栋栋等的研究，定义乘客结构组成划分标准及行李类型如下。

① 乘客性别及年龄结构。按照乘客性别将乘客区分为男性乘客和女性乘客。按照乘客年龄结构不同，将城际列车乘客划分为5类：小于12岁的为儿童；12~18岁为少年；19~40岁为青年；41~60岁为中年，61岁及以上为老年人。

选取工作日条件下的乘客性别比例：男性乘客61.19%，女性乘客38.81%；结合不同年龄段乘客比例：儿童0%，少年1%，青年74%，中年22%，老年3%。确定乘客性别及年龄输入参数如表3-49所列。

表3-49 行人性别、年龄结构

性别	儿童	少年	青年	中年	老年
	12岁以下	12~18岁	19~40岁	41~60岁	61岁及以上
女性	0	0.39%	28.72%	8.54%	1.16%
男性	0	0.61%	45.28%	13.46%	1.84%

② 乘客携带行李结构。根据行李对乘客速度的影响及占用空间的大小，定义以下3类乘客：

a. 携带较少行李：指不带行李或乘客仅带一个小型背包、公文包、手提包等，行李不会对乘客速度造成显著影响。

b. 携带一般行李：指携带小型行李箱，或出差用背包、旅行包、手提箱等。乘客行走略受行李体积影响，但行走过程中无需中途休息调整。

c. 携带较多行李：指携带较大行李箱或两个中等背包，乘客行走速度受到影响，行走过程需中途休息调整。

城际列车乘客多携带较少行李，极少有人携带较多行李。统计结果显示，工作日条件下，北京南站携带较少行李乘客比例为87.02%，携带一般行李乘客比例为12.98%。

（2）行人类别的速度分布。

综合行人交通特性影响因素可知，不同性别、年龄乘客的行走速度不同，根据文献[100]中统计的不同年龄层的男女乘客步行速度，确定不同乘客类型的速度见表3-50与图3-42。

表 3-50 行人类别速度分布

性别	年龄	平均速度/(m/s)	实际输入/(m/s)
男性	少年	—	1.2(90%)、1.3(10%)
	青年	1.21	1.2(90%)、1.3(10%)
	中年	1.11	1.1(90%)、1.2(10%)
	老年	1.04	1.0(60%)、1.1(40%)
女性	少年	—	1.1(50%)、1.2(50%)
	青年	1.15	1.1(50%)、1.2(50%)
	中年	1.08	1.0(20%)、1.1(80%)
	老年	0.99	0.9(10%)、1.0(90%)

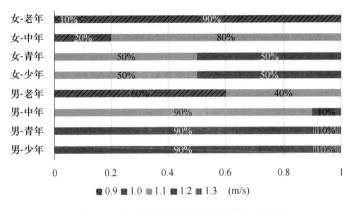

图 3-42 行人类别速度分布实际输入参数

3) 乘降仿真模型场景的确定

以往研究结果表明,乘降总人数、乘降乘客比例、车厢内部乘客数不同均会影响研究结果。为分析乘降乘客拥挤效应最为显著的情况,选取乘降乘客比为1:1的实验场景,研究额定载客量场景下的乘客乘降效率。按照 4 人/m² 的标准可得 TP03 车厢载客量为

$$额定载客量 = 座席数量 + 4 人/m^2 \times 车厢剩余面积 = 192 人 \quad (3-40)$$

乘降乘客比为 1:1 的情况下,设定最初车厢内人数为 96 人,列车到站后下车人数为 96 人,上车人数为 96 人。

表 3-51 为乘降实验仿真模型时间流程。

表 3-51　乘客乘降模型时间框架

时间	信号	下车	上车
00:00	到站提醒	携带一般行李的乘客准备下车	乘客陆续到达站台,选择候车位置候车
00:40	车门开启	所有乘客选择车门下车	开始上车并寻找座位
05:00	车门关闭	终止下车进程	车门关闭,终止上车进程

注:为减少平台运行时间,同时保证96名上车乘客稳定候车位置,车门开启时间定为运行进程的第40s。

4) 分析区建立与分析指标确定

为分析实验结果,在距离车门130mm(车体厚度)处设置上、下行分析线,统计乘客乘降运动的时间。根据王亚飞[85]、S. Buchmueller 等[101]对乘客乘降的定义:开始于第一个乘客通过车门,结束于最后一个乘客通过车门,界定本节研究的乘客乘降时间范围为开始于第一个乘客通过分析线,结束于最后一个乘客通过分析线,并选取实验指标如下。

乘降总时间反映整体乘客乘降运动的快慢,是列车停站时间的重要组成部分,平均上、下车时间反映了乘客上、下车的效率,因此选取乘降总时间 T、平均下车时间 $\bar{T}_a$、平均上车时间 $\bar{T}_b$ 作为衡量乘降效率的实验指标进行分析。实验指标见表 3-52。

表 3-52　实验分析指标

序号	实验指标	符号
1	乘降总时间	T
2	平均下车时间	$\bar{T}_a$
3	平均上车时间	$\bar{T}_b$

(1) 乘降总时间计算方法,即

$$T = T^{\text{last}} - T^{\text{first}} \tag{3-41}$$

式中:T 为乘降总时间;T^{last} 为最后一个通过分析线乘客的时间点;T^{first} 为第一个通过分析线乘客的时间点。

(2) 平均下车时间计算方法,即

$$\bar{T}_a = \frac{T_a^{\text{last}} - T_a^{\text{first}}}{N_a} \tag{3-42}$$

式中:$\bar{T}_a$ 为平均下车时间;T_a^{last} 为最后一个通过下行分析线乘客的时间点;T_a^{first} 为第一个通过下行分析线乘客的时间点;N_a 为下车总乘客数。

(3) 平均上车时间计算方法,即

$$\bar{T}_b = \frac{T_b^{\text{last}} - T_b^{\text{first}}}{N_b} \tag{3-43}$$

式中：$\bar{T}_b$ 为平均上车时间；T_b^{last} 最后一个通过上行分析线乘客的时间点；T_b^{first} 为第一个通过上行分析线乘客的时间点；N_b 为上下车总乘客数。

2. 单一空间因素对乘降效率的影响

完成基本仿真模型构建之后，需要根据各因素的取值范围确定变量水平，实验水平的设置直接关系到实验结果的质量。本节根据实验设计的平衡性、弹性、对照性和经济性原则确定空间因素水平，根据随机原则、重复原则确定实验次数。在得到实验数据后，首先剔除异常值，之后利用单因素方差分析，研究自变量对因变量的影响，比较不同水平间是否有显著差异；若有显著性差异，则对自变量与因变量进行相关性分析，如果相关性显著，则进行曲线拟合，量化自变量与因变量之间的关系。

1) 单一空间因素实验场景设计

(1) 门宽。

根据唐车厂限制条件，在保证座椅间距、折叠座椅位置、卫生间和轮椅区面积不变的情况下，唐车厂车门宽度最大值可达 1900mm，结合 3.2.2 小节门宽范围 800~1950mm，确定研究 800~1900mm 范围内的门宽取值变化对乘降效率造成的影响。

为有效反映门宽变化对因变量的影响，结合实验水平设置均匀性原则，设置门宽增量值为 100mm。门宽变化直接导致门厅宽度变化，为确保门厅面积不变，以最大门宽 1900mm 作为基本门宽，门宽每减小 100mm 则以门中轴为对称增设 50mm 长、100mm 宽障碍。图 3-43 所示为 1900~800mm 的门宽设置方案。

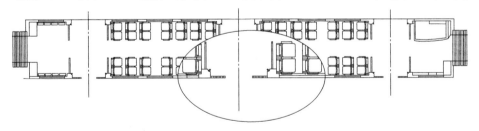

图 3-43 门宽实验场景

(2) 门厅面积。

根据唐车厂限制条件，在保证车门宽度、座椅间距及其他设施面积不变的情况下，隔断玻璃之间距离最大可设置为 2100mm，最小值可取 1300mm。结合 3.2.2 小节中 850mm 以上门厅宽度的限制条件，研究 1300~2100mm 范围内的门厅宽度变化对乘降效率的影响。

为有效反映门厅宽变化对因变量的影响，结合实验水平设置均匀性原则，设置门厅宽增量值为 100mm。为保证座椅间距不变，以 2100mm 门厅宽作为基本宽度，门厅宽每减小 100mm 则以门中轴为对称向内移动 50mm 隔断玻璃。

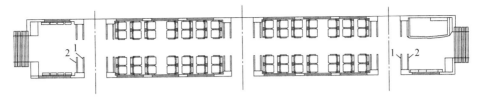

图 3-44　门厅宽 1300mm(1)与 2100mm(2)实验场景

图 3-44 是门厅宽为 1300mm 与 2100mm 时的实验场景。

（3）通道宽。

根据唐车限制条件，在不改变座椅宽度的条件下，通道宽最大为 950mm，结合 3.2.2 小节中 450mm 以上的通道宽限制，研究 450~950mm 范围内的通道宽变化对乘降效率的影响。

为有效反映通道宽变化对因变量的影响，结合实验水平设置均匀性原则，设置通道宽增量值为 50mm。为保证座椅宽度不变，以唐车原 TP03 车厢通道作为基本通道宽，通道宽每减小 50mm，则以车体水平轴为对称向内移动 25mm 座椅位置。图 3-45 是通道宽为 450mm 时的车体图。

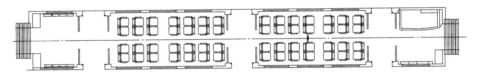

图 3-45　通道宽 450mm 实验场景

综合以上空间实验因素范围及水平讨论结果，确定实验设计具体研究范围如表 3-53 所列。

表 3-53　空间因素研究范围

变量	范围/mm	因素水平
门宽	800、900、1000、1100、1200、1300、1400、1500、1600、1700、1800、1900	12
门厅宽度	1300、1400、1500、1600、1700、1800、1900、2000、2100	9
通道宽	450、500、550、600、650、700、750、800、850、900、950	11

2）门宽对乘降效率的影响分析

在 Model Builder 中完成实验模型搭建之后，可使用 Legion Multi-Agent Simulator 模块进行乘降仿真，结合 Legion Analyser 输出实验结果。为减少偶然误差，在相同实验条件下进行 20 次独立重复仿真，并进行数据预处理。采用拉依达准则法剔除仿真结果中的异常值，得到门宽实验组不同指标的均值($\bar{x}$)以及标准差(SD)如表 3-54 所列。

表 3-54 门宽实验组数据描述统计结果

门宽/mm	N	$\bar{T_b}$		$\bar{T_a}$		T	
		$\bar{x}$	SD	$\bar{x}$	SD	$\bar{x}$	SD
800	20	2.37	0.79	2.32	0.57	192.08	43.38
900	18	1.57	0.61	1.61	0.83	156.33	60.20
1000	19	1.21	0.31	1.32	0.46	134.38	44.06
1100	16	1.00	0.55	1.10	0.55	123.16	60.13
1200	19	0.73	0.16	0.90	0.41	94.02	37.68
1300	18	0.65	0.11	0.80	0.30	81.50	27.41
1400	17	0.65	0.13	0.77	0.36	79.58	32.20
1500	19	0.74	0.19	0.88	0.38	89.98	35.79
1600	17	0.74	0.23	0.92	0.32	93.20	29.39
1700	16	0.74	0.25	0.97	0.43	101.41	37.54
1800	18	0.83	0.44	1.02	0.55	102.93	53.63
1900	16	0.83	0.49	1.38	0.88	131.94	82.89
总计	213	1.02	0.65	1.18	0.68	115.80	57.01

为检验门宽变化对 3 个指标是否有显著影响,进行单因素方差分析。由于对各个比较的样本没有先验知识,因此首先进行先验对比,先验对比结果如表 3-55 所列。

表 3-55 门宽实验组数据先验对比结果

参数	Levene 统计量	df_1	df_2	p 值
T_b	6.582	11	201	0
T_a	3.575	11	201	0
T	3.912	11	201	0

使用 Levene 的方差齐性检验得知,3 个实验指标相应的 $p=0<0.05$,拒绝原假设,说明 12 组实验的平均上下车时间、乘降总时间的方差是非齐性的。在各组样本量相差不大,且各组分布形态类似的情况下,方差分析对方差不等具有稳健性[102]。该组数据中,3 个指标的每组样本量相差不大,分布形态类似,因此可以进行方差分析,其结果如表 3-56 所列。

表 3-56 门宽实验组数据方差分析结果

参数		平方和	自由度	平均值平方	F 值	p 值
$\bar{T_b}$	组间	54.359	11	4.942	28.802	0
	组内	34.487	201	0.172		
	总计	88.846	212			

续表

参数		平方和	自由度	平均值平方	F 值	p 值
$\overline{T}_a$	组间	41.223	11	3.748	13.226	0
	组内	56.954	201	0.283		
	总计	98.177	212			
T	组间	237676.308	11	21606.937	9.621	0
	组内	451402.930	201	2245.786		
	总计	689079.238	212			

对于平均上车时间 $\overline{T}_b$,$F_{(11,201)}=28.802$,$p=0<0.05$,表明不同车门宽度对平均上车时间有显著性影响。对于平均下车时间 $\overline{T}_a$,$F_{(11,201)}=13.226$,$p=0<0.05$,表明不同车门宽度对平均下车时间有显著性影响。对于乘降总时间 T,$F_{(11,201)}=9.621$,$p=0<0.05$,表明不同车门宽度对乘降总时间有显著性影响。

方差分析拒绝 H_0,说明多个样本总体均值不全相等[102]。为进一步确定自变量不同水平对因变量的影响程度,在方差分析的基础上进行多个样本均值的两两比较。由于3个指标各自方差非齐性,采用 Tamhane 的 T^2 非参数检验方法进行事后方差分析,明确哪些水平间存在显著差异,有显著差异的门宽取值见表3-57。

表3-57 门宽实验组数据两两比较结果

$\overline{T}_b$		$\overline{T}_a$		T	
门宽-门宽	p 值	门宽-门宽	p 值	门宽-门宽	p 值
800-1000	0[②]	800-1000	0[②]	800-1000	0.014[①]
800-1100	0[②]	800-1100	0[②]	800-1100	0.043[①]
800-1200	0[②]	800-1200	0[②]	800-1200	0[②]
800-1300	0[②]	800-1300	0[②]	800-1300	0[②]
800-1400	0[②]	800-1400	0[②]	800-1400	0[②]
800-1500	0[②]	800-1500	0[②]	800-1500	0[②]
800-1600	0[②]	800-1600	0[②]	800-1600	0[②]
800-1700	0[②]	800-1700	0[②]	800-1700	0[②]
800-1800	0[②]	800-1800	0[②]	800-1800	0[②]
800-1900	0[②]	900-1400	0.046[①]	900-1300	0.005[②]
900-1200	0.001[②]	1000-1300	0.020[①]	900-1400	0.004[②]
900-1300	0[②]	1000-1400	0.025[①]	900-1500	0.025[①]

续表

$\overline{T}_b$		$\overline{T}_a$		T	
门宽-门宽	p 值	门宽-门宽	p 值	门宽-门宽	p 值
900-1400	0[2]			900-1600	0.034[1]
900-1500	0.001[2]			1000-1300	0.008[2]
900-1600	0.001[2]			1000-1400	0.010[1]
900-1700	0.001[2]				
900-1800	0.014[1]				
900-1900	0.029[1]				
1000-1200	0[2]				
1000-1300	0[2]				
1000-1400	0[2]				
1000-1500	0[2]				
1000-1600	0.001[2]				
1000-1700	0.002[2]				

[1] $p<0.05$；
[2] $p<0.01$。

从非参检验的结果可以看到，800mm 门宽与其他门宽对比，3 个指标均有显著性差异，门宽大于 1000mm 之后 3 个指标之间差异不显著，表明门宽在 800~1000mm 内变化时会对乘降效率产生明显影响，门宽在 1000mm 以上时，乘降效率变化较小。对乘降效率 3 个指标差异性进行比较，可以看到门宽对上车的影响更大，乘降总时间次之。方差分析结果表明，门宽对乘降效率有影响。

通过方差分析可知门宽对乘降效率有显著影响。为进一步量化门宽和乘降效率之间的关系，采用回归分析定量分析不同门宽与 3 个指标之间的关系。首先计算变量之间的 Pearson 相关系数，见表 3-58。

表 3-58 门宽实验组数据相关性检验结果

参数	N	Pearson 相关系数	p 值
$\overline{T}_b$	12	-0.701	0.011[1]
$\overline{T}_a$	12	-0.543	0.068
T	12	-0.572	0.052

[1] $p<0.05$。

对于平均上车时间 $\overline{T}_b$，$r(12)=-0.701$，$p=0.011<0.05$，两个变量之间具有较强负相关性；对于平均下车时间 $\overline{T}_a$，$r(12)=-0.543$，$p=0.068$，有 93.2% 的置

信度认为两个变量之间的相关性为-0.543,即两者之间具有中等负相关性;对于乘降总时间 T,$r(12)=-0.572$,$p=0.052$,有 94.8% 的置信度认为两个变量之间的相关性为-0.572,即两者之间具有中等负相关性。

应用曲线估计探索门宽与乘降效率之间的关系,结合散点图和拟合曲线可知,二次曲线较好地拟合了门宽与乘降效率指标之间的关系。图 3-46 表示门宽与平均上下车时间的二次曲线,图 3-47 表示门宽与乘降总时间的二次曲线。

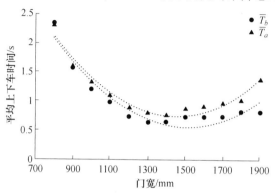

图 3-46 门宽与平均上下车时间关系曲线

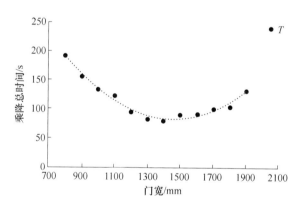

图 3-47 门宽与乘降总时间关系曲线

门宽与 3 个指标的回归模型参数估计值如表 3-59 所列。

表 3-59 门宽实验组数据回归分析结果

因变量	模型摘要					参数估计值		
	R^2	F 值	df_1	df_2	p 值	常数	b_1	b_2
$\overline{T}_b$	0.919	50.723	2	9	0	7.462	-0.009	3.010×10^{-6}
$\overline{T}_a$	0.950	85.294	2	9	0	7.608	-0.009	3.253×10^{-6}
T	0.971	152.033	2	9	0	607.976	-0.720	0.0002

回归分析结果表明,平均上车时间和门宽之间的二次函数关系显著,模型可解释91.9%的变异($R^2=0.919$),其关系式为:平均上车时间 $y=3.010\times10^{-6}x^2-0.009x+7.462$。

回归分析结果表明,平均下车时间和门宽之间的二次函数关系显著,模型可解释95.0%的变异($R^2=0.950$),其关系式为:平均下车时间 $y=3.253\times10^{-6}x^2-0.009x+7.608$。

回归分析结果表明,乘降总时间和门宽之间的二次函数关系显著,模型可解释97.1%的变异($R^2=0.971$),其关系式为:乘降总时间 $y=0.0002x^2-0.720x+607.976$。

观察整体回归曲线可知,1500mm门宽取值之后,曲线出现上扬现象,降低了整体的相关性。

3)门厅面积对乘降效率的影响分析

按照门宽实验组数据处理流程,对门厅面积实验组指标进行分析。使用拉依达准则法剔除异常值,得到门厅实验组不同指标的均值($\bar{x}$)以及标准差(SD)如表3-60所列。

表3-60 门厅面积实验组数据描述统计结果

门厅宽	N	$\bar{T_b}$		$\bar{T_a}$		T	
		$\bar{x}$	SD	$\bar{x}$	SD	$\bar{x}$	SD
1300	18	1.84	0.67	1.80	0.76	187.37	63.92
1400	19	1.45	0.49	1.55	0.56	157.75	53.79
1500	19	1.56	0.54	1.62	0.61	182.85	58.94
1600	18	1.24	0.60	1.33	0.59	136.30	56.31
1700	19	1.23	0.58	1.37	0.42	144.71	45.45
1800	19	1.09	0.52	1.15	0.60	129.01	59.78
1900	17	1.14	0.43	1.20	0.54	126.27	51.53
2000	17	0.86	0.27	1.08	0.27	72.02	26.29
2100	17	0.88	0.29	0.97	0.38	101.81	38.07
总计	163	1.26	0.58	1.35	0.59	138.65	61.20

对数据进行单因素方差分析,门厅面积实验组数据先验对比结果如表3-61所列。

表3-61 门厅面积实验组数据先验对比结果

参数	Levene 统计量	df_1	df_2	p
$\bar{T_b}$	2.833	8	154	0.006①
$\bar{T_a}$	3.205	8	154	0.002①
T	3.725	8	154	0.001①

① $p<0.01$。

使用 Levene 的方差齐性检验得知,3 个指标相应的 p 值均小于 0.05,说明 9 种门厅宽对应的平均上车时间、平均下车时间、乘降总时间各自的方差是非齐性的。由于 3 个指标的每组样本数相差不大,分布形态类似,可以进行方差分析。在 SPSS 中进行单因素方差分析,结果如表 3-62 所列。

表 3-62 门厅面积实验组数据方差分析结果

参数		平方和	自由度	平均值平方	F 值	p 值
$\overline{T}_b$	组间	14.386	8	1.798	6.992	0[①]
	组内	39.607	154	0.257		
	总计	53.994	162			
$\overline{T}_a$	组间	10.585	8	1.323	4.427	0[①]
	组内	46.031	154	0.299		
	总计	56.616	162			
T	组间	190473.902	8	23809.238	8.810	0[①]
	组内	416207.706	154	2702.647		
	总计	606681.607	162			

① $p<0.01$。

对于平均上车时间 $\overline{T}_b$,$F_{(8,154)} = 6.992$、$p = 0.000<0.05$,表明不同门厅宽对乘客平均上车时间有显著性影响。对于平均下车时间 $\overline{T}_a$,$F_{(8,154)} = 4.427$、$p = 0.000<0.05$,表明不同门厅宽对乘客平均下车时间有显著性影响。对于乘降总时间 T,$F_{(8,154)} = 8.810$、$p = 0.000<0.05$,表明不同门厅宽对乘降总时间有显著性影响。

为进一步确定门厅宽的不同水平对乘降效率的影响程度,在方差分析的基础上进行多个样本均值的两两比较。由于 3 个指标各自方差非齐性,采用 Tamhane 的 T^2 非参数检验方法进行事后方差分析,明确哪些水平之间存在显著差异,有显著差异的门厅取值见表 3-63。

表 3-63 门厅面积实验组数据两两比较结果

$\overline{T}_b$		$\overline{T}_a$		T	
门厅宽-门厅宽	p 值	门厅宽-门厅宽	p 值	门厅宽-门厅宽	p 值
1300-1800	0.022[①]	1300-2000	0.039[①]	1300-2000	0[②]
1300-1900	0.033[①]	1300-2100	0.013[①]	1300-2100	0.002[②]
1300-2000	0[①]	1400-2100	0.032[①]	1400-2000	0[②]
1300-2100	0[①]	1500-2100	0.019[①]	1400-2100	0.034[②]
1400-2000	0.003[①]			1500-2000	0[②]

续表

$\overline{T}_b$		$\overline{T}_a$		T	
门厅宽-门厅宽	p 值	门厅宽-门厅宽	p 值	门厅宽-门厅宽	p 值
1400-2100	0.006[①]			1500-2100	0.001[②]
1500-2000	0.001[①]			1600-2000	0.007[②]
1500-2100	0.002[①]			1700-2100	0[②]
				1800-2000	0.031[①]
				1900-2000	0.027[①]

① $p<0.05$。
② $p<0.01$。

从非参检验的结果可以看出，1300mm 门厅宽与 1800~2100mm 之间的平均上车时间具有显著差异，2000~2100mm 门厅宽与其他门厅宽的乘降效率有不同程度的显著差异。通过方差分析，已确定门厅宽对 3 个指标均有显著影响。为进一步量化分析门厅宽和乘降效率之间的关系，采用回归分析法定量分析不同门厅宽与 3 个指标之间的关系。首先计算变量间的 Pearson 相关系数见表 3-64。

表 3-64 门厅面积实验组数据相关性检验结果

参　数	N	Pearson 相关系数	p 值
$\overline{T}_b$	9	-0.946[①]	0.000[①]
$\overline{T}_a$	9	-0.963[①]	0.000[①]
T	9	-0.896[①]	0.001[①]

① $p<0.01$。

对于平均上车时间 $\overline{T}_b$，$r(9)=-0.946$，$p=0<0.05$，两个变量间具有强负相关性；对于平均下车时间 $\overline{T}_a$，$r(9)=-0.963$，$p=0<0.05$，两变量间具有强负相关性；对于乘降总时间 T，$r(9)=-0.896$，$p=0.001<0.05$，两变量间具有较强负相关性。

应用曲线估计探索门厅宽与乘降效率之间的关系，结合散点图和拟合曲线可知，幂曲线较好地拟合了门厅宽与平均上车时间、平均下车时间、乘降总时间之间的关系。图 3-48 表示门厅宽度与平均上下车时间的幂曲线，图 3-49 表示门厅宽度与乘降总时间的幂曲线。

门厅宽与 3 个指标的回归模型参数估计值如表 3-65 所列。

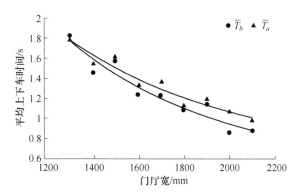

图3-48 门厅宽与平均上/下车时间关系曲线

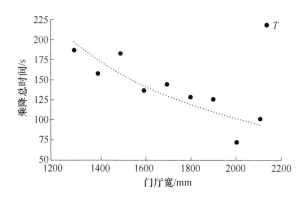

图3-49 门厅宽与乘降总时间关系曲线

表3-65 门厅宽实验组数据回归分析结果

因变量	模型摘要					参数估计值	
	R^2	F值	df_1	df_2	p值	常数	b_1
$\bar{T}_b$	0.916	75.873	1	7	0	66347.432	-1.468
$\bar{T}_a$	0.937	104.793	1	7	0	9567.271	-1.197
T	0.720	17.981	1	7	0.004	12335378.047	-1.540

回归分析结果表明,平均上车时间与门厅宽之间的幂函数关系显著,模型可解释91.6%的变异($R^2 = 0.916$),其关系式为:平均上车时间 $y = 66347.432x^{-1.468}$。

回归分析结果表明,平均下车时间和门厅宽之间的幂函数关系显著,模型可解释93.7%的变异($R^2 = 0.937$),其关系式为:平均下车时间 $y =$

$9567.271x^{-1.197}$。

回归分析结果表明乘降总时间和门厅宽之间的幂函数关系显著,模型可解释72.0%的变异($R^2=0.720$),其关系式为:乘降总时间 $y=12335378.047x^{-1.54}$。

4) 通道宽度对乘降效率的影响分析

由于通道宽在450~600mm范围内,仿真模型无法完成上下车进程,实验输出数据不适合做统计分析,因此只选取650~950mm范围内的数据进行分析。

参照门宽实验组数据处理流程,对通道宽实验组3个指标进行分析。使用拉依达准则法剔除异常值,得到通道宽实验组不同指标的均值($\bar{x}$)以及标准差(SD)如表3-66所列。

表3-66 通道宽实验组数据描述统计结果

通道宽	N	$\bar{T}_b$		$\bar{T}_a$		T	
		$\bar{x}$	SD	$\bar{x}$	SD	$\bar{x}$	SD
650	20	2.38	0.70	2.72	0.73	200.75	45.09
700	20	2.17	0.65	2.42	0.69	185.75	52.03
750	19	2.04	0.60	2.04	0.65	180.71	51.29
800	19	1.79	0.58	1.84	0.53	150.74	59.89
850	16	1.95	0.83	1.78	0.77	152.60	69.87
900	17	1.89	0.52	1.99	0.65	168.98	57.70
950	18	1.61	0.59	1.64	0.43	133.23	50.40
总计	129	1.98	0.67	2.08	0.73	168.53	58.21

对数据进行单因素方差分析,通道宽度实验组数据先验对比结果如表3-67所列。

表3-67 通道宽实验组数据先验对比结果

参数	Levene统计量	df_1	df_2	p 值
$\bar{T}_b$	1.642	6	122	0.141
$\bar{T}_a$	1.164	6	122	0.330
T	1.967	6	122	0.076

使用Levene的方差齐性检验可知,$\bar{T}_b$、$\bar{T}_a$、T指标p值均大于0.05,没有足够证据证明指标方差是非齐性的。在SPSS中执行单因素方差分析,结果如表3-68所列。

表 3-68 通道宽实验组数据方差分析结果

参数		平方和	自由度	平均值平方	F 值	p 值
$\overline{T}_b$	组间	7.241	6	1.207	2.918	0.011①
	组内	50.452	122	0.414		
	总计	57.693	128			
$\overline{T}_a$	组间	16.720	6	2.787	6.723	0①
	组内	50.567	122	0.414		
	总计	67.287	128			
T	组间	62013.981	6	10335.664	3.393	0.004①
	组内	371649.944	122	3046.311		
	总计	433663.926	128			

① $p<0.05$。
② $p<0.01$。

对于平均上车时间 $\overline{T}_b$，$F_{(6,122)}=2.918$，$p=0.011<0.05$，表明通道宽对平均上车时间有显著性影响。对于平均下车时间 $\overline{T}_a$，$F_{(6,122)}=6.723$，$p=0<0.05$，表明通道宽对平均下车时间有显著性影响。对于乘降总时间 T，$F_{(6,200)}=3.393$，$p=0.004<0.05$，表明通道宽对乘降总时间有显著性影响。

为进一步确定不同水平通道宽对乘降效率的影响程度，在方差分析的基础上进行多个样本均值的两两比较。针对通过方差齐性检验的实验指标 $\overline{T}_b$、$\overline{T}_a$、T，使用 LSD(最小显著性差异法)确定哪些水平之间存在显著性差异，有显著性差异的通道宽取值见表 3-69。

表 3-69 通道宽实验组数据两两比较结果

$\overline{T}_b$		$\overline{T}_a$		T	
通道宽-通道宽	p 值	通道宽-通道宽	p 值	通道宽-通道宽	p 值
650~800	0.005②	650~750	0.001②	650~800	0.005②
650~900	0.024①	650~800	0②	650~850	0.010②
650~950	0②	650~850	0②	650~950	0②
700~950	0.009②	650~900	0.001②	700~800	0.050①
750~950	0.046①	650~950	0②	700~950	0.004②
		700~800	0.006②	750~950	0.010②
		700~850	0.004②		
		700~900	0.045①		
		700~950	0②		

① $p<0.05$。
② $p<0.01$。

从检验结果可以看出,650mm、700mm 与其他通道宽组的乘降效率具有显著性差异,通道宽变化对下车时间影响较大。通过方差分析,已确定通道宽对 3 个指标均有显著影响。为进一步量化分析通道宽和乘降效率之间的关系,采用回归分析方法定量分析不同通道宽与 3 个指标之间的显著关系。首先计算变量之间的 Pearson 相关系数,如表 3-70 所列。

表 3-70 通道宽实验组数据相关性检验结果

因变量	N	Pearson 相关系数	p 值
$\overline{T}_b$	7	-0.906	0.005[②]
$\overline{T}_a$	7	-0.882	0.009[②]
T	7	-0.870	0.011[①]

①$p<0.05$。
②$p<0.01$。

对于平均上车时间 $\overline{T}_b$,$r(7) = -0.906$,$p = 0.005 < 0.05$,两个变量之间具有强负相关性;对于平均下车时间 $\overline{T}_a$,$r(7) = -0.882$,$p = 0.009 < 0.05$,两个变量之间具有较强负相关性;对于乘降总时间 $\overline{T}_b$,$r(7) = -0.870$,$p = 0.011 < 0.05$,两个变量之间具有较负强相关性。

应用曲线估计探索通道宽度与乘降效率之间的关系,结合散点图和拟合曲线可知,二次曲线较好地拟合了通道宽与平均上车时间、平均下车时间、乘降总时间之间的关系。图 3-50 表示通道宽与平均上、下车时间的二次曲线,图 3-51 表示通道宽与乘降总时间的二次曲线。

通道宽与 3 个指标的回归模型参数估计值如表 3-71 所列。

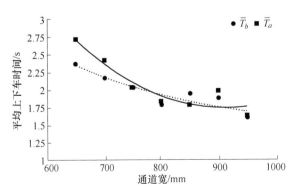

图 3-50 通道宽与平均上/下车时间关系曲线

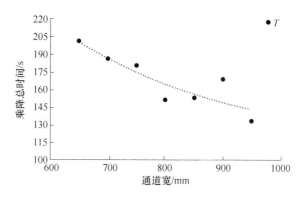

图 3-51 通道宽与乘降总时间关系曲线

表 3-71 通道宽实验组数据回归分析结果

因变量	模型摘要					参数估计值		
	R^2	F 值	df_1	df_2	p 值	常数	b_1	b_2
$\overline{T}_b$	0.841	10.58	2	4	0.025	6.127	−0.008	3.90×10^{-6}
$\overline{T}_a$	0.898	17.62	2	4	0.010	13.493	−0.026	1.42×10^{-5}
T	0.773	6.83	2	4	0.051	519.544	−0.699	0.000319

回归分析结果表明,平均上车时间和通道宽之间的二次函数关系显著,模型可解释 84.1% 的变异($R^2 = 0.841$),其关系式为:平均上车时间 $y = 3.90 \times 10^{-6} x^2 - 0.008x + 6.127$。

回归分析结果表明平均下车时间和通道宽之间的二次函数关系显著,模型可解释 89.8% 的变异($R^2 = 0.898$),其关系式为:平均下车时间 $y = 1.42 \times 10^{-5} x^2 - 0.026x + 13.493$。

回归分析结果表明乘降总时间和通道宽之间的二次函数关系显著,模型可解释 77.3% 的变异($R^2 = 0.773$),其关系式为:乘降总时间 $y = 0.000319 x^2 - 0.699x + 519.544$。

3. 单一布置因素对乘降效率的影响

1)单一布置因素实验场景设计

(1)座椅排布。

唐车厂原布置顺向座椅最小间距为 850mm,面对面座椅座垫前最小距离 510mm。原 TP03 座椅布局为两节包厢中部各一对面对面座椅。根据限制条件,TP03 车厢每个包厢最多可设置 3 对面对面座椅。若不改变 7 对座椅总占地,设置顺向座椅间距为 890mm。设置 5 个实验场景为顺向、一对背靠背(端头)、一对面对面(中部)、两对背靠背、三对背靠背,见图 3-52。

(2) 垂直扶手位置。

结合 Alonso-Marroquin[104]、Serian[74]、王亚飞[85]和 Frank 等[103]关于垂直扶手位置的研究,采用垂直扶手到车门中心线的距离、门宽倍数表示垂直扶手的位置,假设车厢宽度为 L,门宽为 L_d,确定垂直扶手位置研究水平取 0、0.25L、1.1L_{d1}、0.5L、1.1L_{d2} 和 0.75L,设置无垂直扶手为对照组。

各水平垂直扶手圆心距离出口中心的具体尺寸如表 3-72 所列。

表 3-72 垂直扶手设置尺寸

研究水平	0	0.25L	1.1L_{d1}	0.5L	1.1L_{d2}	0.75L	无(对照)
尺寸/mm	0	823	1430	1646	1862	2469	—

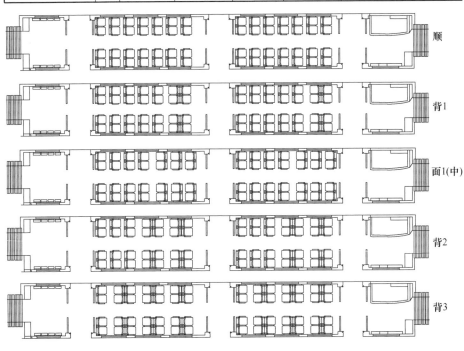

图 3-52 座椅排布实验场景

图 3-53 是垂直扶手的位置全布置。

图 3-53 垂直扶手实验场景

综合以上布置因素范围及水平讨论结果,确定座椅排布和垂直扶手布置研究范围见表 3-73。

第3章 基于乘客特征的动车组客室空间布局与设计

表 3-73 布置因素研究范围

变量	范 围	因素水平
座椅排布	顺,背1,面1(中),背2,背3	5
垂直扶手布置	$0, 0.25L, 1.1L_{d1}, 0.5L, 1.1L_{d2}, 0.75L,$无(对照组)	7

2) 座椅排布对乘降效率的影响分析

参照空间因素实验设置进行座椅排布实验,在相同实验条件下进行 20 次独立重复实验,使用拉依达准则剔除异常值,得到各实验水平不同指标的均值($\bar{x}$)以及标准差(SD)如表 3-74 所列。

表 3-74 座椅排布实验组数据描述统计结果

座椅排布	N	$\bar{T}_b$		$\bar{T}_a$		T	
		$\bar{x}$	SD	$\bar{x}$	SD	$\bar{x}$	SD
顺	18	1.34	0.57	1.47	0.55	155.97	58.51
背1	18	1.21	0.42	1.29	0.47	135.00	46.82
面1(中)	19	1.22	0.47	1.41	0.48	143.16	46.94
背2	18	1.23	0.49	1.38	0.52	137.33	50.34
背3	18	0.96	0.19	1.19	0.30	116.97	26.77
总计	91	1.19	0.45	1.35	0.47	137.75	47.71

使用方差分析检验座椅排布变化是否影响 3 个指标。首先进行先验对比,其结果如表 3-75 所列。

表 3-75 座椅排布实验组数据先验对比结果

参数	Levene 统计量	df_1	df_2	p 值
$\bar{T}_b$	2.669	4	86	0.038
$\bar{T}_a$	2.355	4	86	0.060
T	3.986	4	86	0.005

使用 Levene 方差齐性检验可知,$\bar{T}_b$、T 实验指标相应的 $p<0.05$,拒绝原假设,说明 5 种座椅排布实验的平均上车时间、乘降总时间的方差是非齐性的。两个指标的每组样本数相差不大,分布形态类似,可以进行方差分析。对于平均下车时间 $\bar{T}_a$,$p=0.060$,没有足够证据证明平均下车时间的方差是非齐性的。在 SPSS 中进行单因素方差分析,结果如表 3-76 所列。

表3-76 座椅排布实验组数据方差分析结果

参数		平方和	自由度	平均值平方	F值	p值
$\overline{T_b}$	组间	1.425	4	0.356	1.784	0.139
	组内	17.170	86	0.200		
	总计	18.595	90			
$\overline{T_a}$	组间	0.870	4	0.217	0.978	0.424
	组内	19.121	86	0.222		
	总计	19.990	90			
T	组间	14443.199	4	3610.800	1.631	0.174
	组内	190397.766	86	2213.928		
	总计	204840.965	90			

从表3-76中可以看出,对于3个指标,方差分析结果 p 值均大于0.05,无足够证据拒绝原假设,即不同座椅排布对乘降效率无显著影响。

3) 垂直扶手位置对乘降效率的影响分析

参照上述实验处理流程,在相同实验条件下进行20次独立重复实验,使用拉依达准则法剔除异常值,得到各实验水平不同指标的均值($\overline{x}$)以及标准差(SD)如表3-77所列。

表3-77 垂直扶手实验组数据描述统计结果

座椅排布	N	$\overline{T_b}$		$\overline{T_a}$		T	
		$\overline{x}$	SD	$\overline{x}$	SD	$\overline{x}$	SD
0	18	1.26	0.24	2.00	0.64	77.07	28.77
$0.25L$	18	1.97	0.61	2.20	0.62	178.03	57.06
$1.1L_{d1}$	19	1.94	0.64	1.89	0.63	176.66	59.93
$0.5L$	18	1.58	0.39	1.94	0.75	144.57	59.32
$1.1L_{d2}$	17	1.60	0.45	1.98	0.57	163.54	54.87
$0.75L$	19	1.86	0.64	1.94	0.64	175.62	65.06
无	18	1.64	0.35	1.88	0.42	154.30	46.66
总计	127	1.70	0.54	1.98	0.61	153.11	62.61

使用方差分析检验垂直扶手位置变化是否影响3个指标。首先进行先验对比,其结果如表3-78所列。

表 3-78 垂直扶手实验组数据先验对比结果

参数	Levene 统计量	df_1	df_2	p 值
$\overline{T}_b$	4.724	6	120	0
$\overline{T}_a$	0.940	6	120	0.469
T	3.497	6	120	0.003

使用 Levene 方差齐性检验可知，$\overline{T}_b$、T 实验指标相应的 p 值小于 0.05，拒绝原假设，说明 7 种垂直扶手位置布局实验的平均上车时间、乘降总时间的方差是非齐性的。两个指标的每组样本数相差不大，分布形态类似，可以进行方差分析。对于平均下车时间 $\overline{T}_a$，$p=0.050$，没有足够证据证明平均下车时间的方差是非齐性的。在 SPSS 中进行单因素方差分析，结果如表 3-79 所列。

表 3-79 垂直扶手实验组数据方差分析结果

参数		平方和	自由度	平均值平方	F 值	p 值
$\overline{T}_b$	组间	6.919	6	1.153	4.629	0
	组内	29.898	120	0.249		
	总计	36.817	126			
$\overline{T}_a$	组间	1.270	6	0.212	0.554	0.766
	组内	45.806	120	0.382		
	总计	47.076	126			
T	组间	138625.220	6	23104.203	7.804	0
	组内	355245.877	120	2960.382		
	总计	493871.097	126			

对于平均上车时间 $\overline{T}_b$，$F_{(6,120)}=4.629$，$p=0.000<0.05$，表明垂直扶手位置对乘客平均上车时间有显著性影响。对于平均下车时间 $\overline{T}_a$，$F_{(6,120)}=0.554$，$p=0.766>0.05$，没有足够证据表明垂直扶手位置变化对乘客下车时间有影响。对于乘降总时间 T，$F_{(6,120)}=7.8014$，$p=0.000<0.05$，表明垂直扶手位置对乘降总时间有显著性影响。

为进一步确定垂直扶手的不同水平对 $\overline{T}_b$、T 的影响程度，在方差分析的基础上进行多个样本均值的两两比较。由于 $\overline{T}_b$、T 各自方差非齐性，采用 Tamhane 的 T^2 方法进行事后方差分析，明确哪些水平之间存在显著性差异，有显著性差异的垂直扶手位置取值见表 3-80。

表 3-80　垂直扶手实验组数据两两比较结果

$\overline{T}_b$		T	
位置-位置	p 值	位置-位置	p 值
0~0.25L	0.003[2]	0~0.25L	0[2]
0~1.1L_{d1}	0.005[2]	0~1.1L_{d1}	0[2]
0~0.75L	0.018[1]	0~0.5L	0.004[2]
0~无	0.014[1]	0~1.1L_{d2}	0[2]
		0~0.75L	0[2]
		0~无	0[2]

[1]$p<0.05$。
[2]$p<0.01$。

由表 3-80 可知,方差分析结果显著是由垂直扶手设置在 0 处与其他设置之间的显著差异造成的,无足够证据证明其他布局方案之间有显著性差异。由于垂直扶手设置在 0 处并不符合实际情况,因此,可认为垂直扶手布局位置对乘降效率无显著影响。

4. 单一因素影响效应分析讨论

通过以上数据统计分析,得到了空间因素和乘降效率之间的曲线关系,并得出所选布置因素对乘降效率无影响。Legion 支持输出累积高密度图(cumulative high density map)和疏散图。累积高密度图展示不同区域的密度超过限定密度的持续时间,色相偏红代表超过限定密度时间长,色相偏蓝表示超过限定密度时间较短,此类图可用来识别"热点"(hot-spots),即长时间处于高密度的区域。疏散图可显示某一区域被占用的时间,用于出口使用率的评价。本节结合关键水平的累积高密度图和疏散图探讨上述结论的产生原因。

1) 单一空间因素影响效应分析

(1) 门宽影响效应。

门宽 800mm 时,乘客乘降效率最低;随着门宽加大,乘降效率不断提升,在门宽 1300~1400mm 时,乘降效率达到最高;之后乘降效率慢慢回落。反映在乘降效率关系曲线上则是分别以 800mm、1300mm、1900mm 为关键点,曲线先下降后上扬。为解释这种现象,选取门宽 800mm、1300mm、1900mm 时的累积高密度图进行分析(图 3-54~图 3-56)。

如图 3-54~图 3-56 所示,车内密度相对较高(偏红色区域)的是 1900mm,最低的是(偏蓝色区域)800mm,入口处密度最大的是 800mm,最低的是 1900mm。结合仿真录制视频,门宽 800mm 时,车门通行能力制约整体乘降效率,相对其他场景乘降乘客在车门处协调时间较长,影响了乘降总时间。车门宽度为 1900mm 时,乘客可迅速通过出入口,过早上车的乘客将尚未走出通道的下车乘客阻塞在通道内部,造成整体乘降时间增长。相对 1900mm 门宽,1300mm 门宽限制了乘客的上车速度,为下车乘客提供了缓冲时间,因而乘降乘客之间的拥挤效应减弱,整体乘降效率提高。综上,车门宽度通行能力受到门厅宽度、通道宽度的影响,门宽 800mm 时,门宽起主要限制作用,门宽 1900mm 时通道通行能力起主要限制作用,1300mm 的门宽与其他设施有很好的协调性。

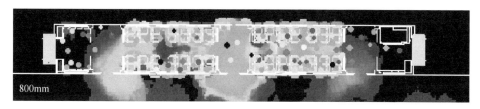

图 3-54　门宽 800mm 时的累积高密度图(见书末彩图)

图 3-55　门宽 1300mm 时的累积高密度图(见书末彩图)

图 3-56　门宽 1900mm 时的累积高密度图(见书末彩图)

Bernhard Rüger[56]建议门宽应大于 900mm;Ir. Paul B. L. Wiggenraad[54]研究发现,800mm 窄车门的乘客上下车时间比 900mm 的快,1300mm 比 900mm 的时间快 10%,这些结论与本研究结果相似,因而可认为上述结论具有较好的可信性。

（2）门厅面积影响效应。

门厅宽在 1300~2100mm 时,乘降效率不断下降。选取极值与中间值的累积高密度图(图 3-57~3-59)进行分析,可以看出除门厅外,三者的其他区域密度无明显差异。说明 950mm 宽的通道和 1300mm 宽的门能够协调 1300~2100mm 范围内的门厅,此组实验主要限制因素为门厅的通行能力。门厅宽 1300mm 时,滞留区密度略高;2100mm 宽时,滞留区密度最低。因而,滞留区作为上下车的缓冲地带,其通行能力影响乘降的总时间,1300~2100mm 内,门厅越宽,乘降效率越高。

图 3-57　门厅宽 1300mm 时的累积高密度图(见书末彩图)

图 3-58　门厅宽 1700mm 时的累积高密度图(见书末彩图)

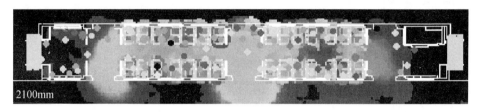

图 3-59　门厅宽 2100mm 时的累积高密度图(见书末彩图)

(3) 通道宽影响效应。

通道宽在 650~950mm 内,乘降效率先下降,后趋于平缓,为分析曲线波动原因,选取 650mm、800mm、950mm 以及未纳入统计分析的 450mm 通道宽的累积高密度图进行分析。图 3-60~图 3-63 从上到下依次是通道宽 450mm、650mm、800mm、950mm 时的累积高密度图。

从图中能明显看出,随着通道加宽,车内密度不断降低。造成这一现象的可能原因如下:

①通道宽 450mm 时,仅满足单人通过要求。下车乘客在通道内部协调之际,上车乘客已进入通道。由于通道过窄,人员不能有效避让,车厢内部严重阻塞,乘客个人空间区与乘客行走区密度较高。下车乘客数量多时,450mm 通道无法满足乘客乘降要求。

②通道宽 650mm 时,冲突发生在通道中部,乘客可实现避让,但协调时间过长。乘降进程得以完成,但整体乘降效率低。

③通道宽800mm时,下行客流抵达通道门厅连接处时与上行客流产生冲突,造成门厅处密度较高,乘降效率降低。

④通道宽950mm时,下车乘客可顺利走出通道进入门厅。此时,通道通行能力与门厅、车门相匹配,可快速完成乘降流程。

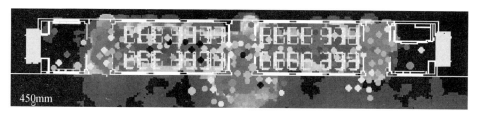

图3-60　通道宽450mm时的累积高密度图(见书末彩图)

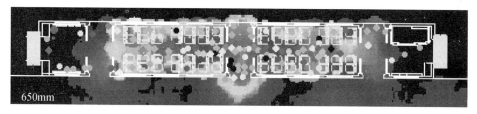

图3-61　通道宽650mm时的累积高密度图(见书末彩图)

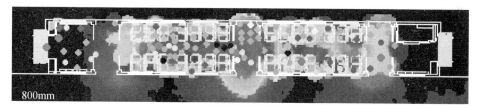

图3-62　通道宽800mm时的累积高密度图(见书末彩图)

图3-63　通道宽950mm时的累积高密度图(见书末彩图)

Bernhard Rüger[56]的研究结果表明,通道宽小于500mm,乘客在车内的移动速度会受到限制,通道宽达到600mm时,乘客移动速度会加快,乘客舒适度增加。本节结论与其结果相吻合。Bernhard Rüger建议通道宽设置在600mm

以上,如果可以,最好能提供 700~900mm 通道。鉴于 Bernhard Rüger 的研究基于长途列车,对于乘客乘降效率要求更高、客运量更大的城际列车而言,建议通道宽设置在 800mm 以上。

2) 单一布置因素影响效应分析

(1) 座椅排布影响效应。

座椅的排布方向主要影响着乘客的路径选择,统计结果显示,选取的 5 种座椅排布方案对 3 个乘降效率指标均无显著影响。比对 5 种布局方案的疏散图(图 3-64),虽然车内路径选取有所区别,但 3 个车门的使用情况基本一致,即中间车门人数稍多,两侧车门人数略少,这并不影响乘客总体的乘降时间。

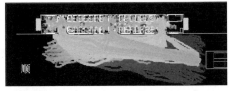

图 3-64　5 种布局方案疏散图(见书末彩图)

由于 Bernhard Rüger[56]的研究主要考虑大件行李的安置问题,因而其研究主张安排对向座椅,而对于城际列车乘客,携带大件行李并不多见,本研究设置的座垫前端距离允许携带小件行李的乘客通行,因而乘降效率主要取决于乘客对于出入口的选择。由于路径选取受到座椅方向和距离出口位置的双重影响,同一出口的流量并未出现大范围波动,因而座椅排布对 3 个指标的影响不显著。

(2) 垂直扶手位置影响效应。

统计分析的结果表明,垂直扶手设置在门框中央处对乘降效率有影响,这与 Sebastián Seriani[74]的研究结论相类似,同样地,考虑这种现象出现的可能原因是垂直扶手位置位于门框中央对乘客起到了分流的作用,观察门框中央设置垂直扶手的乘客高密度图(图 3-65),发现车门处的密度的确低于其他布置方案(图 3-66),这种现象在峰门处尤其明显。

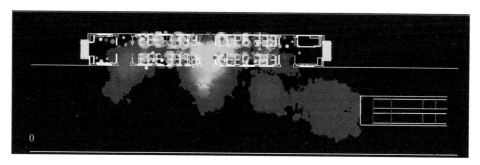

图 3-65　垂直扶手位于门框处场景疏散图(见书末彩图)

其他垂直扶手位置对乘降效率均无显著影响,不同于王亚飞[85]得出的垂直扶手优水平为 $0.25L$、Sebastián Seriani 得出的垂直扶手优水平为距离门框 $0.4m$ 处、Frank 和 Dorso[103]垂直扶手优水平为距离门宽 $1.1L$ 处。观察实验水平不同指标的均值和标准差(表 3-77)可以看出,本实验输出的不同布局方案的结果也有所不同,且在 $1.1L_{d1}$ 处的平均下车时间最短,$0.5L$ 处的平均上车时间与乘降总时间最短,因而垂直扶手位置布置值得在后续研究中做进一步讨论。

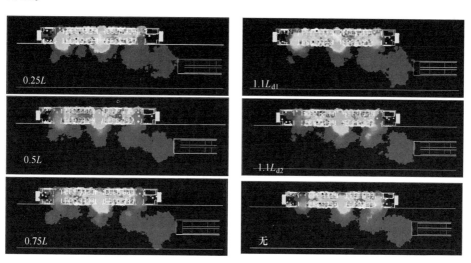

图 3-66　车厢内部垂直扶手位置布置方案疏散图(见书末彩图)

3.2.4　多客室布局因素对乘客乘降效率的影响

通过单因素实验可以发现,设施间通行能力不匹配时会发生拥挤现象,这种现象表明不能仅依据单因素的影响效应进行设计。单因素选取最优水平不一定能发挥其效力,甚至会对其他设施造成影响。因此有必要进行实验,分析空间因素的最优水平组合,避免瓶颈现象的产生。本节依据单因素对乘降效率的影响选取典型空间因素水平,采用正交实验研究空间因素影响的主次和优水平组合。在此基础上分析因素间通行能力匹配度,给出客室布局空间设计原则。

1. 多空间因素场景设计

由于因素众多且存在交互作用,研究采用正交实验设计方法。正交实验设计[105]用于研究多因素多水平,是一种高效率、快速、经济的实验设计方法。其原理在于根据正交性从全面实验中挑选出部分有代表性的点进行实验,这些点具备"均匀分散,齐整可比"的特点,因而实验结果具有代表性。本小节主要介绍空间因素实验水平的确定与正交实验方案表的构造。实验平台建立过程中涉及的站台参数、车辆限制条件、乘客属性、乘降人数比例以及分析指标沿用3.2.3 小节的内容。

1) 实验因素水平设定

为选取具有代表性的实验因素水平,将 3.2.3 小节纳入统计分析的门宽、门厅宽、通道宽均分成 3 段,分别在 3 个段位中选取具有代表性的因素水平。最终确定仿真实验因素和水平如表 3-81 所列。

表 3-81 多因素实验水平设定

水平	仿真实验因素		
	A(门宽)/mm	B(通道宽)/mm	C(门厅宽度)/mm
1	800	800	1300
2	1300	700	1700
3	1900	950	2100

2) 构建正交实验方案表

根据以上选取的 3 因素 3 水平,选取 $L_9(3^4)$ 正交表制作正交实验方案表,如表 3-82 所列。

表 3-82 多因素正交实验方案表

实验组号	实验因素/mm		
	门宽	通道宽	门厅宽度
1	(1)800	(1)800	(1)1300
2	(1)800	(2)700	(2)1700
3	(1)800	(3)950	(3)2100

续表

实验组号	实验因素/mm		
	门宽	通道宽	门厅宽度
4	(2)1300	(1)800	(2)1700
5	(2)1300	(2)700	(3)2100
6	(2)1300	(3)950	(1)1300
7	(3)1900	(1)800	(3)2100
8	(3)1900	(2)700	(1)1300
9	(3)1900	(3)950	(2)1700

2. 多空间因素优水平分析

1) 多空间因素实验结果预处理

与2.2.3小节实验场景设计方法类似,在保证其他因素设施不变的情况下改变门宽、门厅宽、通道宽,构建9组实验场景,每组运行20次。使用拉依达准则法剔除异常值,得到各实验水平不同指标的均值($\bar{x}$)以及标准差(SD),如表3-83所列。

表3-83 多因素实验组数据描述统计结果

实验组号	N	$\bar{T}_b$		$\bar{T}_a$		T	
		$\bar{x}$	SD	$\bar{x}$	SD	$\bar{x}$	SD
1	18	2.06	0.70	2.06	0.82	225.27	79.90
2	16	1.97	0.66	1.89	0.71	216.80	76.83
3	17	1.66	0.45	1.52	0.46	168.20	47.98
4	19	1.22	0.57	1.25	0.49	142.12	56.21
5	15	1.14	0.46	1.59	0.68	154.96	61.44
6	18	1.44	0.46	1.62	0.52	165.13	52.82
7	20	1.27	0.60	1.65	0.56	166.13	57.00
8	17	1.87	0.76	2.45	0.80	237.62	72.26
9	16	1.04	0.41	1.24	0.43	125.64	43.14
总计	156	1.52	0.67	1.69	0.71	177.90	70.61

2) 多空间因素实验结果极差分析

正交实验设计分析方法有极差分析法(又称直观分析法)和方差分析法(又称统计分析法)两种。方差分析用于两个及两个以上样本均数差别的显著性检验,由于3.2.3小节已经说明门宽、通道宽、门厅宽对乘降效率有影响,本次采用极差分析法对实验结果进行分析。

极差分析法简称 R 法。它包括计算和判断两个步骤,其内容如图 3-67 所示。

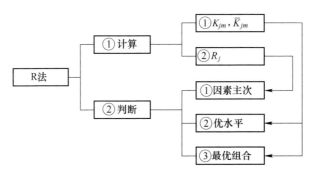

图 3-67 R 法示意框图

在图 3-67 中,K_{jm} 为 j 因素 m 水平所对应的实验指标和,$\overline{K}_{jm}$ 为 K_{jm} 的平均值,由 $\overline{K}_{jm}$ 的大小可以判断 j 因素的优水平和各因素的水平组合,即最优组合。R_j 为 j 因素的极差,$R_j = \max(K_{jm}) - \min(K_{jm})$,$R_j$ 反映了 j 因素的水平变动时实验指标的变动幅度。R_j 越大,说明该因素对实验指标的影响越大。依据 R_j 的大小,可判断因素的主次顺序。

通过对乘降效率三指标输出结果的计算,得到 K_{jm}、$\overline{K}_{jm}$、R_j 的值见表 3-84。

表 3-84 多因素实验组数据极差分析表

实验组号	实验因素			实验指标		
	A(门宽)	B(通道宽)	C(门厅宽)	$\overline{T}_b$	$\overline{T}_a$	T
1	(1)800	(1)800	(1)1300	2.06	2.06	225.27
2	(1)800	(2)700	(2)1700	1.95	1.88	214.12
3	(1)800	(3)950	(3)2100	1.66	1.52	167.90
4	(2)1300	(1)800	(2)1700	1.22	1.25	142.12
5	(2)1300	(2)700	(3)2100	1.14	1.59	154.96
6	(2)1300	(3)950	(1)1300	1.44	1.62	165.13
7	(3)1900	(1)800	(3)2100	1.27	1.65	166.13
8	(3)1900	(2)700	(1)1300	1.87	2.45	237.62
9	(3)1900	(3)950	(2)1700	1.04	1.24	125.64

续表

实验组号		实验因素			实验指标		
		A(门宽)	B(通道宽)	C(门厅宽)	$\overline{T}_b$	$\overline{T}_a$	T
$\overline{T}_b$	K_1	5.67	4.56	5.38			
	K_2	3.80	4.96	4.21			
	K_3	4.19	4.14	4.06			
	k_1	1.89	1.52	1.79			
	k_2	1.27	1.65	1.40			
	k_3	1.40	1.38	1.35			
	R	1.87	0.82	1.32			
$\overline{T}_a$	K_1	5.46	4.96	6.13			
	K_2	4.46	5.91	4.37			
	K_3	5.34	4.38	4.76			
	k_1	1.82	1.65	2.04			
	k_2	1.49	1.97	1.46			
	k_3	1.78	1.46	1.59			
	R	1.00	1.53	1.76			
T	K_1	607.28	533.51	628.02			
	K_2	462.21	606.70	481.87			
	K_3	529.39	458.67	488.99			
	k_1	202.43	177.84	209.34			
	k_2	154.07	202.23	160.62			
	k_3	176.46	152.89	163.00			
	R	145.07	148.03	146.15			

观察表 3-84，得到各个指标的影响因素主次顺序和因素优水平组合如表 3-85 所列。

表 3-85　不同指标的因素主次顺序及优水平组合

实验指标	因素主次顺序	因素优水平组合
$\overline{T}_b$	ACB	$A_2B_3C_3$
$\overline{T}_a$	CBA	$A_2B_3C_2$
T	BCA	$A_2B_3C_2$

根据表 3-85 格绘制空间因素与实验指标变化趋势图。以各因素的不同水

平为横坐标,以实验指标的平均值 $k_i(i=1,2,3)$ 为纵坐标,得到门宽、通道宽、门厅宽与平均上车时间、平均下车时间、乘降总时间的变化趋势图(图 3-68 ~ 图3-70)。

从图 3-68 ~ 图 3-70 中可以看出,门宽曲线先降后升,通道宽曲线呈下降趋势,门厅宽先下降后平缓。3 组曲线变化趋势基本符合单一因素对乘降效率的影响趋势。

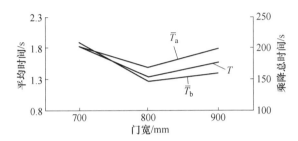

图 3-68 乘降效率与车门宽度的变化趋势

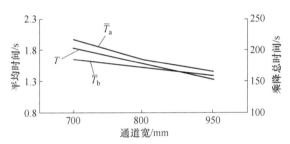

图 3-69 乘降效率与通道宽度的变化趋势

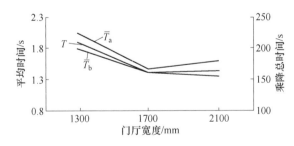

图 3-70 乘降效率与门厅宽度变化趋势

由表 3-85 可知,3 个指标单独分析出的优化条件不一致,如果综合考虑 3 个实验指标,必须根据因素的影响主次,确定最优的因素水平组合。

门宽对 $\overline{T}_b$ 的影响排第 1 位,对 $\overline{T}_a$ 和 T 的影响排第 3 位,因此优先考虑对 $\overline{T}_b$ 的影响。由于 3 个指标的优水平均为第二水平,因此选取门宽 1300mm 作为优水平。

通道宽对 T 的影响排第一位，对 $\overline{T}_a$ 的影响排第 2 位，对 $\overline{T}_b$ 影响排第 3 位，因此优先考虑对 T 的影响。由于优水平均为第三水平，因此选取通道宽 950mm 作为优水平。

门厅宽对 $\overline{T}_a$ 的影响排第 1 位，对 $\overline{T}_b$、T 影响排第 2 位，优先考虑对 $\overline{T}_a$ 的影响，优水平取第二水平 1700mm，恰好是乘降总时间优水平。

综上，$A_2B_3C_2$ 为最优组合，即门宽 1300mm，通道宽 950mm，门厅 1700mm。

3. 客室布局空间设计原则

结合单因素与多因素实验结果发现，选取的优水平门宽、门厅宽并非研究范围内的最大取值，只有通道宽优水平是最大取值 950mm。说明车体布置第一制约因素为通道宽。在去除通道宽限制，选取通道宽最优水平 950mm 的情况下，门厅宽和门宽组合基本可分为以下 3 类。

1）门宽远大于门厅宽

典型场景为门宽 1900mm、门厅宽 1300mm（场景 A）。对于上车客流，此类场景与短型窄通道相似。受限于门厅通行能力，门的通行能力无法充分发挥。如图 3-71、图 3-73 所示，上车客流迅速通过车门，在滞留区处与下车客流发生冲突，因门厅通行能力不足，乘客之间协调时间较长，造成此区域密度居高不下，影响后续乘降进程。对比 J. Zhang[106] 的单向客流通过长型窄通道密度图（图 3-72），两者密度分层情况类似，不同之处在于乘降效率为双向客流，因而车内密度也较高。该现象发生在门厅处设置有票价箱、垃圾桶、折叠座椅等情况下，为提高乘降效率，类似的情况应避免。

图 3-71 场景 A 中间车门累积高密度图

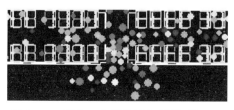

图 3-73 场景 A 中间车门仿真图（第 60s）

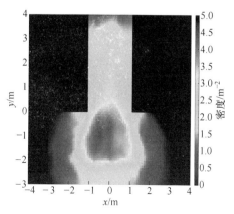

图 3-72 长型窄通道密度图（Jun Zhang）

2) 门宽与门厅宽接近

典型场景为门宽 1300mm,门厅宽 1300mm(场景 B,图 3-74 和图 3-75)。观察乘降流程,上下车两支客流在门厅处交汇,门厅处密度较高,但在其他设施通行能力匹配的情况下,可迅速实现协调,因而乘降效率较高。观察得知车门处密度分布均匀,乘客数量较第一类情况少,建议采用此类布局形式。

图 3-74　场景 B 中间车门累积高密度图　　　图 3-75　场景 B 中间车门仿真图(第 60s)

3) 门宽远小于门厅宽

典型场景为门宽 800mm,门厅宽 2100mm(场景 C,图 3-76 和图 3-78)。对于下车客流,此类场景与短型窄通道相似。如图 3-78 所示,车乘降客流在滞留区发生拥堵,密度持续走高。对比 J. Zhang 的单向客流通过短型窄通道密度图(图 3-77),两者在出口处密度分层情况类似,不同之处在于乘降效率为双向客流,因而车外密度也较高。此种现象出现在隔断玻璃前距离设置过长或采用单开塞拉门等情况下,为提高乘降效率,类似的情况应避免。

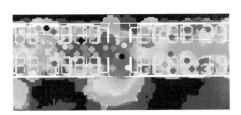

图 3-76　场景 C 中间车门累积高密度图

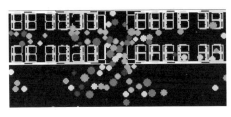

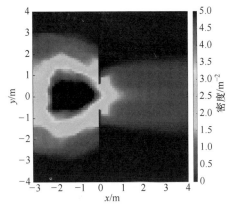

图 3-78　场景 C 中间门仿真图(第 60s)　　　图 3-77　短型窄通道密度图

综上,当通道通行能力较弱时,门厅作为缓冲区可提供补偿作用,然而过早容纳上行乘客是否有利于整个乘降过程却未可知。同样地,宽门有利于乘客通行,但如果门厅通行能力无法提高,过早上车的乘客便会带来一系列的拥堵效应,造成宽口径、窄瓶颈现象。通过以上分析,车厢布局需要协同考虑设施连接处的通行能力,在其他设计因素无法实现空间因素优水平组合时,应避免门宽与门厅宽相差过大的情况。

3.3 动车组无障碍工效学设计

无障碍设计(accessible design)最初由自身残疾的美国建筑师 Ronald L. Mace 于 20 世纪 70 年代提出,其原定义为与性别、年龄、能力等差异无关、适合所有生活者的设计,其基本要求是:无论残障与否、无论残障程度和状态如何,任何人均能便捷使用的制品和环境设计。

动车组无障碍设计主要强调与乘客出行有关的车辆公共空间的环境、设施及设备都必须充分考虑具有不同程度生理伤残缺陷者和正常活动能力欠缺的弱势群体(如老年人、婴幼儿等)的使用需求,配备能够应答、满足这些需要的服务功能与装置,营造一个充满爱与关怀,切实保障乘客出行的安全、方便和舒适的旅行环境。

在 EU Regulation 1107 中对无障碍定义为:"任何人在使用交通工具时,由于身体残疾(感官的或运动的、永久性或暂时的)、智力残疾或损伤,或者任何其他原因的残疾,或者由于年龄,其个体活动能力降低,需要适当的照顾,并且提供这种特殊服务时是能够被所有乘客所适应的"。根据欧洲铁路互联互通技术规范中的规定,无障碍设计涉及的人群主要包括轮椅乘客、移动受限者(抱孩子的乘客、携带大件行李的乘客)、老年人、哺乳期妇女、视力受损者及盲人、听力受损者及聋哑人、交流能力障碍者(指在交流或理解书面、语言上有障碍的人群,包括缺乏当地语言沟通能力、交流困难者、感知能力损伤者)、儿童及身材矮小的人群。

动车组无障碍设计的首要原则就是"平等地使用",意思是对具有不同能力的人而言,是可以公平使用的,也就是所谓的"设计为人人"的思想。动车组的设计对所有乘客必须是可操作的、能安全和方便使用的。目前国外动车组客室无障碍设计主要体现在车内外过渡区、车内环境以及信息交互这 3 个方面。

1. 车内外过渡区

车内外过渡区主要指车门、渡板和轮椅升降装置。

欧洲铁路客车的轮椅席位数设置要求是:车辆长度小于 30m,设置 1 个轮椅席位;30~205m,设置 2 个轮椅席位;205~300m,设置 3 个轮椅席位;大于 300m,应设置 4 个轮椅席位[107]。供轮椅进出的车门最小宽度为 900mm,以满足乘轮椅者、拄拐杖者及婴儿车的通行。

在列车乘客区地板和站台之间存在着较大间隙或高低差时,通常采用渡板引导乘客上下车。渡板一般在车辆静止时使用,乘客门关闭时,渡板不工作。

渡板未收回时,乘客门或轮椅进出门不关闭。

部分列车车门区域设置有可升高和降低的平台以供乘客在地面和乘客区地板之间进出的装置或系统,举升装置仅能在车辆静止时操作,防止轮椅滚落的装置可以自动工作。

例如,西门子公司生产制造 ICx 列车车门宽度为 900mm,能有效保证残疾人轮椅可以通过。此外,在列车所有出入口都有活动渡板,这些渡板覆盖在出入口的地板和站台边缘的缝隙处,确保乘客无障碍通行。为方便坐轮椅的残疾乘客乘降,每列车的车厢两侧入口都有一个升降梯,其载重为 350kg。升降梯的所有操作都由列车工作人员完成,其 7 节和 10 节编组分别设有 2 部或 3 部残疾人升降梯。图 3-79 和图 3-80 分别是西门子 ICx 车门处的升降梯和车门。

图 3-79　ICx 升降梯

图 3-80　ICx 车门

再比如,瑞士 FLIRT 动车车门净宽度达到了 1300mm,能够提供足够宽敞的空间让乘客更快捷、安全地上下车。西门子 DesiroML 系列动车车门设有固定的阶梯踏板、平面可移动踏板或下沉式可移动踏板。为方便行动不便的乘客上下车,在所有的车门区域和低地板区域,设有无台阶的平面通道或带斜坡的通道。对于站台和列车之间的高度差,在具有轮椅泊位的多用途区域的车门处,利用手动铺设的斜坡踏板来调整。图 3-81 和图 3-82 分别是西门子 DesiroML 车下沉式可移动踏板和瑞士 FLIRT 车的车门。

图 3-81　西门子 DesiroML
　　　　　下沉式可移动踏板

图 3-82　瑞士 FLIRT 车门

第3章 基于乘客特征的动车组客室空间布局与设计

2. 车内环境

动车组列车内环境的无障碍设计主要体现在车内通道、优先座椅、轮椅功能区、卫生间、就餐及饮水设施等方面。由于低地板技术不仅能实现车内空间布局最大化,还能较好地为儿童、行动不便者以及携带行李的乘客带来便利,因此目前已经成为动车组无障碍设计主要发展方向。

例如,庞巴迪公司近几年推出的 TWINDEXX Express 列车具有宽敞的入口,在地面处配备低地板入口斜坡,将乘客引导至低层车厢内。列车内部行走时无台阶,能显著改进客流的通行效率并且将乘客使用到台阶的频率降到最低。再比如瑞士的 FLIRT 动车客室更是采用了完全无阶梯布置、90%以上的低地板,具有更好的客室通达性。西门子 Desiro ML 系动车组将包括端部车厢的低地板区域设计成多用途区域,并设置有两个放置轮椅的位置。图 3-83 和图 3-84 分别是庞巴迪 AGC 动车低地板客室和 New Regio 2N 车型的轮椅区。

图 3-83 庞巴迪 AGC 动车低地板客室

图 3-84 庞巴迪 New Regio 2N 轮椅区

西门子 ICx 和 ICE-T 动车上均配有轮椅使用者的备用座位、专用盥洗室和快餐柜台,卫生间门采用动力控制的滑动门。ICE-T 二等车尾部设置有婴幼儿专区,并配置 1 个儿童餐桌和 1 个婴儿用围栏,在法国 TGV 某些车型上还设置有专门的婴幼儿座椅。图 3-85~图 3-87 分别是西门子 ICE-T 车型的无障碍卫生间、车厢通道和轮椅席位,图 3-88 是法国 TGV 车上的婴幼儿座椅。

图 3-85 ICE-T 无障碍卫生间

图 3-86 ICE-T 车厢通道

图 3-87 ICE-T 轮椅席位

图 3-88 TGV 上的婴幼儿座椅

我国 CRH 系列动车组均设置有轮椅席位和无障碍卫生间。表 3-86 所列为我国各动车组无障碍设施的相关设置参数。其中 CRH1 和 CRH3 两种车型的无障碍设施布局较为合理,各主要尺寸设置较为宽大[108]。

表 3-86 CRH 系列动车组无障碍设施的相关设置参数

动车组型号	编组长度/m	轮椅席位		无障碍卫生间	
		数量/个	尺寸/(m×m)	数量/个	尺寸/(m×m)
CRH1	213.5	2	1.00×1.50	1	1.80×2.00
CRH2	201.4	1	0.70×1.30	1	1.00×2.00
CRH3	200.6	1	1.10×1.50	1	1.70×2.50
CRH5	211.5	1	0.81×1.50	1	1.80×2.10
CRH6	201.4	1	0.75×1.40	1	1.00×2.00

可以看到国外多数动车组车型采用低地板,可以有效地方便乘客上下车,同时也能保证残疾人轮椅能够通过,各车型基本都设有残疾人设施,包括公共乘坐区、专用盥洗室和快餐柜台。我国目前动车组虽然也设置了无障碍设施,但是不同车型动车组的轮椅席位数量、位置以及无障碍卫生间的位置布局、尺寸存在着较大的差异。

3. 信息交互

信息交互设计主要满足乘客信息获取需求和紧急疏散的需求。动车组列车车厢内通常设置有多种标志和信息源,如车内外旅客信息显示系统、报站语音系统,以适应各类型出行不便的人群需求。例如,以触觉和发声体帮助视觉障碍者判断行进方向及线路信息;以简单明了、形象化的符号和标志(符号、文字与背景保持最大对比度)引导老年人了解乘车信息。

在每个优先座位的邻近处和轮椅区的邻近处设置有通信装置,其高度在距地板 700~1200mm 之间。无座椅的低地板区的通信装置,其高度通常在距地板

800~1500mm之间。所有车内通信装置的控制均能用手操作,并应通过对比色或多种颜色和音调显示。

例如,西门子ICx动车座椅上的号码采用光感和触觉两种感知方式,方便失明或视力弱的乘客辨认。备用座位的显示板整合到过道侧的座位靠背上。对于听力弱的乘客,所有信息都通过扬声器尽可能清晰地传达出去,同时自动翻译成不同的语言。ICx动车入口门均配备了能帮助视力弱的乘客确定方位的声音信号装置,同样瑞士FLIRT动车也设置了听力障碍人员无线电设备。

在西门子ICE-T动车组上还可以通过多种途径向旅客发送信息,靠近车门的信息显示器发布最重要的旅行信息,车次和行程显示在车厢侧墙上。此外,车上计算机内存有时刻表,可以打印与正在运行的列车相关的国内外换乘车次信息。由乘客信息系统的数据中心控制整列车的所有显示器(内/外线路指示器、乘客信息显示屏)、个人信息、服务呼叫及座位预订,同时还可实现与公共网络的连接,可为车内乘客提供如磁卡电话和传真机等服务。图3-89和图3-90分别为速度为200km/h的庞巴迪TWINDEXX Express和西门子ICE-T车内的标识系统,图3-91和图3-92分别是西门子为英国铁路公司研制的速度为160km/h的Desiro UK Class185和日本成田特快的JR东日本259系列车的乘客信息系统。

图3-89 TWINDEXX Express车内标识　　图3-90 ICE-T座位无障碍标识

图3-91 Desiro UK Class185旅客信息系统　　图3-92 JR东日本259系列乘客信息系统

3.3.1 动车组无障碍设计需求

残疾人、老年人以及婴幼儿是铁路无障碍设计的主要对象。根据欧盟委员会交通运输局的统计,在欧洲残疾人口约占总人口的 13%,大约 6300 万人。老年人在欧洲总人口中的比例到 2020 年达到总人口的 31%左右,到 2050 年将达到 34%。80 岁以上的老年人预计到 2050 年将达到 10%。因此,老年人已经成为欧洲人口的一个重要组成部分。如果还考虑到临时行动限制的陪同人员(如年轻的父母携带婴儿车或行李),可以看到无障碍已经影响到欧洲 35%~40%的人口。

在我国,根据第二次全国残疾人抽样调查数据公报,中国各类残疾人总数 8296 万人,约占总人口的 6.1%。根据第六次全国人口普查数据,中国 0~14 岁人口约为 2.2 亿人,占总人口的 16.60%;60 岁及以上人口为 1.8 亿人,占 13.26%,其中 65 岁及以上人口为 1.3 亿人,占 8.87%。可以看到,残疾人、60 岁以上的老人和儿童人数加起来,无障碍同样也影响到我国 35%~40%的人口。

随着社会的进步,世界各国都愈发认识到残疾人是人口的重要组成部分,他们有充分融入社会,和其他人享有教育、就业、社交和休闲活动的平等权利,而无障碍交通正是提供享有这些权利的关键要素之一。

动车组作为一种重要的公共交通工具,车内无障碍设计已经成为铁路系统设计中需要解决的一个非常重要的问题。在美国,联邦法规是无障碍设计的法律指导性文件,其法规 28 CFR part35.151、28 CFR part36 Subpart D、49 CFR 27、49 CFR 37 和 49 CFR 38 中均对无障碍设计提出了明确的相关要求。

美国轨道车辆的无障碍设计主要依据《Americans with Disabilities Act》(简称 ADA),即《美国人残疾法案》,它是美国最核心的无障碍保障法律,涉及的内容,从身体残疾扩展到老年人和身心残疾,从仅涉及政府资助建筑扩展到各种类型的建筑设施与交通工具,乃至社会制度。《The Americans with Disabilities Act Accessibility Guidelines》(简称 ADAAG),即《残疾人法案无障碍纲要》,是其配套纲要,经过几次修订,2010 年成为《2010 ADA Standards for Accessible Design》(简称 ADAAD),即《残疾人法案无障碍设计标准》[109]。

ADA 中 title Ⅱ"美国和当地政府设施"与 title Ⅲ"公共住房和商业设施"分别被编纂至美国联邦法规 28 CFR parts 35(title Ⅱ)和 36(title Ⅲ)中,并与 2004 年生成的无障碍设施纲要(2004 ADAAG)共同形成了 2010 版的无障碍设计规范(2010 ADAAD),具体关系如图 3-93 所列。美国无障碍设计相关的法规如表 3-87 所列。

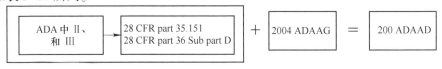

图 3-93 ADA、CFR、ADAAG、ADAAD 之间的关系

第3章 基于乘客特征的动车组客室空间布局与设计

表3-87 CRH美国无障碍设计相关的法规

编号	名称	内容
28 CFR part 35.151	Nondiscrimination on the Basis of Disability in State and Local Government Servises	美国和当地政府设施残障人士非歧视原则
28 CFR part 36 Subpart D	Nondiscrimination on the Basis of Disability by Public Accommodations and in Commercial Facilities	公共住房和商业设施残障人士非歧视原则
49 CFR 27	Nondiscrimination on the Basis of Disability in Programs or Activities Receiving Federal Financial Assistance	涉及机场设施、铁路和高速公路无障碍理念的实施过程,包括听证会的设立、盲文的使用等
49 CFR 37	Transportation Services for Individuals with Disability	涉及机场运输系统、城际、通勤、高速列车乘客综合服务、私人车辆等,要求符合ADA客运系统工艺及相关设计标准
49 CFR 38	Americans with Disabilities Act (ADA) Accessibility Specifications for Transportation Vehicles	涉及公交车系统、快轨系统、轻轨系统、通勤列车系统、城际列车系统、长途客车系统及有轨电车系统,提出通道、扶手、车门、台阶、照明、公共信息系统、洗手间、轮椅空间、卧铺车厢等设计要求,要求满足ADA标准指导原则和规范
ADA	Americans with disabilities act	美国残疾人法案
ADAAG	the Americans with disabilities act accessibility guidelines	美国无障碍设施纲要

在欧洲,欧盟(EU)颁布的欧洲铁路互联互通技术规范(Technical Specification for Interoperability,TSI)等规范中,2008/164/EC[110]对残疾人使用的相关设施作了较为明确的规定和要求。国际铁路联盟(International Union of Railways,UIC)公布的UIC565-3[111]对铁路客车车厢无障碍设计相关内容也作出了较为明确的规定。此外,国际标准化组织(International Organization for Standardization,ISO)也发布了一系列无障碍设计的标准,其中ISO 24500~ISO 24505这6个标准,从人因工程学的角度出发,分析了视觉、触觉及听觉机能障碍者的需求[112-117]。

目前,国内对于列车无障碍设计的研究较少,研究对象仅以列车无障碍设施为主。许东升[118]对25G型、25K型列车的无障碍卫生间、通道、门廊及座椅等进行了设计改造;徐世木[119]从内端门的设计优化、残疾人专用的呼叫系统设置、卫生间的设计、车内设备的优化、标识的设置等多个方面提出了设计指导建议。在无障碍的标准制定方面,我国铁路行业颁布的TB10083[120]仅对国内铁路客站的无障碍设计作了规定。而铁路客车和各型动车组的无障碍设计,仍主要参考欧洲 TSI、UIC 等相关标准,缺乏适用于我国列车设计的相关规范。虽然目前我国的 CRH 系列动车组均设置有轮椅席位和无障碍卫生间,但其设计仍存一些问题。例如,各车型的无障碍轮椅席位设计不统一,尺寸布局相差较大;无障碍信息标识的形式色彩和布局位置差异也较大;各种按钮缺少盲文和语音提示等[108]。

随着我国"一带一路"战略的提出,我国高铁已经出口俄罗斯、印尼、委内瑞拉、土耳其、巴西、秘鲁等国家,并向着出口英国、美国等发达国家的方向努力,最终实现走向世界的设想[121]。然而面对德国、日本、法国等高铁发达国家的竞争,中国的高铁除了需要在核心技术方面做进一步的提升以外,还应考虑人性化设计、经营管理、人才培养等方面的因素,以提高中国高铁的综合实力,其中无障碍设计便是人性化设计中需要关注的内容之一。由于美国、英国、加拿大、日本等国家对无障碍设计的需求与重视度远高于我国现阶段的设计水平,为了增强我国出口车辆在无障碍设计方面的竞争力,需要对列车的无障碍设计做进一步深入系统的研究。表 3-88 所列为与轨道车辆无障碍设计相关的国内、外标准。

表 3-88　轨道车辆无障碍设计相关的国内外标准

序号	标准及规范	发布单位	行业	时间	对象
1	TSI 2008/164/EC《Concerning the Technical Specification of Interoperability Relating to "Persons with Reduced Mobility" in the Trans-European Conventional and High-speed Rail System》	欧盟(EU)	铁路	2008	无障碍设计涉及的所有人群
2	UIC565-3《Indications for the Layout of Coaches Suitable for Conveying Disabled Passengers in Their Wheelchairs》	国际铁路联盟	铁路	2003	残疾人
3	TB 10083《铁路旅客车站无障碍设计规范》	中国铁道部	铁路	2005	残疾人、老年人、孕妇、儿童等社会特殊旅客群体
4	DOT/FAA/CT-96/1[122]	美国交通部联邦航空管理局	航空	1996	残疾人
5	ISO 24500《Ergonomics-Accessible design-Auditory Signals for Consumer Products》	国际标准化组织(ISO)	通用	2010	听觉障碍者及老年人
6	ISO 24501《Ergonomics-Accessible Design-Sound Pressure Levels of Auditory Signals for Consumer Products》	国际标准化组织(ISO)	通用	2010	听觉障碍者及老年人

续表

序号	标准及规范	发布单位	行业	时间	对象
7	ISO 24502《Ergonomics-Accessible esign-Specification of Age-related Luminance Contrast for Coloured Light》	国际标准化组织(ISO)	通用	2010	视觉障碍者及老年人
8	ISO 24503《Ergonomics-Accessible Design-Tactile Dots and Bars on Consumer Products》	国际标准化组织(ISO)	通用	2011	触觉障碍者及老年人
9	ISO 24504《Ergonomics-Accessible Design-Sound Pressure Levels of Spoken Announcements for Products and Public Address systems》	国际标准化组织(ISO)	通用	2014	听觉障碍者及老年人
10	ISO 24505《Ergonomics-Accessible Design-Method for Creating Colour Combinations Taking Account of Age-related Changes in Human Colour vision》	国际标准化组织(ISO)	通用	2016	视觉障碍者及老年人
11	ISO/TR 22411《Ergonomics Data and Guidelines for the Application of ISO/IEC Guide 71 to Products and Services to Address the Needs of Older Persons and Persons with Disabilitie》[123]	国际标准化组织(ISO)	通用	2008	无障碍设计涉及的所有人群
12	ISO 19206《Accessible Design — Shape and Colour of a Flushing Button and a Call Button, and Their Arrangement with a Paper Dispenser Installed on the Wall in Public Restroom》[120]	国际标准化组织(ISO)	通用	2015	无障碍设计涉及的所有人群
13	《2010 ADA Standards for Accessible Design》	美国	通用	2010	残疾人
14	《Humanscale 1/2/3/4/5/6/7/8/9》[124]	美国	通用	1974	正常人与残疾人
15	JGJ 122《老年人建筑设计规范》[125]	中国建设部、民政部	建筑	1999	老年人
16	JGJ 50《城市道路和建筑物无障碍设计规范》[126]	北京建筑科学研究院	建筑	2001	残疾人
17	GB 50763《无障碍设计规范》[99]	中国住房和城乡建设部	建筑	2012	残疾人
18	GB/T 20002.2《老年人和残疾人的需求》[127]	中国国家质量监督检验检疫总局	通用	2008	老年人与残疾人

根据不同类型乘客对动车组列车设施需求的不同,可以将无障碍人群分为通行空间受限和信息交流障碍两类,其中通行受限的乘客包括轮椅使用者、带婴儿出行者、携带大件行李出行者、带儿童出行者、儿童、下肢损伤者、孕妇及老年人,信息交流障碍的乘客包括视力损伤者、听力损伤者及理解障碍者(认知机能障碍者),动车组列车应提供上述两类乘客使用的基础设施,如图 3-94 所示。

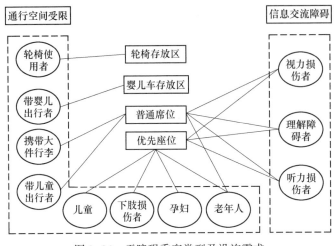

图 3-94　无障碍乘客类型及设施需求

乘客乘坐动车组列车时的移动路线如图 3-95 所示,主要包括经站台通过列车入口门登车,到达指定或所需的席位及设施处,在乘坐过程中往返于席位与所使用设施的地点,最终到达目的地下车的过程。通过分析不同乘客的基础设施需求及在列车上的通行路线,可以发现列车的无障碍设计主要涉及登离车时车厢与站台的接口、乘客在车内的无障碍移动、座席或卧铺空间、卫生间等车内设施的人机接口以及车内外的乘客信息服务等内容。要达到确保列车和列车上提供的设施及服务对所有人都可以使用这一目的,除了要依据相关的人因工程学规范和标准外,还必须对乘客的行为进行分析。下面从行动能力较弱的乘客要求、登车、服务设施以及乘客信息几个方面来初步探讨动车组无障碍设计的需求。

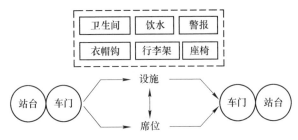

图 3-95　乘坐动车组列车移动路线

1. 行动能力较弱的乘客要求

1) 行动不便的乘客

当进入列车时,那些由于下肢受损、患有关节炎或体型较小的人最容易受到通行不便的影响,他们是有行动障碍最大的人群。

跨越站台边缘和车厢间隙,登上列车门的台阶对于那些有行走困难的人来说是一个很困难的动作,即使提供了符合人因工程学设计的扶手,登上任何台阶对于步行困难的人来说仍然十分困难。有研究者通过对行动机能障碍者进行实验和问卷调查发现,相比列车车门的净宽度,车门与站台之间的间隙尺寸大小对通行便利的影响程度更大[128]。因此,列车车门与站台之间的间隙设计尤为重要,站台边缘和车厢门最大允许间隙和车厢台阶尺寸如图3-96所示,应该尽量减少这种间隙,这样能方便行动机能障碍的人顺利登车。

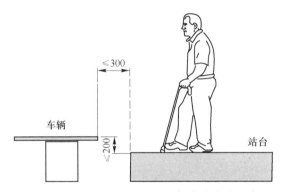

图3-96 运动障碍人群的间隙、台阶高度要求

列车过道以及车门前厅和内门的通道也要考虑使用轮椅和拐杖的人通行。在车厢门口和内部应设置扶手为无障碍人群提供在车厢内部通行的方便,尤其是在列车行驶的时候,可以为乘客提供有效的抓握力。扶手的设计必须考虑它们的设置位置和形状。呼叫、开门、应急等装置的开关设计和布置应易于辨识和操作。

2) 使用轮椅的乘客

由于轮椅电动和手动形式的不同,轮椅外形和尺寸变化较大,一般常见的是手动操作轮椅。为了满足列车通行能力的要求,在COST 335[129]中给出了由空轮椅推算出的最小轮椅的占地尺寸,如图3-97所示,这种尺寸轮椅的承重至少300kg。轮椅乘客在通过站台与车辆之间的间隙时是比较困难的,其原因在于轮椅前轮较小。该文献建议站台与车辆间隙的最大尺寸如图3-98所示。

在无人帮助条件下,上下坡对于轮椅乘客来说是另一个挑战。一般根据低地板有轨电车和公交车入口坡道的设计经验,在列车登车门入口和通道设置扶手,使轮椅乘客能够应付坡道,坡道的最大梯度取决于坡道的长度。需要注意

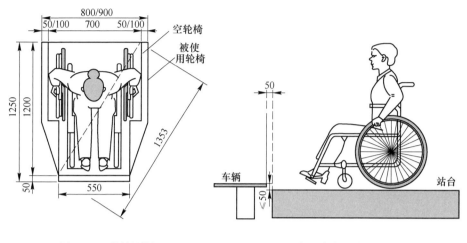

图 3-97 轮椅测量　　图 3-98 无帮助条件下轮椅乘客通过的最大站台与车辆之间的间隙尺寸

的是,使用手动轮椅或上肢力量比较弱的乘客可能需要帮助。考虑到轮椅乘客手和肘部的空间,通道和车门的宽度应大于轮椅的实际净宽度;进入轮椅空间和使用无障碍设施时,应考虑轮椅能够转向180°的可用空间;按钮等设施的设置应易可达、易辨别和易操作。

列车桌子或洗手池下部应为轮椅乘客提供无障碍空间;在整个旅程中,轮椅乘客的安全问题应与普通乘客同等重要;轮椅必须面向或背向行驶方向,以保持其稳定性。由于目前的动车组列车行驶均较为平稳,不需要为轮椅乘客提供专门的轮椅固定装置。当列车提供餐饮及其他服务设施时,轮椅乘客应能便捷地自行到达目的地并享受服务。如果不能,则必须提供其他方式如手推车服务或特殊服务请求等满足轮椅乘客的要求。当列车上设置有卫生间时,必须在轮椅区的邻近位置提供无障碍卫生间。

3) 视力受损的乘客

失明意味着完全或几乎丧失了感知物体形态的能力,弱视力意味着仅能利用视觉感知的部分能力,更多地需要依赖从其他来源来感知信息。为了帮助视力受损的人,应在整个列车的所有动力操纵装置上或其附近位置使用可见度高的标识和触觉标识,同时地板面上的触觉标识的高度应保持一致。

在使用图标和文字进行车体内外信息设计时,应考虑以下事项:

(1) 颜色和色调的对比。

(2) 颜色/色调组合。

(3) 光线强度和亮度。

(4) 文字的易读性：字体大小(取决于观看距离和角度)、字体样式、对比度。

(5) 眩光和反射。

4) 听力障碍的乘客

听力障碍是指整个听觉范围障碍或者部分听觉范围障碍，对于语言感知来说，重要的频率范围为 250~4000Hz。听力障碍者通常是轻度至重度听力损失者，可以通过放大音量使其听力有所改善。列车的语音声响系统应进行专门的声学设计，可以通过提供更多的扬声器来减少音量，而不降低声音的穿透力，录制语音时应注意记录设备的质量。带有电话开关的助听器可以通过低成本的感应回路系统放大声音，来帮助听力障碍的乘客。

5) 残疾人的安全问题

当残疾人乘坐列车时，遇到安全与紧急情况需要特别予以考虑。例如，视力受损的人可能会注意不到闪光，听力障碍的人可能会听不到列车故障和紧急通告，而有移动障碍的人可能需要协助才能实现紧急撤离。

在发生故障和紧急情况时，乘务员必须通知到残疾乘客并给予口头指示，确保他们收到了信息。安装在车厢中的辅助和紧急警报控制装置必须在无障碍卫生间以及在指定的区域为轮椅乘客提供特殊的控制系统。

在紧急情况下，残疾乘客有可能需要特别的帮助才能完成撤离。如果必须将残疾乘客从列车撤离到地面或隧道内，可能会遇到特别困难的情况。在旅途中，列车会遇到机械或电气系统故障，任何特殊的接入设备都要配备应急的部署措施以方便轮椅乘客能够安全地上下车。同时运营商还必须规划和制订合理的应急预案和应急程序，所有的乘务人员和救援人员必须接受应急培训。

2. 登车要求

设计良好的列车门与站台的过渡区不仅能为残疾人提供方便，也能为其他乘客和运营商提供便利。良好的过渡区不仅让乘客上下车更安全，还能有效地减少列车停站时间。

由于有时不同类型的列车共享同一公用基础轨道设施，这就使得站台和列车门之间的台阶和缝隙难以避免，会给残疾人特别是轮椅乘客带来相当大的困难。要有效地改善列车登车的通过性就需要将站台和列车入口设置在同一水平高度上，这种"水平通过"往往意味着需要在列车上安装新的设施或者重新对列车进行设计。动车组列车登车的无障碍设计需要从以下几个方面进行考虑：

1) 登车门

登车门的无障碍设计可以保障乘客安全、顺利并快捷地进入动车组列车，在提高乘客进入车厢速率的同时保障其自身安全。因此，车门入口处的设计应考虑以下几个因素：

(1) 入口门、台阶及扶手的颜色和色调的对比应便于识别。

(2) 入口处应有良好的照明。

(3) 入口门应方便视觉受损的乘客清楚地辨认,列车车厢之间的间隙应与入口门不同。

(4) 入口门必须设置足够的净宽度,建议最小尺寸为850mm[124]。

(5) 入口门的开启与关闭最好采用自动或远程操作,若非自动控制,应该通过简单的手动操纵装置来进行控制,操纵装置的颜色和色调与背景应有鲜明的对比以方便辨认(一般禁用红色,因为红色有与"停止或危险"有关的含义),车门控制装置应能使用不超过10N的力进行操作,其安装位置应保障所有乘客均能正常操作。

(6) 控制装置处的照明应充足以方便乘客识别,并且在其上面或附近设置有对比色的触觉指示器。

(7) 当列车运行时,车载系统必须自动锁闭车门,列车到站时,系统只能在站台侧打开车门。

(8) 在车厢内外提供必要的视听觉信号(如闪光灯等),提醒列车车门即将关闭。

2) 登车台阶和扶手

对于站台和列车车厢地面不位于同一水平高度的列车,车门处应设有登车台阶,且为满足所有类型乘客的顺利登车,在列车出入门处需安装扶手。台阶与扶手的设计应满足以下要求:

(1) 登车踏板与站台之间的垂直间隙以及每个台阶高度不得超过200mm,水平间隙不应超过300mm。

(2) 登车踏板有效深度为280mm,不应小于200mm。

(3) 应该避免悬空的台阶。

(4) 具有多个台阶的列车入口门必须在门的两侧设置防滑扶手,安装位置尽可能靠近列车外墙,其与车厢外壁的最大距离不超过100mm。扶手高度必须设置在车门底部台阶上方 800~900mm 之间,并且必须与台阶线平行(图3-99)。在上、下车时,还必须为行走障碍的人提供垂直扶手(图3-100),扶手不能占用车门的净开空间(图3-101)。

(5) 具有一个台阶的列车入口门同样必须在门两侧设置垂直的防滑扶手,安装位置也应尽量接近列车外墙,扶手高度设置在车门底部台阶上方 700~1200mm 之间。

(6) 所有的圆形扶手直径须在 30~35mm 之间,与扶手安装面应留有足够的抓握间距,以便容易抓取,且扶手的颜色或材质与背景色应形成较大的对比反差,以便于识别。

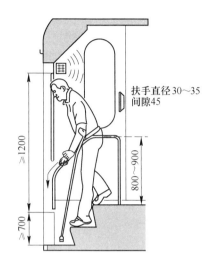
图 3-99 登车处的台阶、扶手和把手(1)

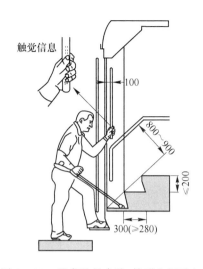
图 3-100 登车处的台阶、扶手和把手(2)

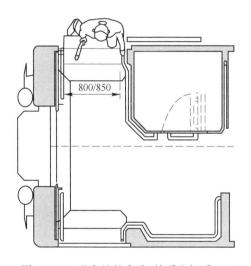
图 3-101 登车处的台阶、扶手和把手(3)

3) 登车通道要求

在无需帮助的情况下,轮椅乘客上、下车时站台和列车入口门之间的水平和垂直间隙均不应大于 50mm,如图 3-102 和图 3-103 所示;当水平和垂直间隙在 50~100mm 之间时,轮椅车轮就会由于缝隙过大导致前轮方向变换甚至卡在缝隙中,登车通行将变得极为困难,如图 3-104 所示;当水平和垂直间隙超过 100mm 时,轮椅使用者将无法在无人帮助的情况下正常登车。

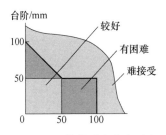
图 3-102 轮椅乘客的水平和垂直通过能力

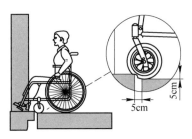
图 3-103 轮椅乘客的建议水平和垂直缝隙(1)

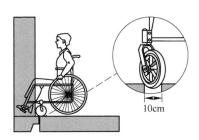
图 3-104 轮椅乘客的建议水平和垂直缝隙(2)

考虑到不同类型的列车共享同一公用基础轨道设施情况,可以采用一些特殊装置来减少站台和列车入口门的间隙,还可以采用其他一些替代方案确保使用轮椅的乘客以及其他有行动障碍的乘客可以方便通行:

(1) 机械渡板。由人工手动或通过机械设备进行安装的列车门与站台之间的渡板。

(2) 可移动踏板。一种集成在车厢地板上的全自动可移动踏板设备,当列车门与站台之间间隙很小时,可确保乘客无间隙通过。

(3) 车载升降梯。一种为轮椅乘客提供的车载专用设备,由人工操作,能有效克服列车门与站台之间的间隙和高度差,使轮椅乘客无障碍进入车厢。

3. 车内环境、空间及设施要求

列车内的相关设施设备、残疾人使用的优先座位、行李架、婴儿车等都应向所有乘客开放。为了减少残疾人在列车上的移动,一般将他们安置在列车登车门出入口附近,轮椅进出通道必须提供足够的通行空间和必要的调整空间。列车的服务设施或设备通常建议安装在列车中部的 1~2 个车厢内,如果残疾旅客无法享用餐饮和其他服务,则应提供其他服务方式。台阶和楼梯是残疾乘客行动最大的障碍,从列车入口门到为残疾乘客指定使用的区域之间不应该有任何台阶。一般车内无障碍设计的通用要求如下:

(1) 列车必须设置优先座位,为那些想要或需要使用它们的残疾乘客提供方便。这些座位应便于与普通座椅区分,方便残疾乘客使用;在车门以及车厢连接处必须能够方便轮椅乘客通行。

(2)运营商需要按照当地的法规和标准设置优先座席,优先座席设置的一般性原则如下:

① 每节车厢至少有10%的座位或至少8个座位应设计并指定为残疾人使用的优先座位。

② 每列车必须设置有轮椅空间。

③ 为保证每位旅客享有平等旅行的权利,为正常人设置的卧铺包厢应提供轮椅空间。

④ 每列车的每节车厢不一定都需要设置优先座席,但应保证最少数量的轮椅席位和优先席位。

⑤ 如果可以,每列车最好能提供至少两个轮椅位置,需要考虑轮椅乘客可能会结伴旅行。

(3)车内设施和服务应向所有乘客开放,如有特殊情况,必须提供替代措施,以确保残疾乘客得到与所有其他乘客一样的便利服务。

(4)车内内饰垂向隔板不应采用反射系数高的表面材质,除车窗外凡使用玻璃等透明内饰材料的设施,均应使用带状色条或其他显著的方式予以清楚地标识。

(5)车厢地面的表面在所有天气条件下都应该防滑。

(6)列车入口门厅与其他乘客区域应通过色彩或色调对比或其他方式予以区分。

(7)在列车门槛边缘100mm范围内应设置一条醒目的地板条,该地板条应该延伸到外部门口的整个宽度至少80mm的深度。

(8)为了方便有移动障碍乘客的通行,应在列车通道、入口门厅和车厢间过道等区域依据一定间距设置扶手或把手。

(9)车内所有把手和扶手必须与背景颜色形成鲜明的对比。

(10)列车内应避免有尖角、边缘和突出的物体,如果不可避免则必须予以非常清晰地标识。

4. 乘客信息需求

列车内外良好的乘客信息设计可以为乘客旅行提供方便,有助于避免他们在到达最终目的地前下错站或误站的焦虑。听力和视觉受损的人有可能很难甚至不能接收到听觉或视觉信息,因此,在乘客信息设计中需尽可能地通过听觉和视觉的同步来提供资讯。视觉信息通常通过 LED 或 LCD 屏显示,显示屏的位置应能在所有的照明条件下,无论在白天还是夜晚都可以清晰认读。动态信息主要用于提供实时资讯,它们的变化速度不应太快。为提高易读性,信息应使用大写和小写字母的混合(首字母大写,后跟小写字母),避免使用衬线字体。对于声音显示器,还应注意扬声器和音频录制的质量。

无障碍车内外乘客信息设计一般要求如表3-89所列。

表3-89 车内外信息设计人因工程学需求

信息类别	人因工程学需求
车外信息	(1)采用国际通用符号的车厢标识应能确保所有乘客都能辨识确认,如果在其他车厢上设置有特殊设施,则必须用适当的象形图标识,以便乘客在车台上能轻松定位。 (2)列车的目的地必须清楚地显示在车厢的两侧或者列车的前部。 (3)当车外信息位于列车的前部时,字符应采用字高至少为125mm的大写字母,并且与背景具有较高对比度。最好是在黑色背景上使用明亮的黄色数字和字母
车内信息	(1)应通过视觉和听觉的方式提示列车到站,列车到站信息应提前告知乘客,以方便他们准备下车。 (2)在干线列车上应为乘客提供显示有距离和边界的全国铁路路网图,区域列车内则应提供显示有关该地区的铁路路网图。 (3)乘客信息告知应位于适当位置,使乘客易于认读。文字或图标的色彩和色调应与背景形成鲜明对比。 (4)如果在纸质标签上提供信息,应在白色或黄色背景上显示黑色字体,并且应易于认读。 (5)在客车车厢厕所所在处应设置一个尺寸足够大的图形标识表示其位置,同时还应提供一个发光的"卫生间使用中"的指示器,使得大多数坐着的乘客都可以看见

5. 动车组列车无障碍设计方法

动车组列车的无障碍设计应遵循工效学设计原则,同时还应综合考虑机能障碍者的生理、心理特点及使用需求与习惯等因素,使动车组列车内设施的功能和要求与这些人群的身体特征和使用需求相适应,提升车内设施的通用性和宜用性,切实改善机能障碍者的出行安全性、方便性和舒适性等。

1) 人体静态尺寸使用原则

在进行动车组列车设施的结构尺寸、位置布局等涉及人体静态尺寸参数的无障碍设计时,应参考《在产品设计中应用人体尺寸百分位数的通则》(GB/T 12985)[130]中规定的人体静态尺寸的使用原则:

(1) 允许人体通过的大尺寸部位(如出入口等),应根据第95百分位数确定。

(2) 受人体伸展限制的极限尺寸应根据第5百分位数确定。

(3) 可调尺寸范围应根据第5百分位和第95百分位数确定。

(4) 取平均数时应根据第50百分位数确定。

(5) 根据特殊需求确定人体尺寸百分位数。

2) 人体动作范围

使用机能障碍者的人体动作范围进行动车组列车无障碍设计时,应参考以下原则和方法:

(1) 操作位置应允许身体躯干自由活动。当需要大作用力或大的操作位移量,应根据机能障碍者动作活动的情况,为操作者提供足够的身体活动空间。

(2) 人体关节动作范围可参考《工作空间人体尺寸》(GB/T 13547)[131]等相关标准,根据机能障碍者的情况,在作为操纵设备直接功能使用时,应取下限值;在作为活动自由度设计要求时,应取上限值。

3) 视听参数

为满足视觉障碍者和听觉障碍者的出行需求,动车组列车设施设计时应综合考虑这些人群主要的视觉参数和听觉参数,根据具体动车组列车设施的使用范围和目的确定具体参数的使用原则。一般情况下,应考虑以下使用原则:

(1) 使用视觉工效学参数时,为满足大部分视觉障碍者的出行需要,应尽量考虑盲人的出行需求。

(2) 使用听觉工效学参数时,为满足大部分听觉障碍者的出行需要,应尽量考虑耳聋者的出行需求。

由于受技术、成本、使用效率等条件限制,在进行动车组无障碍设施设计时难以使设施的每个特征都具有良好的共用性,在资源允许的条件下,大致有以下优先次序:

(1) 提高设施可接近性(或可使用性),尽可能使最多的乘客能使用该设施。

(2) 根据设施的基本用途,考虑独立操作与协作操作。

(3) 根据设施使用的重要程度与使用频率,设计中反映两者的正比关系。

(4) 在满足上述条件下的舒适性设计。

列车无障碍设计方法及流程[132]如图3-105所示。首先应确定目标人群,根据人体尺寸及功能尺寸建立乘客模型。分析各种类型乘客在不同情境下的需求,依据身体机能和生理特征判断各种类型乘客在乘坐列车过程中可能遇到的障碍,进而确定设计要求。

列车空间及通行无障碍设计和列车设施使用无障碍设计分别需要依据目标人群的人体尺寸和功能尺寸,由于设计目标的不一致性,设计时会产生一定冲突。例如,走廊扶手的设计,两侧扶手间距既需预留出允许轮椅使用者顺利通过的充足宽度,也需要满足轮椅使用者方便的使用,保障扶手在其操作域范围内,因此两者在设计时需要同时进行考虑。在提出满足多种需求的设计方案后进行评估,若评估结果不满足则应返回上一步重新进行设计,直至满足要求为止,这是一个不断迭代优化的过程。

在完成列车空间和设施无障碍设计后,需要根据感官机能和认知机能受损者的生理特征进行列车信息获取无障碍设计,同时考虑列车内部环境约束,保障信息获取及传递可达性前提下提出设计方案,进行评估与实验,不断优化后确定最终的设计方案。

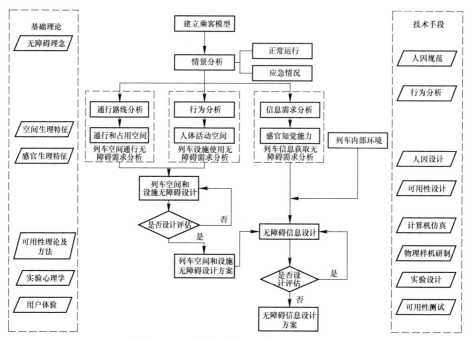

图 3-105　列车无障碍设计方法及流程

接下来,将针对动车组列车的无障碍设计分别从空间、设施和信息 3 个方面具体阐述无障碍设计的方法流程及规范。

3.3.2　动车组空间环境无障碍设计

列车无障碍空间环境分为通行空间和滞留空间。通行空间包括门廊、通道、坡道、楼梯;滞留空间包括轮椅存放区和卫生间。空间的无障碍设计应满足各类机能障碍人群的使用需求,由于行动机能障碍人群,尤其是轮椅使用者的空间尺寸较大,因此一般以轮椅使用者的需求为主要设计参考,并选用第 95 百分位男性人体尺寸作为设计依据。表 3-90 列出了列车设施无障碍设计应考虑的相关内容及其在设计中应依据的标准和指南。

表 3-90　列车空间无障碍设计内容

无障碍空间设计		设计标准及参考指南
门廊	登车门	49 CFR 38、ADA、UIC565、TSI、Humanscale、GB 50763、JGJ 50
	登车门廊	
	站台间隙	

续表

无障碍空间设计		设计标准及参考指南
通道	座椅间通道	49 CFR 38、ADA、UIC565、TSI、Humanscale、ISO 22411、JGJ 50、JGJ 122、COST335
	车厢连接通道	
	转向通道	
坡道	坡道空间	49 CFR 38、ADA、UIC565、TSI、Humanscale、GB 50763、JGJ 50、JGJ 122
楼梯	楼梯空间	49 CFR 38、ADA、TSI、Humanscale、ISO 22411、GB 50763、JGJ 50、JGJ 122
轮椅区	轮椅席位	49 CFR 38、ADA、UIC565、TSI、Humanscale、ISO 22411、GB 50763、JGJ 50、JGJ 122
	轮椅存放区	
卫生间	卫生间门	49 CFR 38、ADA、UIC565、TSI、Humanscale、ISO 19026、GB 50763、JGJ 50
	旋转空间	
	置腿空间	
餐车	餐桌置腿空间	ADA、GB 50763、COST335
	餐车通道	
卧铺	床铺空间	TSI、COST335
	卧铺车厢通道	

下面主要针对残疾人的活动空间和空间环境无障碍设计进行阐述。

1. 残疾人活动空间

1）轮椅空间

轮椅空间包括轮椅最大轮廓尺寸、轮椅席位空间和轮椅回转空间3部分：

（1）轮椅最大轮廓尺寸是用来描述轮椅外部轮廓的尺寸，包括轮椅长、轮椅宽和轮椅高。轮椅长是轮椅最前端至最后端的水平距离；轮椅宽是轮椅最外侧部分在座椅充分伸展时的水平距离；轮椅高是从地面到轮椅最顶部位置的垂直距离[133]。

（2）轮椅席位空间是在动车组列车内为乘坐轮椅出行的乘客特别提供的乘坐位置。轮椅席位应设在出入方便的位置，如靠近上下车门及通道的位置，但不应影响其他乘客的乘坐和通行，其通行路线要便捷，要能够方便地到达餐车和有无障碍设施的卫生间。轮椅席位可以单独设一节车厢进行集中设置，也可与普通乘客座椅设在同一车厢进行分散设置，但均要保证轮椅席位有充足的空间[126]。

（3）轮椅回转空间是指轮椅使用者在乘坐轮椅时转向所需的空间大小。动车组列车内的无障碍通道和空间内均应保证留有最小的回转空间，一般分为最小圆形旋转空间和最小T形转向空间两种设计尺寸。

关于上述轮椅空间设计，在国内外众多标准中均有所涉及，表3-91所列为国内外相关无障碍标准中轮椅空间的尺寸设计要求汇总。

表3-91 轮椅席位和回转空间　　　　　　　　　（单位：mm）

标准		ADA（49CFR 38）	UIC565（ISO 7193）	TSI	《Humanscale》	GB50763	JGJ50
轮椅尺寸	长	1220	1100~1200	1200	1065	—	1050~1100
	宽	760	600~700	700	660	—	620~650
	高	—	1090	—	889~1016	—	920
轮椅席位	长	1220	1250	1250	1220	1100	1100
	宽	915	600~700	800	760	800	800
	高	—	—	1375	1417	—	—
最小回转半径		1525	1500	1500	—	—	1500

标准	ADA	UIC565
最小T形转向空间	（图示：尺寸 1525×1525，凹口 915 宽，305+915+305，高 610/915）	（图示：轮椅最大轮廓尺寸 800/900，轮椅席位空间尺寸 700，50/100，1200/1250，1353，550，50）

除轮椅空间的尺寸设计外，还需满足以下要求：

（1）轮椅空间必须设置明确的国际通行轮椅标志。

（2）必须提供足够的空间，使坐轮椅乘客能够在入门口和指定的空间之间进行180°的轮椅回转。

（3）为了最大限度地提高座席容量，在保持上述轮椅净空区尺寸的前提下，可以在轮椅预留区设置翻起或折叠的座椅。

（4）除了行李架以及连接在车厢墙壁或顶板上的侧壁和顶板扶手外，在车厢地板和顶板之间不得有任何障碍物。

(5)在轮椅预留区域内不得设置供其他乘客使用的设施或配件(如杂志架等)。

(6)为确保轮椅在所有操作条件下的稳定性,预留空间必须设计成使轮椅面向或背向行驶方向。

(7)在乘客区提供桌子的地方,必须为轮椅区设置桌子,桌面与地面之间应保证720mm的通畅空间。桌子可以采用固定式或铰链折叠式,但不能妨碍轮椅进出轮椅区域,设计为铰接折叠的桌子必须能方便轮椅乘客操作。

(8)在轮椅预留空间的一端必须设置一个结构或其他形式可接受的配件,其最小宽度必须为700mm,且其距地面高度能够防止轮椅靠背向后倾翻。

(9)轮椅一般不设固定装置,如果有固定装置,它应该很容易由轮椅乘客操作,不应对轮椅进出造成阻碍,也不应对其他乘客构成危险。

(10)对于那些不喜欢待在轮椅中的乘客,应该在指定的优先座位旁提供一个可容纳折叠式轮椅的存放空间。

(11)应在轮椅空间邻近的地方设置陪同座椅。

2)轮椅使用者活动空间

轮椅使用者由于自身机能和轮椅的限制,其活动空间会大幅减小,尤其是在触及事物或进行某项操作时。因此,轮椅使用者的活动空间也是动车组客车设计时需要考虑的一项重要因素。

在 ADA 标准中轮椅使用者的操作(可达)范围,一般分为前侧可达和旁侧可达范围。如图 3-106~图 3-109 所示,规定轮椅使用者在前方无障碍物的情况下,可以触及距地面 380~1220mm 高的范围内;在前方有障碍物的情况下,当障碍物深度小于等于 510mm 时,最大可触及高度为 1220mm,当障碍物深度在510~635mm 时,最大的可触及高度为 1120mm,且障碍物的深度不可大于635mm。在旁侧无障碍物的情况下,可以触及距地面 380~1220mm 高的范围内;在旁侧有障碍物的情况下,当障碍物深度小于等于 255mm,高度小于等于865mm 时,最大可触及高度为 1220mm,当障碍物深度在 255~610mm,高度小于等于 865mm 时,则最大可触及高度为 1170mm,且障碍物的深度不可大于610mm。如表 3-92 所列。

表 3-92 轮椅乘客操作范围[109]

前侧可达高度	无障碍物	有深度≤510mm 障碍物	有深度 510~635mm 障碍物
	380~1220mm	1220mm	1120mm
旁侧可达高度	无障碍物	有深度≤225mm 障碍物	有深度 225~610mm 障碍物
	380~1220mm	1220mm	1170mm

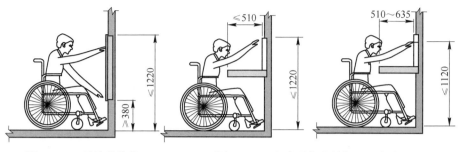

图 3-106 无障碍物的前侧可达高度

图 3-107 有障碍物的前侧可达高度

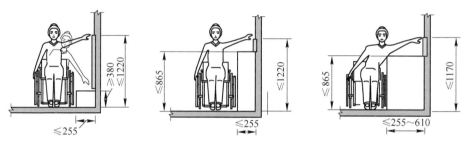

图 3-108 无障碍物的旁侧可达高度

图 3-109 有障碍物的旁侧可达高度

除了操作域以外,设施的布局还需要考虑轮椅使用者的置腿空间和置脚空间需求。例如,使用洗手池或护理板等设施时,对于轮椅使用者需要有充足的置腿空间和置脚空间,如图 3-110 和图 3-111 所示。在 ADA 中,规定轮椅使用者的置腿空间高度不得小于 685mm,宽度不得小于 760mm。置腿空间的深度根据高度不同而变化,在距离地面 230mm 高度处位置应最小深度为 280mm;在距离地面 685mm 高度处的位置的最小深度为 205mm;且在 230~685mm,距地面高度每增加 150mm,深度应增加 25mm。轮椅使用者的置脚空间高度不得小于 230mm,宽度不得小于 760mm,深度为 430~635mm,如表 3-93 所列。

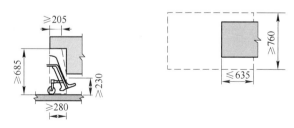

图 3-110 轮椅使用者置腿空间

图 3-111 轮椅使用者置脚空间

表 3-93 轮椅乘客置腿及置脚空间[109] （单位:mm）

空间	高度	深度	宽度
置腿空间	≥685	205~280	≥760
置脚空间	≥230	235~430	≥760

3) 非轮椅使用者活动空间

非轮椅使用者是指除使用轮椅出行的乘客外的其他所有无障碍设计对象人群,包括正常乘客、老人、孕妇、孩童及使用辅助移动器械的行动机能障碍者(如拐杖)等。动车组列车内所有设施均应设置在第 5 百分位女性的可触及范围内,且部分设施,如儿童专用设施,需要考虑不同年龄儿童的身高及可操作范围。

由于目前国内缺乏相关无障碍非轮椅使用者的活动空间标准,因此根据 Humascale 中的规定,第 5 百分位女性挂拐者最高可触及距地面 1600mm 的高度,第 95 百分位男性最低可触及距地面 693mm 的高度,且地面设备应留有 102~152mm 的置脚空间高度,如图 3-112 所示。其他乘客人群的活动范围如表 3-94 所列,且地面设备应保证 100mm 的置脚空间高度。

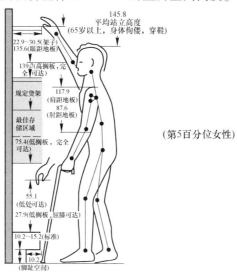

图 3-112 挂拐者活动范围[124]（单位:cm）

表 3-94 非轮椅使用者活动范围[124]　　　　（单位:mm）

人群	第5百分位正常女性	16岁少年	15岁少年	14岁少年	13岁少年	12岁儿童
最大触及高度	1852	2032	1999	1946	1877	1808
前侧可达最大深度	627	699	686	668	650	627
旁侧可达最大深度	769.5	863.5	847	825.5	800	769.5
人群	11岁儿童	10岁儿童	9岁儿童	8岁儿童	7岁儿童	6岁儿童
最大触及高度	1763	1679	1610	1539	1458	1351
前侧可达最大深度	612	584	566	538	511	472
旁侧可达最大深度	749.5	712.5	689.5	656.5	621	578

2. 空间环境无障碍设计

动车组列车的无障碍空间环境分为通行空间和滞留空间两类。其中通行空间包括门廊、通道、坡道、楼梯;滞留空间包括轮椅存放区和卫生间。空间的无障碍设计应满足各类机能障碍者的使用需求,由于行动机能障碍者,尤其是轮椅使用者的空间尺寸较大,因此一般以轮椅使用者的需求为主要设计参考。

1) 通行空间无障碍设计

门廊处的无障碍空间设计可以保障机能障碍乘客在登车时的便利与安全,包括车门外登车处的空间设计、车门宽度设计以及进入车门后列车内的门廊通道设计。

(1) 车门宽度。车门的净宽应大于轮椅使用者的宽度,最小可设计为815mm,且距地面865mm以下的位置应尽量避免设置凸出物,在距地面856~2030mm的高度内的凸出物不应超过100mm。

(2) 登车空间。车门外应保障有一定的登车通行空间,登车通行空间的设计需考虑轮椅使用者满足最小转向空间,已提供多种进入车厢的登车方式。根据登车方式的不同预留不同大小的登车空间,具体如表3-95和图3-113所示。

表 3-95 动车组列车登车空间[109]

登车方式	垂直于门方向的空间/mm	平行于门方向的超出空间/mm
正向登车	1220	0
侧向登车	1065	0
从车门开启侧登车	1065	560
从车门关闭侧登车	1065	610

在列车内部的无障碍人群的活动空间,往返任意两地之间均应设置有至少一条无障碍通道可供通行。通道的设计包括通道倾斜度、通道表面水平高度变化、通道宽度、通道转弯空间等。

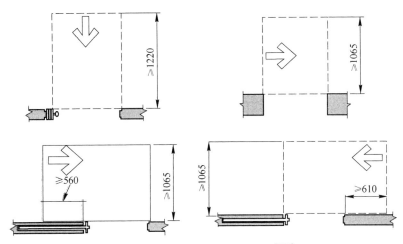

图 3-113　动车组列车登车空间[109]

（1）通道倾斜度。任何通行空间地面的斜度不应超过 1∶20，且在两通道交叉处的斜度不应超过 1∶48。

（2）通道表面。通行空间地面的垂直变化高度不应超过 6.4mm。若地面垂直变化高度超过 6.4mm 但小于 13mm 时，可以采用斜度不超过 1∶2 的斜面处理，地面垂直变化高度超过 13mm 时，应设置坡道。

（3）通道宽度。通道净宽一般不小于 915mm。在两侧墙壁有凸出物（如通道扶手）的情况下，允许将通道最小净宽减少至 815mm，但两个凸出物的间距不能小于轮椅空间的长度，即 1220mm，如图 3-114 所示。

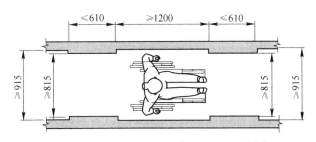

图 3-114　动车组列车无障碍通道设计[109]

（4）通道转弯空间。在 180°转弯空间处，若通道宽度不小于 1065mm，则转弯处的宽度至少为 1220mm；若通道宽度不小于 915mm，则转弯处的宽度至少为 1525mm，如图 3-115 所示。

动车组列车内部通行空间若存在地面水平变化高度过大时，应设置坡道或台阶。而对于行动机能障碍和视觉机能障碍的乘客来说，设置坡道代替台阶可以保障行动的便利性和安全性，因此坡道的设计也是至关重要的，一般包括坡道斜度、坡道表面水平高度变化、通道宽度、通道高度和缓冲平台设计等内容。

（1）坡道斜度。坡道斜度不应超过 1∶12，坡道交叉处斜度不应超过 1∶48。

（2）坡道表面。垂直于坡道表面的高度变化最大不应超过 6.4mm，若超过 6.4mm 但小于 13mm 时，可以采用斜度不超过 1∶2 的斜面处理。

（3）坡道宽度。坡道净宽度不应小于 915mm。

（4）坡道高度。坡道最大上升高度不超过 760mm。

（5）坡道缓冲平台。在坡道两端应设有平台，且平台长度不应小于 1525mm，如图 3-116 所示。

（6）坡道表面应采用防水设计。

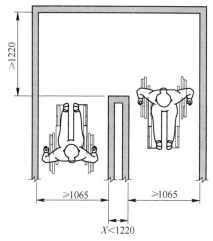

图 3-115　动车组列车无障碍 180°转向通道设计[109]

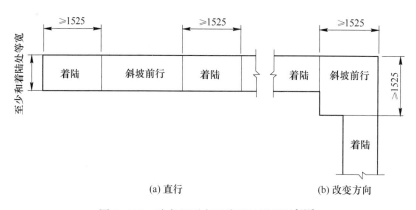

图 3-116　动车组列车无障碍坡道设计[109]

如果动车组列车内部必须设置台阶(如双层客车),除非将所有机能障碍乘客的乘坐区设置在不需要通过台阶便可到达的区域外,否则列车内台阶的设计也需要采用无障碍设计。

① 楼梯的所有台阶均应具有统一尺寸,台阶的合理高度应为 100~180mm,台阶的最小深度为 280mm,最佳深度为 330mm,且应避免悬空式台阶。

② 台阶表面:台阶表面不允许有垂直高度的变化。

③ 台阶凸缘:台阶的前缘曲率半径不得大于 13mm。台阶凸缘与下层台阶的连接方式可以采用图 3-117(b)~(d)所示的 3 种方式,其中图 3-117(b)的倾斜角度不能大于 30°,图 3-117(c)和图 3-117(d)凸缘部分长度不能大于 38mm。

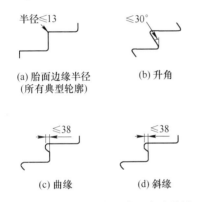

图 3-117 动车组列车无障碍台阶设计

图 3-118 动车组列车轮椅 T 形转向空间

(7) 楼梯台阶应采用防水设计。

2) 滞留空间设计

动车组列车可设置普通乘客与机能障碍乘客共用的无障碍卫生间,也可分开设计,此处主要针对列车内的无障碍卫生间设计进行阐述,以保障机能障碍乘客的使用便利性。

(1) 卫生间地面。卫生间地板表面的垂直高度变化,倾斜度不应超过 1:48,且需进行防滑设计。

(2) 转向空间。卫生间的最小旋转半径不应小于 1525mm;或者如图 3-118 所示,预留有 T 形转向空间。

(3) 空间重叠。卫生间内的地面空间、旋转空间和设施空间可以适当重叠。

(4) 坐便器空间。坐便器附近需要留出一定的空间,最小的空间长度和宽度分别为 1525mm 和 1420mm,如图 3-119 所示。

动车组列车内应设有特定的轮椅预留区。轮椅预留区可以和普通座椅设置在同一车厢也可设立单独车厢,且在轮椅预留区旁应设置陪同座椅。

（5）轮椅预留区宽度。从地面处测量,轮椅存放区的最小净宽应为725mm;从地面上方50~760mm高度处测量时,最小净宽应为760mm,如图3-120所示。

（6）轮椅预留区长度。从地面上方50~760mm高度处测量时,最小净长度应为48英寸(1220mm),如图3-120所示。

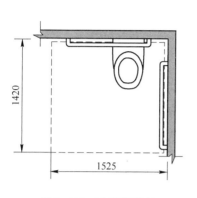

图3-119 动车组列车无障碍卫生间设计

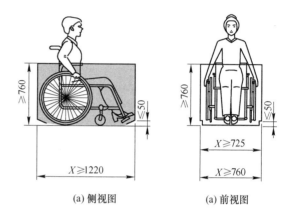

图3-120 动车组列车轮椅区空间设计

（7）陪同座椅。陪同座椅的椅面高度应与轮椅座椅面距地面的高度相同。陪同座位的尺寸、质量、舒适度和便利性应等同于普通座椅,且陪同座椅应允许移动。

对于列车空间无障碍设计,除了依据相关规范对平面设计图尺寸进行校核外,还可采用计算机仿真模拟的方法,将所设计模型和人体模型导入仿真软件,如JACK,分析空间的可通过性、置腿空间等指标,以进行空间无障碍评估。

3.3.3 动车组乘客设施无障碍设计

动车组设施无障碍设计是指为了给残疾人和老年人等社会特殊群体、携带大件行李以及带小孩的乘客等群体在乘坐动车组列车时提供便利、舒适的出行条件而对列车内外部一系列设施产品进行设计的过程。无障碍设施一般以第5百分位女性人体尺寸进行设计以满足大多数人的操作可达性。表3-96列出了列车设施无障碍设计应考虑的相关内容及其在设计中应依据的标准及指南。

表3-96 列车设施无障碍设计内容

无障碍设施设计		设计标准及参考指南
门廊	轮椅升降装置	49 CFR 38、ADA、UIC565、TSI、Humanscale、GB 50763、JGJ 50
	登车导板	
	车门处按钮	
	车门处扶手	

第3章 基于乘客特征的动车组客室空间布局与设计

续表

无障碍设施设计		设计标准及参考指南
客室	座椅	49 CFR 38、ADA、UIC565、TSI、Humanscale、ISO 22411、JGJ 50、JGJ 122、COST335
	行李架	
	消防设备	
	逃生设备	
	饮水机	
	洗手池	
坡道	坡道扶手	49 CFR 38、ADA、UIC565、TSI、Humanscale、GB 50763、JGJ 50、JGJ 122
楼梯	楼梯扶手	49 CFR 38、ADA、TSI、Humanscale、ISO 22411、GB 50763、JGJ 50、JGJ 122
轮椅区	轮椅固定装置	49 CFR 38、ADA、UIC565、TSI、Humanscale、ISO 22411、GB 50763、JGJ 50、JGJ 122
	轮椅区扶手	
卫生间	门按钮或把手	49 CFR 38、ADA、UIC565、TSI、Humanscale、ISO 19026、GB 50763、JGJ 50
	坐便器	
	冲水按钮	
	纸巾盒	
	卫生间扶手	
	镜子	
	洗手池	
	烘手器	
	垃圾箱	
	婴儿护理板	
	衣帽钩/置物架	
	报警按钮	
餐车	餐桌	ADA、GB 50763、COST335
	餐椅	
	点餐柜台	
	自动贩卖机	

续表

无障碍设施设计		设计标准及参考指南
卧铺	床铺	TSI、COST335
	爬梯	
	桌板	
	折叠座椅	
	报警按钮	

1. 车门、通道、坡道及楼梯的设施无障碍设计

车门、通道、坡道及楼梯处主要有门、登车扶手、轮椅升降装置、登车导板、通道扶手、坡道扶手、楼梯扶手等设施。其中扶手是乘客尤其是机能障碍乘客在乘车时的重要辅助设施,用来保持身体的平衡和协助使用者的行进,避免发生摔倒等危险。在登车车门、通道、坡道及楼梯两侧均应设置扶手,扶手安装的位置和高度及设计尺寸形式是否合适,将直接影响到其使用效果。因此,扶手的无障碍设计应满足以下需求[109]。

(1) 扶手表面。扶手抓握部分表面与其相邻近的任何表面均应避免尖锐或腐蚀性元素,对于横截面设计为非圆形的扶手,其棱边均应具有圆形边缘。

(2) 扶手高度。扶手抓握面顶部距离楼梯台阶、坡道及通道表面高度应在865~965mm之间,如图3-121所示。对于登车车门处扶手,残疾人应能从车辆外部抓住扶手,并能够在整个上车过程中持续使用,扶手距登车导板表面顶部的距离应在762~965mm之间。

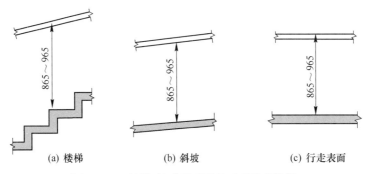

图3-121 楼梯、坡道及通道扶手无障碍设计

(3) 扶手延伸长度。为了利于行动不便的乘客在上下楼梯或坡道开始阶段的抓握,同时也为了避免在使用扶手结束后突然产生手臂滑下扶手的不安全感,需将扶手末端加以处理,使乘客察觉便于身体保持稳定状态。扶手在楼梯和坡道开始和结束两端水平延伸至少305mm的长度,如图3-122和图3-123

所示,对于台阶底部扶手也可采用倾斜延伸扶手,延伸的水平长度应等同于台阶深度,如图 3-124 所示。且扶手末端应向内拐到墙面或向下延伸不小于 100mm,如图 3-125 所示。

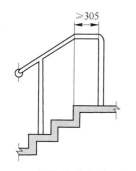

图 3-122　楼梯扶手水平延伸设计

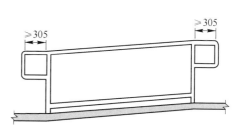

图 3-123　坡道扶手水平延伸设计

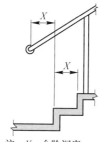

注: X=台阶深度

图 3-124　楼梯扶手倾斜延伸设计

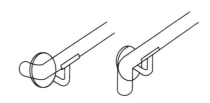

图 3-125　楼梯、坡道及通道扶手末端设计

(4) 扶手直径。为了保持扶手在使用上的连贯性及易于抓握和控制力度,给使用者带来安全和便利,应尽量将扶手的横截面设计为正圆形。由于大部分人舒适的抓握直径为 46mm[124],如图 3-126 所示,因此一般将扶手抓握部分的截面直径设计为 32~51mm。对于横截面为非圆形的扶手,应按照图 3-127 所示进行设计,扶手的截面周长应保证在 100~160mm 之间,且截面内最大尺寸不超过 57mm。

图 3-126　人手舒适抓握直径

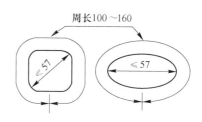

图 3-127　非圆形截面扶手无障碍设计

（5）扶手空间。当扶手安装在墙上时,扶手内侧与最邻近表面之间要有不小于 38mm 的净空间,便于手和手臂在抓握和支撑扶手时有适当的空间使用,如图 3-128 所示。扶手抓握部分与其同一安装表面上的凸出物之间也应留有一定的空间,扶手与下方突出物之间的间距不应小于 38mm,与上方凸出物之间的距离不应小于 305mm,如图 3-129 所示。

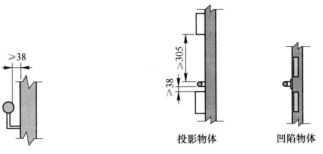

图 3-128　扶手间隙无障碍设计　　图 3-129　扶手邻近空间无障碍设计

（6）扶手颜色。扶手颜色应与周围墙壁颜色形成对比,便于辨认。
国内外无障碍扶手设计相关的规范进行汇总如表 3-97 所列。

表 3-97　动车组列车无障碍扶手设计　　（单位:mm）

项目	ADA（49CFR 38）	UIC 565	TSI	《Humanscale》	JGJ 50
扶手高度-通道	865~965	800~1100	850~1000	—	850~900
扶手高度-登车	762~965	—	800~900		
扶手高度-楼梯	865~965	800~1100	850~1000	810~860	850~900
扶手高度-坡道	865~965	800~1100	850~1000	970~1120	850~900
扶手截面直径	32~51	—	30~51	25~44	35~45
扶手距墙间隙	≥38	40~50	≥40	≥38	40~50
扶手延伸长度	≥305	—	≥300	≥305	≥300

对于通道、楼梯及坡道等通行空间内除扶手外的其他突出物,如固定在无障碍通道的墙、立柱上的物体或标牌,其距地面的高度不应小于 2.00m;如小于 2.00m 时,探出部分的宽度不应大于 100mm;如突出部分大于 100mm,则其距地面的高度应小于 600mm[99]。

2. 客室设施无障碍设计

客室内主要包括车厢连接门、座椅、饮水机、行李架、衣帽钩、垃圾箱、消防设备、逃生设备等设施。

（1）对于客室内车厢之间的连接门设计应与登车入口门要求相同。进入优先座位和行李存放的车门应设置有一个最小宽度为800mm的通道，如果需要轮椅通过，建议其最小净宽度为850mm。车厢连接门应能自动或半自动打开，开门时间应维持足够长的时间，以方便残疾人或带有大件行李的乘客安全通过。

（2）客室座椅。动车组列车客室内应设置3种类型的座椅，分别为普通座椅、陪同座椅和优先座椅，陪同座椅和优先座椅设计应遵循表3-98的要求。

表3-98　动车组列车客室座椅无障碍设计

项点	设 计 需 求
普通座椅	（1）仅设单向席位的情况下，座椅前方必须留有足够的间隙以方便通行。如图3-130所示，座椅靠背前缘与前排座椅靠背后缘的水平距离至少为680mm，需要指出的是这段距离的测量应在座垫与靠背接触处上方70mm的中心处。座椅前缘与前排座椅靠背后缘水平距离至少为230mm。 （2）面对面席位的两座椅前端边缘之间的距离至少为600mm，如图3-131所示。当面对面席位间配有桌子时，必须在席位前部和桌子边缘之间设置足够的进入空间，座椅前缘与桌子边缘的水平距离至少为230mm，如图3-132所示。 （3）在靠近通道一侧的座椅靠背上方应安装垂直扶手以保证乘客通行时的稳定性。该扶手不得有锋利的棱边，应安装在距地面800～1200mm的高度处，且扶手不应超出座椅边界向通道内侧突出
陪同座椅	必须为轮椅使用者的每位旅行陪伴者提供陪同座椅，陪同座椅应与轮椅席位相邻，且位于同一水平高度的地面上。当陪同座椅无需使用时应能折叠起来以腾出空间用于其他用途。陪同座椅应具有与普通乘客座椅相同的尺寸、质量和舒适度
优先座椅	（1）为保证除轮椅使用者外的行动机能障碍人群（包括挂拐者、老人及孕妇等）的舒适乘坐，每节车厢应设10%以上的座位为优先座位，并设置在靠近车门的位置。 （2）优先座椅的椅面至少宽450mm，距地面高度在430～500mm之间，优先座椅拥有不少于1680mm的净高空间，对于双层列车，允许将其一半的优先座椅的最小净高降低为1520mm，如图3-133所示。 （3）优先席位应尽可能设置为既有单向席位又有面对面席位，这样可以满足无障碍人士单人或结伴旅行的需要。面对面席位的设置对言语障碍者和听障人士尤其重要。所有优先座椅均应保证在距离座椅面上方70mm以上的高度处的座椅间距不小于680mm，尤其是从座椅前缘至前方座椅之间的间距不得小于230mm，如图3-134和图3-135所示。对于对向设置的优先座椅，座椅前缘之间的距离不应小于600mm，如图3-136所示。 （4）优先席位必须配备可活动的扶手，这些扶手可以移动，方便乘客不受限制地入座席位。 （5）优先座位不能被折起用于轮椅或行李的存放。 （6）在条件允许的情况下，所有优先席位应在其下方设置一只救助犬安置空间。在每节车厢最少的两个优先席位中必须有一个席位要设置有救助犬安置空间

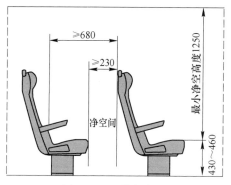
图 3-130 单向席位

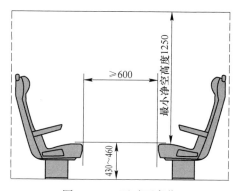
图 3-131 面对面席位

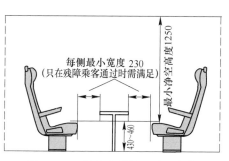
图 3-132 带有桌子的面对面席位

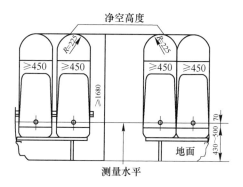
图 3-133 优先座椅尺寸及净高设计

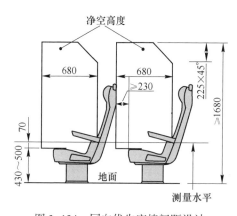
图 3-134 同向优先座椅间距设计

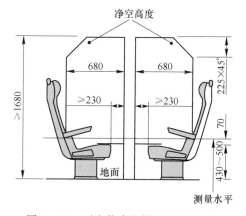
图 3-135 对向优先座椅间距设计(1)

（3）饮水设备。饮水设备的无障碍设计主要涉及饮水器的高度和出水口的位置，动车组列车内自动饮水器需按照图 3-137 所示要求进行设计，具体设计参见表 3-99 的要求。

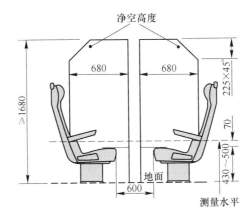

图 3-136　对向优先座椅间距设计(2)

表 3-99　动车组列车客室饮水设备无障碍设计

项点	设 计 需 求
饮水器高度	自动饮水器下方应留有适合轮椅使用者使用时的置腿和置脚空间,其出水口的高度应设计在距离地面 915mm 以上的位置
出水口位置	自动饮水器出水口距离饮水器前缘最大距离为 125mm,距离后侧墙壁不应小于 380mm,如图 3-137 所示

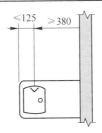

图 3-137　动车组列车饮水设备设计

（4）餐车:餐车的无障碍设计主要包括餐桌的数量、餐桌的高度、置腿空间、菜单及自动售货机等,具体设计参见表 3-100 所列的要求。

表 3-100　动车组列车餐车设备无障碍设计

项点	设 计 需 求
餐桌数量	如果餐车允许轮椅进入,那么至少应设置两张轮椅餐桌,一张在禁止吸烟区,另一张在吸烟区(如适用)。在这些餐桌中,至少有一个席位可供陪同人员使用
餐桌高度	餐桌表面和工作台面距离地面的高度应设计在 710~865mm 之间。如有提供适用于孩童使用的餐桌,桌面高度应设计在 660~760mm 之间。在条件允许的情况下,餐车一些席位下方应设置一只救助犬安置空间
餐桌置腿空间	餐桌下方应留有至少高 610mm 的适合轮椅使用者使用时的置腿和置脚空间

续表

项点	设 计 需 求
菜单和价目表	菜单和价目表单应清晰明确,易于辨认(大字符、对比色等)。餐饮服务人员可应要求提供盲文菜单
自动售货机	自动售货机操作控制高度不应超过地板面1300mm,以1200mm为佳

(5)卧铺。卧铺车厢的无障碍设计主要包括无障碍卧铺数量、报警装置设置等,具体设计参见表3-101的要求。

表3-101 动车组列车卧铺车厢无障碍设计

项点	设 计 需 求
无障碍卧铺数量	对于拥有两节及以上卧铺车厢的动车组列车,该列车应提供至少两节可供轮椅使用者进入的无障碍卧铺车厢,无障碍卧铺车厢的设计可参照图3-138和图3-139所示
报警装置	动车组列车每节卧铺车厢内应设有不少于两个报警装置,一个报警设备安装在距离地面不超过450mm的高度处,另一个应安装在距地面垂直距离在600~800mm之间的位置。位于下方的报警装置应能被躺在地面上的人容易操作。报警装置的颜色应与其他控制设备进行区分以防误操作,且应为视觉和听觉障碍的乘客提供语音和视觉等多种报警形式

图3-138 残疾人卧铺车厢示例尺寸

图3-139 残疾人卧铺车厢示例

（6）其他服务设施。其他服务设施包括问询台、通信电话、自动售货机等，其具体设计参见表3-102的要求。

表3-102　动车组列车客室其他服务设施无障碍设计

项点	设 计 需 求
设施高度及置腿空间	低位服务设施上表面距地面高度宜为700~850mm，其下部宜至少留出宽750mm、高650m、深450mm供乘轮椅者膝部和足尖部的移动空间
设施空间	低位服务设施前应有轮椅回转空间，回转直径不小于1500mm
通信设备	如果列车提供诸如电话、传真机等通信设施，则建议满足以下要求： （1）每种设备中至少有一种是轮椅乘客可以使用的； （2）为方便乘客使用，通信设施设置的顶部高度至少为800mm，距离地面最高不超过1200mm； （3）至少一部电话应设置有助于助听的音频感应环路系统，它必须用适当的国际通用符号来标识； （4）对于轮椅乘客和行走困难的乘客，另一种解决办法是由列车乘务员提供移动通信设施
衣帽钩高度	为坐轮椅的旅客设置的衣帽钩的定位高度距地板面约为1200mm

3. 卫生间设施无障碍设计

卫生间内主要包括坐便器、洗手盆、冲水按钮、烘手器、报警按钮、门、扶手、护理板、衣帽钩、垃圾箱等设施。

（1）卫生间坐便器无障碍设计主要包括坐便器高度、坐便器位置、坐便器颜色等，具体设计参见表3-103。

表3-103　动车组列车无障碍卫生间坐便器无障碍设计

项点	设 计 需 求
坐便器高度	无障碍卫生间内，以马桶座圈的顶部为准，坐便器的高度应为432~483mm，且座圈在使用者离开时不得自动弹起返回至抬起的位置
坐便器位置	坐便器与其邻近的侧墙之间应保证一定的空间，即坐便器中线距侧墙的距离应设计为405~455mm，如图3-140所示。坐便器的前端距离后墙壁不应少于700mm，这样可以方便轮椅定位实现横向转移
坐便器颜色	坐便器座圈、盖子的颜色或色调都应与周围环境形成鲜明的对比

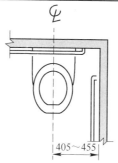

图3-140　无障碍卫生间坐便器设计

(2) 卫生间扶手无障碍设计主要包括侧墙扶手、后墙扶手及扶手尺寸,具体设计参见表 3-104。

表 3-104　动车组列车无障碍卫生间扶手设计

项点	设 计 需 求
侧墙扶手	坐便器旁侧墙扶手的最小长度应为 1065mm,扶手后端距离后墙的最大距离为 305mm,且扶手前端距离后墙至少为 1370mm,如图 3-141 所示
后墙扶手	坐便器旁后墙扶手的最小长度应为 915mm,扶手右端至侧墙距离至少为 305mm,另一端至少为 610mm,如图 3-142 所示
扶手尺寸	无障碍卫生间内所有扶手的截面直径和间隙尺寸均应满足无障碍扶手设计要求,即扶手抓握部分的截面直径应为 32~51mm,扶手与邻近墙面的间距不小于 38mm

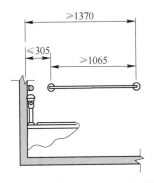 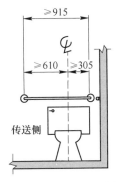

图 3-141　无障碍卫生间侧墙扶手设计　　图 3-142　无障碍卫生间后墙扶手设计

(3) 冲水按钮、呼叫设备和纸巾盒无障碍设计[134]主要涉及按钮外形、按钮颜色、按钮布置、操作力及报警装置等,具体设计参见表 3-105 和表 3-106。

表 3-105　动车组列车卫生间冲水按钮、呼叫设备和纸巾盒设计

项点	设 计 需 求
按钮外形	冲洗按钮的形状应设计为圆形或椭圆形。呼叫按钮的外形应与冲水按钮(如四边形、矩形或三角形)容易区分。冲洗按钮和呼叫按钮的大小应容易被手指或手掌推动。按钮的高度应该从周围的表面突出,以便有视觉障碍的乘客可以通过触摸识别按钮
按钮颜色	冲洗按钮和呼叫按钮应设计呈不同的颜色以区别开来,且两种按钮的颜色与周围的颜色之间应具有一定的对比度
按钮布置	冲洗按钮、呼叫按钮和纸巾盒的布置应考虑以下设计及需求: (1) 冲洗按钮、呼叫按钮和纸巾盒需按大多数乘客的操作方式布置,应考虑坐姿和站立等各种姿势,且易于被视觉机能障碍的乘客识别; (2) 冲洗按钮、呼叫按钮和纸巾盒应布置在同一侧墙壁;

续表

项点	设计需求
按钮布置	（3）应按照图3-143和表3-106所示的位置布置冲洗按钮、呼叫按钮和纸巾盒，呼叫按钮和冲洗按钮应安装在同一高度，位于纸巾盒的上方位置，且呼叫按钮放置在马桶座圈的后部； （4）如果扶手、洗手盆等其他设备与冲洗按钮、呼叫按钮和纸巾盒安装在同侧墙面，这些设备的布置不应影响冲洗按钮、呼叫按钮和纸巾盒安装； （5）即使冲洗按钮、呼叫按钮和纸巾盒布置位置不能完全符合表3-106所列的间距，三者也应保持在图3-143中描述的位置关系； （6）另一个呼叫按钮应放置在冲洗按钮的前端，最小布置高度为100mm，使乘客即使处于跌落的状态下也可以轻松地操作
操作力	卫生间内任何控制设备，其操作力均不得超过10N
报警装置	报警装置必须能发出可被乘务员听到的警告，可以使用对讲机系统，但不建议采用其他语音系统。卫生间内报警系统应有工作状态可视、可听的提示

表3-106　动车组列车无障碍卫生间按钮布置位置设计

（单位：mm）

设施	距坐便器上表面前端位置的水平间距	距坐便器上表面的垂直间距	设施间距
纸巾盒	$X_1:0\sim100$	$Y1:150\sim400$	—
冲水按钮		$Y2:400\sim550$	$Y_3:100\sim200$
呼叫按钮	$X_2:100\sim200$		$X_3:200\sim300$

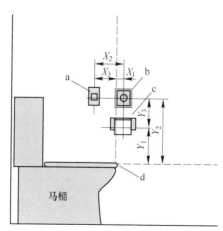

a—呼叫扫钮；b—冲水按钮；c—纸巾盒；d—马桶座圈上表面的顶端。

图3-143　无障碍卫生间按钮布置位置设计

（4）门把手、锁或门控装置：卫生间内的任何门把手、锁或门控装置的中心必须在地板上方 800~1200mm 处，它们必须有便于操作的尺寸和形状。

（5）洗手池：洗手池下方空间应满足轮椅使用者的置腿和置脚空间需求。

（6）镜子：位于洗手间或台面以上的镜子的底部边缘的安装高度应在 1015mm 以上。不位于洗手间或台面以上的镜子的底部边缘应安装在距离地面 890mm 的高度处。

（7）挂衣钩和置物架：衣帽钩应位于轮椅使用者的操作活动范围之内。置物架的最小高度应为 1015mm，最大高度应为 1220mm。

例如，动车组列车内设有儿童可使用的卫生间，则该卫生间内设施的设计应满足表 3-107 要求。

表 3-107　无障碍卫生间儿童专用设施设计　（单位：mm）

位置距离	3~4 岁	5~8 岁	9~12 岁
坐便器中心线至侧墙距离	305	305~380	380~455
坐便器高度	280~305	305~380	380~430
扶手高度	455~510	510~635	635~685
纸巾盒高度	355	355~430	430~485

保障动车组设施的无障碍设计可以突出设计的人性化，使各类设施产品服务于更多的人群，同时实现利益的最大化，即通过提高使用舒适度和满意度，提升设施产品品质，因此具有十分重要的意义。

动车组乘客设施无障碍设计强调的是设施产品的可用性，在国际标准 ISO 9241-11[135] 中将可用性定义为：产品在不同的使用环境下为特定用户用于特定用途时所具有的有效性（effective）、效率（efficiency）和满意度（satisfaction）。其中有效性是指用户完成特定任务或达到确定目的时所具有的正确和完整程度；效率是指用户完成某项任务的正确和完整程度与所使用资源（如时间）之间的比率；满意度是指用户在使用该设施产品过程中具有的主观满意和接受程度。

无障碍设施设计强调以乘客为中心的设计原则，对设施使用者进行研究，分析其使用需求和使用情境，以使设计能够达到用户的最终需要。其着重考虑的是除正常乘客以外的各类机能障碍乘客群体的合理使用。分析各类乘客特点并建立用户模型，研究其特殊需求，结合使用情境和使用行为，确定设计目标，展开无障碍设计，建立无障碍设计对象数字或物理模型，进行用户体验和可用性测评，评估比较确定最终的设计方案，其设计流程如图 3-144 所示。

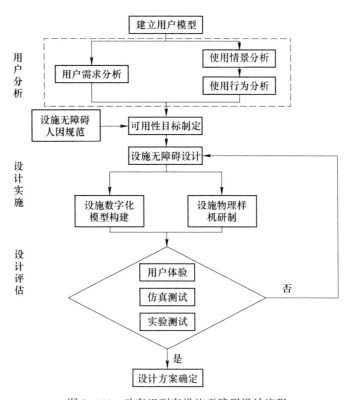

图 3-144 动车组列车设施无障碍设计流程

3.3.4 动车组信息交流无障碍设计

目前在公共交通设备的无障碍设计中,对无障碍设施的研究较多,而针对视觉、听觉及认知有障碍的人群使用的产品信息的研究却较少。信息无障碍,是指任何人在任何情况下都能平等、方便、无障碍地获取信息并利用信息。动车组列车内外信息的无障碍设计通过易用性、可用性等优化,可以被老年人、视障者、听障者等用户顺畅使用,同时可以更高效、更便捷地为所有用户服务。

当前我们正处于信息化迅速发展的时代,信息传递方式日新月异,信息产品层出不穷,因此,动车组信息的无障碍设计对于提高运营商服务质量至关重要,良好的列车内外部信息为所有乘客提供一个舒适、便利的旅程,避免因无法及时和正确地获取信息而发生危险和产生焦虑的心理。

1. 信息无障碍设计应考虑的因素

动车组信息交流不仅是列车信息系统向乘客发布及指示信息的单向过程,而且是信息和接收者(乘客)之间的一个交互过程。《老年人和残疾人的需求》

(GB/T 20002.2)[127]中针对如何考虑老年人和残疾人的需求提供了指导,并提出了影响残障人士使用产品、服务或环境的诸多因素,下面就针对影响动车组残障人士信息交互的10个因素进行阐述。

1) 信息指示内容

乘坐动车组列车时需要获取的信息包括列车播报信息、空间指示信息和设施使用信息3部分内容。列车播报信息是指通过电子显示屏和广播发送的信息,包括当前车站、将要到达车站和到达时间、列车早/晚点信息及紧急报警信息等。空间指示信息指的是指示车门及通道、普通乘客座椅区、优先座椅区、轮椅存放区、卫生间及楼梯等各功能区之间的相互位置及布局的信息。设施使用信息指的是列车内所有设施的使用方法和说明标识、设施状态(是否危险)反馈等信息,如卫生间内坐便器的冲水按钮等。

2) 信息传递方式

信息传递方式即一种可以使产品、服务或环境易于被接触、感觉或接收到的不同表达方式,通常包括视觉信息传递、听觉信息传递、触觉信息传递等。但由于人体机能障碍类型不同,导致一种或多种的感官缺失,阻碍了信息的获取,因此信息无障碍设计应保证一个(或一类)信息能够通过两种及以上的信息传递方式传递给乘客,被称为双感官原则(two sense principle)[128],根据信息传递目的的不同所选择的信息传递方式也有所不同。

3) 信息交互方式

在机能障碍人群与产品、服务或环境等类型信息的交互过程中,主要交互方式有3种:即信息提示、信息接收和信息输入。信息提示主要是传递类型单一、内容量少的信息,如警示和操作反馈,常见的提示方式包括提示音、灯光闪烁、振动反馈等。信息接收一般指含有一定内容量、需要理解的信息,如车站播报、紧急情况等,常见的方式包括标识图例、广播播报等。信息输入是以乘客为主导的信息输入和反馈过程,如按下按钮、拨打电话、输入文字等。针对不同类型的信息,其信息交互方式也有所区别,因此设计时需要通过情景分析确定正确的信息交互方式后再进行下一步的设计。

4) 信息的位置和布局

信息的位置和布局直接影响具有视觉或认知障碍的人阅读的难易程度。信息位置的设计需要保证信息的可察觉性和易读性。例如,乘客无论从站立还是坐在轮椅上的视角都能看见并获取信息内容,并且处于站立或坐下两种状态时均能易于触及并操作控制装置。信息布局应考虑的因素包括信息合理分组、文本信息中每行文字的长度、不同信息间的相关性、逻辑性以及控制装置与所要采取的控制动作间的关系等问题。

5）无障碍通道

动车组列车内外的地面应尽量保持在同一水平面,避免不必要的高度改变,如站台登车处、楼梯台阶等,因为即使非常小的高度变化都可能导致乘客发生跌倒危险。如果不能避免地板水平高度的变化,则其变化量必须尽可能地减小,并使用标识清楚地指示出来。对于台阶和坡道处,其两端均采用合适的颜色进行对比标记。应急疏散路线信息对于轮椅使用者和其他行动或视觉有障碍的人要非常明显、直观而且容易理解。

6）颜色和对比度

颜色直接影响到标识信息的可见度和辨认的难易程度。合理地使用颜色组合可以提高乘客对信息的阅读效率,且颜色的组合使用需考虑到一些特殊人群的需求,如患有色盲症的人无法识别红色和绿色。根据所产生信息内容和所达到目的的不同(用于指导或用于危险警示),要选取不同的颜色组合,以便乘客快速理解意义。例如,在黄色或浅灰色背景上配黑色能提供很高的清晰度且不会很刺眼;而淡青色背景上加淡青色阴影或浅灰色的背景上使用红色的文字或符号就很难看清,增加辨认的困难程度,因此应尽量避免使用。

7）照明和眩光

合适的照明可以确保视力有障碍的乘客能够更好地看清指示说明和控制装置,同时能够帮助听力障碍人士清楚地进行唇读或看清手语交流。过高的灯光亮度或某个方向过强的光线会导致大面积阴影的产生,且使人感到刺眼和不舒适,因此应对车内尤其是信息显示器等位置的灯具照明情况进行优化,以减少眩光的产生。

8）标识文本及图例设计

信息、警示和控制装置说明等标志中,文本信息的字体、字号的设计与阅读距离、照明亮度以及颜色和背景的对比度有关。标识文本应适当地采用斜体、阴影和加粗等形式以增加信息的易读性和增强重要信息的突显性。对于乘客,尤其视力有障碍的乘客来说,采用大写字母的文本信息会增加阅读难度,因此应尽量避免所有文本均为大写字母的设计样式。除文本信息外,还应该考虑在标识设计中使用有含义的图形符号或图例,以便于乘客理解和使用。标识中文本信息和图例所表达的含义应一致,避免出现歧义和多重含义。

9）语音及非语音听觉信息

语音及非语音听觉信息的区别在于是否传递了包含有一定内容量的语言信息。例如,在列车内播报前方到站提醒为语音听觉信息,而使用设备时发出一声"哔"的提示音为非语音信息。语音信息的设计应考虑音量、音调和音速等问题;而非语音信息的设计需要考虑音量和音调问题。如果语音/非语音听觉信息的音量不够大、音调太高或太低、语速过快,都有可能造成听觉障碍人群的信息缺失,从而发生危险。

听觉信息的音量应该可调节,且避免音量的突然变化。在可能的情况下,信息也应以尽可能多的频率出现。在语速设计方面,以较慢的速度公布信息可使听众有选择性地获取有用的信息。信息播报之间的停顿,使听众可以了解信息并按照信息行动。如果信息传达的速度太快,听力机能障碍或丧失听觉能力的人就很难听懂。

10) 外观、材料和表面处理

对于视觉机能障碍者来说,触觉是一种有效的信息感知通道。因此,设备或设施的外观、使用材料、表面粗糙度和温度直接影响了触觉信息的传递效率和安全性。视觉机能障碍和感知能力较差的人群可以通过产品或设施有区别性的形状、材料、温度、表面粗糙度等信息更容易识别物体。例如,使用不同的纹理可以帮助视觉有障碍的人分辨产品的不同部分,并找到可抓握的地方;设备或材料的表面粗糙度对于灵敏度很差的人特别重要。

为了保障安全性,所有乘客能接触到的物品表面均应采用非过敏、无毒且具有防火性能的材料,且表面温度不能过低或过高以免发生冻伤和烫伤危险。由于某些功能原因,对于某些不可避免的高温表面(如热水出水口),必须采取听觉或视觉信息警告。

2. 设计方法及流程

根据影响信息无障碍设计的因素,图 3-145 提出了列车信息无障碍设计的

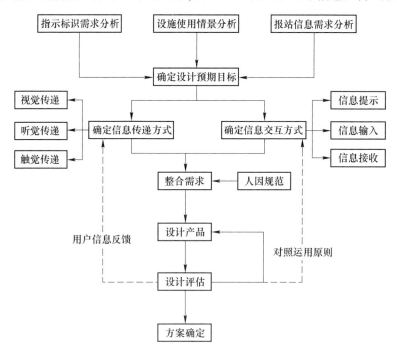

图 3-145　动车组列车信息无障碍设计方法及流程

方法及流程。对列车上可能获取空间指示信息、设施使用信息和列车播报信息,进行需求分析和情景分析如图3-146所示,进而设定列车无障碍设计的预期目标。根据传递信息的内容确定信息交互方式和采用的信息传递方式,并以尽可能多的感知通道进行设计。整合设计需求、信息交互方式和传递方式,以相关标准为设计依据,考虑无障碍信息设计的影响因素进行具体设计。对设计结果进行评估,若评估符合要求则确定该设计为最终方案,若评估不合格则返回上一步重新设计。

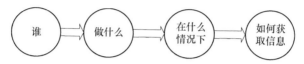

图3-146 动车组列车信息无障碍设计情境分析

列车信息无障碍具体设计需要确定所要传递的信息内容并选取传递信息的方式,根据信息内容和传递方式的不同,确定传递信息的位置和信息的表现形式,查找并确定相关信息的设计规范、原则及标准,综合考虑信息的自身交互设计和与环境的交互设计,最终确定设计方案,见表3-108。

表3-108 信息设计具体内容

传递信息内容	传递信息方式	传递信息位置	信息表现形式	确定信息设计规范	信息自身的交互	与环境的交互	方案确定
• 空间指示信息 • 设施及服务使用信息 • 列车公告发布信息	视觉传递	• 吊顶 • 墙面 • 地面	• 文字 • 图形	ADA设计规范、原则及标准	文字与图形的配合使用	照明	提出具体设计方案
	听觉传递	• 吊顶 • 墙面 • 地面	• 提示音 • 语音信息		提示音与语音的配合使用	噪声	
	触觉传递	• 设备 • 表面 • 墙面 • 地面	• 表面外形、粗糙度等 • 盲文		表面设计与盲文的配合使用	温度	

步骤1:对3种类型的信息,即空间指示信息、设施使用信息和列车播报信息,进行需求分析和情景分析。分析过程如图3-146所示,需要了解"谁"要"做什么","在什么情况下"去做以及"如何获取信息"。

① "谁"指所有乘客群体,包括普通乘客和机能障碍乘客,其中机能障碍乘客又可分为肢体障碍乘客、视觉障碍乘客、听觉障碍乘客和认知障碍乘客。

② "做什么"指的是需要达到的目的,根据所获取的信息类型不同,目标也不同。对应空间指示信息、设施使用信息和列车播报信息 3 种,目的分别为到达指定区域、正确使用设施、了解实时信息。

③ "在什么情况下"指的是获取信息时的不同情境,如列车正常准点行驶、列车晚点行驶、列车遇紧急状况、需要逃生等。

④ "如何获取信息"指的是不同的信息感知通道,主要包括视觉通道、听觉通道、触觉通道、味觉通道和嗅觉通道等多种方式传递信息。

步骤 2:设定适用于动车组列车无障碍设计需要到达的预期目标。针对视觉信息、听觉信息和触觉信息 3 种传递方式,确定尽可能满足更多类型乘客人群的生理和心理机能要求。

步骤 3:根据所传递信息的内容确定信息交互方式和采用的信息传递方式,并以尽可能多的感知通道进行设计。

步骤 4:整合设计需求、信息交互方式和传递方式,以相关人因规范、标准为设计依据,结合无障碍信息设计的影响因素展开具体设计。

步骤 5:对设计结果进行评估,若评估符合要求则确定该设计为最终方案;若评估不合格则返回上一步重新设计。

动车组列车信息无障碍设计需要根据所要传递的信息内容选取合适的信息传递方式,信息内容和传递方式决定了信息传递的位置和信息表现形式,依据相关人因设计规范、原则及标准,综合考虑信息的自身交互和与环境的相互交互展开设计,从而形成设计方案,如图 3-147 和表 3-108 所列。

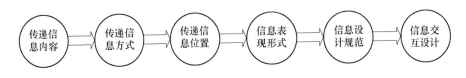

图 3-147 动车组列车信息无障碍设计过程

针对动车组列车内部的信息,确定能够传递信息的主要方式有视觉信息传递、听觉信息传递和触觉信息传递 3 种方式。

动车组列车信息根据信息随时间的变化性可分为静态信息和动态信息。动态信息指的是随时间推移在不断变化的信息,如列车内的电子显示屏实时更新的车站信息、饮水机显示水温的变化。而静态信息指的是随时间推移不发生改变的信息,如座椅位置、设施使用方法等。对于动态信息可以采用视觉和听觉两种传递方式,对于静态信息共有视觉、听觉和触觉 3 种传递方式。

乘客乘坐动车组列车时需要获取大量的信息,表 3-109 所列为空间指示信息的具体内容以及能够获取每个信息对应的传递方式。

表 3-109　空间指示信息内容及对应传递方式

信　　息	视觉	听觉	触觉
普通(优先)座椅在哪?	√	√	√
是否有楼梯(坡道)? 若有,在哪里?	√	√	√
轮椅(空间)存放区在哪?	√	√	√
卫生间在哪?	√	√	√
餐车在哪?	√	√	√
行李(自行车)存放在哪?	√	√	√
座椅服务设施(如照明灯、小桌板等)在哪?	√		√
卫生间服务设施(坐便器、洗手池、纸巾盒等)在哪?	√		√
其他服务设施(挂衣钩、扶手、开门按钮等)在哪?	√		√
…	…	…	…

3. 动车组列车信息无障碍设计内容

动车组列车信息无障碍设计是根据不同类型机能障碍人群的需求提供多种感官信息呈现方式,分为视觉信息无障碍设计、听觉信息无障碍设计和触觉信息无障碍设计。同一种信息呈现方式又可通过多种不同的表现方式来增强乘客的信息接收和理解程度。例如,对于视觉信息来说,标识设计可以采用多种颜色的组合以及不同形式的线条来呈现。因此,信息的无障碍设计涉及知识面较为广泛,下面主要针对动车组列车内不同类型信息设计时需考虑的内外因素及设计规范进行讨论。

1)视觉信息无障碍设计

动车组列车的视觉信息主要通过信息标识、电子显示屏及闪烁提示灯等方式传递信息。视觉信息无障碍设计可以帮助视觉机能有障碍(但并未完全丧失视觉感官能力)、听觉机能障碍和触觉感知机能障碍的乘客出行安全与便利。人的视觉功能与人眼对光的感知程度,视觉信息的呈现形式、大小、形状、颜色、速度以及识别信息的位置、距离和移动速度等因素密切相关。对于视觉机能障碍人群来说,上述因素对其影响程度也进一步加大。因此,对视觉信息的设计需要考虑视觉显示内容自身的设计特征以及周围的光环境,以达到良好的视觉传递效果,主要包括字符尺寸和布局位置设计、通用标识设计、环境照明与亮度设计、信息色彩设计、显示屏动态信息设计等内容。

(1)字符设计。

动车组列车内的视觉显示信息中字符的设计高度(距地板面距离)不得小于 1015mm。最小的字符高度应按照表 3-110 所列进行设计。

表 3-110 视觉信息字符最小高度设计[109]

信息字符距地板面高度	水平观看距离	最小字符高度
1015~1780mm	<1830mm	16mm
1015~1780mm	>1830mm	1830mm 之后观看距离每增加 305mm,字符高度在 16mm 基础上增大 3.2mm
1780~3050mm	<4570mm	51mm
1780~3050mm	>4570mm	4570mm 之后观看距离每增加 305mm,字符高度在 51mm 基础上增大 3.2mm
>3050mm	<6400mm	75mm
>3050mm	>6400mm	6400mm 之后观看距离每增加 305mm,字符高度在 75mm 基础上增大 3.2mm

标识中字符的宽高比应设计在 3∶5~1∶1 之间,且笔画宽高比应在 1∶5~1∶10 之间,最小字符高度为 16mm,两字符之间的间距应为字符高度的 1/16,字符和背景间采用亮色对暗色或暗色对亮色形成反差[136]。

(2) 通用标识。

动车组列车内部的所有无障碍空间及设施,均应在旁边设置相应的标识以指示说明。此类标识不应由设计者根据自己的主观意念进行设计,而需采用国际或国内无障碍标识的设计标准,在国标《无障碍设计规范》(GB 50763)中对各类无障碍标识作出了规定,如表 3-111 所列。其中优先座椅标识的设计源于 TSI 规范,每一个优先席位都应该有一个明确的标识设置在相关或相邻席位上,有义务告知把座位让给有需要的人,且标识中不应包含轮椅和代表疾病的符号。

表 3-111 通用标识样式设计[99]

标识意义	标识样式	标识意义	标识样式
无障碍标识	♿	低位电话	☎♿
无障碍通道	♿	轮椅坡道	♿
无障碍卫生间	🚹🚺♿	肢体障碍者使用设施	🧑‍🦯

续表

标识意义	标识样式	标识意义	标识样式
视觉障碍者使用设施		供导盲犬使用的设施	
听觉障碍者使用设施		听导犬	
文字电话		听力障碍者电话	
优先座椅(TSI)			

(3) 照明及亮度。

动车组列车内的视觉观察环境,特别是照明环境,对视觉信息的易读性同样有很大的影响。车内的照明环境应考虑老年人和视觉障碍人士的视觉灵敏度(视力),以确定适当的照明水平。如图 3-148 所示[123],为不同年龄阶段的人群在不同亮度条件下的视觉敏感度水平,该曲线图通过召集 111 名被试,将其划分为 7 个年龄段群组,在距离目标视觉信息 5m 远处测得数据绘制而成的,x 轴表示照明亮度,y 轴表示视觉敏感度。可以明显地看出无论哪个年龄段的人群,随着亮度水平的降低其视觉敏感度均会下降,且老年人较年轻人的视觉

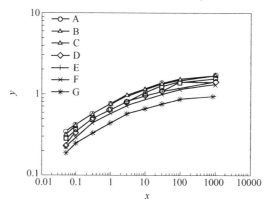

图 3-148　7 个年龄段人群在不同亮度条件下的视觉敏感度变化
注:A 为 10~19 岁;B 为 20~29 岁;C 为 30~39 岁;D 为 40~49 岁;
E 为 50~59 岁;F 为 60~69 岁;G 为 70~79 岁。

敏感度整体较低。因此,在对动车组列车内的视觉信息环境进行设计时,不应采用较暗的照明环境,车内所有的公共区域都应该被照明覆盖,以保证乘客能够安全地在列车上行走并及时获取信息。

由于视觉损伤类型和程度的不同,对照明水平的需求也不同,如眼角膜、晶状体混浊或患有白化病的人群通常很难适应明亮的光线环境。但对于大多数视觉机能障碍者来说,依旧需要提高列车内的照明水平来保证信息的获取。

但要注意,在增加照明水平时不能引起眩光。由于眼睛的光散射增加,眩光对老年人和视觉障碍人(如某些类型的白内障、角膜水肿、玻璃体混浊)的影响更加严重,如图 3-149 所示[123],x 轴表示年龄,y 轴表示失能眩光影响系数。对于老年人来说,在眩光的情况下会导致视力下降,且从强光下恢复自身原本视力水平也要花费更长的时间。同时眩光还会引起不适感,降低乘客操作设施的绩效与乘坐舒适性,因此列车内光环境的眩光控制应以老年人生理指数为主要的设计依据。

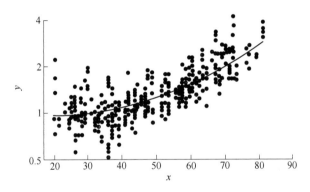

图 3-149　失能眩光及散射对不同年龄人群的影响

(4) 信息颜色。

颜色一般被用作标记,区分和吸引注意的方式,但由于老年人和视觉机能障碍者(包括色盲和视力低下者)对物体和灯光色彩的感知不同于正常人群,他们对于色彩辨识度有所降低,因此信息色彩的设计也将直接影响信息的可见性与易读性。影响的主要因素包括视觉显示信息颜色的选择、颜色的组合使用等。

颜色的合理选择可以增强该信息所传递的含义,因此在进行视觉信息设计时,为了增强信息含义的传递性,应选取某些具有相关含义的颜色,如与安全相关的含义,如表 3-112 所列,根据指示信息内容情境的不同,信号灯应选用不同的颜色。

第3章 基于乘客特征的动车组客室空间布局与设计

表3-112 信号灯颜色设计及其含义[124]

信号灯颜色	适用情景
红色	存在危险、紧急情况、失败、故障、停止
黄色	即将发生危险、注意、缓慢、临界状态
绿色	继续进行、就绪状态、激活状态
白色	系统可用、操作运行中
闪烁	吸引注意力、标识紧迫性

正确合理的颜色组合是识别和辨别物体的有效工具。信息的字符和背景之间应分别采用亮色和暗色以形成反差、增强对比度。例如,绿色-红色(红绿色盲症患者除外)和黄色-蓝色的颜色组合,在显著的亮度对比下可以提高视觉障碍中有颜色缺陷的人对信息的易读性,以避免混淆颜色。表3-113给出了对电子显示屏的显示信息设计时可以采用的颜色组合。同时也要注意,使用过多的颜色反而会导致信息的可读性降低。

表3-113 标识与背景颜色的组合设计[123]

背景色	标识色							
	黑	白	紫	蓝	青	绿	黄	红
黑		+	+	-	+	+	+	-
白	+		+	+	-	-	-	+
紫	+	+		+	-	-	-	-
蓝	-	+	-		+	-	+	-
青	+	-	-	+		-	-	-
绿	+	-	-	+	-		-	-
黄	+	-	+	+	-	-		-
红	-	+	-	-	-	+	-	

注:"+"代表两种颜色适宜组合;"-"代表两种颜色不适宜组合。

视觉信息的配色与其照明环境共同决定了该信息的可见度,单纯的高亮度照明并不一定会带来良好的能见度,为了确保良好的可视性,还需要考虑照明水平、光线反射、目标与周围环境颜色可辨识性等因素。信息设计中推荐使用的对比度、亮度及配色见表3-114。

表3-114 车内信息设计中推荐使用的对比度、亮度及配色

优先级	对比度	配色		亮度
		字体/图像	背景	
1(警示)	$0.83 < K \leq 0.99$	蓝色	绿色	300~500 cd/m² 应急情况:>500 cd/m²
		黄色	淡紫色	
		绿色	蓝色	
		黑色	白色	
		白色	红色	

续表

优先级	对比度	配色		亮度
		字体/图像	背景	
2(注意)	$0.50<K\leqslant0.83$	黄色	绿色	$30\sim299$ cd/m²
		黑色	中性色	
		白色	蓝色	
		白色	绿色	
3(指引)	$0.28<K\leqslant0.50$	蓝色	中性色	$3\sim9$ cd/m²
		黄色	灰色	
		绿色	中性色	
		红色	中性色	
		黑色	绿色	

注：中性色又称无色彩系，指由黑色、白色及黑白调和的各种深浅不同的灰色系列。

(5) 显示屏动态信息。

电子显示屏可以实时更换显示内容以保证乘客获取最新信息，一般用于显示到站(即将到站)信息、列车时速信息、车内外环境温度信息等。显示屏的尺寸应能保证显示完整的站名或文字信息。如果显示屏使用滚动显示，无论是水平滚动还是垂直滚动，均应考虑信息的滚动速度，每一个完整的单词显示时间不得少于2s，信息水平滚动的速度不应超过6个字符/s。显示屏中显示字符的最小高度可根据下列公式进行设计，即

$$最小字符高度=\frac{水平观看距离}{250}$$

2) 听觉信息无障碍设计

听觉信息无障碍设计可以帮助有听觉机能障碍(但并未完全丧失听觉感官能力)、视觉机能障碍和触觉感知机能障碍乘客的出行安全与便利。动车组列车内的听觉信息主要包括列车内外语音广播信息和设施听觉提示信号(如开关车门时的听觉提示音等)。

为保证乘客能够及时、正确地获取列车运行与到站信息，动车组列车车内均应配备公共广播系统，以允许乘务人员将已录制好的数字化语音消息、站点消息及其他消息向车内乘客播报，还可提供与广播系统具有同等功能的语音询问替代系统或装置。运行超过一条路线的动车组列车均应配备车外公共广播系统，以允许交通乘务人员将已录制好的数字化语音消息和列车、线路及路线标识信息向乘客播报。当车站广播系统提供进站列车信息时，该列车就无需使用列车外部公共广播系统。所有听觉语音信息播报内容应与视觉显示信息相一致。

听觉提示信号相比广播语音信息更加抽象、简单,通过提供不同类型的提示音为听觉障碍者和视觉障碍者反馈该设施的运行状态和运行水平。因此,在设计时应考虑以下两点:听觉提示信号应在不向乘客做进一步说明的情况下可以被乘客理解;该信号不得与同一设施的其他状态听觉信号和不同设施在同一时间内响应的信号相混淆。听觉信息无障碍设计主要包括广播系统声压水平、听力辅助设备、听觉提示信号的时间模式以及车门开关提示音。

(1) 广播系统声压水平[116]。

广播系统的声压级范围应以最低语音级别和最高语音级别来确定。在安静的环境中,当声压级高于其最低语音级别的绝对阈值时,听觉信号将被听到。当信号由多个频率分量组成时,至少需要一个分量超过阈值,使信号可听见。图 3-150 和图 3-151 分别为第 10 百分位的男性和女性的听力声压绝对阈值,即 90% 的人依然能够在安静的环境中听到曲线下方区域内一定频率和声压水平的信号。可以看出,不论男性还是女性,老年人的最低语音级别限值要高于年轻人,因此车内外广播系统声压级范围的最低限值设置应保证拥有正常听力老年人的可听性。广播系统最高语音级别的设置应避免对乘客的干扰,一般来说年轻人具有更高听力敏感性,他们比老年人更容易由于过高的声压级而感到不适,所以将年轻人的最高语音级别用来设定广播系统的声压级范围的最大限值。在安静的环境中,55~65dB 的声音信号通常更适合大多数乘客(包括听力损失不严重的老年人)。

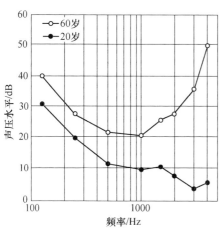

图 3-150 青年和老年男性的听觉声压变化

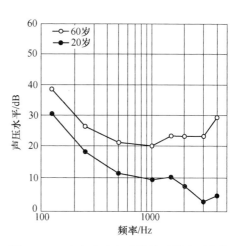

图 3-151 青年和老年女性的听觉声压变化

(2) 听力辅助设备[109]。

可为动车组列车内听力机能障碍(但并未完全丧失听力知觉功能)的乘客提供听力辅助设备。听力辅助系统通常按其传输方式分类,有固线连接系统和

3种无线系统,即感应线圈、红外线和调频无线电传输。辅助助听系统的声压级应保证在110~118dB之间,音量可以在50dB的控制范围内动态调节,内部产生的信噪比至少为18dB。

(3)听觉提示信号的时间模式[112]

听觉提示信号共分为3种类别,即操作确认信号、操作结束信号、状态警示信号。表3-115至表3-117分别给出了3种类型信号的运行模式。动车组列车内不同信号的反馈提示音设计可以从表3-115至表3-117中进行选择。

表3-115 操作确认信号的运行模式

信号类型	开启时间/s	关闭时间/s	重复性	声音描述	模式
接收和开启信号	0.1~0.15	—	单次重复	Pip	ON
停止信号	0.5~0.6	—	单次重复	Peep	ON
起始位置信号	0.05~0.075	0.05~0.075	单次重复	Pip,pip（快速）	ON1 ON2 OFF ON1=ON2 "ON"时间≥"OFF"时间

表3-116 结束信号的运行模式

信号类型	开启时间/s	关闭时间/s	重复性	声音描述	模式
位于可触及范围内的听觉信号	0.5~1.0	—	单次重复	Peep	ON
	ON1=0.1 ON2=0.8	0.5	单次重复	Pi,pi,pi,peep（慢速）	ON1 ON1 ON2 OFF OFF OFF
距离乘客有一定距离的听觉信号	0.3~0.8	0.5~1.0	多次重复	Pip,pip,pip…（指定时间内,慢速）	ON OFF "ON"时间≤"OFF"时间重复次数可以自由决定,重复次数越多对老年人越有益

续表

信号类型	开启时间/s	关闭时间/s	重复性	声音描述	模式
	ON1＝0.5 ON2＝1.5	0.8	单次重复	Pip,pip,pip, peep(慢速)	ON1 可以重复3~4次
	ON1＝0.1 ON2＝0.5	OFF1＝0.1 OFF2＝0.5	多次重复	Pip,peep,pip, peep… (指定时间内, 慢速)	重复次数可以自由决定,重复次数越多对老年人越有益

表 3-117 警示信号的运行模式

信号类型	开启时间/s	关闭时间/s	重复性	声音描述	模式
强警示信号	0.1	0.1	多次重复	Pi,pi,pi… (快速且连续)	"ON"时间＝"OFF"时间
	0.1~0.3	0.05~0.15	多次重复	Peep,peep, peep,peep (连续)	"ON"时间＞"OFF"时间
弱警示信号	0.5	0.2~0.25	多次重复	Peetz,peetz… (连续)	
	0.1	OFF1＝0.05 OFF2＝0.5	多次重复	Pi,pip,pi, Pip… (间断)	

(4) 车门开关提示音。

动车组列车外部车门在开启和关闭时均应向列车内外的人员发出声音警报提示,以免跌落或夹伤发生危险。当列车驾驶员或其他乘务人员自动或远程打开车门时,警报信号应从车门打开前至少 3s 开始响起。当列车驾驶员或其他乘务人员自动或远程关闭车门时,在门开始关闭之前信号提示音应至少鸣响 2s,其音调应与车门开启时的音调有所区别,且在车门关闭时提示音应持续响起,直至车门完全关闭。

3)触觉信息无障碍设计

触觉信息可用于指示位置,识别表面结构,感知物体外形,获取包含在字符、符号中的信息等。触觉信息无障碍设计可以帮助有触觉感知机能障碍(但并未完全丧失触觉感官能力)、视觉机能障碍和听觉机能障碍乘客的出行安全与便利。触觉的感知程度也与人的年龄相关,图3-152所示为不同年龄人群的人体部位的触觉感知敏锐程度,y_1 轴为触觉感知最低阈值,y_2 为阈值随年龄下降百分比(表3-118)。数据显示,对于身体的所有区域,老年人的触觉感知最低阈值要比年轻人高得多。因此老年人的触觉空间分辨能力要小得多[123]。

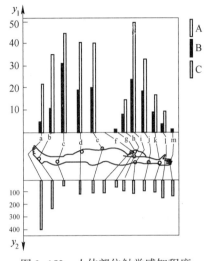

图 3-152 人体部位触觉感知程度

表 3-118 图符号及其含义

符号	含义	符号	含义
A	大于65岁	f	舌头
B	18~28岁	g	嘴唇
C	年龄下降百分比	h	脸颊
a	脚趾	i	上臂
b	脚底	j	前臂
c	小腿	k	手掌
d	大腿	l	手指
e	腹部	m	指尖

动车组列车内的触觉信息主要包括盲文、凸起点及凸起条纹、凸起字符等,盲文主要用来获取含有一定内容量信息,如楼梯扶手末端的盲文等;凸起点及凸起条纹一般应设置在设施的控件上方,以达到确定控制功能和位置的目的;凸起字符设计可以同时提供触觉和视觉两种信息传递通道,在视觉标识的设计中可以广泛应用。

(1) 盲文设计。

盲文是专为视觉机能障碍或缺失人群设计的靠触觉感知的文字,一般每一个方块的点字是由六点组成,其盲文触点的尺寸及间距应遵照表3-119和图3-153所示进行设计[109]。

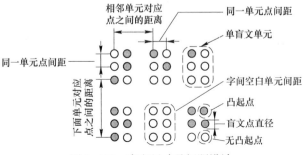

图 3-153 盲文尺寸及间距设计

第3章 基于乘客特征的动车组客室空间布局与设计

表 3-119 盲文点尺寸设计

测量距离	设计范围/mm
盲文点直径	1.5~1.6
盲文点高	0.6~0.9
同一字符中两点距离	2.3~2.5
相邻两字符中相同位置两点水平距离	6.1~7.6
相邻两字符中相同位置两点垂直距离	10~10.2

盲文应位于相应的文本下方,如果有多行文本信息,则盲文应放在整段文本的下方。盲文与其他任何触觉字符以及标识边框的距离均应不小于9.5mm,如图3-154所示。带有触觉信息的标识,其最高的触觉信息应放置在距离地板面1220~1525mm的高度范围内,如图3-155所示。

图 3-154 盲文标识间距设计

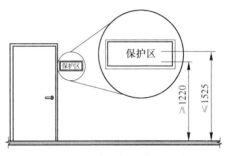

图 3-155 盲文标识位置设计

(2)凸起点及条纹设计[115]。

当控制按钮或设备不能通过触摸其形状或大小来识别时,需要在控制设备上方设置一个触觉点或触觉条纹来识别。触觉点的尺寸和形状如图3-156和表3-120所列,触觉条纹的尺寸和形状见图3-157、图3-158和表3-121。

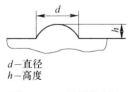

图 3-156 触觉凸起点尺寸设计　　图 3-157 触觉凸起条纹尺寸设计(1)　　图 3-158 触觉凸起条纹尺寸设计(2)

表 3-120 触觉凸起点尺寸设计

d/mm	h/mm
0.8~2.0	0.4~0.8

表 3-121 触觉凸起条纹尺寸设计

w/mm	l	h/mm
0.8~2.0	5w~10w	0.4~0.8

(3)凸起字符[109]。

凸起字符的凸起高度应不小于0.8mm,其他尺寸的设计应与视觉显示信息中的字符设计相一致。

动车组视觉、听觉和触觉信息无障碍设计内容及其参考标准见表3-122。

表 3-122 列车信息无障碍设计内容及标准

无障碍信息设计		设计标准及参考指南
标识设计	字符设计	ADA、49CFR38、ISO22411、Humanscale、TSI、GB 50763
标识设计	颜色设计	ADA、49CFR38、ISO22411、Humanscale、TSI、GB 50763
标识设计	照明设计	ADA、49CFR38、ISO22411、Humanscale、TSI、GB 50763
显示屏设计	字符设计	ADA、49CFR38、ISO22411、Humanscale、TSI、GB 50763
显示屏设计	亮度设计	ADA、49CFR38、ISO22411、Humanscale、TSI、GB 50763
显示屏设计	颜色设计	ADA、49CFR38、ISO22411、Humanscale、TSI、GB 50763
显示屏设计	滚动速度设计	ADA、49CFR38、ISO22411、Humanscale、TSI、GB 50763
广播系统设计	声压设计	ADA、ISO 24500、ISO 24504、TSI
广播系统设计	语速设计	ADA、ISO 24500、ISO 24504、TSI
听力辅助设备设计	声压设计	ADA、ISO 24500、ISO 24504、TSI
听觉提示信号设计	信号类型设计	ADA、ISO 24500、ISO 24504、TSI
听觉提示信号设计	响起时间设计	ADA、ISO 24500、ISO 24504、TSI
听觉提示信号设计	持续时长设计	ADA、ISO 24500、ISO 24504、TSI
盲文设计	盲文尺寸及间距设计	ADA、ISO 24503、ISO22411
凸起点及条纹设计	凸起点及条纹尺寸设计	ADA、ISO 24503、ISO22411
凸起字符	凸起高度设计	ADA、ISO 24503、ISO22411

参 考 文 献

[1] 袁启萌. 高层建筑火灾情景下人群疏散行为研究[D]. 北京:清华大学,2013.
[2] 代宝乾. 公共聚集场所出口应急疏散能力研究[D]. 北京:中国矿业大学(北京),2010.
[3] MUIR H C, BOTTOMLEY D M, MARRISON C. Effects of motivation and cabin configuration on emergency aircraft evacuation behavior and rates of egress[J]. The International Journal of Aviation Psychology, 1996, 6(1): 57-77.
[4] TAKITA T. Research on prevention of train fire[J]. Rail International, 1977, 8(7-8): 395-406.
[5] OSWALD M, LEBEDA C, SCHNEIDER U, et al. Full-scale evacuation experiments in a smoke filled Rail

第3章 基于乘客特征的动车组客室空间布局与设计

Carriage—A detailed study of passenger behaviour under reduced visibility[C]// WALDAU N, GATTERMANN P, KNOFLACHER H, et al. Pedestrian and Evacuation Dynamics 2005.Berlin: Springer, 2007.

[6] CAPOTE J, ALVEAR D, ABREU O, et al. Human behavior during train evacuation: data collection and egress modelling[C]// CAPOTE J A, ALVEAR D. Evacuation and human behaviour in emergency situations advanced research workshop. Cantabria: Universidad de Cantabria, GIDAI, 2011.

[7] MARTINEZ E. Passenger rail car evacuation simulator: RR06-07[R]. Washington, D.C.: Federal Railroad Administration, 2006.

[8] CAPOTE J A, ALVEAR D, ABREU O, et al. An evacuation model for high speed trains[C]// PEACOCK R D, KULIGOWSKI E D, AVERILL J D. Fifth international conference on pedestrian and evacuation dynamics 2010. Boston: Springer, 2011.

[9] KLING T, RYYNäNEN J, HAKKARAINEN T, et al. Numerical tool for simulation of the passengers evacuation for the train scenarios: TRANSFEU-WP5-D5.4[Z]. 2012.

[10] 徐高. 人群疏散的仿真研究[D]. 成都: 西南交通大学, 2003.

[11] Airworthiness standards: Transport category airplanes: 14 CFR Pt. 25[S]. Washington, D.C.: Office of the Federal Register, 2011: 56-70.

[12] International Maritime Organization. Guidelines for evacuation analysis for new and existing passenger ships: MSC. 1/Circ. 1238[S]. London: IMO, 2007: 25-46.

[13] The European Commission. Concerning a technical specification for interoperability relating to the 'rolling stock — locomotives and passenger rolling stock' subsystem of the rail system in the European Union: COMMISSION REGULATION (EU) No 1302/2014[S]. Brussels: Official Journal of the European Union, 2014.

[14] Technical Committee RAE/4. Railway applications-Methods for calculation of stopping and slowing distances and immobilization braking - Part 6: Step by step calculations for train sets or single vehicles: BS EN 14531-6:2009[S]. London: BSI Standards, 2009.

[15] Technical Committee FSH/19. Railway applications-Fire protection on railway vehicles - Part 4: Fire safety requirements for rolling stock design: BS EN 45545-4:2013[S]. London: BSI Standards, 2013.

[16] 陈涛. 火灾情况下人员疏散模型及应用研究[D]. 合肥: 中国科学技术大学, 2004.

[17] Committee FSH/24. Application of fire safety engineering principles to the design of buildings- Code of practice: BS 7974:2001[S]. London: British Standards Institution, 2019.

[18] ISO/TC 92/SC 3 Fire threat to people and environment. Guidelines for assessing the fire threat to people: ISO/TS 19706:2004[S]. Geneva: International Organization for Standardization, 2004.

[19] SHI C L, ZHONG M H, NONG X Z, et al. Modeling and safety strategy of passenger evacuation in a metro station in China[J]. Safety Science, 2012, 50(5): 1319-1332.

[20] CAPOTE J A, ALVEAR D, ABREU O, et al. A stochastic approach for simulating human behaviour during evacuation process in passenger trains[J]. Fire Technology, 2012, 48: 911-925.

[21] SMITH J L, BROKAW J T. Agent based simulation of human movements during emergency evacuations of facilities[C]// ANDERSON D, VENTURA C, HARVEY D, et al. structures congress 2008: crossing borders. Reston: American Society of Civil Engineers, 2008.

[22] 郭雪. 地铁车站火灾乘客应急疏散行为及能力研究[D]. 湘潭: 湖南科技大学, 2012.

[23] 黄柯棣, 查亚兵. 系统仿真可信性研究综述[J]. 系统仿真学报, 1997, 9(1): 4-9.

[24] 侯睿, 张振绘, 冯忠双, 等. 复杂条件下多层建筑人员协作疏散仿真[J]. 计算机工程与科学, 2012, 34(2): 192-196.

[25] 贾秀娟. 基于LEGION仿真技术的地铁站域地下商业空间优化设计研究[D]. 北京: 北京交通大

学,2012.
[26] 曾红艳.人员紧急疏散模型的研究及仿真分析[J].科学技术与工程,2010,10(30):7559-7562.
[27] QIU H, FANG W. Train vehicle structure design from the perspective of evacuation[J]. Chinese Journal of Mechanical Engineering, 2019, 32(1):1-13.
[28] RUIZ E V, NOLLA F C, SEGOVIA H R. Is the DTW "distance" really a metric? An algorithm reducing the number of DTW comparisons in isolated word recognition[J]. Speech Communication, 1985, 4(4):333-344.
[29] MARKOS S H, POLLARD J K. Passenger train emergency systems:Single-level commuter rail car egress experiments:DOT/FRA/ORD-15/04[R]. Washington, D. C. : Federal Railroad Administration, 2015.
[30] GALEA E R, BLACKSHIELDS D, FINNEY K M, et al. Passenger train emergency systems:Development of prototype railEXODUS software for U. S. passenger rail car egress:DOT/FRA/ORD-14/35[R]. Washington, D. C. : Federal Railroad Administration, 2014:20-26.
[31] 陈然,董力耘.中国大都市行人交通特征的实测和初步分析[J].上海大学学报(自然科学版),2005,11(1):93-97.
[32] 伍爱友,宋译.大型公用建筑火灾时人员应急疏散评价模型研究[J].华北科技学院学报,2005,2(3):75-79.
[33] 王燕青,周红月.民机客舱安全疏散能力模糊综合评价[J].中国安全生产科学技术,2011,7(9):165-169.
[34] 俞峰,李荣钧.基于集对分析的飞机客舱安全疏散能力评估[J].消防科学与技术,2012,31(4):425-427.
[35] 刘红,夏东进.基于模糊综合评判的客船火灾人员应急疏散评价体系研究[J].中国水运:下半月,2013,13(12):112-115,167.
[36] 张曙光.CRH1型动车组[M].北京:中国铁道出版社,2008.
[37] 张曙光.CRH2型动车组[M].北京:中国铁道出版社,2008.
[38] 张曙光.CRH5型动车组[M].北京:中国铁道出版社,2008.
[39] 全国人类工效学标准化技术委员会.中国成年人人体尺寸:GB/T 10000[S].北京:中国标准出版社,1988.
[40] VAN COTT H P, KINKADE R G. Human Engineering Guide to Equipment Design:NTIS Issue Number-197310[R]. Washington, D. C. : American Institutes for Research, 1972.
[41] International Union of Railways. Doors, footboards, windows, steps, handles and handrails of coaches and luggage vans:UIC 560[S]. Paris:UIC, 2002.
[42] International Union of Railways. General provisions for coaches:UIC 567[S]. Paris:UIC, 2004.
[43] 李伏京,方卫宁,胡清梅,等.地铁车辆安全疏散性能的仿真研究[J].系统仿真学报,2006,18(4):852-855.
[44] MARKOS S H, POLLARD J K. Passenger train emergency systems:review of egress variables and egress simulation models:DOT/FRA/ORD-13/22 Revision A[R]. Washington, D. C. : Federal Railroad Administration, 2013.
[45] FRIDOLF K, NILSSON D, FRANTZICH H. The flow rate of people during train evacuation in rail tunnels:effects of different train exit configurations[J]. Safety Science, 2014, 62:515-529.
[46] Railway Safety Standards Board. Vehicle fire, safety and evacuation:GM/RT2130[S]. London:RSSB, 2010.
[47] 李建斌.武广高速铁路旅客出行特征和集散特性调查与分析[J].铁道标准设计,2011(11):1-4,10,15.

[48] 中国民用航空局. 中国民用航空规章第25部:运输类飞机适航标准:CCAR-25-R3[S]. 北京:中国民航出版社, 2001.
[49] 吴喜之. 统计学:从数据到结论[J]. 中国统计, 2013(6):2.
[50] 李国辉, 赵力增, 王颖. 飞机客舱安全疏散影响因素研究[J]. 火灾科学, 2016, 25(4):239-244.
[51] QIU H, FANG W. Effect of high-speed train interior space on passenger evacuation using simulation methods[J]. Physica A: Statistical Mechanics and its Applications, 2019, 528(1): 121322.
[52] 徐行方, 忻铁朕, 项宝余. 城际列车的概念及其开行条件[J]. 同济大学学报(自然科学版), 2003, 31(4): 432-436.
[53] 曲思源. 基于系统聚类的沪宁城际高铁列车停站改进方案[J]. 交通运输工程与信息学报, 2015, 13(2): 39-44.
[54] WIGGENRAAD I P B L. Alighting and boarding times of passengers at Dutch railway stations[R]. Delft: TRAIL Research School, 2001.
[55] 韩宇, 韩宝明, 李得伟. 地铁站乘客上下车效率因素影响分析[J]. 城市轨道交通研究, 2007(7): 43-46.
[56] RÜGER B, TUNA D. Optimizing railway vehicles in order to reducing passenger change over time[J]. XIII naučno-stručna konferencija o železnici, 9(10): 25-28.
[57] ALWADOOD Z, SHUIB A, HAMID N A. Rail passenger service delays: An overview[C]// 2012 IEEE Business, Engineering and Industrial Applications Colloquium, Kuala Lumpur, Malaysia. Piscataway: IEEE, 2012.
[58] FEDER R C. Effect of Bus Stop Spacing and Location on Travel Time[D]. Pittsburgh: Carnegie Mellon University, 1973.
[59] PRETTY R L, RUSSELL D J. Bus boarding rates[J]. Australian Road Research, 1988, 18(3): 145-152.
[60] Transportation Research Board. Highway capacity manual[M]. Washington, D. C: National Academy of Sciences, 2000.
[61] Kittelson & Assoc, Inc, Parsons Brinckerhoff, Inc, KFH Group, Inc, et al. Transit capacity and quality of service manual: TCRP Report 165[R]. Washington, D. C.: Transportation Research Board, 2013.
[62] WIRASINGHE S C, SZPLETT D. An investigation of passenger interchange and train standing time at LRT stations: (Ⅱ) estimation of standing time[J]. Journal of Advanced Transportation, 1984, 18(1): 13-24.
[63] LAM W H K, CHEUNG C Y, POON Y F. A study of train dwelling time at the Hong Kong mass transit railway system[J]. Journal of Advanced Transportation, 1998, 32(3): 285-295.
[64] HARRIS N G. Increased realism in modelling public transport services[C]// Proceedings of the 22nd PTRC european transport forum. England, 1994.
[65] HARRIS N G, ANDERSON R J. An international comparison of urban rail boarding and alighting rates [J]. Proceedings of the Institution of Mechanical Engineers, Part F: Journal of Rail and Rapid Transit, 2007, 221(4): 521-526.
[66] HARRIS N G. Train boarding and alighting rates at high passenger loads[J]. Journal of Advanced Transportation, 2006, 40(3): 249-263.
[67] PUONG A. Dwell time model and analysis for the MBTA red line[Z]// Massachusetts Institute of Technology Research Memo. 2000.
[68] DOUGLAS N. Modelling CBD Train & Station Demand & Capacity Final Report for Transport for NSW - for distribution[R]. Wellington: DOUGLAS Economics, 2012.

[69] JIANG Z B, XIE C, JI T T, et al. Dwell time modelling and optimized simulations for crowded rail transit lines based on train capacity[J]. PROMET-Traffic&Transportation, 2015, 27(2): 125-135.

[70] SZPLETT D, WIRASINGHE S C. An investigation of passenger interchange and train standing time at LRT stations: (Ⅰ) alighting, boarding and platform distribution of passengers[J]. Journal of Advanced Transportation, 1984, 18(1): 1-12.

[71] LEVINE J C, TORNG G-W. Dwell-time effects of low-floor bus design[J]. Journal of Transportation Engineering, 1994, 120(6): 914-929.

[72] GUENTHNER R P, HAMAT K. Transit dwell time under complex fare structure[J]. Journal of Transportation Engineering, 1988, 114(3): 367-379.

[73] HEINZ W. Passenger service times on trains: Theory, measurements and models: TRITA-INFRA 03-62 [R]. Stockholm: KTH Royal Institute of Technology, 2003.

[74] SERIANI S, FERNANDEZ R. Pedestrian traffic management of boarding and alighting in metro stations [J]. Transportation Research Part C: Emerging Technologies, 2015, 53: 76-92.

[75] DAAMEN W, LEE Y-C, WIGGENRAAD P. Boarding and alighting experiments: overview of setup and performance and some preliminary results[J]. Transportation Research Record, 2008, 2042(1): 71-81.

[76] KAREKLA X, TYLER N. Reduced dwell times resulting from train-platform improvements: the costs and benefits of improving passenger accessibility to metro trains[J]. Transportation Planning and Technology, 2012, 35(5): 525-543.

[77] FERNANDEZ R. Experimental study of bus boarding and alighting times[C]// European Transport Conference, Glasgow, Scotland. Warwickshire: Association for European Transport, 2011.

[78] FUJIYAMA T, THOREAU R, TYLER N. The effects of the design factors of the train-platform interface on pedestrian flow rates[M]// WEIDMANN U, KIRSCH U, SCHRECKENBERG M. Pedestrian and Evacuation Dynamics 2012. Cham: Springer, 2014.

[79] SCHELENZ T, SUESCUN Á, KARLSSON M, et al. Decision making algorithm for bus passenger simulation during the vehicle design process[J]. Transport Policy, 2013, 25: 178-185.

[80] HOLLOWAY C, THOREAU R, ROAN T-R, et al. Effect of vertical step height on boarding and alighting time of train passengers[J]. Proceedings of the Institution of Mechanical Engineers, Part F: Journal of Rail and Rapid Transit, 2016, 230(4): 1234-1241.

[81] KELLEY J. Reducing Dwell Time: London Underground Central Line[D]. Worcester: Worcester Polytechnic Institute, 2016.

[82] DE ANA RODRíGUEZ G, SERIANI S, HOLLOWAY C. Impact of platform edge doors on passengers' boarding and alighting time and platform behavior[J]. Transportation Research Record, 2016(2540): 102-110.

[83] SERIANI S, FUJIYAMA T, HOLLOWAY C. Exploring the pedestrian level of interaction on platform conflict areas at metro stations by real-scale laboratory experiments[J]. Transportation Planning and Technology, 2017, 40(1): 100-118.

[84] THOREAU R, HOLLOWAY C, BANSAL G, et al. Train design features affecting boarding and alighting of passengers[J]. Journal of Advanced Transportation, 2016, 50(8): 2077-2088.

[85] 王亚飞. 城轨交通站台乘客上下车运动和实验研究[D]. 北京: 北京交通大学, 2016.

[86] RüGER B, OSTERMANN N. The interior space of railway carriages – balancing act between sense and operating efficiency[J]. Railway Technology Review – ETR International Edition, 2015(3): 37-42.

[87] HARRIS N G, GRAHAM D J, ANDERSON R J, et al. The impact of urban rail boarding and alighting factors[C]// Transportation Research Board 93rd Annual Meeting.Washington, D. C.: TRB, 2014.

第3章 基于乘客特征的动车组客室空间布局与设计

[88] ZHANG Q, HAN B M, LI D W. Modeling and simulation of passenger alighting and boarding movement in Beijing metro stations[J]. Transportation Research Part C: Emerging Technologies, 2008, 16(5): 635-649.

[89] WESTON J G. Train service model – technical guide[J]. London Underground Operational Research Note, 1989, 89: 18.

[90] FERNáNDEZ R. Modelling public transport stops by microscopic simulation[J]. Transportation Research Part C: Emerging Technologies, 2010, 18(6): 856-868.

[91] WIKIPEDIA. Siemens Desiro[EB/OL]. (2020-06-14)[2020-06-30]. https://en.wikipedia.org/wiki/Siemens_Desiro.

[92] WIKIPEDIA. Bombardier Talent 2[EB/OL]. (2018-12-05)[2020-06-30]. https://en.wikipedia.org/wiki/Bombardier_Talent_2.

[93] 王学亮,马云双. 和谐号 CRH6 型城际动车组简介[J]. 高速铁路技术, 2013(S1): 196-201.

[94] 刘则渊,梁永霞,庞杰. 国际人因工程主流学术群体及其代表人物[J]. 科技管理研究, 2007(7): 252-254.

[95] 王剑梅. 城市公交车上下车效率研究[D]. 西安: 长安大学, 2015.

[96] 许松林,周健,樊彦予. 民用支线飞机客舱空间舒适性评价研究[J]. 航空科学技术, 2014, 25(7): 17-22.

[97] 徐伯初,李洋. 轨道交通车辆造型设计[M]. 北京: 科学出版社, 2012.

[98] 北京市建筑设计研究院. 无障碍设计规范: GB 50763—2012[S]. 北京: 中国建筑工业出版社, 2012.

[99] The European Commission. On the technical specifications for interoperability relating to accessibility of the Union's rail system for persons with disabilities and persons with reduced mobility: COMMISSION REGULATION (EU) No 1300/2014[S]. Brussels:Official Journal of the European Union, 2014.

[100] 刘栋栋,赵斌,李磊,等. 北京南站行人特征参数的调查与分析[J]. 建筑科学, 2011, 27(5): 61-66.

[101] BUCHMUELLER S, WEIDMANN U, NASH A. Development of a dwell time calculation model for timetable planning[J]. WIT Transactions on The Built Environment, 2008, 103: 525-534.

[102] 李洪成,姜宏华. SPSS 数据分析教程[M]. 北京: 人民邮电出版社, 2012.

[103] FRANK G A, DORSO C O. Room evacuation in the presence of an obstacle[J]. Physica A: Statistical Mechanics and its Applications, 2011, 390(11): 2135-2145.

[104] ALONSO-MARROQUIN F, AZEEZULLAH S I, GALINDO-TORRES S A, et al. Bottlenecks in granular flow: When does an obstacle increase the flow rate in an hourglass?[J]. Physical Review E, 2012, 85(2): 020301.

[105] 刘瑞江,张业旺,闻崇炜,等. 正交实验设计和分析方法研究[J]. 实验技术与管理, 2010, 27(9): 52-55.

[106] ZHANG J, SEYFRIED A. Quantification of bottleneck effects for different types of facilities[J]. Transportation Research Procedia, 2014, 2: 51-59.

[107] The European Parliament and of the Council. Concerning the rights of disabled persons and persons with reduced mobility when travelling by air: REGULATION (EC) No 1107/2006[S]. Brussels:Official Journal of the European Union, 2006.

[108] 向泽锐,徐伯初,支锦亦,等. 中国铁路客车无障碍设计研究[J]. 西南交通大学学报, 2014, 49(3): 485-493.

[109] Department of Justice. 2010 ADA Standards for Accessible Design[S]. Washington, D.C.: U.S. De-

[110] The commission of the european communities. European Union. Concerning the technical specification of interoperability relating to 'persons with reduced mobility' in the trans-European conventional and high-speed rail system: C(2007) 6633[S]. Brussels:Official Journal of the European Union, 2008.

[111] International Union of Railways. Indications for the layout of coaches suitable for conveying disabled passengers in their wheelchairs: UIC 565-3[S]. Paris: UIC, 2003.

[112] ISO/TC 159/SC 5 Ergonomics of the physical environment. Ergonomics — Accessible design — Auditory signals for consumer products: ISO 24500[S]. Geneva: International Organization for Standardization, 2010.

[113] ISO/TC 159/SC 5 Ergonomics of the physical environment. Ergonomics — Accessible design — Sound pressure levels of auditory signals for consumer products: ISO 24501[S]. Geneva: International Organization for Standardization, 2010.

[114] ISO/TC 159/SC 5 Ergonomics of the physical environment. Ergonomics — Accessible design — Specification of age-related luminance contrast for coloured light: ISO 24502[S]. Geneva: International Organization for Standardization, 2010.

[115] ISO/TC 159/SC 4 Ergonomics of human-system interaction. Ergonomics — Accessible design — Tactile dots and bars on consumer products: ISO 24503[S]. Geneva: International Organization for Standardization, 2011.

[116] ISO/TC 159/SC 5 Ergonomics of the physical environment. Ergonomics — Accessible design — Sound pressure levels of spoken announcements for products and public address systems: ISO 24504[S].Geneva: International Organization for Standardization, 2014.

[117] ISO/TC 159/SC 5 Ergonomics of the physical environment. Ergonomics — Accessible design — Method for creating colour combinations taking account of age-related changes in human colour vision: ISO 24505[S]. Geneva: International Organization for Standardization, 2016.

[118] 许东升,梁德永,孙中生. 无障碍设施在铁路客车上的应用[J]. 中国铁路,2014(8):81-83.

[119] 徐世木,许士伟,宋炭,等. 铁路客车系统的无障碍应用研究[C]// 2014 中国·唐山城市轨道交通系统解决方案与工程应用研讨会. 北京:中国城市轨道交通协会,2014.

[120] 铁道第三勘察设计院. 铁路旅客车站无障碍设计规范:TB 10083[S]. 北京:中国铁道出版社,2005.

[121] 郑美君,刘宁. "一带一路"背景下中国高铁出口研究[J]. 合作经济与科技,2018(2):60-62.

[122] WAGNER D, BIRT J A, SNYDER M, et al. Human Factors Design Guide (HFDG) for acquisition of commercial off-the-shelf subsystems, non-developmental Items, and Developmental Systems: DOT/FAA/CT-96/1[R]. Springfield: National Technical Information Service, 1996.

[123] ISO/TC 159 Ergonomics. Ergonomics data and guidelines for the application of ISO/IEC Guide 71 to products and services to address the needs of older persons and persons with disabilities: ISO/TR 22411: 2008[S]. Geneva: International Organization for Standardization, 2008.

[124] DIFFRIENT N, TILLY A R, BARDAGJY J C, et al. Humanscale 1/2/3/4/5/6/6/7/8/9[M]. Cambridge: The MIT Press, 1974.

[125] 中国建筑技术研究院. 老年人建筑设计规范:JGJ 122[S]. 北京:中国建筑工业出版社,1999.

[126] 中国建筑技术研究院. 城市道路和建筑物无障碍设计规范:JGJ 50[S]. 北京:中国建筑工业出版社,2001.

[127] 全国服务标准化技术委员会. 标准中特定内容的起草 第 2 部分:老年人和残疾人的需求:GB/T 20002.2[S]. 北京:中国标准出版社,2008.

[128] RENTZSCH M, SELIGER D, MEISSNER T, et al. Barrier free accessibility to trains for all[J]. International Journal of Railway, 2008, 1(4): 143-148.

[129] COST 335 Stations Working Group. COST Action 335 Passengers' Accesibility of Heavy Rail Systems: EUR 20807[R]. Luxembourg: European Commission Directorate-General for Research, 2004.

[130] 国家技术监督局. 在产品设计中应用人体尺寸百分位数的通则: GBT 12985[S]. 国家技术监督局, 1991.

[131] 全国人类工效学标准化技术委员会. 工作空间人体尺寸: GB/T 13547[S]. 北京: 中国标准出版社, 1992.

[132] 陈悦源, 方卫宁, 刘慧军. 基于人因工程学的轨道车辆无障碍设计[J]. 机械设计, 2019, 36(8): 20-31.

[133] ISO/TC 173/SC 1 Wheelchairs. Wheelchairs — Maximum overall dimensions: ISO 7193[S]. Geneva: International Organization for Standardization, 1985.

[134] ISO/TC 173/SC 7 Assistive products for persons with impaired sensory functions. Accessible design — Shape and colour of a flushing button and a call button, and their arrangement with a paper dispenser installed on the wall in public restroom: ISO 19026[S]. Geneva: International Organization for Standardization, 2015.

[135] ISO/TC 159/SC 4 Ergonomics of human-system interaction. Ergonomic requirements for office work with visual display terminals (VDTs) — Part 11: Guidance on usability: ISO 9241-11[S]. Geneva: International Organization for Standardization, 1998.

[136] Americans with disabilities act (ADA) accessibility specifications for transportation vehicles: 49 CFR Pt. 38[S]. Washington, D.C.: Office of the Federal Register, 2015.

4 动车组座椅工效学分析与评价

动车组的座椅通常分为两类,包括供乘务员使用的驾驶座椅和供乘客旅行使用的乘坐座椅。驾驶座椅属于工作座椅,而乘客座椅属于休闲座椅。对于动车组来说,尽管这两类座椅设计的目标对象不同,但是它们也有一个共同的特点,即必须保证使用者的安全、满足乘坐的舒适性。

动车组的驾驶座椅是保障乘务员驾驶安全的一类安全设备,它不仅要求能够提供有效的减振安全防护,而且还要求具有满足绝大多数不同身材尺寸乘务员的驾驶使用要求,同时还要保证在紧急情况下乘务员的逃生安全。

乘客座椅与旅客的乘坐体验密切相关,具有旅行时间长、空间有限、适合各种乘客身形的特点,如何满足乘坐时的安全和舒适性是乘客座椅设计中始终需要关注的问题。

可以看出,座椅无论对于驾驶作业还是乘客旅行来说都是动车组设计中与人密切相关的关键性设备,因此本章主要从安全性和舒适性角度对动车组座椅工效学分析与评价进行探讨。

4.1 动车组座椅的工效学要求

4.1.1 驾驶座椅工效学要求

在动车组驾驶中,乘务员采用坐姿工作。作为机车驾驶界面中的核心部件,驾驶座椅的主要作用是支撑乘务员重量、缓和轨面传给乘务员的冲击和衰减由此引起的振动,给司机提供舒适、安全的工作条件。对于驾驶座椅,国际上制定了许多标准和规定。总体来说,动车组司机室座椅应具有以下几个方面的基本要求[1]:

(1) 为司机提供良好的支撑。座椅对人体提供合理的支撑,可以有效地保证人体在列车行驶过程中的平衡与平稳。

(2) 乘务员的定位。通过座椅对乘务员的定位,可以使乘务员获得良好的视野,方便乘务员对列车的操纵。

(3) 舒适性与可操作性。安全舒适与操作方便的驾驶座椅可以减少乘务员的疲劳程度,降低事故的发生率。

(4) 劳动保护的要求,需要提供某种形式的阻尼减振方式,尽可能地减少运行时车体振动对司机脊柱的伤害。

(5) 安全性的要求,需要满足逃生的要求,当发生紧急情况时,不会对司机的逃离产生阻挡。

简而言之,列车驾驶座椅的功能可以描述为:在规定的条件下,能够为乘务员提供舒适的位置并保证其安全。驾驶座椅设计应该满足静态舒适性与动态舒适性两个方面的要求,静态舒适性是指座椅的静态几何尺寸、表面形状适合于人体舒适坐姿,满足人体生理、心理要求的性能;动态舒适性是指座椅衰减传递给人体的振动与冲击的性能,它主要与座椅的刚度、阻尼系数有关[1]。本节通过分析国内外驾驶座椅的相关标准,对动车组驾驶座椅设计需要满足的静态舒适性与动态舒适性两个方面要求进行深入探讨。

1. 驾驶座椅静态舒适性

驾驶座椅的静态舒适性是指座椅的材料、几何尺寸等参数满足驾驶作业舒适性的要求,主要包括材料、几何尺寸、靠背、座垫及扶手等。

1) 材料

包裹座垫和靠背总成的蒙皮,应具有足够的抗拉、抗剪强度,应耐磨、耐胀、耐潮湿,要有较好的透气性、透湿性、导热性和阻燃性。

APTA PR-CS-S-011-99 中规定了座垫材料的耐用性应通过其规定的缓冲寿命实验,TB/T 3264 则要求座垫和靠背材料按照《软质泡沫聚合材料拉伸强度和断裂伸长率的测定》(GB/T 6344)检测,75%压缩永久变形应不大于6%;断裂伸长率应不小于75,压缩硬度(压缩40%)按照《软质泡沫聚合材料硬度的测定》(GB/T 10807)进行测试,而透气性按《纺织品织物透气性的测定》(GB/T 5453)规定的实验方法进行。

蒙皮摩擦系数应合适,过小会使乘务员坐不稳,过大会使衣服如同"黏"在座椅上,动作很不方便,而且会使人的背部肌肉很快疲劳。

2) 几何尺寸

动车组驾驶座椅几何尺寸主要包括靠背、座垫、扶手和座椅的总体尺寸,驾驶座椅几何尺寸对乘务员的操作便利性、驾驶安全性和乘坐舒适性有很大影响,然而,操作便利和驾驶安全对几何尺寸的要求往往与舒适性的要求相矛盾,如座高、座深、座垫倾角、靠背倾角等。

UIC 651、APTA PR-CS-S-011-99[2]和《动车司机座椅》(TB/T 3264)[3]都对驾驶座椅几何尺寸做出了相应的规定,具体见表4-1和图4-1。

表 4-1 驾驶座椅几何尺寸 （单位:mm）

标准/描述	对应项	APTA PR-CS-S-011-99 推荐范围	APTA PR-CS-S-011-99 中的正常值	UIC 651	TB/T 3264
靠背高度	A	[457,635]	533	[420,450]	≥450
靠背宽度	B	[457,559]	508		见靠背肩宽、靠背腰宽
靠背倾角	F	[0°,15°]	12°	[5°,15°]	[-10°,45°]
靠背肩宽	N				≥340
靠背腰宽	O				[440,490]
腰椎曲度	R	[152,305]	254		
腰托	K	[229,279]	254		
座高	M	[406,483]	445		[440,540]
座垫长度	C	[406,457]	432	[380,430]	[400,500]
座垫宽度	D	[457,559]	508		≥440
座垫倾角	E	[7°,12°]	10°	5°	[3°,7°]
座垫厚度	P				[100,200]
扶手高度	G	[178,216]	203		[160,240]
扶手长度	H	[203,305]	254		≥330
扶手侧向间距	J	[457,559]	508	450	
扶手宽度	L	[51,127]	76		≥55
座椅总宽	Q				[550,620]

《动车司机座椅》(TB/T 3264)是国内铁路行业标准,适用于国内动车驾驶座椅。从表 4-1 中可以看出,除了个别几何尺寸外,其他参数项基本与国外标准一致。UIC 651 是国际铁路联盟对机车、动车组司机室布置设置的标准,对驾驶座椅做了一定的规范,但其参数范围与其他标准有一定的偏差。APTA PR-CS-S-011-99 是美国公共交通协会对机车驾驶座椅制定的标准。相对于其他两个标准,APTA PR-CS-S-011-99 所规范的内容更为详细和严格。

3) 靠背

座椅靠背的设计应能给躯干提供足够的支撑,并且应适用于规定的乘务员人体尺寸范围,不应限制脊柱和手臂运动。一般要求靠背在腰椎第 4、5 节处设置腰垫来依托腰椎,配合肩胛骨处设置的肩靠,提供两点支撑。理想的腰垫应能在曲率和垂直位置上进行调节,以适应不同身材的乘务员,APTA PR-CS-S-011-99 另外要求垂直位置的调节应具有两个挡位,距离大约为 51mm。

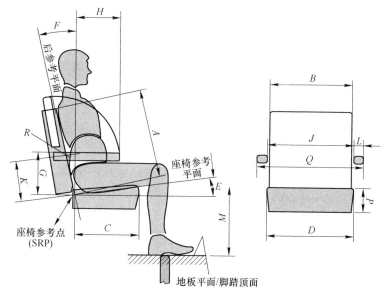

图 4-1 驾驶座椅尺寸

靠背倾角决定着下肢腿夹角,舒适坐姿时下体腿夹角应为 95°~115°[1]。在支撑条件好时,靠背倾角可取下限,同时靠背倾角还与座椅高度有关,随着座椅高度的增加,其倾角应适当减小。靠背倾角过大,紧急制动时,如靠背蒙皮与人体后背摩擦系数小,人体可能沿靠背运动抛出座椅,加剧对乘务员的伤害;靠背倾角过小,则腰椎将后突,容易引起疲劳。一般要求动车组驾驶座椅靠背是可调节的,其中《动车司机座椅》(TB/T 3264)要求能够单手调节,调节范围在不同标准中略有不同,《动车司机座椅》(TB/T 3264)规定范围在-10°~45°(标准中为靠背与水平面倾角调节范围 80°~135°),APTA PR-CS-S-011-99 则要求在 0°~15°内。

4) 座垫

座高是指座椅支撑面到座垫上表面的高度,相关尺寸为小腿加足高,与舒适性、操纵方便性、安全性密切相关。从舒适性角度出发,座高的设计应能避免大腿下的肌肉组织受压,因此驾驶座椅的高度应保证双脚能自如地踩在地板面,双腿能自如地前伸或后屈。座高一般取司机腓骨头高度,或略低于小腿高度 10mm 左右,小腿略高于座面的目的是使下肢着力于整个脚掌,有利于两脚前后移动。从安全性和操纵方便性角度出发,座高过低影响视野,且操纵力减小,影响行车安全,因此动车组驾驶座椅座高不宜过低。根据各个标准规定,座高应能调节,《动车司机座椅》(TB/T 3264)规定座高调节范围应不小于 80mm,APTA PR-CS-S-011-99 规定座高应能在 406~483mm 范围内调整。

设计座垫长度的原则是在充分利用靠背的情况下,使臀部得到合适的支撑,使座面前缘与小腿后部之间有足够的间隙。最小座垫长度由臀部位置决定,最大座垫长度由大腿长决定,座垫长度不宜过大,应与座高成比例,一般取臀部至大腿全长的3/4,应能在一定程度上调节,以适应不同身材的乘务员。《动车司机座椅》(TB/T 3264)推荐动车组座椅座垫长度取400~500mm,APTA PR-CS-S-011-99推荐范围为406~457mm。

座垫宽度应稍大于人体臀部的宽度,使乘务员能自如地调整坐姿,《动车司机座椅》(TB/T 3264)要求其应大于440mm,APTA PR-CS-S-011-99推荐取值457~559mm。

座垫倾角对舒适性的影响较大,驾驶座椅座垫倾角一般略微偏大,因为此角为负或很小时,一方面使乘务员大腿存在下滑的感觉,增加心理压力;另一方面,在紧急制动时,由于大腿向上转动,有可能使小腿撞击座椅骨架而受伤。座垫倾角也不宜过大,过大将增加小腿与座椅前缘的压力,减小双脚着地时的负荷,阻碍血液循环,并使躯体产生不必要的弯曲,双腿发麻,容易引起身心疲劳。座垫倾角还与座椅高度有关,《动车司机座椅》(TB/T 3264)推荐动车组驾驶座椅座垫倾角为$3°~7°$,APTA PR-CS-S-011-99推荐为$7°~12°$,同时APTA PR-CS-S-011-99也要求座垫倾角可以调节至$0°$。

5) 扶手

扶手高度应近似等于人体坐骨节点到上臂自然下垂时肘下端的垂直距离。扶手过高时,乘务员的双臂不能自然下垂,手臂肌肉不能得到放松,扶手过低时,肘部无法自然落靠,达不到放松肌肉的目的,两种情况都会引起上臂疲劳。《动车司机座椅》(TB/T 3264)要求扶手高度在160~240mm,APTA PR-CS-S-011-99则限制在178~216mm内。动车组驾驶座椅扶手应能够向上折叠,在向上折起扶手后,无论座椅在任何部位调节到任何位置时,都应确保扶手不会阻碍乘务员坐入和离开座椅。

6) H点调节范围

为了保证不同身高的乘务员在驾驶位就座后,脚部能够放置在操纵台脚踏板上,需要座椅能够在中间矢状面上的前后方向及上下方向(即世界坐标系 Σ_W 的x轴和y轴方向)进行一定范围的调节,调节范围至少能够保证最高与最矮司机均能保持舒适的腿部姿势。H点是人体坐姿模型与驾驶界面适配性模型的基准,同时H点还与座椅参考点(SRP)有着固定的参考关系,因此,可以使用座椅调节范围是否能够覆盖最高司机及最矮司机的H点分布作为座椅的适配性评估指标。

座椅的设计评估,主要评估驾驶座椅的调节参数是否能够满足覆盖不同身高乘务员H点的分布范围。为了能方便地根据以往目标乘务员群体统计特性进行预测,方便人体尺寸的计算和使用,建立图4-2所示的平面坐姿情况下的下身肢体杆系数学模型。

第4章 动车组座椅工效学分析与评价

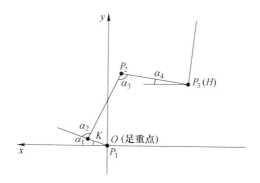

图4-2 人体坐姿下身肢体杆系数学模型

在图4-2所示的平面直角坐标系中,以点 $P_i(i=1,2,3)$ 表示人体下肢的特征部位,相邻两点间的连线表示人体的某一体段,如大腿等,相邻两体段间的夹角 $\alpha_i(i=1,2,3,4)$ 表示人体关节点处相邻两体段间的夹角,通过该杆系数学模型,可求出 H 点 (P_3) 位置坐标 $H(H_X,H_Y)$ 的区域,从而确定出适宜 H 点的区域。

$$H_X = -[KP_2 \cdot \cos(180° - \alpha_1 - \alpha_2) + P_2P_3 \cdot \cos\alpha_4 - P_1K \cdot \cos\alpha_1] \tag{4-1}$$

$$H_Y = KP_2 \cdot \sin(180° - \alpha_1 - \alpha_2) + P_1K \cdot \sin\alpha_1 - P_2P_3 \cdot \sin\alpha_4 \tag{4-2}$$

式中:P_1K 为踵点到踝关节的距离;KP_2 为膝关节到踝关节的距离;P_2P_3 为膝关节到髋关节的距离。

为使用式(4-1)和式(4-2)来确定舒适坐姿下 H 点的变化范围,对式中的相关量进行标准查询,根据《人体模板设计和使用要求》(GB/T 15759)[4],可以得到表4-2所列数据。

表4-2 两个等级身高人体尺寸 （单位:mm）

名称	符号	第5百分位男子	第95百分位男子
踵点到踝关节尺寸	P_1K	47	64
膝关节到踝关节尺寸	KP_2	375	425
膝关节到髋关节尺寸	P_2P_3	320	433

根据《袖珍工效学数据汇编》[5],得到相关身体部分舒适姿势的调节范围如表4-3所列。

表 4-3　坐姿舒适的坐姿角范围

关节	关节夹角	最小角度	最大角度
脚踏板倾角	α_1	15°	25°
脚关节	α_2	85°	100°
膝关节	α_3	95°	120°
座垫倾角	α_4	2°	12°

将以上数据代入计算公式中,得到能够保证90%的人能舒适操作的 H 点区域,如图4-3所示。其中 H 点水平跨度为393mm,垂直跨度为414mm。

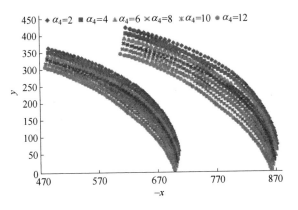

图 4-3　保证90%的人能舒适操作的 H 点压域(见书末彩图)

可以看到,踵点位置、人体尺寸以及各坐姿角是影响舒适 H 点区域的3个因素。踵点位置变化时,整个 H 点区域随之移动,其舒适坐姿 H 点区域的位置和外形都不同。因此,需要以操纵台脚踏为基准,考虑不同乘务员人体尺寸的影响,进而得到不同适应级下,要求座椅达到的最前、最后、最高、最矮点。最后考察座椅的水平及高度调节范围是否覆盖上述 H 点的要求区域,从而完成驾驶座椅的设计评估。

2. 驾驶座椅动态舒适性

动态舒适性是指动车组在运行过程中通过座椅衰减传递给乘务员的振动与冲击的性能,人体全身暴露在振动的环境中会引起体内振荡运动和力的复杂分布,这可能会引起乘务员的不舒适,其结果可能导致乘务员功能受损(如视力退化),进而引发安全事故,或令乘务员出现健康风险(如组织损伤或有害的生理变化)。有许多因素影响人体对振动的反应,包括乘务员本身的内在因素、振源和传递介质的外在因素以及光、热、噪声等环境因素,驾驶座椅作为直接与乘务员长时间接触的振动传递介质,其动态舒适性的好坏将直接影响着动车组的行驶安全和乘务员的身体健康。

对于振动的测量、分析与评价,国内外有着一系列的标准。ISO 2631-1[6]

是关于人体暴露于全身振动的测量方法标准,ISO 2631-4[7]和 BS ISO2631-4[8]则是在考虑振动对乘客和乘务员舒适性影响的条件下,设计和评价轨道交通系统的方法标准。BS 6841[9]给出了量化振动与人体健康、运动干涉、人体不舒适和晕动病发生概率之间关系的方法。GB/T 13670/ISO 10056[10]是铁道车辆内乘客和乘务员暴露于全身振动的测量与分析标准。GB/T 13442[11]规定了在各种运载工具产生的人体全身振动环境中,保持人体舒适的振动参数和评价准则,TB/T 1828[12]则规定了动车组司机室人体全身振动限值。

动车组乘务员长期处于坐姿驾驶状态,人体振动来源主要有座椅靠背、座垫和脚部踏板,可以选择这3个部位的任一个进行测量,TB/T 1828 规定,动车组司机室的等效 Z 振级($VL_{Z,eq}$)和等效 Y 振级($VL_{Y,eq}$)应分别小于等于 119dB 和 114dB。

4.1.2 乘客座椅工效学要求

在动车组行驶过程中,乘客的绝大部分活动都是在坐姿下完成的。作为车辆内饰的重要组成部分,座椅的作用不仅在于支撑乘客的身体重量,而且需要保证乘客的舒适性,减轻乘客的疲劳感,并且能在应急状态下保障乘客的安全。与设计驾驶座椅时仅考虑乘务员这一特定人员不同,乘客座椅的设计应考虑容纳绝大部分乘客,尤其应关注座椅的无障碍设计,因此国际上关于乘客座椅静态舒适性的标准重点强调无障碍设计,在动车组这一特定环境下,无论是生产商还是乘客,都更加关注座椅的动态舒适性和安全性。

1. 乘客座椅静态舒适性

动车组乘客座椅的静态舒适性水平主要取决于下列因素:

(1) 靠背是否方便调节,满足不同人群尺寸阅读及休息的需要。

(2) 座椅能否适合于坐姿的改变。

(3) 座椅是否适合于不同的体型。

(4) 座椅是否具有理想的体压分布,让人感觉靠背符合人体曲线。

(5) 椅面有无剪切力。

(6) 使脚离开客室地面的可能性。

(7) 座椅是否拥有视觉舒适感。

1) 座椅几何参数

在铁路领域,UIC 567 中对乘客座椅设计的一般原则和要求进行了较为详细的规定,具体如下。

(1) 动车组的乘客座椅必须是单座,其基座和靠背部分应覆盖高强度纤维织物;座椅应配有柔软的头托,头托不会将头向前推,当乘客侧倾或向后靠时,不管乘客身高如何都可以提供支撑。

(2) 乘客座椅应配置扶手,如果3个座椅并联时,中间扶手设置一个,当两个座椅并联时中间的扶手必须可伸缩。

（3）一等和二等客车,建议在不影响舒适性的情况下,为顺置排列的座椅设可调脚蹬;如果车内座椅是顺置排列,建议在一等客车内将座椅设置成可旋转180°的转椅。

（4）乘客座椅人因工程学设计应满足以下要求。

① 靠背的倾角能使乘客处于放松位,可以舒适地小憩。倾角因人而异,变化范围如下：
- 35°~40°（β 角,见图4-4,与点 X 相关的尺寸）;
- 40°~45°（β 角,见图4-5,与点 H 相关的尺寸）。

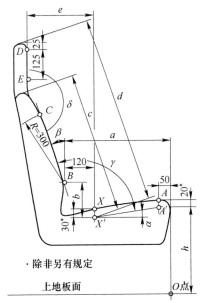

·除非另有规定

α—座垫倾角(压缩);β—靠背倾角;γ—座椅开角;δ—头托角度;a—座垫深度;b—B点高度;c—没有头托的靠背高度(平行于靠背倾角测量);d—头托高度,即上边和下边或有内置头托的靠背高度(平行于靠背倾角测量);e—D-X 距离;h—座板高度(压缩);
A—距衬垫弧面上座椅前沿50mm(不压缩);A'—点 A,压缩;B—靠背最前面的点和腰靠中心;
C—以 B 点为圆心300mm 的半径与靠背弧面的交叉点;D—头托弧面上低于头托上边25mm;
E—头托弧面上 D 点以下125mm;X—垂直线与衬垫弧面的交叉点,垂直线距离靠背最前面的点(B点)120mm;X'—X 点(压缩);所有其他尺寸参照 O 和 X 点给出。只有同时说明 α 和 β 角的值时,上述从 a 到 h 的尺寸才有效(当座椅在 $\alpha>5°$ 的位置时,必须特别规定相关尺寸)。

图4-4 乘客座椅角度、尺寸名称和中央横截面的点

② 座椅考虑其可能性和调整范围,尤其是顺置排列的座椅靠背形状必须确保腿能够自由活动,活动范围从第5百分位女性到第95百分位男性。

③ 乘客可以对角地斜坐在座位上。

④ 座椅的压力分布不应使乘客有挤压感,应设置有腰靠,压力分布应符合人体的最佳生理分布。

第4章 动车组座椅工效学分析与评价

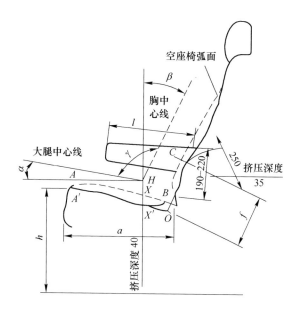

A—座垫的最高点;B—靠背最前面的点(大腿切线交点);O—靠背弧面切线,距 O 点 235~250mm;
C—与胸中心线平行;H—大腿与垂线上座椅弧面模拟点后的交点;X—通过 H 点;
A'、X'—通过 A 和 X 点的垂线上(座椅上有人时的轮廓上的点);α—大腿相对于水平面的角度;
β—胸相对于垂直面的角度,γ—身体弯曲角度,γ = 90°+β-α;a—座板深度;
h—座板高度;l—扶手长度;f—O 点和 C 点的距离,腰靠的位置。

图 4-5 H 点乘客座椅尺寸

⑤ 椅垫和靠背面饰材料的选择应关注其渗透性和热/湿度耗散性能,使得乘客和座椅接触区产生的微观环境能保证乘客长时间乘坐时(在乘坐 2h 后温度上升到最高 35°,相对湿度到 70%的情况下)始终使其从生理上感到愉悦。

⑥ 靠背倾角、座垫和座椅开角之间的关系建议满足图 4-6 的要求。

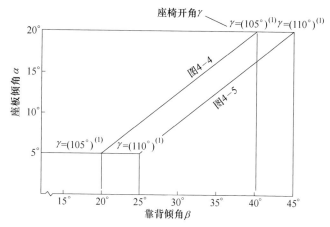

图 4-6 靠背倾角、座垫和座椅开角之间的关系(图中,上角标"(1)"表示身体张角)

(5) 乘客座椅基本尺寸要求见表4-4。

表4-4　乘客座椅基本尺寸要求

项目	要求	项目	要求
椅面高度 h	一等和二等客车内,座椅面高度必须在390~430mm之间	扶手高度	距离座板的高度须在190~220mm之间
椅面宽度	每个座椅扶手之间的空间必须: (1) 一等客车至少500mm; (2) 二等客车至少450mm,建议最小为480mm	扶手宽度	最小宽度为: (1) 一等客车80mm; (2) 二等客车50mm(建议的最小宽度为60mm)
座深 a	座深应至少为430mm,为了提高舒适性,建议设长度可调的座椅面,座深调节范围建议为410~530mm	扶手长度 l	扶手长度应至少为300mm。推荐扶手长度为330mm
靠背高度 c	靠背高度应至少为580mm	靠背的斜度 β	为改善舒适度,靠背的斜度必须可调。一等和二等客车内,如果座椅顺置排列,靠背的倾角必须在以下范围内可调: (1) 图4-4中的 β 角从基本位20°到半卧位最小40°; (2) 图4-5中的 β 角从原位25°到半卧位45°
腰靠高度 b、f	靠背高度须含有一个高度为以下值的腰靠: (1) 拉下后,X 点以上 (180 ± 10)mm,见图4-4中 b; (2) (240 ± 10)mm,测量到 C 点,见图4-5中 f	座垫倾角 α	(1) 座垫的倾角(见图4-4和图4-5中的 α 角)与靠背的倾斜度(图4-6)成比例; (2) 基本位倾斜度最小为5°,半卧位最大20°
头托高度 d	须配有一个550~800mm(最多850mm)高的头托,见图4-4中 d	座椅开角 γ	(1) 座椅开角(图4-4和图4-5中的 γ 角)取决于靠背和座板的倾斜度(图4-6); (2) 图4-4中的 γ 一般在105°~110°之间,图4-5中的 γ 一般在110°~115°之间
靠背宽度	在较低部分,靠背须与座垫一样宽,往上宽度可以减小,但不得小于肩宽		

2) 座椅布局

与设计驾驶座椅时规范靠背、座垫、扶手等单个座椅的尺寸不同,单个乘客座椅的尺寸并没有强制性要求,APTA PR-CS-S-016-99[13]中规定,座椅的设计应能舒适地容纳预期的乘客范围,即第5百分位女性到第95百分位男性,同时应为第95百分位男性提供足够的髋关节至膝关节空间。座椅制造商应对乘客座椅进行工效学分析并给出相应的分析报告,其内容包括座椅舒适度、臀膝距、座垫轮廓、扶手高度、横向乘坐空间、进出空间、调整和操作各种座椅功能的难度以及涉及乘客使用座椅设备的其他问题。

席间距的腿部空间一直被认为是与舒适性相关的最重要因素。APTA PR-CS-S-016-99指出普通乘客座椅设计应满足以下要求。

（1）仅设单向席位的情况下,每个座椅前方必须要留有足够的间隙以方便通行。如图4-8所示,座椅靠背前缘与前排座椅靠背后缘的水平最小距离至少为680mm,且这段距离的测量应在座垫与靠背接触处上方70mm的中心处,座椅前缘与前排座椅靠背后缘最小水平距离至少为230mm。

（2）面对面席位的两座椅前端边缘之间的距离至少为600mm,如图4-9所示。当面对面席位间配有桌子时,必须在每个席位的前部和桌子边缘之间设置有足够的进入空间,座椅前缘与桌子边缘最小的水平距离至少为230mm,如图4-10所示。

（3）在靠近通道一侧的座椅靠背上方应安装垂直扶手以保证乘客通道通行时的稳定性,该扶手不得有锋利的棱边,应安装在距地面800~1200mm的高度处,且扶手不应超出座椅边界向通道内侧突出。

乘客座椅的无障碍设计主要体现在优先座椅在车厢内的布置上,不同布置类型的优先座椅要求不同。由于优先座椅的设计需要能舒适地容纳绝大部分乘客,在座椅尺寸设计上应能保证第95百分位男性的舒适就座,因此在EU No 1300/2014[14]中规定,座垫宽度至少为450mm,座高应控制在430~500mm,每个优先座椅上方的净空间应至少距地面1680mm,具体如图4-7~图4-10所示。图4-7~图4-10中,1表示座椅表面测量水平面,2表示面对面席位之间的距离,3表示座椅上方净空。对于单向的优先座椅,为保证乘客的就座空间和容膝空间,优先座椅前的空隙应如图4-8所示,座椅靠背的前表面与前面座椅的后表面垂直平面之间的距离应至少为680mm,且这段距离的测量应在座垫与靠背接触处上方70mm的中心处,座垫前边缘和前面座椅的相同垂直平面之间还应

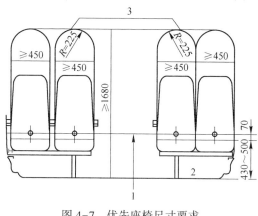

图4-7 优先座椅尺寸要求

有至少230mm之间的空隙。对于面对面布置的优先座椅而言,座垫前缘之间的距离应至少为600mm,如图4-9所示,如果配备桌子,则要求座垫前缘与台面前缘之间的距离应至少为230mm,见图4-10。

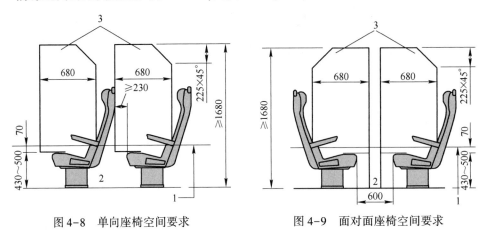

图4-8　单向座椅空间要求　　　　　图4-9　面对面座椅空间要求

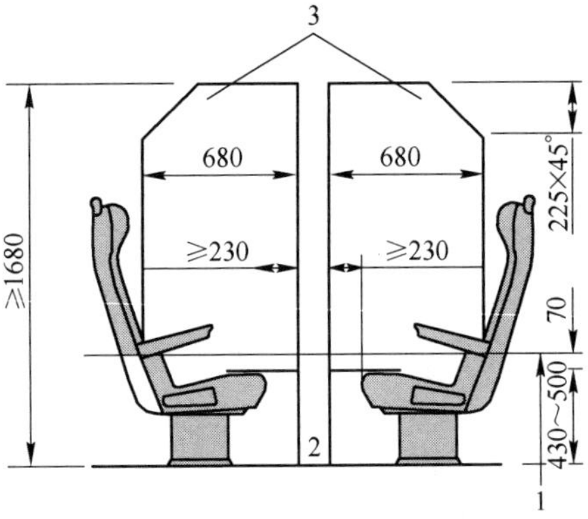

图4-10　配备桌子的座椅空间要求

2. 乘客座椅动态舒适性

乘客座椅动态舒适性是指列车在运行过程中,车体振动通过座椅表面传递到乘客全身,使乘客产生的复杂感觉,这种感觉可以分为3类。

(1) 基于长期(几分钟)振动的平均感觉。

(2) 由于转弯产生的准静态横向加速度。

(3) 瞬时感觉:由于短期事件发生而产生的突然变化的平均感觉。

第(1)种类型的感觉属于平均舒适性评价,第(2)种属于转弯舒适性,而第(3)种属于离散事件的舒适性。

1) 振动的评估方法

振动的基本评价方法是使用加权均方根加速度,加权均方根加速度应按下

式计算[15]，即

$$a_w = \left[\frac{1}{T}\int_0^T a_w^2(t)\,dt\right]^{\frac{1}{2}} \tag{4-3}$$

式中：$a_w(t)$ 为加权加速度作为时间的函数（m/s^2 或 rad/s^2）；T 为测量持续时间（s）。

振动影响舒适性的方式依赖于振动频率的内容，不同的振动坐标轴其频率权重也是不同的。对处于坐姿下的乘客而言，可以在乘客与动车组直接接触的平面上建立坐标轴，即座垫表面、靠背表面和脚部，如图 4-11 所示，不同坐标轴上的频率权重如表 4-5 所列。

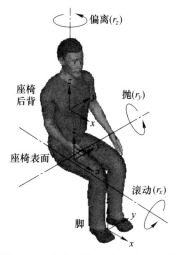

图 4-11 坐姿下人体的基本坐标轴

表 4-5 坐标轴频率权重

坐标轴	频率权重
座垫表面 x 轴	1
座垫表面 y 轴	1
座垫表面 z 轴	1
座垫表面 r_x 轴	0.63m/rad
座垫表面 r_y 轴	0.4m/rad
座垫表面 r_z 轴	0.2m/rad
靠背表面 x 轴	0.8
靠背表面 y 轴	0.5
靠背表面 z 轴	0.4
脚部 x 轴	0.25
脚部 y 轴	0.25
脚部 z 轴	0.4

2) 振动与座椅动态舒适性

不适感是否被察觉到或不适感的容忍程度往往取决于许多因素,准确地评估振动的可接受性和制定振动的极限必须基于多方面的知识来确定。对于舒适的期望和容忍在轨道交通和建筑内是完全不同的,ISO 2631-1[15]给出了公共交通中不同的振幅可能造成的不舒适感,如表4-6所列。

表4-6 振动对舒适性的影响

振动范围(m/s^2)	舒适性
小于0.315	无不舒适感
0.315~0.63	有点不舒适
0.5~1	相当不舒适
0.8~1.6	不舒适
1.25~2.5	非常不舒适
大于2	极其不舒适

在《人体全身振动暴露的舒适性降低界限和评价准则》(GB/T 13442)[11]中,作用于座垫表面的舒适性降低界限(加速度均方根值)按振动频率(或1/3倍频程的中心频率)、暴露时间和振动作用方向的不同而异,见图4-12和图4-13(z轴向)、图4-14和图4-15(x轴向或y轴向),这些界限相对应的限制见

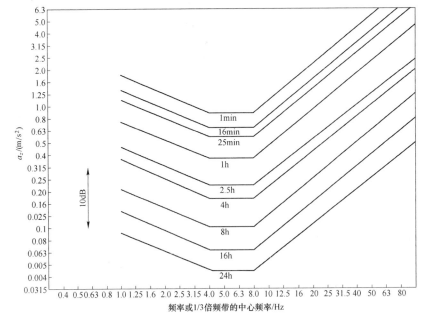

图4-12 a_z加速度界限-舒适性降低限
(横坐标为频率,以暴露时间为参数)

第 4 章 动车组座椅工效学分析与评价

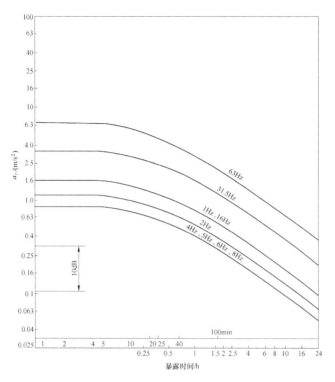

图 4-13 a_z 加速度界限-舒适性降低限(横坐标为暴露时间，以频率或 1/3 倍频带的中心频率作参数)

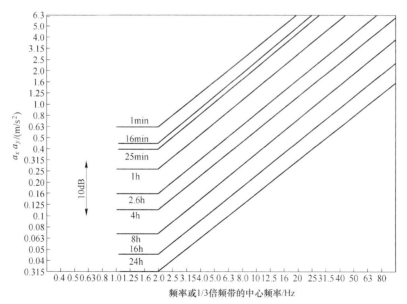

图 4-14 a_x 或 a_y 加速度界限-舒适性降低限
(横坐标为频率，以暴露时间为参数)

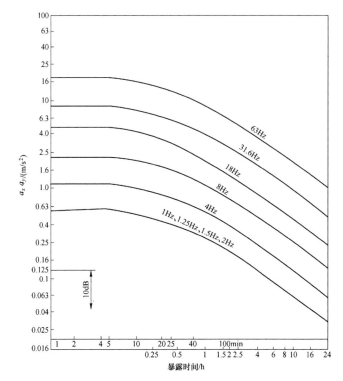

图 4-15 a_x 或 a_y 加速度界限-舒适性降低限

（横坐标为暴露时间，以频率或 1/3 倍频带的中心频率作参数）

表 4-7（a_z）和表 4-8（a_x、a_y）。在人体的最敏感频率范围，界限最低；对于 a_z 振动，其范围为 4~8Hz；对于 a_x、a_y 振动，其范围为 1~2Hz。同时，鉴于人体舒适性反应的复杂性、变异性以及工作任务和条件的不同，允许在以上界限基础上进行适当的修正，允许修正范围为 3~30dB。

表 4-7 z 轴向（脚或臀部至头方向）振动加速度 a_z 的舒适性降低界限数值

（单位：m/s²）

频率/Hz	暴露时间								
	24h	16h	8h	4h	2.5h	1h	25min	16min	1min
1.00	0.09	0.14	0.20	0.34	0.44	0.75	1.13	1.35	1.78
1.25	0.08	0.12	0.18	0.30	0.40	0.67	1.00	1.19	1.59
1.60	0.07	0.11	0.16	0.27	0.36	0.60	0.89	1.06	1.43
2.00	0.06	0.10	0.14	0.24	0.32	0.54	0.79	0.95	1.27
2.50	0.06	0.08	0.13	0.21	0.29	0.48	0.71	0.84	1.13
3.15	0.05	0.08	0.11	0.19	0.25	0.42	0.63	0.75	1.00

续表

频率/Hz	暴露时间								
	24h	16h	8h	4h	2.5h	1h	25min	16min	1min
4.00	0.04	0.07	0.10	0.17	0.23	0.37	0.57	0.67	0.89
5.00	0.04	0.07	0.10	0.17	0.23	0.37	0.57	0.67	0.89
6.30	0.04	0.07	0.10	0.17	0.23	0.37	0.57	0.67	0.89
8.00	0.04	0.07	0.10	0.17	0.23	0.37	0.57	0.67	0.89
10.00	0.06	0.08	0.13	0.21	0.29	0.48	0.71	0.84	1.13
12.50	0.07	0.11	0.16	0.27	0.36	0.60	0.89	1.06	1.43
16.00	0.09	0.14	0.20	0.34	0.44	0.75	1.13	1.35	1.78
20.00	0.11	0.17	0.25	0.42	0.57	0.95	1.43	1.68	2.25
25.00	0.14	0.21	0.32	0.54	0.71	1.19	1.78	2.13	2.86
31.50	0.18	0.27	0.40	0.67	0.89	1.51	2.37	2.70	3.56
40.00	0.23	0.34	0.51	0.84	1.13	1.90	2.86	3.37	4.44
50.00	0.29	0.42	0.63	1.06	1.43	2.38	3.56	4.19	5.71
63.00	0.36	0.54	0.79	1.35	1.78	3.02	4.44	5.40	7.11
80.00	0.44	0.67	1.00	1.68	2.25	3.75	5.71	6.73	8.89

注：表中列的界限值为纯单频（正弦）振动的均方根值或1/3倍频程带宽的均方根值。

表4-8 x轴向或y轴向（背至胸或右侧至左侧）振动加速度a_x或a_y的舒适性降低界限数值 （单位：m/s²）

频率/Hz	暴露时间								
	24h	16h	8h	4h	2.5h	1h	25min	16min	1min
1.00	0.03	0.05	0.07	0.11	0.16	0.27	0.40	0.48	0.63
1.25	0.03	0.05	0.07	0.11	0.16	0.27	0.40	0.48	0.63
1.60	0.03	0.05	0.07	0.11	0.16	0.27	0.40	0.48	0.63
2.00	0.03	0.05	0.07	0.11	0.16	0.27	0.40	0.48	0.63
2.50	0.04	0.06	0.09	0.14	0.20	0.34	0.51	0.60	0.79
3.15	0.05	0.08	0.11	0.18	0.25	0.42	0.63	0.75	1.00
4.00	0.06	0.10	0.14	0.23	0.32	0.54	0.79	0.95	1.27
5.00	0.08	0.08	0.18	0.29	0.40	0.67	1.00	1.19	1.59
6.30	0.10	0.15	0.23	0.36	0.51	0.84	1.27	1.51	2.00
8.00	0.13	0.19	0.29	0.44	0.63	1.06	1.59	1.90	2.54
10.00	0.16	0.24	0.36	0.57	0.79	1.35	2.00	2.38	3.17
12.50	0.20	0.30	0.44	0.71	1.00	1.68	2.54	3.02	3.97

续表

频率/Hz	暴露时间								
	24h	16h	8h	4h	2.5h	1h	25min	16min	1min
16.00	0.25	0.37	0.57	0.89	1.27	2.13	3.17	3.75	5.08
20.00	0.32	0.48	0.71	1.13	1.59	2.70	3.97	4.76	6.35
25.00	0.40	0.60	0.89	1.43	2.00	3.37	5.08	6.03	7.94
31.50	0.51	0.75	1.13	1.78	2.54	4.19	6.35	7.49	10.00
40.00	0.64	0.95	1.43	2.25	3.17	5.40	7.94	9.52	12.70
50.00	0.79	1.19	1.78	2.86	3.97	6.73	9.48	11.90	15.87
63.00	1.00	1.51	2.25	3.56	5.08	8.14	12.70	14.51	20.00
80.00	1.27	1.90	2.86	4.44	6.35	10.63	15.87	19.05	25.40

注：表中列的界限值为纯单频(正弦)振动的均方根值或1/3倍频程带宽的均方根值。

（1） ISO 2631-1[15]和 GB/T 13442[11]均是面向所有具有振动特性的机械设备制定的标准，而轨道车辆具有一些基本的典型运动特性，在振动的测量和评价中需要考虑以下特性[16]：

① 评价类型的不同属性。

a. 准平稳(平均舒适度)。

b. 非平稳(转弯和离散事件的舒适度)。

② 轨道车辆在横向方向上运动的振动范围。最高 15Hz：低频率时取决于轨道特性、车身摇晃和左右摇摆模式，高频率时取决于悬架特性和车身模态。

③ 轨道车辆在垂直方向上运动的振动范围。最高 40Hz：取决于轨道特性、悬架特性、车轮缺陷和车身模态。

④ 对于转弯和离散事件，频率范围为 0(准静态)~2Hz。

（2） 在对轨道车辆乘客座椅动态舒适性评估时，主要存在 4 个舒适性指标，分别为平均舒适度、连续舒适度、转弯舒适度和离散事件舒适度。

① 平均舒适度。乘客座椅的平均舒适度是指在持续调整中感知到的舒适水平，通常通过长期(至少几分钟)的测量评估得到。其基本计算公式[16]为

$$N_{MV} = 6\sqrt{(a_{xP95}^{W_d})^2 + (a_{yP95}^{W_d})^2 + (a_{zP95}^{W_b})^2} \qquad (4-4)$$

式中：W_b 为垂直方向；W_d 为横向/纵向方向；P 为脚部坐标系；95 为在 5min 事件内，每 5s 计算的加权均方根值分布中的第 95 百分位值。

乘客座椅舒适度完全计算公式[16]为

$$N_{VA} = 4a_{zP95}^{W_b} + 2\sqrt{(a_{yA95}^{W_d})^2 + (a_{zA95}^{W_b})^2} + 4a_{xD95}^{W_c} \qquad (4-5)$$

式中：A 为座垫表面坐标系；D 为靠背表面坐标系；其余参数同式(4-4)。

BS EN 12299[16]给出了轨道车辆乘客座椅平均舒适度指数表，如表 4-9 所列。

表 4-9　座椅平均舒适度指数表

平均舒适度值	舒适性
N_{MV} < 1.5	非常舒适
1.5 ≤ N_{MV} < 2.5	舒适
2.5 ≤ N_{MV} < 3.5	中等
3.5 ≤ N_{MV} < 4.5	不舒适
N_{MV} ≥ 4.5	非常不舒适

② 连续舒适度。连续舒适度是指加速度水平,ISO 定义为短时间内(典型的 5s)在垂直、横向和纵向上的频率加权加速度,即

$$C_{Cx}(t) = a_{xP}^{W_d}(t) \tag{4-6}$$

$$C_{Cy}(t) = a_{yP}^{W_d}(t) \tag{4-7}$$

$$C_{Cz}(t) = a_{zP}^{W_b}(t) \tag{4-8}$$

为了评估单个 y 轴和 z 轴上振动的舒适性,同样需要一个舒适度指数表,表 4-10 是基于经验的一个初步指数表,该表基本符合表 4-9 中的数值。需要注意的是,该表是为 y 轴和 z 轴一个维度设计的,而 N_{MV} 是基于 3 个方向测量而得到的,因此该表不可能完全符合表 4-9 中的数值。

表 4-10　y 轴和 z 轴上舒适度初步指数表

连续舒适度值	舒适性
$C_{Cy}(t), C_{Cz}(t)$ < 0.20m/s²	非常舒适
0.20m/s² ≤ $C_{Cy}(t), C_{Cz}(t)$ < 0.30m/s²	舒适
0.30m/s² ≤ $C_{Cy}(t), C_{Cz}(t)$ < 0.40m/s²	中等
0.40m/s² ≤ $C_{Cy}(t), C_{Cz}(t)$	欠舒适

③ 转弯舒适度。转弯舒适度是指由于车辆转弯所引起的乘客不舒适感,其计算公式[16]为

$$p_{CT} = 100\{\max[(A\,|\ddot{y}_{1s}|_{\max} + B\,|\dddot{y}_{1s}|_{\max} - C); 0] + (D\,|\dot{\varphi}_{1s}|_{\max})^E\} \tag{4-9}$$

式中:$|\ddot{y}_{1s}|_{\max}$ 为以开始转弯的时刻作为起点到转弯结束外加 1.6s 为终点的时间内,车体横向加速度绝对值的最大值(m/s²);$|\dddot{y}_{1s}|_{\max}$ 为以开始转弯之前 1s 作为起点到转弯结束时,加速度绝对值的最大值(m/s³);$|\dot{\varphi}_{1s}|_{\max}$ 为从转弯开始到转弯结束时间内,滚速绝对值的最大值(rad/s);A、B、C、D、E 为常数系数,在坐姿下,其取值为 $A = 0.0897$s²/m、$B = 0.0968$s³/m、$C = 0.059$、$D = 0.916$s/rad、$E = 1.626$。

p_{CT}代表着对座椅舒适性不满意的乘客比例,不满的程度取决于乘客对于特定服务类型的期望值。针对动车组这一特定类型,一个较高的p_{CT}值总是表示较差的乘客舒适性。理论上,p_{CT}值可以超过100,但如此高的值已经超过了实际应用的范围。

④ 离散事件舒适度。离散事件舒适度是指由于车辆的瞬态振荡所引起的乘客不舒适感,其计算公式[16]为

$$P_{DE}(t) = 100\max[a\ddot{y}_{pp}(t) + b|\ddot{y}_{2s}(t)| - c; 0] \tag{4-10}$$

式中:$\ddot{y}_{pp}(t)$为横向加速度的振荡总振幅;$|\ddot{y}_{2s}(t)|$为车体横向加速度平均值的绝对值;a、b、c为常数系数,在坐姿下,其取值为$a = 0.0846s^2/m$、$b = 0.1305s^2/m$、$c = 0.217$。

与转弯舒适度相同,P_{DE}代表着对座椅舒适性不满意的乘客比例。高的P_{DE}值表示差的乘客舒适性。

4.2 动车组座椅的安全性分析与测试

4.2.1 乘客座椅安全性分析方法

乘客座椅安全性分析的目的主要是确认在列车碰撞后以下事项能否实现:
(1) 座椅组件仍然固定在车辆上。
(2) 所有座椅部件(包括座垫)仍然附着在座椅上。
(3) 座椅有效地分隔乘客。
(4) 座椅有效地减轻了人体损伤。

以上4个目标可以归为两类,即在列车发生碰撞后座椅的动态结构完整性和损伤潜力。针对这两类座椅安全性性能,存在着两种乘客座椅安全性分析方法:一是通过实验研究的方法分析座椅安全性能;二是通过数值仿真的方法进行仿真分析。

1. 实验研究

列车二次碰撞的实验分析,即列车座椅安全性分析,需要使用全面碰撞实验数据[17]。全面实验法可以较完整地了解列车碰撞情况并为列车碰撞仿真模型提供完整的信息,显然,其具有最高的保真度和确定性,这种类型的实验一般是作为验证或认证的最后一道测试来确保车辆满足碰撞安全性能和结构要求。全面实验的另一种合适用途是评估现有车辆碰撞性能或新的改进设计。例如,由FRA组织进行的几次全面碰撞实验,其目的在于为计算模型的发展和验证提供数据。实验方法可以通过精细的实验设计实现实车碰撞而获取相应的客观真实数据,是最有效、最有说服力的研究手段,但是该方法也存在较多的缺点,主要表现在实体破坏大、实验事故多、重复性差、周期长、局限性多和成本高等。

因此,目前采用实验方法对乘客座椅安全性进行分析和研究的情况比较少。

乘客座椅安全性分析的实验方法具有很强的目的性,其流程应遵循以下步骤:

步骤1:根据相关标准的要求,确定一种列车碰撞工况。

步骤2:根据实验目的,选择合适的假人模型及其数量。

步骤3:根据列车实际内部座椅布置,安排假人模型的乘坐位置、姿势及保护措施等。

步骤4:在车厢内部布置高速摄像机以采集车辆和乘客响应。

步骤5:确定列车耐撞性损伤指标以及相应标准和规范。

步骤6:进行列车碰撞实验。

步骤7:根据录像和假人损伤情况评价座椅安全性。

具体的实验流程如图4-16所示。

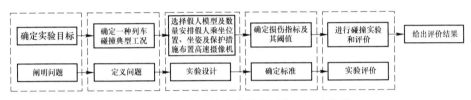

图4-16 列车座椅安全性分析实验方法流程

2. 仿真研究

仿真方法是研究乘客座椅安全性的一种经济、有效的方法,该方法能在设计初期对列车模型进行有效评估,预估乘客损伤情况,及时修改设计方案,可以有效减少设计周期和成本,其中应用最广泛的是三维非线性有限元分析方法。这种类型的车辆碰撞响应仿真需要重现许多复杂的功能,这些碰撞响应机制包括非线性材料行为、大的形变量和旋转、结构组件之间接口的接触以及结构件、焊缝和紧固件的断裂和失效等。

根据时间积分是否是显式可以将有限元程序分为两大类:隐式编码允许分析相对较大的时间步长,但由此导致响应是一个耦合方程组,大大增加了每一步的计算工作量,这些程序广泛应用于结构计算和设计,如ANSYS和ABAQUS;相对地,显式编码仅需要一个非常小的时间步长来确保数值的稳定性,其在每个节点上运动方程都是局部求解,而不是对一个耦合方程组的全局求解,因此可以快速求解每一步的响应。因此,显式编码非常适合动态应用,如冲击模拟、碰撞分析和耐撞性分析,常用的显式积分有限元程序有DYNA3D、PAMCRASH、RADIOSS和MSC-DYTRAN等。

乘客座椅安全性分析的仿真方法较实验方法更为灵活、方便和经济,因此能够进行多组实验来改进座椅设计,其流程应遵循以下步骤:

步骤1:根据相关标准的要求,确定多组列车碰撞工况。

步骤 2:建立列车碰撞仿真场景模型。

步骤 3:建立座椅有限元模型。

步骤 4:根据实验目的,建立合适的假人模型,确定所有假人模型的乘坐状态。

步骤 5:确定列车耐撞性损伤指标以及相应标准和规范。

步骤 6:进行列车碰撞仿真实验。

步骤 7:分析乘客响应,评价座椅安全性设计。

具体的仿真流程如图 4-17 所示。

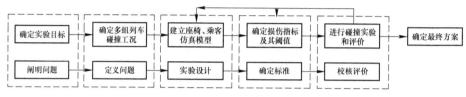

图 4-17 列车座椅安全性分析仿真方法流程

4.2.2 乘客座椅安全性分析过程要求

1. 乘客二次碰撞中座椅对人员伤害研究的工况设计

在研究乘客二次碰撞中座椅对乘客伤害时,考虑所有可能的事故情景或所有可能的车辆组合是不切实际的,通常只要求提供与一般碰撞风险相应的防护级别。BS EN 15227[18]根据欧洲公共轨道交通基础设施中最常见的碰撞情况和造成较大伤亡的情况,制定了以下 4 种工况:

(1) 两个相同的列车前端相撞。

(2) 前端与不同类型的轨道车辆相撞。

(3) 在十字路口前端碰撞大型道路车辆。

(4) 碰撞低障碍物(如十字路口的小汽车、动物、垃圾等)。

表 4-11 总结了这些设计的碰撞工况,并且考虑了车辆的不同耐撞性设计和不同的操作条件,表 4-12 列出了障碍导向装置的性能要求。

表 4-11 碰撞场景和碰撞障碍物[18]

设计碰撞场景	碰撞障碍物	运行特性需求	碰撞速度/(km/h)			
			机车、客车	地铁	轻轨、近郊电车	轻轨
1	相同的轨道车辆	所有系统	36	25	25	15
2	80t 车厢	混合系统,车辆配备侧缓冲器	36	—	25	—
	129t 区域列车	混合系统,车辆带有中心耦合器	—	—	10	—

续表

设计碰撞场景	碰撞障碍物	运行特性需求	碰撞速度/(km/h)			
			机车、客车	地铁	轻轨、近郊电车	轻轨
3	15t 可变形障碍物	TEN 与十字路口相同的操作	≤110	—	25	—
	3t 刚性障碍物	与道路交通没有隔离开的城市线路	—	—	—	25
4	低小障碍物	障碍导向装置性能要求	见表 4-12	—	见表 4-12	—

表 4-12 障碍导向装置的性能要求[18]

运行速度/(km/h)	≥160	140	120	100	80
中心线静载荷/kN	300	240	180	120	60
横向距中心线 75mm 处的静载荷/kN	250	200	150	100	50

与欧洲制定的以车辆类型、碰撞速度和障碍物为变量的工况不同,美国仅要求设计工况与预期的服务相符,并至少应包括以下内容[19]:

(1)碰撞时的速度。

(2)碰撞设备的布置和方向,建议考虑以下事项。

① 两个相同的车辆相撞,在所有可能的方向上相撞,如驾驶室与驾驶室相撞、驾驶室与车厢相撞、车厢与车厢相撞,包括最差的条件下在水平直线轨道上相撞。

② 车辆与一辆代表运行风险最大的货运列车相撞,两者皆处于最不利的布置和方向。

③ 车辆在最不利的布置和方向上,在铁路交叉道与一辆代表运行风险最大的道路车辆发生碰撞。

(3)碰撞中的制动状态。

(4)碰撞过程中设备的状态。建议所有车辆在碰撞过程中保持正直,所有车辆在轨道上。

(5)通过具体设计的分析与测试,获得在碰撞中车身的力-距离特性,包括碰撞能量管理区。

2. 乘客假人模型类型

在对列车座椅安全性分析时,乘客假人模型是不可或缺的,碰撞实验是破坏性极大的实验,具有极高的危险性,不可能使用真人来进行实验,因此美国和欧洲先后开发了假人模型来模拟乘客。假人模型最早出现在 1948 年,美军为飞机弹射座椅实验设计了 sierrasam 假人[20]。随后,假人模型在汽车安全测试中得到了极大的发展。美国分别于1960年、1972年和1973年推出了Hybrid-Ⅰ Dummy、Hybrid-Ⅱ Dummy和Hybrid-Ⅲ Dummy,根据应用范围,现有的假人模型如表4-13所列。

表4-13 假人模型[21]

应用范围	假人模型名称
前碰撞假人	Hybird-Ⅲ家族、THOR
侧碰撞假人	Euro-SID、Euro-SID2、SID. Euro-H Ⅲ、SID lls、BioSID、World-SID
后碰撞假人	BioSID、RID2
行人假人	POLAR
儿童假人	P0、P3/4、P3、P6、P10、Q-dummies、CRABI

在列车座椅安全性分析中,最初美国和英国都使用标准前碰撞假人Hybird-Ⅲ进行实验和分析,然而,在考虑胸部以下损伤程度时,Hybird-Ⅲ型假人插在腹部的记录腹部侵入的装置相对简单,不能满足列车座椅安全性分析的需求[22]。因此,英国的研究团队改进了Hybird-Ⅲ型假人模型,推出了适用于轨道交通环境的Hybird-ⅢRS型假人模型。在美国Volpe的实车碰撞实验中证实了Hybird-ⅢRS型假人模型比Hybird-Ⅲ型有更好的生物保真特性,同时可以获得更准确的信息[22]。

3. 乘客落座设置

轨道车辆的乘客座椅既可以改善车辆内部的安全环境,又可以恶化这一环境,这取决于3个方面,即座椅设计的细节、座椅在车厢内的布局以及座椅与车厢结构的连接强度。

以下情况座椅可能造成危险,在座椅设计时应避免:

(1)座椅和座椅零件在发生碰撞事故时从座椅或其安装件上脱落并抛出,造成人身伤害,并成为事故后乘客应急撤离的障碍物。

(2)座椅靠背太脆弱或太短,不能容纳乘客,因此在碰撞时不能防止乘客与车厢内的其他物体碰撞。

(3)即使在中等碰撞事故中,座椅在错误的位置有硬面或具有尖角也可能造成伤害。

影响座椅安全性的另一个因素为座椅在车厢内的布局,大多数动车组列车通常是横向布置座椅,使得乘客面对另一个座椅的靠背,然而,也存在一些乘客面对面或面向舱壁乘坐。当列车发生碰撞时,车辆会迅速减速,而乘客则以碰撞前的速度继续前行直到撞到车厢内的某物,乘客的这次碰撞称为二次碰撞。二次碰撞是乘客受伤的主要原因[21],二次碰撞的严重程度是二次碰撞速度(SIV)和受撞击物体刚度的函数,SIV通常随运动距离的增加而增加,因此可以通过减少运动距离并提供合适的冲击表面,如在冲击力下能够塑性形变的座椅和桌子,来最小化二次碰撞对人体的损伤。

乘客3次碰撞是指乘客在与座椅靠背等物体发生碰撞之后又与其他物体碰撞。3次碰撞是乘客受重伤的主要原因[13,21],减少3次碰撞的可能性和严重性的一种策略是"分隔(compartmentalization)",该策略的主要目的在于限制乘客在列车碰撞后的运动范围,并确保车厢内部表面设计能够限制乘员撞击时的损伤[23]。

目前有许多不同的车内布局形式,当与身材尺寸不同的乘客和各种可能的碰撞配置相结合时,很难设计出一个完美的防撞内饰。由于乘客没有主动约束,要确保他们的运动特性和随后的安全性是十分困难的,碰撞产生的碎片也会阻碍之后的疏散。因此,在进行座椅安全性分析时,需要考虑乘客的身形、落座情况和车辆内饰在碰撞后的结构完整性。但是,无论采用实验方法还是仿真方法,希望通过组合各种乘客身形和座椅布置进行实验是不切实际的,因此英国的 GM/RT2100[24] 和美国的 APTA PR-CS-S-016-99[13] 都对此做了一些规定。

GM/RT2100[24] 规定,对于每一种列车座椅,应考虑关键座椅位置的以下性能。

(1) 单向座位的损伤潜力,第50百分位男性乘客向前运动碰撞前排座椅靠背。

(2) 损伤潜力,第50百分位男性乘客向后运动碰撞他们自身落座的座椅。

(3) 动态结构完整性,对于单向座椅,第95百分位男性乘客向前运动碰撞前排座椅靠背。

(4) 动态结构完整性,第95百分位男性乘客向后运动碰撞他们自身落座的座椅。

优先座椅位置的确定至少应考虑以下因素。

(1) 由于座椅间距的变化所产生的影响。

(2) 对于多个座椅应考虑座椅相对之间任何的不同点,如过道和窗户位置。

(3) 由于相邻隔板、行李架、门套、相邻座椅安排等因素导致的相似座椅在结构性能上的任何差异。

(4) 由于座位布局的局部变化(如由于门套)而导致的相对乘客位置的不同,进而改变乘客的运动轨迹。

与 GM/RT2100 相似,APTA PR-CS-S-016-99[13] 也要求对乘客向前运动和向后运动的损伤评估,同时 APTA PR-CS-S-016-99[13] 也规定座椅设计变化超过 10% 才需要进行安全性分析,对于实验中座椅、假人的布置,APTA PR-CS-S-016-99[13] 有更详细的要求。

对于假人模型的乘坐状态,APTA PR-CS-S-016-99[13] 有以下要求:每个假人模型应穿上合身的棉质弹力短袖、齐膝裤和鞋子;每个假人模型应坐在乘

客位置的中心,尽可能靠近对称的位置,以统一的坐姿乘坐以获得可重复的测试结果。假人模型的部位定位要求如下:

(1) 假人背部应无间隙地放置在座椅靠背处。
(2) 膝盖应分开 10.16cm。
(3) 双手必须放在大腿上方,刚好位于膝盖后面。
(4) 双脚应平放在地板上,从而使小腿的中心线大致平行。
(5) 小腿应尽可能垂直放置。

不能束缚假人模型在座椅上来阻碍座椅分隔性能的评价,在乘客向前运动的测试中,假人模型面向前面座椅的靠背,同时也面向列车前进方向。如果座椅包含可调节功能,如倾角、托盘桌、脚踏板等,这些应放置在直立或收起位置。两排座椅中的后排座椅应坐满 Hybird-Ⅲ 第 50 百分位男性假人模型。在乘客向后运动的测试中,假人模型背向列车前进方向,同时只需要一排座椅即可,其他设置与前一测试相同。

4. 人体损伤判断依据及标准

人体损伤标准是一种基于经验观察的数学关系,其正式描述了一些可测量的物理参数与测试对象相互作用的关系,以及由这种相互作用直接导致的损伤[25-26]。目前关于轨道车辆领域的人体损伤标准主要有《轨道车辆结构要求》[24]、《汽车内饰防撞性》[27]和 APTA PR-CS-S-016-99[13],这些标准均是参照汽车领域的安全标准 FMVSS 208[28]制定。不同的乘客假人模型的损伤标准略有不同,各标准均以 Hybird-Ⅲ 第 50 百分位假人模型为标准提出判据。各标准对乘客损伤部位的要求也略有不同,主要包括头部、颈部和胸部,其他部位包括腹部、腿部等,下面将针对不同损伤部位,以 FMVSS 208[28] 和 GM/RT2100[24]为主,结合轨道车辆领域的相关标准介绍人体损伤判断依据。轨道交通领域内各部位损伤标准阈值如表 4-14 所列。

表 4-14 列车耐撞性损伤指标及其阈值[29]

身体部位	损伤判据	阈值		
		中等损伤	重伤	致命伤
头部	头部合成加速度(3ms)/(m/s²)	784.8	—	2158.2
	头部损伤标准值 HIC_{15}	150	500	1000
颈部	颈部轴向力/N	2700	—	4000
	颈部剪切力/N	1900	—	3100
	颈部弯矩/(N·m)	47	57	135
	颈部损伤标准值 N_{ij}	—	0.5	1.0
胸腔	胸壁相对于脊柱的挠度/m	0.042	0.053	0.075
	局部肋骨黏性标准值(m/s)	0.4	0.5	1.0

续表

身体部位	损伤判据	阈值		
		中等损伤	重伤	致命伤
大腿	膝关节位移/m	—	0.016	—
	股骨单轴荷载/N	4000	7600	10000
小腿	胫骨指数	1.0	1.3	—
	胫骨轴向载荷/N	4000	8000	—

1) 头部损伤判断依据及标准

对于任意两个时间点 t_1 和 t_2($t_1<t_2$),使用不超过 36ms 的时间间隔分割该时间段,则头部损伤标准值(head injury criteria, HIC_{36})应由乘客假人模型头部重心处的合成加速度 a_r 表示,其计算公式为

$$HIC_{36} = \left[\frac{1}{(t_2-t_1)}\int_{t_1}^{t_2} a_r dt\right]^{2.5} (t_2-t_1) \quad (4-11)$$

HIC_{36} 的最大值不能超过 1000。与 HIC_{36} 相对应,HIC_{15} 是使用不超过 15ms 的时间间隔分割时间段,其计算公式相同。根据 FMVSS 208[28],HIC_{15} 不能超过 700,而 GM/RT2100[24] 则要求 HIC_{15} 不能超过 500,即重伤水平,同时 GM/RT2100[24] 要求在超过 3ms 时头部最大合成加速度不得超过 $80g$。

2) 颈部损伤判断依据及标准

由于颈部自由度较大,在碰撞过程中,颈部载荷主要有颈部轴向力(F_z)、颈部剪切力(F_x)和颈部弯矩(M_y),颈部轴向力既可以是拉力,也可以是压力,枕髁可以是前弯曲或后弯曲,因此,颈部损伤标准值(neck injury criterion, N_{ij})包括4种可能的载荷情况,即拉伸-后弯曲、拉伸-前弯曲、压缩-后弯曲和压缩-前弯曲。N_{ij} 的计算公式为

$$N_{ij} = \frac{F_z}{F_{zc}} + \frac{M_{ocy}}{M_{yc}} \quad (4-12)$$

式中:F_{zc} = 6806/6160N 当 F_z 是拉力/压力;M_{yc} = 310/135N·m 当枕髁向前/后弯曲。

在一个时刻内,4 种载荷情况只有一种发生,此时计算的 N_{ij} 是其对应值,而其他 3 种载荷情况的值为 0。根据标准,N_{ij} 不能超过 1.0。另外,GM/RT2100[24] 要求颈部轴向力峰值拉力/压力不能超过 4170/4000N,而向前/后的弯矩不能超过 310/135N·m。

3) 胸部损伤判断依据及标准

胸部损伤判据主要包括两个,分别为黏性标准值(viscous criterion, V*C)和合成胸径指数(combined thoracici index, CTI)。

V*C 的计算公式为

$$V*C = 1.3v(t)C(t) \qquad (4\text{-}13)$$

式中：$v(t)$ 为瞬时胸部速度；$C(t)$ 为瞬时胸部压力，由 $C(t)=D(t)/229$ 计算而得，$D(t)$ 为瞬时胸部挠度。根据 GM/RT2100[24]，任意时刻 V*C 不能超过 1.0m/s，而最大胸部挠度（D_{max}）不能超过 63mm。

CTI 的计算公式为

$$\text{CTI} = \frac{A_{max}}{A_{int}} + \frac{D_{max}}{D_{int}} \qquad (4\text{-}14)$$

式中：$D_{int}=103\text{mm}$；$A_{int}=90g$；D_{max} 为最大胸部挠度；A_{max} 为最大合成胸部加速度，在任意 3ms 的时间段内，其值不能超过 60g。

4）腹部损伤判断依据及标准

腹部损伤判据为黏性标准值（V*C），其计算公式为

$$V*C = v(t)C(t) = \frac{v(t)D(t)}{D_{AB}} \qquad (4\text{-}15)$$

式中：$v(t)$ 为瞬时腹部速度；$C(t)$ 为瞬时腹部压力；$D(t)$ 为瞬时腹部挠度；D_{AB} 为未压缩的腹部测试装置的深度。根据 GM/RT2100[24]，任意时刻 V*C 不能超过 1.98m/s，而 D_{max} 不能超过 40mm。

5）腿部损伤判断依据及标准

使用胫骨指数（tibial index, TI）来评判腿部损伤，其计算公式为

$$\text{TI} = \left|\frac{M(t)}{M_C}\right| + \left|\frac{F(t)}{F_C}\right| \qquad (4\text{-}16)$$

式中：$M_C=240\text{Nm}$；$F_C=12\text{kN}$；$M(t)$ 为瞬时合成胫骨弯矩；$F(t)$ 为瞬时胫骨压力。依据 GM/RT2100[24]，最大胫骨压力不能超过 8kN，最大膝关节位移为 16mm，最大股骨压力与 TI 的允许范围如图 4-18 所示。

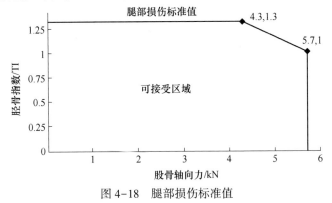

图 4-18 腿部损伤标准值

4.2.3 动车组座椅的安全性测试方法

为了评估列车碰撞中座椅对乘客安全性的影响，美国于 2002 年进行了实

车碰撞实验[30],本节将依据该实验介绍列车座椅的安全性分析测试方法。

1. 实验设置和设备

此次测试包含多个与座椅/乘客分析相关的实验,每个实验有独特的座椅配置和实验场所。实验中共使用了3种座椅,分别为城际乘客座椅(图4-19)、机车驾驶座椅(图4-20)和M形乘客座椅(图4-21)。

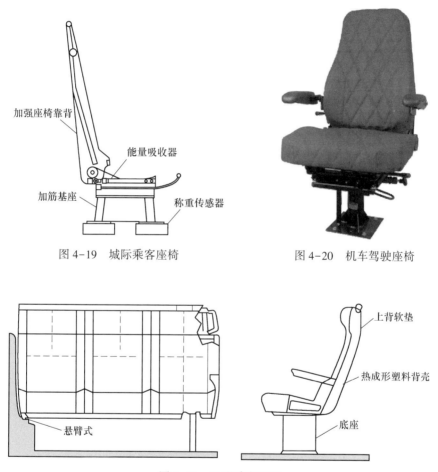

图4-19 城际乘客座椅

图4-20 机车驾驶座椅

图4-21 M形乘客座椅

这些座椅被装配在4个位置来进行4个实验,4个实验中高速摄像机的安装位置如图4-22~图4-24所示,4个实验分别如下。

(1)实验1,在第1节车厢中,设置两排M形3座位乘客座椅。前排座椅为空,后排座椅安排3名乘客。3名乘客都是第50百分位的男性,无任何约束,测试前的布置如图4-25所示,该实验的关注点在于观测前排座椅靠背对后排乘客的影响以及前排座椅在碰撞后的影响。

(2) 实验2,在最后一节车厢中,设置两排两座位的城际座椅。前排座椅安排两名乘客,靠过道的为第5百分位男性,靠窗的为第95百分位男性,两者都有约束保证其在碰撞中不离开座椅。后排座椅安排两名第95百分位男性,无任何约束,测试前的布置如图4-26所示,该实验主要观测在碰撞中受约束的前排乘客和座椅以及后排乘客受到碰撞的影响。

(3) 实验3,在最后一节车厢中,设置两排M形3座位乘客座椅。该实验的布置和目的与实验1相同,如图4-27所示。

(4) 实验4,在机车驾驶舱内,设置单人驾驶座椅。一名第95百分位男性坐在座椅上,无任何约束,如图4-28所示,该实验主要观察在碰撞中乘务员的运动以及乘务员与操纵台和前挡风玻璃的交互影响,同时也测量施加在座椅上的惯性力。

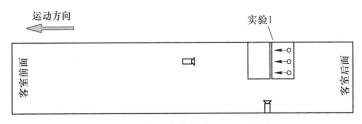

图4-22 第一节车厢中实验1位置

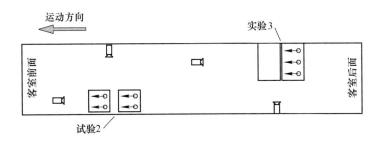

图4-23 最后一节车厢中实验1和实验2的位置

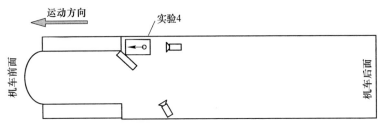

图4-24 机车头中实验4的位置

图 4-25 实验 1 在碰撞前的布置

图 4-26 实验 2 在碰撞前的布置

图 4-27 实验 3 在碰撞前的布置

图 4-28 实验 4 在碰撞前的布置

2. 实验实施

实验于 2002 年 1 月 31 日在科罗拉多州的交通技术中心(Transportation Technology Center,TTC)FRA 的测试场所进行。实验前对所有设备进行了测试,由于天气寒冷,实验前使用丙烷加热器在每节车厢加热,使车厢内温度达到室温,以确保仪器设备的正常运行,正式实验开始前,撤下所有加热器,车厢内温度为 16℃。

3. 实验结果

实验使用一辆有 5 节车厢(1 节驾驶车厢、3 节载客车厢和 1 节尾部机车)的列车以 30m/h 的速度与一辆静止的机车(有 2 节满载的货运车厢)相撞,实验后的场景如图 4-29 和图 4-30 所示。

在实验 1 中,所有乘客都被有效地隔离,并且乘客伤害未超出损伤标准,座椅基架和结构都未发生变形,然而,座椅靠背表面被乘客膝盖穿透,如图 4-31 所示。

在实验 2 中,所有乘客都被有效地隔离,后排靠过道的乘客伤害未超出损伤标准,靠窗乘客由于未安装传感器,无具体损伤值,但其头部被卡在座椅与车厢壁之间,座椅无任何变形,仅有座垫脱离座椅,如图4-32所示。

在实验3中,所有乘客都被有效地隔离,所有乘客伤害未超出损伤标准,座椅基架和结构都未发生变形,然而,座椅靠背表面被乘客膝盖穿透,如图4-33所示。

在实验4中,乘务员伤害未超出损伤标准,仅身体向前倾斜。尽管驾驶舱破坏严重,座椅未受到任何破坏,如图4-34所示。

图4-29 碰撞后的实验场地

图4-30 通过被撞机车的挡风玻璃拍摄的碰撞驾驶车厢

图4-31 碰撞后实验1的场景

图4-32 碰撞后实验2的场景

图 4-33 碰撞后实验 3 的场景

图 4-34 碰撞后实验 4 的场景

4. 雪橇台车测试

除了使用整车进行实测外,还可以使用雪橇台车测试对座椅安全性作进一步的评估。与整车实验相比,其成本相对较低,因而通常会在整车实验前测试。使用雪橇台车模拟列车碰撞的主要目的在于确认以下内容。

(1) 座椅是否能够保持装配在车厢内不动。
(2) 座椅所有的元件,包括座垫,是否能保持装配在座椅上。
(3) 座椅能否有效地分隔乘客。
(4) 座椅能否有效减缓乘客损伤。

为评估以上内容,APTA PR-CS-S-016-99[13]规定需要进行两项测试,分别为加速度向后和加速度向前情况,如图 4-35 和图 4-36 所示。这里仅对加速度向后的情况进行简介。测试中使用 Hybrid Ⅲ 第 50 百分位男性来衡量座椅的结构强度和乘客受伤的可能性。

测试条件需要满足以下规定:

(1) 测试需要装配两排座椅,从而使得乘客面向前排座椅的靠背。后排座椅坐满 Hybrid Ⅲ 第 50 百分位男性,每个假人一个座位,所有假人配备头部、胸部、颈部和腿部传感器。

（2）座椅装配在硬质测试设备上，并使用与实际中相同的装配材料和方式进行装配。

（3）台车需要承受一个 8g、250ms 的碰撞脉冲，如图 4-37 所示。

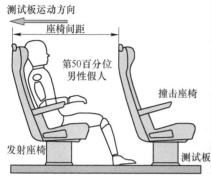

图 4-35　加速度向后动态台车测试

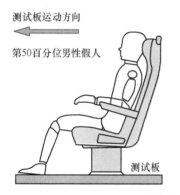

图 4-36　加速度向前动态台车测试

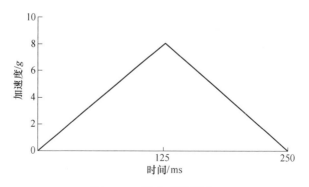

图 4-37　纵向碰撞脉冲

整个测试过程进行高速录像,以评估乘客的运动和座椅的分隔效果,通过假人身上的传感器来评估乘客的损伤情况,座椅测试成功应满足以下条件:

(1)座椅可能变形,但整体装配不能松动。

(2)座椅元件不能松动。

(3)假人应当被每排座椅有效分隔,在测试后,座椅靠背的倾斜程度不能影响到乘客的应急撤离。

(4)乘客各部位损伤值应达到标准。

4.2.4 乘客座椅的安全性仿真分析

当动车组与障碍物碰撞而迅速减速时,乘客会向动车组前进方向继续运动直至碰撞到车厢内的物体如前方座椅的靠背,即发生二次碰撞。在二次碰撞中,如果乘客所经受的力和加速度都在其承受能力的范围内,那么他就可以存活下来,这意味着要保护乘客并保证他们承受的力和加速度在人体能够承受的范围内,这可以通过控制车辆的减速和提供"友好"的车厢内饰来实现。座椅作为车厢内饰的重要组成部分,同时又是二次碰撞的主要对象,对其安全性的评估显得极其重要,本节以 FRA 研究的动车组内饰设计对列车碰撞后乘客的安全性影响[31]为例,对座椅安全性仿真分析与测试方法进行探讨。

车辆减速和座椅分隔对乘客安全性的影响在实验中的 3 种内饰配置中进行评估。座椅分隔是在碰撞中通过限制乘客运动范围并确保车厢内饰表面足够柔软,能够限制二次碰撞中乘客受到的力的一种乘客保护策略。通过限制乘客的运动范围,乘客相对于车厢的速度可以受到限制,从而产生相对温和的二次碰撞。将内饰表面做得充分柔软,是可以将乘客所承受的力和减速度限制在可以忍受的范围。

仿真分析使用 MADYMO 进行建模,该程序在汽车领域已被证实能够准确模拟碰撞伤害实验。

1. 分析方法

1)二次碰撞模型

图 4-38 显示了坐在统一方向上座椅的乘客示意图。在内饰上会施加一个减速度,从而引起乘客移动。在列车减速的同时,无约束的乘客会与车厢内的固定装置碰撞,如座椅靠背或车厢地面。

在仿真中,乘客模型是一个相互连接的尺寸接近于人体特性参数的椭球系统,这里采用的人体参数是美国第 50 百分位男性。该模型会产生所有椭球的位移、速度和加速度时程以及椭球之间的力和力矩,基于这些运动和力可以计算人体损伤。程序输出包括描述乘客运动的计算机动画文件,这种动画可以让研究者观察到不同内饰和车厢结构设计对乘客运动的影响。

该模型假设乘客在碰撞过程中处于被动状态,随着列车碰撞持续时间的延

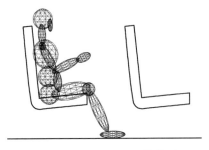

图 4-38 MADYMO 人体模型

长,乘客对碰撞做出响应的可能性也在增加,这种响应可能会影响二次碰撞的结果,然而,这种响应很可能是特定个体独有的,很难模拟这些响应以及它们对二次碰撞结果的潜在影响。

MADYMO 不考虑内饰组件的损坏,即座椅和桌子假定完好无损,为了确定乘客的运动,座椅和桌子由施加压力的平面表示。

2) 内饰配置

内饰配置主要包括座椅、桌子和其他在车厢内固定装置的几何布置和物理特性(刚度、阻尼),3 种仿真的内饰设置为座椅统一向前、座椅面对面配置和座椅配备桌子,如图 4-39 所示。3 种座椅设置的几何尺寸如图 4-40 所示。

在这项研究中,座椅靠背被认为处于完全直立的位置,乘客响应可能会受到内饰几何细节的影响,包括座椅靠背倾角、座椅之间的距离和座垫倾角。

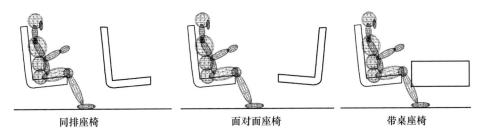

同排座椅　　　　　面对面座椅　　　　　带桌座椅

图 4-39 内饰配置

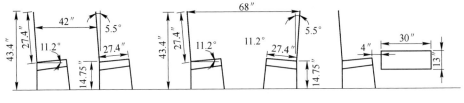

图 4-40 内饰尺寸

3) 乘客保护策略

分隔是列车碰撞过程中保护乘客的一种策略,是由美国高速公路安全管理局(National Highway Traffic Safety Administration,NHTSA)为了证明无安全带的大型校车安全性而提出的概念[32]。该策略的主要目标是限制乘客的运动范围,并确保内饰表面足够柔软,以限制乘客二次碰撞时的损伤。如果乘客不受前排座椅靠背的保护,则必须设置一个足够灵活、坚固的约束栅栏,这种策略可以为乘客提供保护,而不受乘客活动的影响。

图 4-41 显示了座椅靠背和分隔所需要的力学/挠度特性,当在碰撞表面提供足够的缓冲和弹性时,施加在乘客身上的力保持在可生存的水平内,在这项研究中,座椅靠背被假定拥有图 4-41 规定的柔软的力学变形曲线。

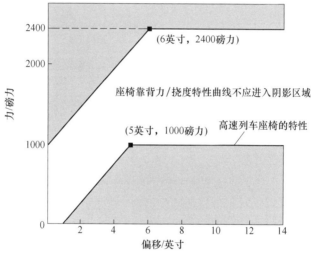

图 4-41　座椅靠背力学/挠度特性

(1 磅力≈4.45N;1 英寸≈2.54cm)

4) 车辆减速时程

车辆减速时程主要用于分析乘客对一系列碰撞脉冲(一次碰撞减速时程)的响应来确定车厢位置、一次碰撞速度和车体结构耐撞性的影响。在该仿真中使用了两个一次碰撞条件下的碰撞脉冲,一次碰撞条件分别为电力机车与电力机车相撞和电力机车与驾驶室相撞,列车由一辆电力机车、5 节乘客车厢和一辆驾驶室组成,如图 4-42 所示。

车厢的碰撞脉冲受车厢在列车中位置的影响,图 4-43 分别显示了使用常规设计列车和带碰撞吸能设计列车中,每节车厢在列车以 140m/h 的速度碰撞时最初位移的碰撞脉冲。常规设计列车和带碰撞吸能设计列车有着不同的结构,在碰撞中的表现也显著不同,带碰撞吸能设计列车,每节后续车厢的峰值减速度发生较晚,而对于常规设计列车,峰值减速度是连续不断出现的。

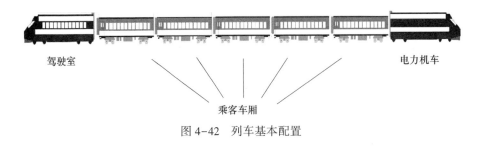

图 4-42 列车基本配置

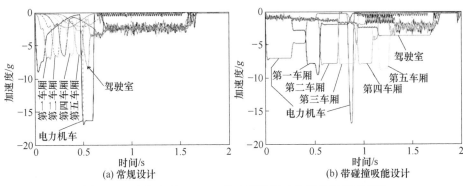

图 4-43 在机车以 140m/h 的速度相撞时各节车厢的减速度

图 4-44 显示了速度对碰撞脉冲的影响,受速度影响的碰撞脉冲主要特性包括峰值和持续时间。对于带碰撞吸能设计,碰撞脉冲的峰值减速度随着一次碰撞速度的增加而增加,最高达到 70m/h。当一次碰撞速度超过 70m/h 时,峰值不再增加,但碰撞脉冲的持续时间增加。一次碰撞速度的影响主要来源于车厢的力学/挤压特性,在车厢损坏到一定程度后,进一步损坏的力不再增加,这种恒定的力学/挤压特性有效地限制了车辆能够达到的最大减速度。常规设计列车在一次碰撞速度接近 35m/h 时达到最大减速度,超过 35m/h 时对第一节车厢减速度的唯一影响是增加了碰撞脉冲的持续时间。

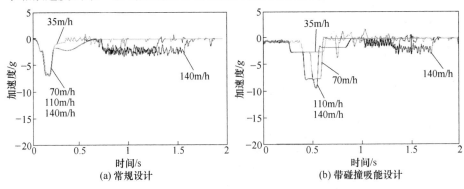

图 4-44 速度对第一车厢碰撞脉冲的影响

6个碰撞脉冲(图4-45)被用来评估所有的内饰组合,这些碰撞脉冲代表着碰撞脉冲特性的范围,特别是峰值减速度和达到峰值减速度需要的时间。

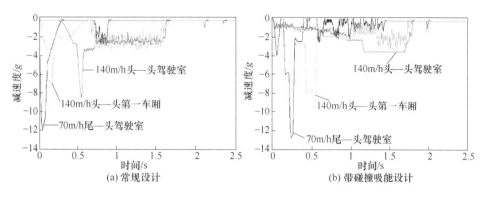

图4-45 二次碰撞分析中使用的碰撞脉冲

在MADYMO中输入的碰撞脉冲是通过质量集中的列车模型消除高频振荡预测得到的,图4-46显示了一个质量集中列车模型输出结果和用于乘客仿真的碰撞脉冲输入的例子。

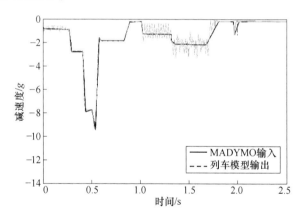

图4-46 以140m/h速度相撞的机车第一节客室车厢的碰撞脉冲、
带碰撞吸能设计、MADYMO输入和列车模型输出

图4-46以140m/h速度相撞的机车第一节客室车厢的碰撞脉冲、带碰撞吸能设计、MADYMO输入和列车模型输出

5) 损伤标准

具体的损伤标准参见4.2.2小节的4部分。

2. 分析结果

作为示例,这里主要展示座椅方向一致时的分析结果,图4-47显示了计算机仿真中在座椅方向统一时乘客在列车碰撞后的运动,图4-48是采用

MADYMO 模型和质量集中模型中乘客头部纵向速度与相对于列车内饰距离函数的比较。将模型进行了适当简化,假定列车减速时乘客头部以列车的初速度继续前进,从乘客鼻端至前面座椅靠背的距离为 76.2cm,座椅间距 106.68cm,座垫厚 10.16cm,乘客头部厚 20.32cm,图 4-48 证明了在碰撞时乘客是自由运动的假设正确,同时也表明了模型简化的合理性。

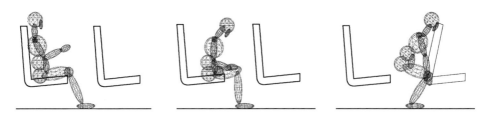

图 4-47 座椅方向统一时乘客运动

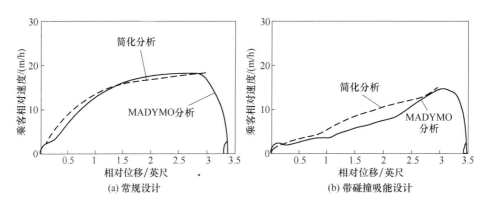

图 4-48 列车相撞时第一节车厢中乘客相对速度和相对位移在
MADYMO 和简化模型分析预测中的比较

图 4-49 显示了在常规设计(a)和带碰撞吸能设计(b)中乘客对列车碰撞的运动学反应,受约束的碰撞能量管理脉冲的初始部分是足够平缓的,使得乘客脚部和车厢地面之间的摩擦力足以防止脚部向前滑动,从而使得乘客在碰撞中可以站立起来,而常规脉冲的初始部分是突变的,或导致乘客的脚部在车厢地面上滑动。

图 4-50 展示了第一节车厢和乘客头部在碰撞中的减速度,乘客的最大减速度明显大于车厢的减速度,并且发生在二次碰撞后不久。

图 4-51 是乘客与第一节车厢在碰撞后速度随时间的变化曲线。常规设计中,第一节车厢的急剧减速使得乘客在二次碰撞前几乎保持初始速度。一般来说,这会导致乘客头部更严重的减速。而在受约束的碰撞能量管理设计中,乘客在碰撞座椅前已经开始减速,一般地,这种二次碰撞严重程度较低。

第4章 动车组座椅工效学分析与评价

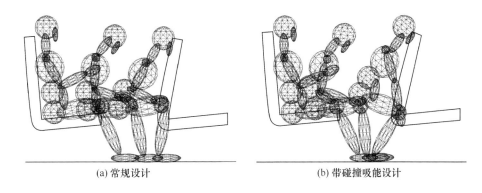

图 4-49 人体对于突然的初始轻微的碰撞脉冲的运动学反应

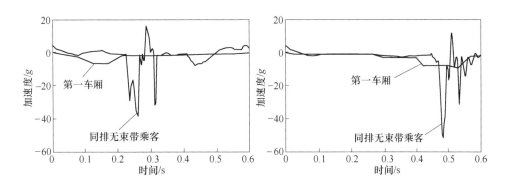

图 4-50 碰撞中乘客和车厢减速度

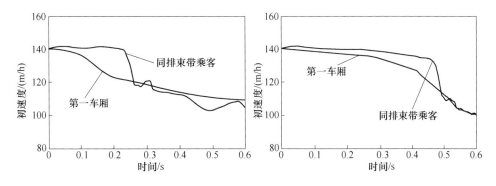

图 4-51 乘客与车厢速度

表 4-15 列出了碰撞后每节车厢中乘客的损伤情况。从该表中可以看出，即便在较低的碰撞速度下，车厢内饰最严重的碰撞脉冲都发生在前方几节车厢。

表 4-15 乘客二次碰撞损伤判断

参 数		HIC(无束带)	胸部加速度(无束带)/g	颈部负荷(无束带)/磅力
常规设计	第一车厢	167	24	-386
	第二车厢	77	19	-454
	第三车厢	109	25	-436
	第四车厢	59	16	-475
	第五车厢	135	28	-368
	驾驶室	223	36	-529
碰撞约束能量管理设计	第一车厢	221	38	-536
	第二车厢	313	33	-367
	第三车厢	17	10	-301
	第四车厢	17	7	-244
	第五车厢	17	7	-244
	驾驶室	11	7	-229

4.3 动车组座椅舒适性分析与评价

4.3.1 舒适与不舒适性定义

除了座椅安全性设计外,座椅舒适性在动车组设计中起着越来越重要的作用。然而,舒适性并没有确切的定义。《牛津词典》(2010年)将其定义为"身体轻松,免受痛苦或束缚的状态",Webster 词典的定义是:"舒适是一种轻松、激励、高兴的状态或者感受",其他的词汇定义包括身心健康、免于痛苦、欲望或焦虑,安静的享受、恢复和满足的状态。Pineau 的舒适定义是一切有助于人类的幸福和物质生活方面的便利[33],关于舒适的定义还有很多争论,但以下 3 点是学术界的共识[34]。

(1) 舒适是个人性质的主观定义。
(2) 舒适感受各种因素(身体、生理、心理)的影响。
(3) 舒适是对环境的反应。

在对座椅舒适性的研究中,主要的争议点在于舒适性与不舒适性的差异,很多学者认为舒适性和不舒适性是两个概念。例如,Vink 定义舒适为:"一种愉快的状态或一种人类对环境的放松感觉",而不舒适则为"人体对环境的一种不愉快状态"[35];而 Helander 则更具体地说明不舒适性与疼痛、疲劳、酸痛和麻木有关[36],这些感觉是由座椅设计中的物理约束所引起的,并由关节角度、组织压力、肌肉收缩、血液的循环阻塞等因素传递的。一个明显的表现为不舒适性随着乘坐时间的推移而增大,而舒适性则是一种"安宁"的感觉和对座椅"美感"的印象,因而,减少不舒适性不会增加舒适性,两者是不同的概念。

从理论上讲,舒适性模型可以为座椅及其环境的设计提供特定的输入,然而,目前还没有一个国际公认的舒适性模型来解释座椅如何产生一种特定舒适性感觉。

目前虽然有不少舒适性模型用于座椅设计,但是这些模型仍需要进行实践来验证其有效性,Bubb 提出的不舒适性金字塔如图 4-52 所示[37],金字塔自底向上对不舒适性的影响依次减小。

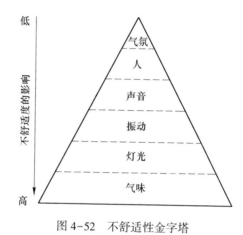

图 4-52 不舒适性金字塔

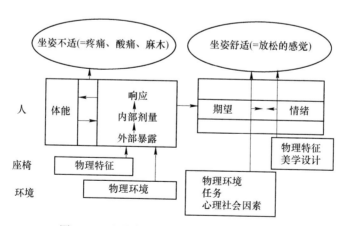

图 4-53 座椅舒适性和不舒适性包含的内容

Looze 构建的座椅舒适性和不舒适性的理论模型[34]内容如图 4-53 所示。该理论模型的左边是不舒适性,其基础是一些物理属性[38],该模型认为"外部暴露"、"内部剂量"、"响应"和"体能"是人体在坐姿下产生不舒适性的主要因素。"外部暴露"是指导致人体内部状态(内部剂量)紊乱的外部因素;"内部剂量"可引起机械、生物化学或生理反应的重叠;"外部暴露"导致的"内部剂量"和"响应"程度取决于个人的"体能"。具体映射到座椅上,即指乘客座椅的物理特性(如形状、柔软度)、环境(如车厢内乘客密度)和任务(如阅读)导致坐姿乘客承受负荷,这些负荷主要是来自于座椅作用于人体和关节角的力和压力,它们可能引发内部状态的改变,使得肌肉活化、椎间盘压力增大、神经和血液循环系统加强以及皮肤和体温升高,进而引发生物化学、生理和生物力学反应,通过外部感觉(皮肤传感器的刺激)、本体(来自肌肉心肌、肌腱和关节中传感器的刺激)、内部刺激(来自内部器官系统的刺激)和伤害感受(来自疼痛传感器的刺激)的刺激,引发不舒适感的产生。

模型的右边是舒适性,即放松和幸福的感觉,同样地,影响因素呈现在乘客、座椅和环境等层面上。在环境层面,不仅物理特征起作用,而且诸如工作满意度和社会支持等心理社会因素也会产生影响;在座椅层面,除了座椅的美学设计外,还有物理特性可能会影响乘客的舒适性;在乘客层面上,主要影响因素是个人期望和其他个人感觉和情绪,占据主导性的不舒适性因素由水平箭头从左指向右侧。

Vink 等认为,舒适的感觉取决于感官所记录的输入信息和信息处理过程,其舒适性模型的图解如图 4-54 所示[37]。图的右侧是 3 个输出结果,即舒适、无不适感、不舒适,这种舒适性的体验结果来源于人的自身感受和外部刺激因素两部分。人的自身感受主要包括人以往的舒适体验和当前的状态,外部刺激则包括视觉输入信息、气味、噪声、温度/湿度、压力和姿势/运动。

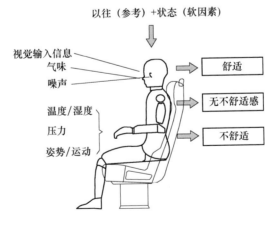

图 4-54 舒适感输入/输出图示

基于上述座椅舒适性模型,针对动车组的特性,为了设计更好的座椅,本节构建了适用于动车组座椅设计的舒适性模型,如图 4-55 所示。该模型的输出

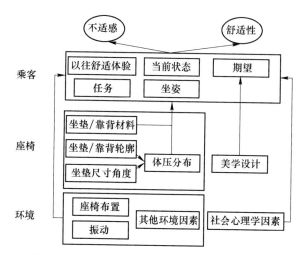

图 4-55 适用于动车组座椅设计的舒适性模型

包括不适感和舒适两种感受,其受乘客、座椅和车厢内环境 3 个因素影响。在乘客层面,影响其感受的主要包括其以往座椅的舒适性体验、当前的生理心理状态、对座椅的舒适性期望、需要进行的任务及其坐姿。在座椅层面,座垫/靠背轮廓和尺寸角度通过影响乘客在座椅上的体压分布,进而影响乘客对座椅不适感的感受,座垫/靠背材料的透气性和散热性、硬度则直接影响乘客的不舒适感,而座椅的外观造型则通过乘客对座椅的第一印象和期望,影响乘客对座椅舒适性的体验。环境层面则包括动车组的车厢设计和乘客本身因素,动车组的座椅布置会影响乘客的容膝空间、活动空间等,进而影响乘客的不适感感受;车厢振动是交通工具的共有特性,动车组在运行过程中产生的振动通过与乘客直接接触的座椅和车厢地面传递给乘客,不当的振动会引起乘客的不适,而座椅可以减缓振动;其他环境因素包括车厢内的气味、光照、声音、温度等。社会心理学因素,如车厢内乘客密度等,也会对乘客不适感造成一定的影响。

4.3.2 座椅的静态舒适性分析与评价

座椅的静态舒适性是指在静止状态下座椅提供给人体的舒适性,主要与座椅轮廓、材料、尺寸角度和体压分布有关,即图 4-55 中座椅的左侧因素,其中座椅轮廓和尺寸角度通过影响体压分布,进而影响乘客的不适感。

1. 影响静态舒适性的几何及人体因素

1) 座椅几何因素

(1) 座椅轮廓。

座椅轮廓主要通过影响体压分布来影响乘客的不适感。一般认为,较好的座椅轮廓应使体压峰值位于乘客坐骨结节处,同时具有较大的接触面积和较低的平均压力。Chen 等[39]的研究发现,不同的座垫轮廓会产生不同的体压分布;Andreoni 等[40]分析了大量具有不同轮廓的座椅舒适性及其体压分布,通过比较发现最佳的座垫轮廓应使体压峰值处于坐骨结节处;Noro 等[41]的研究则发现,具有较大的接触面积和较低的平均压力的座椅具有更好的舒适性。

(2) 座椅尺寸。

与座椅轮廓相似,座椅尺寸也是通过影响体压分布来影响乘客的不适感,Kyung 等[42]的研究发现,不同座椅对体压指标,如臀部和腿部的平均压力、峰值压力和接触面积,有显著性影响,这可能是由不同座椅尺寸造成的,但也有可能是不同形状和材料引起的;Reed 等指出,座垫长度是大腿支撑的重要决定因素,过长的座垫会使乘客膝盖附近的腿部后部产生压力,进而导致局部不舒适性并限制血液流向腿部。此外,Hostens 等[43]研究发现靠背倾角越小,座垫上的次大压力越大,靠背上的次大压力越小。通过实验对比多个座椅尺寸,Kolich[44]认为 Reed[45]推荐的标准并不适合,两者推荐的座椅尺寸如表 4-16 所列。

表 4-16 两位学者对座椅尺寸的推荐值

描 述	Reed 推荐值/mm	Kolich 推荐值/mm
H 点至腰托的距离	105~150	90~123
靠背在胸部处的宽度	>471	≥514
座垫长度	<305	≥362
座垫宽度	>500	446~483

(3) 座椅材料。

座椅材料既对座椅静态舒适性有影响,也对动态舒适性有影响,在静态舒适性方面,有学者探讨了座椅材料对乘客座椅舒适性和不舒适性的影响,Wang 等[46]比较了不同硬度的 3 种座垫,结果表明当峰值压力降低时,耐坐时间会增加。热舒适性是座椅材料影响静态舒适性的另一方面,皮肤表面温度和湿度的增加会导致不适感,其部分原因在于皮肤潮湿时摩擦系数会增加[47],Bartels[48]的研究表明纺织品座椅面料要优于皮革面料。

在 UIC 567 D.4.3 中提出了对座垫进行热舒适性测试的方法,从人体和座垫之间微热环境方面对座椅进行评估。座垫微热环境一般取决于支撑人体的系统性能,如通过座垫传导、散发热量和湿度,这些座垫材料性能可以间接地通过对人体和支撑系统接触部分相对湿度和温度变化进行测控而获得。座垫热舒适性测试按照年龄、身高/体重和种族来选择具有代表性的乘客,排汗度分别选择第 5 百分位、第 50 百分位和第 95 百分位的被测对象,通常选择 6 名被试(每种排汗百分数 2 名)。一般的测试流程如下。

步骤 1:在温度为 23℃、相对湿度为 60%、气流量为 0.2m/s 的空调室进行实验。

步骤 2:进行实验时被试穿以下服装:
- 100%棉制的短袖汗衫。
- 100%棉制的贴身短内裤。
- 50%聚酯纤维和50%棉制的衬衫。
- 55%聚酯纤维和45%毛制的套装。

步骤 3:最少 2h,最多 3h 内每隔 10min 记录一次结果,当由测得值绘出的曲线倾向平稳时停止测量。

步骤 4:应向被试说明不能频繁改变姿势以确保被试背部和座椅靠背之间或臀部和座垫之间能够持续接触。

步骤 5:在两点进行测量,臀部中间靠后的位置和右大腿后中间距离座椅前沿后约 10cm 处,用组合探头同时测量温度和湿度,测试探头的尺寸应尽可能小,探头罩须防止探头与测量点直接接触,探头应布置在衣服和衬垫表面之间,在测量点附近可以用点探头直接在皮肤上测量皮肤温度。

座垫热舒适性测试的评价标准是接触区温度不超过 35℃,相对湿度不超过 70%,所测温度不应比在接触区测得的相应皮肤温度低。

图 4-56 所示为测量接触区温度/相对湿度以及皮肤温度的探头布置位置示意图,图 4-57 说明了测量过程中温度和相对湿度极限值的理想曲线。

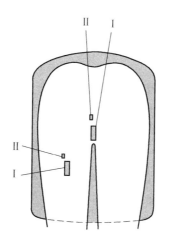

图 4-56　测量接触区(Ⅰ)温度和相对湿度
以及皮肤温度(Ⅱ)的探头位置

2) 坐姿因素

目前有研究表明,乘客或乘务员可以通过改变身体姿势或进行姿势变化来补偿不舒适性。当乘坐或驾驶时间增加时,体压变化指标和主观不舒适评分增加,这意味着乘客或乘务员感到不适时往往会更频繁地移动[49]。Le 等[50]在测量汽车座椅时注意到不舒适性引起了乘务员身体的移动;在对滑翔机飞行员

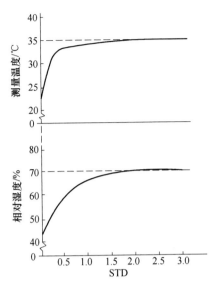

图 4-57 测量温度℃(上图)和相对湿度%(下图)
相对于时间的理想曲线

进行作业研究时,Jackson[51]发现大约在40min后飞行员开始做大动作以缓解臀部压力,因此,身体的移动也可以作为座椅不舒适性的指标;Telfer 等[52]发现身体运动可以解释29.7%的不舒适性方差,而Søndergaardet[53]的研究表明压力中心运动的标准差与不舒适性相关。

另外,这种通过改变身体姿势运动也可以用来减缓随着时间的推移而带来的不舒适性,创造舒适性,无论是主动的运动还是被动的运动都对舒适性有积极作用,并减缓不舒适性[54-57]。坐姿状态下长时间单调的低水平机械负荷会引起不舒适性[56],被动运动对防止办公室座椅[55]和乘务员座椅[58]的不舒适性有积极作用,Franz 等[57]研究表明,驾驶座椅配备按摩系统时舒适度较高,同时斜方肌的肌肉活动显著降低。另外,还有学者发现在办公椅[56]和汽车后座[54]的主动变换坐姿的实验中,就坐者的不舒适性较低[54]。

因此,运动与舒适和不舒适之间的关系是双重的。一方面,微动作和烦躁是不舒适的适当表现,甚至在人还没有意识到不舒适时就有征兆;另一方面,主动动态坐姿可以减少不舒适性并改善舒适度。

3) 人体特征

人体特征包括如年龄、种族、性别和身体尺寸等因素,在本节中,重点关注的是人体测量因素,如身高和体重,然而,人体测量因素与年龄、种族和性别有关,并且受长期趋势的影响。

在设计乘客座椅时,人体测量数据是确定座椅尺寸的重要信息来源,也是评估座椅的重要依据。需要注意的是,平均化的第 50 百分位理想乘客在实际中并不存在,因为一个人的多个身体尺寸同时处于平均水平是罕见的。同理,也不存在第 5 百分位和第 95 百分位理想乘客,这是由于不同身体部位尺寸之间的相关程度是不同的。例如,身材和身高之间的相关系数为 0.82,而身材和臀宽的相关性却低于 0.37[59]。人体测量特征的变化主要与种族、性别和年龄有关,同时人体测量学特征也会随着时间的推移而变化,其速率也并不总是相同的。

(1) 种族。

大部分身体尺寸遵循正态分布,然而,不同人群的正态曲线是不同的,此外,不仅整体身体大小不同,身体部位的比例也有所不同,如土耳其人与西欧人相比手臂相对较小[60]。

(2) 年龄。

由于身体组织的老化,成年人的人体测量尺寸标准可能不适用于老年人,因此老年人需要制定特定的人体测量数据[61]。例如,随着年龄的增长身高会下降,最有可能的原因是脊椎椎间盘的收缩,该过程始于 40 岁左右,并在 50~60 岁之间迅速下降[60],然而,体重一直稳步增长直到 50~55 岁,之后开始下降[60]。

此外,乘客的行动能力随着年龄的增长而下降,这与动车组座椅的进出情况特别相关,Lijmbach 等[62]的研究表明老年人在坐下来之前需要更多的时间,而随着中国人口老龄化趋势的发展,动车组座椅设计也应增加对老年人友好设计的考虑。

(3) 性别。

中国成年男子的平均身高是 1678mm,比中国成年女性高出 108mm(1570mm),一个专为第 5 百分位至第 95 百分位男性设计的座椅,适用于 90% 的男性,但只能满足 40% 的女性,因为第 5 百分位男性 1583mm 的身高,大约对应第 60 百分位女性,座椅的设计应考虑男性和女性乘客。

此外,男性和女性身体部位的比例也不同。例如,中国女性平均坐姿臀宽接近于平均肩宽(344mm 相对于 351mm),而这一差异在中国男性中是 54mm(321mm 相对于 375mm)。

(4) 长期趋势。

乘客的生活方式、营养状况和民族构成的变化将引起身体尺寸分布的变化,这也是定期更新人体测量数据的原因。由于营养摄入的改善、生活品质的提高,中国人口的身高和体重都有所增长,对于寿命相对较短的产品来说,这可能并不相关,但是对于火车和飞机等载运工具而言,开发时间长,产品预期寿命长,设计人员必须要预测乘客身体尺寸的变化。

2. 体压分布与静态舒适性

1) 体压分布指标与静态舒适性

表 4-17 列出了目前体压分布与舒适度、不舒适度之间关系的研究概况,现

有的研究采用了多个指标来描述体压分布,如接触面积、平均压力、峰值压力、压力梯度、压力变化等。此外,一些研究划分了不同的接触面,如大腿前部、大腿中部和臀部等。不同的方法可以被用来测定体压分布对舒适性或不舒适性的影响,如每一身体部位的不舒适/舒适评级、引起不舒适的数量以及座椅舒适性之间的排序,这里主要探讨目前研究中发现的体压分布变量与舒适性、不舒适性之间的相关性。

表 4-17 体压分布与座椅舒适性关系的研究成果

文献	体压指标	舒适性和不舒适性	相关性	研究设计	结论
Carcone[63]	靠背平均峰值压力	靠背舒适性	较低的靠背峰值压力与较高的评价有关联	30名被试在5个靠背条件下坐在座椅上;只有座垫、有座垫和靠背、座垫和有3种厚度腰垫的靠背	没有相关性的计算。只有一些压力变量与靠背舒适性等级的定性联系
	靠背接触面积		较小的靠背接触面积与较高的评价有关联		
	座垫接触面积		较大的座垫接触面积与较高的评价有关联		
Noro[49]	6个身体部位的峰值压力和压力面积:骶骨区域、坐骨区域、臀部左右侧区、左、右大腿区	对6个部位的5级舒适性评价量表	压力指标与主观评价之间无相关性	11名被试在手术过程中坐在两个不同的手术座椅上:传统座椅和新座椅的原型	舒适性较高的座椅的座垫平均压力较低
Na[49]	体压比(每个区域的体压之和除以腰部和臀部区域压力之和)。体压变化(压力变化超过15%的靠背平均压力或5%的座椅平均压力的次数)表示被试运动次数	身体部位颈、肩、背、腰、臀部和大腿的7级不舒适性量表	随着驾驶时间的增加,体压变化增加,同时不舒适性水平也提高。此外,身材和腰部支撑与体压变化和不舒适性有交互作用	16名被试坐在韩国汽车市场上中型轿车的座椅上,驾驶一个模拟赛道包含15圈,每圈3min	没有计算相关性。体压变化与身体部位不舒适性有相关性

续表

文献	体压指标	舒适性和不舒适性	相关性	研究设计	结论
Kyung[42]	不同区域（上背部、下背部、左臀、右臀、左大腿、右大腿）的平均接触面积和特定区域与总接触面积的比值		右大腿的平均接触面积比值与整体舒适性和不舒适性之间有显著相关性（$r=0.16$）。左大腿的平均接触面积和比值与全身舒适性显著相关（$r=-0.20$）。无与全身不舒适性显著相关的指标	27名被试完成了6个短的驾驶任务（20~25min）	几个体压指标与整体舒适性、不舒适性和全身舒适性之间有显著相关性。没有体压指标与局部不舒适性显著相关
	不同区域（上背部、下背部、左臀、右臀、左大腿、右大腿）的平均压力和特定区域与总压力的比值	整体舒适性和不舒适性评价量表。全身和6个身体部位（左/右大腿，左/右臀部，上/下背部）的舒适性，评级为0~10的舒适性和评级为0~-10的不舒适性	整体舒适性和不舒适性：与左臀（$r=-0.30$）、右臀（$r=-0.28$）、左臀比（$r=-0.23$）、右臀比（$r=-0.22$）、下背部比（$r=0.16$）、上背部比（$r=0.18$）显著相关。全身舒适性：与左臀（$r=-0.20$）、右臀（$r=-0.21$）、左大腿（$r=-0.18$）、右大腿（$r=-0.25$）、上背部（$r=-0.19$）、下背部比（$r=0.28$）显著相关。全身不舒适性：无显著相关		
	不同区域（上背部、下背部、左臀、右臀、左大腿、右大腿）的平均峰值压力和特定区域与总峰值压力的比值		整体舒适性和不舒适性：与右大腿（$r=-0.18$）、左臀（$r=-0.41$）、右臀（$r=-0.29$）、上背部（$r=-0.28$）、左大腿比（$r=0.19$）、左臀比（$r=-0.19$）、右臀比（$r=-0.16$）显著相关。全身舒适性：与右大腿（$r=-0.16$）、左臀（$r=-0.24$）、右臀（$r=-0.17$）、上背部（$r=-0.25$）、下背部比（$r=0.16$）显著相关。全身不舒适性：无显著相关		

续表

文献	体压指标	舒适性和不舒适性	相关性	研究设计	结论
Porter[64]	6个区域的平均压力：左、右坐骨结节，左、右大腿，上背部和下背部	座椅特征量表和臀部、大腿和下背部的身体局部舒适性7级量表（从非常舒适到非常不舒适）	车A：右大腿和大腿舒适度 $r=0.52$（3次评价的平均）。车B：上背部和上背部舒适度 $r=0.61$（驾驶135分钟后）和 $r=0.58$（3次评价的平均）。其他车辆和指标未发现显著相关性	18名被试参与了道路测试，在2.5h内驾驶了3辆车。在15min和135min后进行了评价	压力数据与舒适性/不舒适性没有明确的关系
	6个区域最大压力：左、右坐骨结节，左、右大腿，上背部和下背部		车B：右大腿和大腿舒适度 $r=0.57$（驾驶15min后）和 $r=0.47$（3次评价的平均）。其他车辆和指标未发现显著相关性		
Chen[39]	基于三维压力分布图像，与人体体压分布规律相比较的定性描述	3项主观评价：臀部舒适度、大腿舒适度、整体舒适度的10级量表（从非常不舒适到非常舒适）	压力分布越像人体压力分布规律，舒适性越高	20名被试坐在3个形状不同的座垫上	没有计算相关性
Liu[66]	座垫平均压力、座垫峰值压力、座垫接触面积、靠背平均压力、靠背峰值压力、靠背接触面积	颈部、肩部、背部、背部、臀部和大腿的身体局部不舒适性的5级量表（从非常不舒适到无不舒适）和整体不舒适性（两级：舒适和不舒适）	下背部不舒适性与靠背接触面积（$r=0.297$）、靠背峰值压力（$r=0.235$）和靠背压力（0.281）显著相关	10名被试坐在两张办公椅上，靠背倾角有3个水平（90°、110°和130°）	靠背压力变化与下背部不舒适性相关，但相关系数较低

续表

文献	体压指标	舒适性和不舒适性	相关性	研究设计	结论
Søndergaard[53]	压力中心（COP）随着时间的位移的平均值	身体部位不舒适性指数,如身体部位不舒适性从0~5(无不舒适性到极不舒适)的6级量表	前后方向和左右方向的平均COP位移与身体部位不舒适性无相关性	9名被试坐在一个没有靠背、扶手和座垫的平台上看电影90min	压力中心位移与不舒适性之间存在相关关系,不舒适性越大,坐姿下的运动模式越大、越有规律
	压力中心（COP）随着时间的位移的标准差		前后方向的COP位移标准差与身体部位不舒适性相关($r=0.273$)。左右方向的COP位移标准差与身体部位不舒适性相关($r=0.239$)		
	压力中心（COP）随着时间的位移的样本熵		前后方向的COP位移样本熵与身体部位不舒适性相关($r=0.271$)。左右方向的COP位移样本熵与身体部位不舒适性相关($r=0.278$)		
Gyi[67]	平均座椅比率(座垫平均压力与靠背平均压力的比值)	身体部位不舒适性的7级量表(从非常舒适到非常不舒适)	实验1中只有女性被试坐在她们喜好的座椅上时,平均下背部压力和下背部不舒适性之间呈负相关。没有相关系数	实验1中14名被试坐在他们最喜欢和最不喜欢的座椅(共7个座椅)上静态驾驶2.5h。实验2中12名被试坐在实验1中最受欢迎的座椅上,进行2.5h的静态驾驶	被试较少,但在身材上有代表性
	不同区域的最大压力		高个男性样本的臀部不舒适性与坐骨结节区域压力变量有显著相关性(没有记载相关系数)		
	不同区域的平均压力		无相关性记载		
	不同区域平均压力的标准差		无相关性记载		
	接触面积		无相关性记载		

续表

文献	体压指标	舒适性和不舒适性	相关性	研究设计	结论
Kyung[65]	6个身体部位的平均接触面积和比率(局部测量值与总值之比):左/右大腿、左/右臀、下/上背部	整体舒适性、全身舒适性、全身不舒适性	下背部($r=-0.20$)与整体舒适性显著相关 左大腿($r=-0.23$)、右大腿($r=-0.20$)、右臀($r=0.21$)、下背部($r=-0.26$)与全身舒适性显著相关。 左臀($r=0.17$)、右臀($r=-0.20$)、上背部($r=-0.20$)与全身不舒适性显著相关	22名驾驶员被试被分为两个年龄组,11名老年组(年龄大于等于60)和11名青年组(年龄在20~35之间),每组有6名男性和5名女性。 两种车型(SUV和sedan) 两种驾驶场景(实验室和室外)。 两种座椅(舒适性评价高和低的)	36个压力指标中有22个与至少一个主观评价显著相关,相关性由弱至中等(介于-0.26~0.31之间),最强相关性为右臀的平均压力与全身不舒适性($r=0.31$)
	6个身体部位的平均压力和比率(局部测量值与总值之比):左/右大腿、左/右臀、下/上背部		右大腿($r=-0.21$)与整体舒适性显著相关。 右大腿($r=-0.23$)、上背部($r=-0.22$)与全身舒适性显著相关。 左大腿($r=0.24$)、右大腿($r=0.25$)、左臀($r=0.26$)、右臀($r=0.31$)、下背部($r=0.28$)与全身不舒适性显著相关		
	6个身体部位的峰值压力和比率(局部测量值与总值之比):左/右大腿、左/右臀、下/上背部		右大腿($r=-0.19$)、上背部($r=0.25$)、下背部($r=-0.19$)与整体舒适性显著相关。 右大腿($r=-0.17$)、上背部($r=0.26$)、下背部($r=-0.24$)与全身舒适性显著相关。 左大腿($r=0.24$)、右大腿($r=-0.19$)、左臀($r=-0.18$)、下背部($r=0.19$)与全身不舒适性显著相关		

续表

文献	体压指标	舒适性和不舒适性	相关性	研究设计	结论
De[34]	舒适性和不舒适性的客观测量,包括体压分布	舒适性和不舒适性的主观评价		文献综述	7篇文献中有3篇文献给出了体压分布与舒适性和不舒适性的相关系数,两篇给出了两者相关的结论

对于座垫舒适性,Carcone 等[63]发现大的接触面积与高的舒适性相关,而平均压力和峰值压力与腰部、臀部和大腿区域的舒适性没有显著关系[64]。Noro 等[41]研究发现较低的平均压力与较少的不舒适性相对应;身体压力是随着全身的不舒适性和身体局部(包括腰、髋、大腿)的不舒适性的增加而增加[49]。Chen 等[39]认为,压力应在坐骨结节处最高,并向大腿两侧逐渐减小;Kyung 等[65]研究发现右臀的接触压力与不舒适性评级具有最大的正相关性($r=0.31$)。

对于靠背舒适性,Carcone 等[63]发现最低的靠背平均压力是最佳的,然而,与 Carcone 的结论不同,Porter 等[64]的研究表明座椅靠背区域的平均压力和舒适性没有显著关系。此外,他们还发现腰椎、臀部和大腿区域的峰值压力与舒适度也没有关系[64]。Liu 等发现靠背接触面积和背部不舒适性存在显著的正相关性,同时背部峰值压力和背部不舒适性存在较小的正相关性[66]。

对于颈部和头部压力,Franz 等[57]的研究表明,颈部压力应远低于头部压力,然而,头部相对于肩部的位置在人群中差异较大,使得颈部/头枕的设计更加复杂。

De[34]通过文献分析发现相比于其他客观测量方法(身体动作、通过肌电估计肌肉活动和疲劳、测量脊柱收缩和脚/腿的体积变化),体压分布与舒适性的主观评价有最清晰的关联关系,在 De 的文献综述中,有3篇文献显示了体压分布和舒适性或不舒适性的显著相关性,两篇显示两者有关联性。

压力分布虽然经常被用于评价座椅舒适性和不舒适性的指标,但是由于它往往会受多个因素(人的身材、坐姿)影响,其他因素如姿势或运动也会引起舒适和不舒适,由于压力分布解释的舒适性和不舒适性等级变化较低,因此压力分布测量不足以解释两个舒适性等级不同的座椅之间的差异[64]。

2) 理想体压分布

从上文的介绍中可以看出,尽管学术界对于使用压力分布解释舒适性和不舒适性仍有争议,但是在所有客观衡量舒适性的指标中,体压分布与不舒适性的关系最为密切[34]。体压分布是身体各部位占总体压的百分比。这些百分比将总负荷分散到身体各部位上。合理的体压分布可以减缓不舒适性。然而,目前并没有可靠的数据显示什么样的体压分布是健康舒适的[37]。Zenk 指出,后仰式的靠背、脚部前下方的支撑,都可以分散负荷、减少压力,减缓不舒适性。

有学者研究了高端汽车中的座椅理想体压分布。Hartung 认为,臀部应占据座垫一半以上的体压,其座垫理想体压分布如图 4-58 所示。与该观点相似,Vink[37]则将理想体压分布扩展到靠背。在靠背分担体压的情况下,臀部压力仍应占据总体压的一半以上,如图 4-59 所示。Kilincsoy 对比了 Zenk 和 Mergl 两位学者博士论文中的理想体压分布,如图 4-60 所示。相比而言,Zenk 和 Mergl 认为靠背应承担一半以上的体压,而臀部仅承担大约 1/4 的体压。

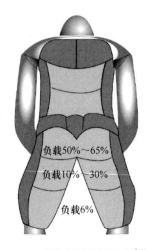

图 4-58　座垫理想体压分布[68-69]

3. 座椅静态舒适性的评价

从头开始重新设计一个列车座椅是非常困难的,因而一般通过改进现有座椅来设计一个新座椅,其流程应遵循以下步骤:

步骤 1:根据新座椅的设计目标,确定基准座椅。

步骤 2:统计目标人群组成、身体尺寸、坐姿和在座椅上的活动。

步骤 3:使用问卷调查等方式,通过实验收集重设计数据。

步骤 4:对基准座椅进行重新设计,并召集新被试进行测试实验来确定或调整设计参数。

步骤 5:对基准座椅和新座椅进行长时间坐测试,对比两者并调整不合适的

第 4 章 动车组座椅工效学分析与评价

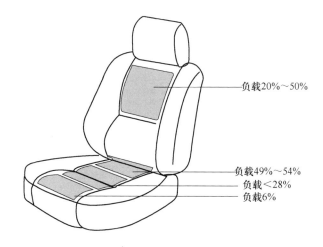

图 4-59 高端汽车驾驶座椅理想体压分布

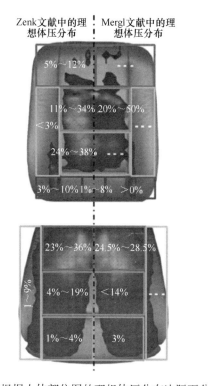

图 4-60 根据人体部位图的理想体压分布边际百分比[70]

设计参数。

步骤 6：确定最终方案。

具体的实验流程如图 4-61 所示。

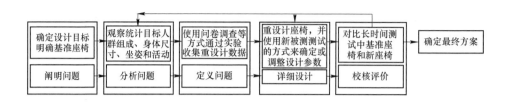

图 4-61　列车座椅设计实验方法流程

从图 4-61 可以看出,整个设计流程是不断改进和再评估的过程。其中再评估的过程决定着最终的设计方案。在明确座椅舒适性定义和了解影响座椅舒适性的因素后,可以对座椅舒适性进行量化评估。现有的评价方法主要有问卷调查法、数学模型法和仿真方法三大类方法。

1) 问卷调查法

从座椅舒适性的定义可以看出,座椅舒适性是一个主观的概念。在这种背景下,使用结构化问卷进行调查的方式来对座椅舒适性评价永远是了解乘客对动车组座椅舒适性看法和期望的最佳方式。因而,设计适当的问卷,即由座椅舒适性普遍接受的定义出发,并对影响座椅舒适性的关键因素进行提问的问卷,可为研究者的建模和优化提供基础。然而,研究者对座椅舒适性问卷设计的重视程度往往不够[47]。

一份好的问卷是可信和有效的。可信的问卷题项几乎没有测量误差,然而,不可能在一个问卷题项上直接观察实际分数的真实部分和误差部分。需要用一些统计指标来估计问卷题项反映真实分数的程度,如重测信度、结构效度等,然而,在一些座椅舒适性问卷中,并没有提到问卷的信效度。本节将介绍一些精心设计的座椅舒适性问卷。

Kolich 等[71]制订了一个制作座椅舒适性问卷的流程,其步骤如下:

步骤 1:通过文献回顾,确定以下调查题项的措辞、量表类型和级数、被试的兴趣与动机。

步骤 2:基于调研,定义舒适性指标以消除座椅总体舒适性评级的歧义,这些指标将用来说明信效度。

步骤 3:对一组相同的被试,通过多次反复测试提升问卷信度。

通过两次问卷测试,Kolich 将 23 个题项的初始问卷精炼为有 9 个题项的座椅舒适性问卷,具体如表 4-18 所列。该问卷的内部一致性信度在两次测试中分别为 0.972 和 0.950,同时具有合适的结构效度和较高的表面效度[71]。

表 4-18 Kolich 制定的座椅舒适性问卷

	恰到好处							
	−3	−2	−1	0	1	2	3	
椅背								
①腰椎支持量	太少	□	□	□	□	□	□	太多
椅背	1	2		3	4		5	量表
②后尾骨舒适性	□	□		□	□		□	
③腰部舒适度	□	□		□	□		□	
④上背舒适性	□	□		□	□		□	1=非常不舒适
⑤椅背侧面舒适性	□	□		□	□		□	2=不舒适
座垫								3=中性的
⑥垫尾舒适性	□	□		□	□		□	4=舒适
⑦座骨舒适性	□	□		□	□		□	5=非常舒适
⑧大腿舒适度	□	□		□	□		□	
⑨座垫侧面舒适性	□	□		□	□		□	

此外,基于 Zhang 等[38]的聚类结果,Helander 等[36]构建了图 4-62 所示的问卷。根据 Corlett 等[72]的姿势不舒适性评价方法,Gyi 等[67]制订了身体部位不舒适性量表,如图 4-63 所示。其中量级为,1. 非常舒适;2. 中等舒适;3. 舒

不舒适因素如下:

	一点也不　　适度　　极其
我的肌肉酸痛	1 2 3 4 5 6 7 8 9
我感到腿重	一点也不　　适度　　极其 1 2 3 4 5 6 7 8 9
我的压盘或椅背压力不均匀	一点也不　　适度　　极其 1 2 3 4 5 6 7 8 9
我感到僵硬	一点也不　　适度　　极其 1 2 3 4 5 6 7 8 9
我感到焦躁不安	一点也不　　适度　　极其 1 2 3 4 5 6 7 8 9
我感到累	一点也不　　适度　　极其 1 2 3 4 5 6 7 8 9
我感到不舒适	一点也不　　适度　　极其 1 2 3 4 5 6 7 8 9

舒适因素如下:

	一点也不　　适度　　极其
我感到放松	1 2 3 4 5 6 7 8 9
我感到神清气爽	一点也不　　适度　　极其 1 2 3 4 5 6 7 8 9
这把椅子柔软	一点也不　　适度　　极其 1 2 3 4 5 6 7 8 9
这把椅子宽敞	一点也不　　适度　　极其 1 2 3 4 5 6 7 8 9
这把椅子看起来很好	一点也不　　适度　　极其 1 2 3 4 5 6 7 8 9
我喜欢这把椅子	一点也不　　适度　　极其 1 2 3 4 5 6 7 8 9
我感到舒适	一点也不　　适度　　极其 1 2 3 4 5 6 7 8 9

图 4-62 座椅评价问卷

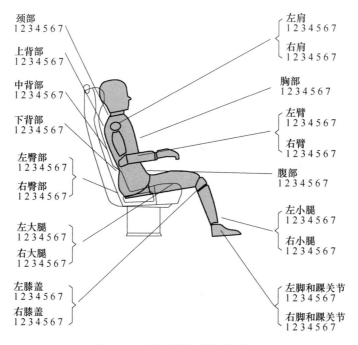

图 4-63　身体部位不舒适性量表

适;4. 中性的;5. 有点不舒适;6. 中等不舒适;7. 非常不舒适。同样基于 Corlett 等的方法,Kyung 等[73]制订了舒适与不舒适性评级量表,如图 4-64 所示。

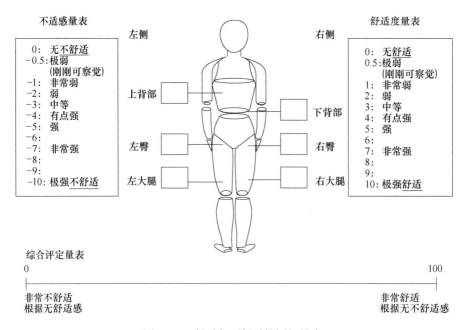

图 4-64　舒适与不舒适性评级量表

如4.3.1小节所述,由于座椅舒适性的概念尚存在较大的争议,由此建立起来的舒适性评价量表也是不同的。Kolich和Gyi认为,舒适性与不舒适性是同一概念内的两个极端,非此即彼,因而在问卷中只有一组题项。而Zhang与Kyung认为,两者是不同的概念,没有不舒适性不代表有舒适性,因而在问卷中体现出两组题项。

2) 数学模型法

从图4-61中可以看出,列车座椅是以迭代方式开发的。在该过程中,问卷调查的反馈驱动着整个设计。然而,从上文的介绍中可以看出,座椅舒适性问卷设计存在着一些问题。因而,合理的时间和经济成本不能保证该过程得到一个舒适的座椅。由此,一些研究者提出了数学模型法,将客观、可测量的座椅数据与主观舒适性联系起来。这样不仅能够准确预测舒适性,而且能够有效地提高座椅设计效率,降低成本。目前采用的数学模型主要有回归模型和神经网络模型。

对于长期坐在座椅上的不舒适性,Matsushita等[74]通过实验建立了体压分布与不舒适性之间的线性回归方程。被试保持坐姿1h,每隔5min进行一次舒适性和疲劳评价。由此发现,疲劳与不舒适性是紧密关联的,其多元回归方程为

$$\text{不舒适性} = -0.244 + 0.596 \times \text{全身疲劳度} + 0.251 \times \text{臀部痛感} + 0.247 \times \text{腰部疲劳度} \tag{4-17}$$

该方程 $R^2 = 0.903$,$F_{(3,152)} = 474.28$,$p < 0.001$。

此外,全身疲劳度可以由以下回归方程计算,即

$$\text{全身疲劳度} = 0.662 + 0.502 \times \text{臀部稳定性} + 0.362 \times \text{腰部疲劳度} + 0.531 \times \text{脚部疲劳度} - 0.343 \times \text{座椅拥挤感} \tag{4-18}$$

该方程 $R^2 = 0.751$,$F_{(4,151)} = 113.905$,$p < 0.001$。

在实验中使用传感器采集体压分布,使用1h中多个短期内的体压分布特征来与不舒适性建立回归方程。

$$\text{不舒适性} = 4.670 + 28.958 \times \text{超过2.2N/cm压力面积} - 0.0056 \times \text{总体压面积} \tag{4-19}$$

该回归方程的拟合程度 $R^2 = 0.765$。

遗憾的是,Matsushita等并未展示其研究过程中使用的问卷,因而无法考察其信效度。Kolich等[75]则直接使用信效度较高的表4-18所列问卷来保证研究的可靠性。通过将主观舒适性与体压分布特性、人体测量学、乘客种族和座椅外观等联系起来建立一个逐步多元线性回归模型为

$$\text{总体舒适性} = 13.749 - 2.038 \times AR + 0.062 \times BCF - 0.01 \times CPP + 0.01 \times BTF - 0.02 \times CTF + 0.133 \times WT \tag{4-20}$$

式中：AR 为座椅外观评价；BCF 为靠背压力中心负荷；CPP 为座垫峰值压强；BTF 为靠背总压力；CTF 为座垫总压力；WT 为被试体重。

该方程 $R^2 = 0.713, F_{(6,38)} = 15.728, p < 0.001$。

除了使用回归模型外，也有学者通过训练神经网络模型来预测汽车座椅舒适性。同样使用了表 4-18 所示问卷，Kolich 使用 12 个指标（乘客性别、身高、体重、座椅外观评价、座垫接触面积、座垫总压力、座垫中心压强、座垫峰值压强、靠背总压力、靠背接触面积、靠背中心压强、靠背峰值压强）作为输入，以座椅舒适性作为输出，以 12 个被试在 5 把座椅上试坐的数据训练 32 层神经网络模型，得到了较好的预测结果。模型性能统计数据为 $R^2 = 0.83$，平均误差 1.19，交叉验证 $r_{(15)} = 0.85, p < 0.001$[76]。

3) 仿真方法

虽然使用数学模型法能够更加准确、客观地评估座椅舒适性，但是整个座椅设计流程仍然需要消耗较多的时间和财力，因为座椅的评估仍然需要制作座椅设计原型。而使用仿真方法能够加快这一流程。仿真方法主要包括座椅建模和人体建模两个部分。通常使用有限元法来对座椅和乘客进行仿真，常用的软件有 ABAQUS、Pam-Comfort、MADYMO 等。其流程应遵循以下步骤：

步骤1：明确座椅舒适性评价模型，如使用体压分布预测舒适性。
步骤2：根据座椅目标人群，确定适当的人体模型。
步骤3：根据座椅设计方案，建立座椅有限元模型。
步骤4：根据座椅材料和有限元网格尺寸，定义接触关系和摩擦系数。
步骤5：施加重力加速度场，使人体入座后与座椅之间达到静力学平衡。
步骤6：进行乘客乘坐仿真，获得舒适性评价基础数据。
步骤7：评价座椅舒适性。

具体的仿真流程如图 4-65 所示[1]。

图 4-65　有限元仿真方法流程

有限元座椅模型必须包括所有对结果有强烈影响的组件，因此拓展结构如扶手，以及其他结构如司机座椅的驾驶台和乘客座椅的前排靠背等都是必要的。结构模型通常在开发阶段生成，可以分为以下几个部分，即结构部件、耦合元件（如接头）、附加组件和泡沫座垫柔顺接口[77]。

在乘客人体建模中，由于以下 3 点，通常使用解剖学模型来完成建模，以便根据人体行为对座椅舒适性进行数值评估。

(1) 人体解剖学几何参数。

(2) 通过生理数据定义的质量和刚度。

(3) 在重力作用下,考虑到静态肌肉活动的上身静力平衡。

在评价乘客人体模型在静态座椅舒适性中的有效性时,通常使用体压分布参数来评估[78]。

为了真实再现在重力载荷下的静态座椅,通过考虑摩擦的影响,适当定义座椅和乘客之间的接触。乘坐过程的计算是通过重力在负 z 轴方向上的作用进行的。由于泡沫座垫的顺应性,座垫有一个较大的位移,因此仿真是几何非线性的。座椅结构固定在座椅导轨的固定点上。乘客模型的边界条件可以再现可能的真实运动。

通过静态仿真可以得到的主要数据有座垫在 z 轴方向上的位移、靠背在 x 轴上的位移、髋关节的位置、座垫上的体压分布和靠背上的体压分布。位移信息可以用来验证仿真模型的有效性。显然,位移取决于座垫/靠背轮廓、厚度和材料特性。髋关节位置的分析给出了静态乘客的位置信息。因此,在仿真设计阶段可以实现车厢的包装设计。与仅仅基于几何尺寸的设计相比,该模型的优点在于考虑了材料的力学特性。座垫和靠背的体压分布是静态座椅舒适性中的重要评价指标。这里可以参照理想体压分布(图4-66)定性评价,也可以使用上文中的数学模型进行定量评价。

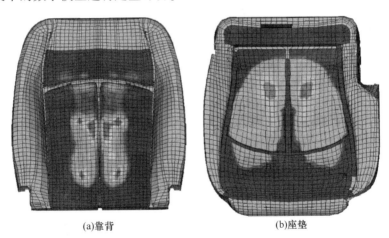

(a)靠背　　　　　　　　　(b)座垫

图 4-66　靠背和座垫的理想体压分布[77]

4.3.3　座椅的动态舒适性分析与评价

1. 列车振动与舒适性

除了静态座椅特性外,动态座椅特性也是影响座椅整体不舒适性的一个因素[79]。在动车组运行过程中,来自车厢的振动通过座椅传递给乘客,对乘客舒适性的影响,即座椅动态舒适性。

振动的单位是均方根(rms)或峰值加速度。振动剂量值是振幅的时间加权平均值。振动是通过放置在车厢地面或座垫上的加速度计来测量的。加速度计在相应位置上可以测量3个空间直角坐标轴(横轴、纵轴、竖轴)和3个旋转轴。人体对不同坐标轴上不同频率振动的反应如表4-19所列。

表4-19 人体对不同频率振动的反应[80]

坐标轴	频率/Hz	影响
纵轴	0.5	晕车,恶心,出汗
	2	全身有位移,难以对手定位
	4	振动传递到头部,腰椎产生共振,影响写字和饮水
	4~6	肠胃系统产生共振
	5	极大的不适感
	10~20	声音颤动
	15~60	视力模糊(眼球共振)
横轴	<1	身体摇摆增加
	1~3	上身不稳定
	>10	靠背是振动传递给人体的主因

振动对人体的影响分为全身振动和局部振动,全身振动是由振动源,即动车组,通过身体的支持部位(足部和臀部),将振动沿下肢或躯干传布全身。局部振动是指振动通过振动工具、振动机械或振动工件传向操作的手和前臂。

强烈的全身振动可能导致肢端血管痉挛、上肢骨及关节骨质改变和周围神经末梢感觉障碍,可造成各种类型的、组织的、生物化学的改变,导致组织营养不良。主要症状有手麻、发僵、疼痛、四肢无力、关节痛、对寒冷敏感,并有头痛、头晕、耳鸣和入睡困难等神经衰弱综合征。振动加速度还会让人出现前庭功能障碍,从而导致内耳调节平衡功能失调,进而出现头晕头痛、呼吸浅表、脸色苍白、恶心呕吐、出冷汗、心率和血压降低等症状。晕车就属于全身振动性疾病。全身振动还会引起腰椎损伤等运动系统疾病。

振动对人体的直接影响涉及躯干和身体局部的生物动态反应行为、生理反应、性能减退和敏感度障碍[81]。人体各器官的振动固有频率是不同的,因而当人体受到不同频率的振动时,不同的人体器官可能发生共振。

纯粹的振动不会引起人的失调[82],振动往往通过与其他因素的整合影响到人的健康,如不好的坐姿或寒冷,由振动引起的失调主要如表4-20所列。

表 4-20 振动对健康的影响[80]

失　调	振动的影响
腰背问题	腰椎终板微骨折 背部肌肉活动增加引起的椎间盘压力增加 椎间盘高度下降 椎间盘径向增大（长期振动后） 不良姿势会放大振动效应
胃肠道问题	胃液分泌增加引起急性胃痛 可能引发胃溃疡
听力问题	一些证据表明全身振动与噪声结合可使听力损失增加 6dB

在频率范围为 4~8Hz（躯干的固有频率）的振动特别危险，在座椅设计中应尽量减少在这些频率的振动传导，以减少背部受伤的风险。

2. 座椅的动态舒适性的仿真与评价

座椅动态舒适性是座椅设计的一个重要因素[79]。在对动车组座椅设计的优化中，不仅需要考虑静态舒适性，更需要考虑动态舒适性，以及两者结合起来对乘客整体舒适性感觉的影响。

Ebe 等[79]建立了一个座椅总体不舒适性模型，如图 4-67 所示，座椅的静态特性和动态特性对座椅舒适性有着交互影响，在动车组车厢振幅较低时，不舒适性主要由静态座椅特性决定，随着振幅的增大，振动对不舒适性的影响也逐渐增大。然而，该模型仅仅定性分析了座椅静态特性和动态特性对座椅不舒适性的影响，并没有给出确切的影响程度。

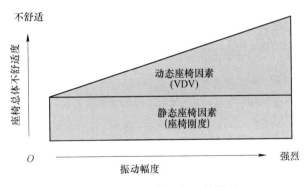

图 4-67 座椅总体不舒适性模型

为了评价座椅的整体不舒适性，主观印象需要与座椅的客观测量值建立联系。迄今为止，已经提出了各种度量和加权函数来描述客观振动测量值与主观感受的关系，然而，一个令人满意的通用性方法必须要考虑到在有显著振动的条件下所有频率下的车辆频谱、座椅响应和乘客响应。

动车组座椅需要能够良好地隔离动车组运行过程中的振动频率,目前存在两种对这种隔离性能的测量方法:①将座椅置于适当的振动环境中,使用主观或客观的方法对舒适性进行评价;②使用座椅传递函数来计算给定输入频谱下的座椅振动。对于这两种方法,座椅有效振幅传递率(seat effective amplitude transmissibility, SEAT)提供了一个简单的量化评估座椅的方法。

在测量座椅表面的振动时,如果座椅的波峰因数较小,那么座椅的有效振幅传递率为

$$\text{SEAT} = \left[\frac{\int G_{ss}(f) W_i^2(f) \mathrm{d}f}{\int G_{ff}(f) W_i^2(f) \mathrm{d}f} \right]^{1/2} \times 100\% \qquad (4-21)$$

式中:$G_{ss}(f)$ 和 $G_{ff}(f)$ 为座椅和车厢地面处的加速度功率谱;$W_i(f)$ 为乘客对于座椅处的振动响应的频率加权,积分是在车厢地面有显著振动的频率范围内确定的,即为 0.5~80Hz(SEAT 值可以认为是座椅上的振动频率加权与车厢地面上的振动频率加权的比率)。

采用一个恰当的频率加权来表示振动不舒适性,则 100% 的 SEAT 值表示,即便座椅的设计可能放大了低频或衰减了高频,但该设计并没有整体性地改善或弱化座椅的动态舒适性,因此,SEAT 值为 100% 意味着直接坐在车厢地面上也会产生相似的振动不适感。如果 SEAT 值大于 100%,则座椅的设计增加了振动不适感,相应地,SEAT 值小于 100% 表示座椅能够起到隔离车厢振动的功能。对于动车组这个特定的振动环境,可以假设振幅和不适感之间呈线性关系[82],则 SEAT 值为 50% 的座椅上的振动不适感是 SEAT 值为 100% 的座椅的一半。同时频率加权依赖于人的任务,因而乘务员和乘客的频率加权是不同的,最好使用由任务确定的频率权重。

如果座椅传递函数 $H(f)$ 已知,则 SEAT 值可以通过车厢地面的振动频谱 $G_{ff}(f)$ 计算得到,即

$$\text{SEAT} = \left[\frac{\int G_{ff}(f) \cdot |H(f)|^2 \cdot W_i^2(f) \mathrm{d}f}{\int G_{ff}(f) W_i^2(f) \mathrm{d}f} \right]^{1/2} \times 100\% \qquad (4-22)$$

因为不需要在特定的振动环境下测试座椅,所以该公式更具有实用价值,它可以预测不同动车组上相同座椅的动态舒适性,只需要获得车厢地面的振动频谱,就可以快捷地计算同一动车组中座椅设计的改进在动态舒适性上的改变。该方法的前提假设是座椅的响应是线性的(至少是确定性的)。

如果座椅或车厢地面的波峰因数都较大,则应使用振动剂量值(vibration dose values, VDV)来计算 SEAT 值。

$$\text{SEAT} = \frac{\text{座椅上的 VDV 值}}{\text{车厢地面上的 VDV 值}} \times 100\% \qquad (4-23)$$

$$\text{VDV} = \left[\int a_w^4(t)\,\mathrm{d}t\right]^{1/4} \tag{4-24}$$

式中：$a_w(t)$ 为频率加权加速度时程。

同样地，车厢地面的 VDV 值与座椅的 VDV 值使用相同的频率权重计算，这个公式可以很好地估计座椅对振动的隔离作用和座椅悬架行程末端缓冲器的不利影响。

SEAT 值可以评价座椅在 12 个维度上的综合乘坐感觉，它是在各个坐标轴上分开计算的。大部分评价会考虑通过座垫传导给乘客的竖轴振动和通过靠背传导给乘客的横轴振动。如果车辆有明显的低旋转中心的倾斜振动，那么横轴和纵轴方向上的振动会随着高度的增加而增大。因此，即使是在刚性座椅上，这些轴上的 SEAT 值也可能大于 100%，并且座椅上的动态不舒适性也会大于车厢地面的值。

动车组设计者和座椅制造商都倾向于简化座椅动力学，座椅反应通常使用刚性质量来表示人体。在座椅动态舒适性上，有人只关心峰值传递率的大小，有人则认为增加阻尼可以解决问题，一些制造商则认为在有乘客乘坐时，在规定的静态偏转内，简化的座椅动力学是可以解决问题的。但是从 SEAT 值的计算可以看出，座椅的隔离效率取决于振动输入谱、座椅传递函数和人体对不同振动频率的相对敏感度。对于乘客敏感的振动频率必须要衰减，而不太敏感的频率则几乎不需要衰减。因此，不能仅考虑阻尼、刚度甚至是传递率来判断座椅适用性。

除了使用 SEAT 值来评估座椅动态舒适性外，ISO 2631 和 BS 6841 等标准也规定了振动的衡量方法，具体可见本书 4.1 节，一些学者也提出了一些理论方法来评估，Varterasian 等依据 ISO 2631 对振动的测量和实证推导，得到经验值乘坐值 R[83]。

$$R = K/(ABf_n) \tag{4-25}$$

式中：K 为一个任意的座椅舒适性常量；A 为座椅传递率曲线的最大振幅；B 为座椅传递率曲线在 10Hz 处的振幅；f_n 为频率。

结果表明，60% 的情况下乘客的主观选择与 ISO 2631 的舒适性标准相关。而使用乘坐值 R，对于所有座椅吻合程度可以达到 67%，而对于凹背折椅 (bucket seat) 可以达到 80%。

根据 Steven 的心理幂次定律[84]，感受到的量级 ψ 与刺激量级 φ 的一般关系为

$$\psi = k\varphi^\beta \tag{4-26}$$

式中：k 为常量，取决于测量单位；β 为根据刺激不同变化的指数。

Ebe 通过实验发现，对于泡沫座垫，其回归方程为[84]

$$\psi = 174\varphi^{0.929} \tag{4-27}$$

该方程 $R^2 = 0.986, p < 0.001$。

由于座椅整体不舒适性受到座椅静态和动态因素的影响，对其预测需要同时考量这两个因素。因此，可以将式(4-27)转化为[84]

$$\psi = a + b\varphi_s^{n_s} + c\varphi_v^{n_v} \tag{4-28}$$

式中：ψ 为座椅整体不舒适性；φ_s 为静态因素；n_s 为静态因素的指数值；φ_v 为动态因素；n_v 为动态因素的指数值；a、b、c 为常量。

参 考 文 献

[1] 方卫宁，郭北苑. 列车驾驶界面人因设计理论及方法[M]. 北京：科学出版社，2013.

[2] APTA Commuter Rail Executive Committee. Cab Crew Seating Design and Performance：APTA PR-CS-S-011-99[S]. Washington, D. C.：The American Public Transportation Association, 1999.

[3] 铁道行业内燃机车标准化技术委员会. 动车司机座椅：TB/T 3264—2011[S]. 北京：中国铁道出版社，2011.

[4] 全国人类工效学标准化技术委员会. 人体模板设计和使用要求：GB/T 15759—1995[S]. 北京：中国标准出版社，1995.

[5] 朗格. 袖珍工效学数据汇编[M]. 黄金风，译. 北京：中国标准出版社，1985.

[6] Accredited Standards Committee S2, Mechanical Vibration and Shock. Mechanical vibration and shock — Evaluation of human exposure to whole-body vibration — Part 1：General requirements：ANSI S2. 72-2002 Part 1 / ISO 2631-1[S]. New York：American National Standards Institute, 1997.

[7] Accredited Standards Committee S2, Mechanical Vibration and Shock. Mechanical vibration and shock - Evaluation of human exposure to whole-body vibration Part 4：Guidelines for the evaluation of the effects of vibration and rotational motion on passenger and crew comfort in fixed-guideway transport systems：ANSI S3. 18-2003 Part 4 / ISO 2631-4[S]. New York：American National Standards Institute, 2001.

[8] Technical Committee GME/21/6. Mechanical vibration and shock - Evaluation of human exposure to whole-body vibration Part 4：Guidelines for the evaluation of the effects of vibration and rotational motion on passenger and crew comfort in fixed-guideway transport systems：BS ISO 2631-4：2001+A1[S]. London：British Standards Institution, 2001.

[9] Technical Committee GME/21/6. Guide to measurement and evaluation of human exposure to whole-body mechanical vibration and repeated shock：BS 6841[S]. London：British Standards Institution, 1987.

[10] 国家铁路局. 机械振动 铁道车辆内乘客及乘务员暴露于全身振动的测量与分析：GB/T 13670[S]. 北京：中国标准出版社，2010.

[11] 全国机械振动、冲击与状态监测标准化技术委员会. 人体全身振动暴露的舒适性降低界限和评价准则：GB/T 13442[S]. 北京：中国标准出版社，1992.

[12] 铁道部劳动卫生研究所. 铁道机车和动车组司机室人体全身振动限值和测量方法：TB/T 1828[S].北京：中国铁道出版社，2004.

[13] APTA Commuter Rail Executive Committee. Passenger Seats in Rail Cars：APTA PR-CS-S-016-99, Rev. 2[S]. Washington, D. C.：The American Public Transportation Association, 2010.

[14] The European Commission. On the technical specifications for interoperability relating to accessibility of the Union's rail system for persons with disabilities and persons with reduced mobility：COMMISSION REGULATION (EU) No 1300/2014[S]. Official Journal of the European Union, 2014.

第4章 动车组座椅工效学分析与评价

[15] ISO/TC 108/SC 4 Human exposure to mechanical vibration and shock. Mechanical vibration and shock — Evaluation of human exposure to whole-body vibration — Part 1: General requirements: ISO 2631-1[S]. Geneva: International Organization for Standardization, 1997.

[16] Technical Committee RAE/1/-/5. Railway applications. Ride comfort for passengers. Measurement and evaluation: BS EN 12299[S]. London: British Standards Institution, 2009.

[17] TYRELL D, SEVERSON K, PERLMAN A B. Single passenger rail car impact test. Volume 1: overview and selected results: rail passenger equipment collision tests: DOT-VNTSC-FRA-00-01; DOT/FRA/ORD-00/02.1[R]. Washington, D. C.: Federal Railroad Administration, 2000.

[18] Technical Committee RAE/1. Railway applications. Crashworthiness requirements for railway vehicle bodies: BS EN 15227:2008+A1[S]. London: British Standards Institution, 2011.

[19] APTA Commuter Rail Executive Committee. Design and Construction of Passenger Railroad Rolling Stock: APTA PR-CS-S-034-99, Rev. 2[S]. Washington, D. C.: The American Public Transportation Association, 2006.

[20] 马晓丽. 汽车座椅安全性能的动态实验分析方法研究[D]. 重庆: 重庆交通大学, 2010.

[21] 严振刚. 基于柔性体假人的高速列车乘员——内部结构碰撞研究[D]. 北京: 北京交通大学, 2017.

[22] MATTHEWS P. Occupant Dynamics[C]//TRAINSAFE: SAFE VEHICLE INTERIORS Workshop 28-29 April 2004. EURailSafe, 2004.

[23] KING A I. Occupant Kinematics and Impact Biomechanics[C]// AMBRóSIO J A C, PEREIRA M F O S, SILVA F P D. NATO-Advanced Study Institute. Crashworthiness of Transportation Systems: Structural Impact and Occupant Protection. Dordrecht: Kluwer Academic Publishers, 1997.

[24] Rolling Stock Standards Committee. Requirements for Rail Vehicle Structures: GM/RT2100[S]. London: Rail Safety and Standards Board, 2012.

[25] NAHUM A M, MELVIN J W. Accidental Injury: Biomechanics and Prevention[M]. 2nd ed. New York: Springer-Verlag, 2002.

[26] PAYNE A. Injury Criteria for Rail Interior Crashworthiness[C]// TRAINSAFE: SAFE VEHICLE INTERIORS Workshop. West Midlands, 2004.

[27] ATOC. Vehicle Interior Crashworthiness: AV/ST9001[S]. London: Association of Train Operating Companies, 2002.

[28] Occupant crash protection: 49 CFR Pt. 571.208[S]. Washington, D. C.: Office of the Federal Register, 2002.

[29] CARVALHO M, AMBROSIO J, MILHO J. Implications of the inline seating layout on the protection of occupants of railway coach interiors[J]. International Journal of Crashworthiness, 2011, 16(5): 557-568.

[30] VANINGEN-DUNN C. Passenger Rail Train-to-Train Impact Test Volume II: Summary of Occupant Protection Program: DOT/FRA/ORD-03/17.II; DOT/VNTSC-FRA-03-07.II[R]. Washington, D. C.: Federal Railroad Administration, 2003.

[31] TYRELL D C, SEVERSON K J, MARQUIS B. Crashworthiness of Passenger Trains: Safety of High-Speed Ground Transportation Systems: DOT-VNTSC-FRA-97-4; FRA/ORD-97/10[R]. Washington, D. C.: Federal Railroad Administration, 1998.

[32] National Academies of Sciences, Engineering, and Medicine. Improving School Bus Safety: Special Report 222[R]. Washington, D. C.: The National Academies Press, 1989.

[33] PINEAU C. The psychological meaning of comfort[J]. Applied Psychology, 1982, 31(2): 271-282.

[34] DE LOOZE M P, KUIJT-EVERS L F, VAN DIEëN J. Sitting comfort and discomfort and the relationships

[34] with objective measures[J]. Ergonomics, 2003, 46(10): 985-997.

[35] VINK P, HALLBECK S. Editorial: comfort and discomfort studies demonstrate the need for a new model [J]. Applied Ergonomics, 2012, 43(2): 271-276.

[36] HELANDER M G, ZHANG L. Field studies of comfort and discomfort in sitting[J]. Ergonomics, 1997, 40(9): 895-915.

[37] VINK P, BRAUER K. Aircraft interior comfort and design[M]. Boca Raton: CRC Press, 2011.

[38] ZHANG L, HELANDER M G, DRURY C G. Identifying factors of comfort and discomfort in sitting[J]. Human Factors, 1996, 38(3): 377-389.

[39] CHEN J, HONG J, ZHANG E, et al. Body pressure distribution of automobile driving human machine contact interfacf[J]. Chinese Journal of Mechanical Engineering, 2007, 20(4): 66-70.

[40] ANDREONI G, SANTAMBROGIO G C, RABUFFETTI M, et al. Method for the analysis of posture and interface pressure of car drivers[J]. Applied Ergonomics, 2002, 33(6): 511-522.

[41] NORO K, NARUSE T, LUEDER R, et al. Application of Zen sitting principles to microscopic surgery seating[J]. Applied Ergonomics, 2012, 43(2): 308-319.

[42] KYUNG G, NUSSBAUM M A. Driver sitting comfort and discomfort (part II): Relationships with and prediction from interface pressure[J]. International Journal of Industrial Ergonomics, 2008, 38(5-6): 526-538.

[43] HOSTENS I, PAPAJOANNOU G, SPAEPEN A, et al. Buttock and back pressure distribution tests on seats of mobile agricultural machinery[J]. Applied Ergonomics, 2001, 32(4): 347-355.

[44] KOLICH M. Automobile seat comfort: occupant preferences vs. anthropometric accommodation[J]. Applied Ergonomics, 2003, 34(2): 177-184.

[45] REED M P, SCHNEIDER L W, L. R L. Survey of auto seat design recommendations for improved comfort: UMTRI-94-6[R]. Southfield: Lear Seating Corporation, 1994.

[46] WANG X, PU Q, LIU H. Study on the Relationship Between Sitting Time Tolerance and Body Pressure Distribution[C]// LONG S, DHILLON B S. Proceedings of the 13th International Conference on Man-Machine-Environment System Engineering. Berlin: Springer, 2014.

[47] KOLICH M. A conceptual framework proposed to formalize the scientific investigation of automobile seat comfort[J]. Applied Ergonomics, 2008, 39(1): 15-27.

[48] BARTELS V T. Thermal comfort of aeroplane seats: influence of different seat materials and the use of laboratory test methods[J]. Applied Ergonomics, 2003, 34(4): 393-399.

[49] NA S, LIM S, CHOI H S, et al. Evaluation of driver's discomfort and postural change using dynamic body pressure distribution[J]. International Journal of Industrial Ergonomics, 2005, 35(12): 1085-1096.

[50] LE P, ROSE J, KNAPIK G, et al. Objective classification of vehicle seat discomfort[J]. Ergonomics, 2014, 57(4): 536-544.

[51] JACKSON C, EMCK A J, HUNSTON M J, et al. Pressure measurements and comfort of foam safety cushions for confined seating[J]. Aviation Space & Environmental Medicine, 2009, 80(6): 565-569.

[52] TELFER S, SPENCE W D, SOLOMONIDIS S E. The potential for actigraphy to be used as an indicator of sitting discomfort[J]. Human Factors, 2009, 51(5): 694-704.

[53] SØNDERGAARD K H E, OLESEN C G, SØNDERGAARD E K, et al. The variability and complexity of sitting postural control are associated with discomfort[J]. Journal of Biomechanics, 2010, 43(10): 1997-2001.

[54] HIEMSTRA-VAN MASTRIGT S, KAMP I, VAN VEEN S A T, et al. The influcnce of active seating on car passengers' perceived comfort and activity levels[J]. Applied Ergonomics, 2015, 47: 211-219.

[55] VAN DEURSEN D L, GOOSSENS R H M, EVERS J J M, et al. Length of the spine while sitting on a new concept for an office chair[J]. Applied Ergonomics, 2000, 31(1): 95-98.

[56] VAN DIEËN J H, DE LOOZE M P, HERMANS V. Effects of dynamic office chairs on trunk kinematics, trunk extensor EMG and spinal shrinkage[J]. Ergonomics, 2001, 44(7): 739-750.

[57] FRANZ M, DURT A, ZENK R, et al. Comfort effects of a new car headrest with neck support[J]. Applied Ergonomics, 2012, 43(2): 336-343.

[58] REINECKE S M, HAZARD R G, COLEMAN K. Continuous passive motion in seating: a new strategy against low back pain[J]. Journal of Spinal Disorders, 1994, 7(1): 29-35.

[59] KROEMER K H E. Engineering anthropometry[J]. Ergonomics, 1989, 32(7): 767-784.

[60] ALI˙ I, ARSLAN N. Estimated anthropometric measurements of Turkish adults and effects of age and geographical regions[J]. International Journal of Industrial Ergonomics, 2009, 39(5): 860-865.

[61] PERISSINOTTO E, PISENT C, SERGI G F, et al. Anthropometric measurements in the elderly: age and gender differences[J]. British Journal of Nutrition, 2002, 87(2): 177-186.

[62] LIJMBACH W, MIEHLKE P, VINK P. Aircraft Seat in- and Egress Differences between Elderly and Young Adults[C]// Proceedings of the Human Factors and Ergonomics Society Annual Meeting. Thousand Oaks: SAGE Publications, 2014.

[63] CARCONE S M, KEIR P J. Effects of backrest design on biomechanics and comfort during seated work [J]. Applied Ergonomics, 2007, 38(6): 755-764.

[64] PORTER J M, GYI D E, TAIT H A. Interface pressure data and the prediction of driver discomfort in road trials[J]. Applied Ergonomics, 2003, 34(3): 207-214.

[65] KYUNG G, NUSSBAUM M A. Age-related difference in perceptual responses and interface pressure requirements for driver seat design[J]. Ergonomics, 2013, 56(12): 1795-1805.

[66] LIU Z P, WANG J. Influences of Sitting Posture and Interface Activity on Human Physical and Psychological Reaction[C]// 2011 5th International Conference on Bioinformatics and Biomedical Engineering. Piscataway: IEEE, 2011.

[67] GYI D E, PORTER J M. Interface pressure and the prediction of car seat discomfort[J]. Applied Ergonomics, 1999, 30(2): 99-107.

[68] FRANZ M M. Comfort, experience, physiology and car seat innovation[D]. Delft: Delft University of Technology, 2010.

[69] ZENK R, FRANZ M, BUBB H, et al. Technical note: spine loading in automotive seating[J]. Applied Ergonomics, 2012, 43(2): 290-295.

[70] KILINCSOY U, WAGNER A, VINK P, et al. Application of ideal pressure distribution in development process of automobile seats[J]. Work, 2016, 54(4): 895-904.

[71] KOLICH M, WHITE P L. Reliability and validity of a long term survey for automobile seat comfort[J]. International Journal of Vehicle Design, 2004, 34(2): 158-167.

[72] CORLETT E N, BISHOP R P. A technique for assessing postural discomfort[J]. Ergonomics, 1976, 19 (2): 175-182.

[73] KYUNG G, NUSSBAUM M A, BABSKI-REEVES K. Driver sitting comfort and discomfort (part I): Use of subjective ratings in discriminating car seats and correspondence among ratings[J]. International Journal of Industrial Ergonomics, 2008, 38(5-6): 516-525.

[74] MATSUSHITA Y, KUWAHARA N, MORIMOTO K. Relationship between Comfortable Feelings and Distribution of Seat Pressure in Sustaining a Sitting Posture for a Long Time[C]// STEPHANIDIS C. International Conference on Human-Computer Interaction. HCI International 2014 - Posters' Extended Abstracts.

Cham: Springer, 2014.

[75] KOLICH M, TABOUN S M. Ergonomics modelling and evaluation of automobile seat comfort[J]. Ergonomics, 2004, 47(8): 841-863.

[76] KOLICH M. Predicting automobile seat comfort using a neural network[J]. International Journal of Industrial Ergonomics, 2004, 33(4): 285-293.

[77] SIEFERT A, PANKOKE S, WöLFEL H P. Virtual optimisation of car passenger seats: Simulation of static and dynamic effects on drivers' seating comfort[J]. International Journal of Industrial Ergonomics, 2008, 38(5-6): 410-424.

[78] KIM S H, PYUN J K, CHOI H Y. Digital human body model for seat comfort simulation[J]. International Journal of Automotive Technology, 2010, 11(2): 239-244.

[79] EBE K, GRIFFIN M J. Qualitative models of seat discomfort including static and dynamic factors[J]. Ergonomics, 2000, 43(6): 771-790.

[80] BRIDGER R S. Introduction to ergonomics[M]. London: CRC Press, 2003.

[81] 黄斌, 蒋祖华, 严隽琪. 汽车座椅系统动态舒适性的研究综述[J]. 汽车科技, 2001(6): 13-16.

[82] GRIFFIN M J. Handbook of Human Vibration[M]. Cambridge: Academic Press, 1990.

[83] VAN NIEKERK J L, PIELEMEIER W J, GREENBERG J A. The use of seat effective amplitude transmissibility (SEAT) values to predict dynamic seat comfort[J]. Journal of Sound & Vibration, 2003, 260(5): 867-888.

[84] EBE K, GRIFFIN M J. Quantitative prediction of overall seat discomfort[J]. Ergonomics, 2000, 43(6): 791-806.

5 动车组视觉光环境设计

光环境是指由自然的或人工的光线所呈现给使用者的一个或一系列内在关联的环境状态。它与光(包括照明水平、分布及形式)和颜色(包括色调、色饱和度、显色性)有关,同时受空间形状等因素影响的生理和心理环境,是动车组环境设计的重要组成部分。

动车组光环境可进一步分为驾驶室光环境和客室光环境。驾驶室光环境关注的是不同行车状态下乘务员视觉生理、心理功能,研究驾驶室内外光照变化规律,根据行车任务模式不同,分析、设计合适的照明,注重人机工效,给乘务员创造良好、舒适的工作条件与环境,使其视觉疲劳减至最低程度,保证行车安全。而客室光环境关注的是乘客安全和舒适感的体验,不同的光色、照明方式能够营造出不同的空间感,直接影响人的视觉心理,照明品质的好坏也会直接影响到乘客的行为和身心健康。因此,本章分别从驾驶室和客室两方面来探讨动车组的光环境设计。

5.1 动车组驾驶室视觉光环境设计

动车组驾驶室光环境可以定义为:由自然或人工照明光线所呈现给驾驶员的一系列内在关联的环境状态。影响动车组驾驶室光环境的照明因素主要有自然光、仪表照明、室内射灯照明和前照灯照明。根据照明因素的形成方式及影响时间的不同,可以分为驾驶室自然光环境和驾驶室人工光环境。其中自然光环境主要指昼光环境,即在正常天气状况下,列车在白天正常运行中,由自然光(包括太阳直射光及天空反射光等)所形成的驾驶室室内、外光环境,影响自然光环境的照明因素主要为昼光,它随着地域、气候、季节、时间、运行方向的不同而变化。人工光环境是指夜间或其他特殊气候环境下,由驾驶室人工照明所形成的室内、外光环境,影响夜光环境的照明因素主要为驾驶室内照明灯具、驾驶室仪表辅助照明灯具以及驾驶室前照灯等。

光环境主要从以下两个方面对动车组运营产生影响:①影响列车的运营安全。随着动车组运行速度的不断增加、列车车载设备自动化程度的不断提高,动车组乘务员需要监控的信息也在逐步增多,乘务员不仅要时刻关注列车运行前方的路况信息和轨旁信号等信息,同时还要关注操作台上的各仪表数据,监控列车自身运行状态。合理的驾驶室光环境,对于增强乘务员视功效,提高乘务员视觉监控质量,减少视觉失误率无疑会起到积极的作用。②光环境会对乘务员视健康、视疲劳以及工作舒适性产生影响。不良的光环境设计会严重增加乘务员的视疲劳,并产生不舒适感,长期工作在该条件下,乘务员视健康水平也会受到损伤。

本节将从理论分析与计算机仿真两方面入手,讨论动车组驾驶室在昼光环境和人工光环境下的评估内容与分析方法,探索驾驶室最佳室内照明设计方案。

在列车驾驶室照明研究中,孙铭鋆[1]采用理论研究、实验设计与计算机仿真相结合的方法,构建高速列车驾驶室光环境评价模型,对当前高速列车驾驶室光环境设计进行评价。周晓易[2]从灯具的种类、数量及安装位置3个方面对动车组列车司机室照明设计进行研究,从最小化反射眩光的角度给出了司机室照明优化布置方案,并确定了各因素对司机室反射眩光的影响程度,为列车司机室照明设计提供依据。詹自翔等[3]针对高速列车驾驶界面照明环境复杂、眩光源的形状和边界难以判定、眩光计算参数值难以准确采集等问题,提出一种基于统一眩光评估公式和小光源 UGR 修正公式的高速列车驾驶界面照明眩光评估模型,实现高速列车驾驶界面的眩光评估。

5.1.1 动车组驾驶室照明眩光评估

随着铁路技术的进步,列车运行速度不断提高,对高速列车人机界面设计的要求也进一步提升。照明系统设计作为人机界面设计的重要组成部分,对乘务员及时准确地获取视觉信息、减缓视觉疲劳和保证驾驶安全起到不可忽视的作用[4]。影响人机界面照明质量的因素包括照度水平、亮度分布、照度均匀度、照度稳定性、眩光等,其中眩光是影响照明质量的最主要因素[5]。人机界面设计与照明之间具有密切的匹配关系,如照明设备与人机界面相对位置关系、风挡玻璃的曲率、形状、倾角、大小、车载仪表及显示装置的布置,以及表面材料的选取都可能导致眩光产生。如何对照明眩光进行评估是评判人机界面照明质量的前提条件之一,对于指导高速列车人机界面设计与优化具有十分重要的意义。

传统的眩光评估方法建立在实验基础上,CIE(国际照明委员会)将眩光定义为由于光亮度的分布或范围不适当,或对比度太强,引起不舒适感或分辨细节物体能力减弱的视觉条件,按照视觉状态可将其分为不舒适眩光和失能眩光。其中不舒适眩光是指产生不舒适感但不一定削弱目标可见性的眩光[6],控制不舒适眩光将同时使得失能眩光得到充分的控制。不舒适眩光评估模型的研究始于 20 世纪 20 年代,在随后的几十年中,各国通过实验的方法研究并建立起表征不舒适眩光影响因素与主观感觉之间关系的模型,并形成如英国的 Petherbridge 和 Hopkingson[7]所建立的 BGI 模型,美国学者 Guth[8]建立的 VCP 模型等用于室内照明不舒适眩光的评估模型。文献[9]对包括 BGI 和 VCP 在内的几种不舒适眩光的评估模型与主观感觉的相关性进行了实验研究,结果表明两者的相关性较差,即以上系统不能较好地反映眩光的主观不舒适感觉。1983 年 CIE 一度采用了南非学者 Einhorn 改进的眩光指数 CGI[10],随后在 1995 年推出了新的统一眩光评估公式 UGR[11]。文献[12]通过主观评价实验得到 UGR 与眩光的主观不舒适感觉之间的相关系数达到了 0.89,因此该公式被认为是目前为止评估效果最理想的室内照明不舒适眩光的评估模型。不舒适眩光评估模型的建立,使通过测量模型计算参数评估人机界面的照明眩光成为可能。

近年来,高速列车人机界面中的显示装置出现参数集中化、显示智能化、玻璃化的趋势,从而导致照明环境更加复杂,眩光产生的可能性和复杂性也大大提高。采用传统主观实验的方法和现场测量模型计算参数的方式进行照明眩光评估面临诸多问题。例如,眩光源的边界难以确定,即使边界确定但对于不均匀眩光区域也难以通过测量方式保证模型计算参数值的准确性,更严重的问题是传统照明眩光评估方法依赖实物模型因而不能在车辆设计初期完成,这导致样车建成之后若发现问题,再去改进照明环境时势必会增加制造成本、延长设计周期,而采用仿真方法则可以避免上述问题。目前,眩光评估问题已在汽车驾驶人机交互、飞机座舱人机界面设计中引起了相关学者的关注,视觉仿真方法也已在这些领域得到了初步的应用[13]。

在分析列车司机室照明眩光产生特点的基础上,结合 UGR 眩光评估公式和小光源 UGR 修正公式,本节提出一种适用于高速列车驾驶界面照明的眩光评估模型。采用视觉仿真方法获取列车乘务员的视觉仿真图像,通过对视觉仿真图像内的眩光源像素点的判定、整合和筛除,获取眩光评估模型计算参数,构建照明眩光评估方法。

1. 动车组人机界面照明眩光评估模型的建立

统一眩光评估(UGR)公式输出的是一个预测视觉环境中光源引起的主观不舒适感觉的心理参量。CIE 117 中这样描述 UGR 公式:UGR 的实际值介于 10~30 之间,两个极值分别代表刚刚可以感觉到的眩光和不能忍受的强烈眩光;UGR<10 为无明显的眩光感觉[11]。其表达式为

$$\mathrm{UGR} = 8\log\frac{0.25}{L_\mathrm{b}}\sum\frac{L_\mathrm{s}^2\omega}{P^2} \qquad (5\text{-}1)$$

式中:L_s 为单个光源的亮度($\mathrm{cd/m^2}$);L_b 为背景亮度($\mathrm{cd/m^2}$);ω 为该光源的立体角(sr);P 为该光源的位置指数。

然而 UGR 公式在眩光源的大小上有一定的适用范围,当评估较大的眩光源时,UGR 值偏低,而对于较小的眩光源则会偏高。文献[14]定义了一般光源的投影面积介于 $0.005 \sim 1.5 \mathrm{m}^2$ 之间,将小光源定义为投影面积小于 $0.005 \mathrm{m}^2$(相当于直径为 80mm 圆)的光源,并引用了 Karlsruhe 大学和 Cape Town 大学的研究结果,认为小光源产生的眩光使用光强和投影面积代替亮度和立体角来计算 UGR 值更为准确,也就是将 UGR 公式中以下部分修正为

$$\frac{L_s^2 \omega}{P^2} = \frac{200 I^2}{r^2 P^2} \tag{5-2}$$

式中:I 为光源在眼睛方向的光强(cd);r 为光源离眼睛的距离(m);其余参数含义同式(5-1)。

动车组人机界面照明环境较为复杂,眩光源的形状大小各不相同,眩光源的数量往往也不唯一。如果仅仅把这些眩光源归为一般光源或小光源进行计算评估,所得到的结果将会出现较大偏差。从动车组驾驶人机界面内设备的尺寸和布置来看,照明可能产生的单个眩光源尺寸绝大多数应属于一般光源和小光源定义的范畴。因此,考虑这些不同大小光源对司机视觉的混合作用,建立动车组人机界面照明眩光 UGR 模型为

$$\mathrm{UGR} = 8\lg \frac{0.25}{L_b} \left(\sum_{i=1}^{m} \frac{L_i^2 \omega_i}{P_i^2} + \sum_{j=1}^{n} \frac{200 I_j^2}{r_j^2 P_j^2} \right) \tag{5-3}$$

式中:m 为一般光源的总数;n 为小光源的总数;L_i 为第 i 个一般光源的亮度($\mathrm{cd/m^2}$);L_b 为背景亮度($\mathrm{cd/m^2}$);ω_i 为第 i 个一般光源的立体角(sr);P_i 为第 i 个一般光源的位置指数;I_j 为第 j 个小光源在眼睛方向的光强(cd);r_j 为第 j 个小光源离眼睛的距离(m);P_j 为第 j 个小光源的位置指数。

2. 乘务员视觉仿真方法

动车组人机界面最常用的照明配光方式是直接照明,即在司机室靠近后端墙顶部或者乘务员后方其他位置安装若干射灯,直接照射地板面及司机操纵台等位置。这种照明配光方式使得受到直接照射的局部亮度较其他部分偏高,再加上显示器、仪表等设备的反射作用,因此不可避免会在某些位置产生眩光。从乘务员的驾驶任务角度来看,并非在所有位置产生的眩光都会对列车运行安全以及乘务员视觉的舒适性产生影响,应首先针对从乘务员眼点的位置出发视野内产生的眩光进行评估。

1) 基于 SPEOS/CATIA 的照明仿真评估

将 SPEOS/CATIA 仿真评估方法运用到动车组客室照明设计中来,提出基于视觉仿真的动车组客室照明设计及评估方法。CATIA 是航天领域广泛使用的 CAD 建模软件,而且具备人机工效评估功能,具有较强的实用价值。SPEOS 是一款广泛应用于欧美及日本航天航空、军工、汽车等工业领域(图5-1)[15-16]。SPEOS 利用基础射线法、蒙特卡罗法和解析光度测定等方法开发

出高效的测光法仿真运算法则,并允许使用光谱数据管理处理、仿真正确的发散源、光传播、光在表面的干涉与光探测,其视觉探测器能够精确模拟出人眼的视野、视距、聚焦、眩光等真实光环境感受[17-18]。SPEOS/CATIA 仿真实验系统使用实测的物理光学材质库进行列车室内仿真评估,依托 SPEOS 大量、高精度的数据库,使得在设计前期就可获得更高精度等级、更可靠的照明数据,进而指导照明设计方法的研究。本节首先在 CATIA 设计开发环境下进行动车组客室三维参数化建模;然后使用 SPEOS CAA V5 Based V16.1.1 光学模拟和视觉仿真系统在 CATIA 环境下建立客室内表面材质光学属性库、室内光源文件库,进行光学仿真;最后使用二次开发手段对 SPEOS/CATIA 环境下各照明水平进行量化评估、分析。

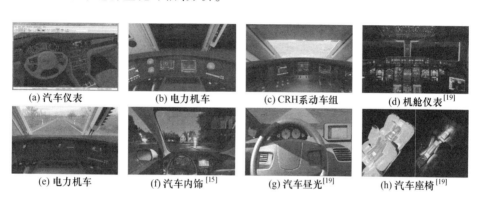

图 5-1 SPEOS 的主要应用领域及视觉仿真效果

2)视觉仿真原理

乘务员视觉仿真原理如图 5-2 所示,根据眼点位置和视野范围建立由眼点和屏幕组成的探测器,再通过逆向光线追踪的方法从眼点位置到屏幕上每一个像素点分别射出一条光线,这些光线穿过屏幕到达模型场景中物体,根据模型被定义光学属性的不同发生吸收、反射(R)或透射(T)等作用。这些反射或透射后的光线在模型中再碰到其他物体发生同样过程,直至达到设定的次数或射出模型范围,最后根据追踪过程中获取的光学信息计算并返回对应像素点的亮度等参数值[20]。

3)乘务员视觉仿真过程

以 CRH3 型动车组人机界面为例,仿真过程分为 5 个阶段:

(1)构建模型。

使用 CATIA 三维曲面建模软件对 CRH3 型动车组驾驶室进行构建,在保证内饰完整的前提下简化模型。首先,根据驾驶室光学分析模型需求对驾驶室操纵台及显示面板内部与分析无关的机构进行精简,删除重复面,这将有利于后期提高仿真运算速度；在此基础上，将车体、台面、显示面板补充完整并加以封闭，建立动车组驾驶室模型，如图 5-3 所示。

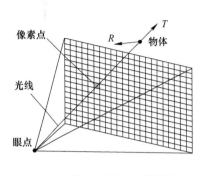

图 5-2 乘务员视觉仿真原理

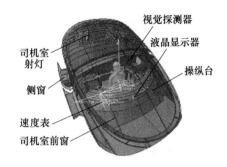

图 5-3 乘务员视觉仿真模型

（2）定义内饰材质。

内部材质定义即对模型材料的光学属性进行设定，在动车组驾驶室复杂光照环境下，不同的内饰材质会对光线反射路径与材质显示色彩产生影响，通过专业设备采集的 BRDF 函数数据可获得材质属性参数。BRDF 函数是指在一定条件下（如一定的视角）反射光的辐射亮度和入射光的辐射照度的比值。该函数由测量数据或分析模拟所定义，能完全定义反射表面的光度特征。其几何关系如图 5-4 所示，dA 为反射表面小面元，$d\gamma_o$ 和 $d\gamma_I$ 为立体角角元，α_o 和 α_I 分别为反射光线和入射光线的仰角，β_o 和 β_I 分别为反射光线和入射光线的方位角。BRDF 函数表达式为

$$\mathrm{BRDF}(\alpha_I,\beta_I;\alpha_o,\beta_o) = \frac{\mathrm{d}L_o(\alpha_o,\beta_o)}{\mathrm{d}E_I(\alpha_I,\beta_I)} \tag{5-4}$$

$$L_o(\alpha_o,\beta_o) = \frac{\mathrm{d}\Phi_o(\alpha_o,\beta_o)}{\mathrm{d}A \cdot \cos\alpha_o \mathrm{d}\gamma_o} \tag{5-5}$$

$$E_I = \frac{\mathrm{d}\Phi_o(\alpha_I,\beta_I)}{\mathrm{d}A} \tag{5-6}$$

式中：L_o 为辐射亮度，即沿辐射方向单位面积、单位立体角的辐射通量；E_I 为辐射照度，即单位面积的辐射通量；$\mathrm{d}\Phi_o$ 为单位辐射通量。

在 SPEOS 光学仿真分析模块中定义人机界面模型材质的光学属性，通过 OMS2 扫描仪对 CRH3 型动车组驾驶室中车体内壁、台面、显示器、按钮、控制器等主要材质的 BRDF 属性进行测量，包含材质颜色、对不同波长光线的反射率、透射率、吸收率和散射等信息，建立动车组驾驶室 SPEOS 光学仿真基础材质库。

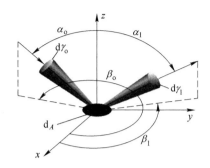

图 5-4 BRDF 函数几何关系

（3）光源参数设定。

定义 CRH3 型车人机界面照明光源参数，包括后端墙的 6 部射灯，型号为 SZD-LSD3-110，光束角 33°，光通量 220lm，配光曲线如图 5-5 所示[21]；操纵台上的主要光源包括 3 块最大发光亮度 400cd/m²、对比度 400∶1 的 10.4 英寸液晶显示屏，右侧直径 90mm、指针亮度 13cd/m²、表盘亮度 4.5cd/m² 的速度表。

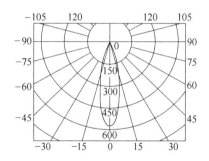

图 5-5 照明射灯配光曲线（单位：cd）

（4）创建人眼视觉探测器。

使用 SPEOS 中的视觉工效学模块，创建人眼探测器。依据水平和垂直方向人眼的最大直接视野[22]构建乘务员视觉探测器模拟乘务员视觉，其中乘务员水平视角为 120°，垂直视角为 90°，视线保持水平。参考 UIC 651[23]中定义列车乘务员眼点的方法，将第 50 百分位男性乘务员眼点放置于操纵台脚踏下沿 HP 点上方 1230mm，操纵台前沿后方 340mm 处，乘务员视觉定义如图 5-6 所示。

（5）视觉仿真图像生成。

通过 SPEOS 模块运算并输出 XMP 文件，该文件包含直观的乘务员视觉仿真图像以及图像中每一像素点的基本光度学信息，乘务员视觉仿真图像如图 5-7 所示。

图 5-6 乘务员视觉定义

图 5-7 乘务员视觉仿真图像

3. 眩光评估参数获取

通过乘务员视觉仿真,可以获得较为直观的列车驾驶室照明环境下的乘务员视觉效果以及仿真结果中每一像素基本光度学信息。将 XMP 文件中的光度学信息作为眩光评估模型计算的参数值,可实现高速列车人机界面照明眩光评估,光度学信息的获取采用 Visual Basic 6.0 编写实现,图 5-8 所示为照明眩光评估流程。

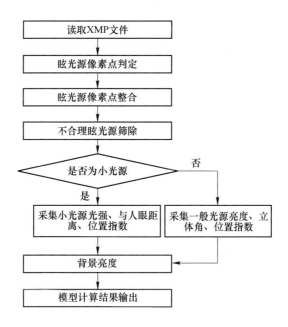

图 5-8 照明眩光评估流程

XMP 文件记录了仿真图像及其每一个像素点的坐标、亮度、照度等信息,其文件结构未知,但其中所有信息可通过接口获取,部分接口如下:

```
+---Virtual Photometric Lab
    +---Map Information
        +---XNb
        +---YNb
    +---Get Value on Map
        +---Getvalue
    +---Surface Calculation on Map
        +---SurfaceRectangleCalculation
```

1) 眩光源像素点判定

与办公场所的吸顶灯、生产车间白天明亮的侧窗等眩光源形状、尺寸相对固定的室内光环境不同,高速列车人机界面中的照明设备往往布置于司机的后方,这些照明设备发出的光线经过操纵台、内壁及前窗玻璃等物体的反射,再与显示装置和仪表等光源相互叠加进入人眼,从而导致高速列车人机界面照明环境十分复杂,产生眩光的具体位置、眩光源的形状以及尺寸都难以确定,因此需要对眩光源做出判定。

文献[24]归纳出3种判定眩光源的方法:①求整个视野内的平均亮度值,再取超过该亮度值n倍的区域作为眩光源,这种方法考虑了人眼对环境亮度的适应;②将视野内亮度超过固定值的区域作为眩光源,如"发光单元法"[10],将具有平均亮度值不低于$750cd/m^2$或$500cd/m^2$的区域判定为眩光源;③先划定视野内的部分区域作为任务区域,并求出这部分区域的平均亮度值,再取超过该亮度值n倍的区域作为眩光源。

由于第2种方法没有考虑人眼对整体环境亮度的适应,而第3种方法在眩光源重叠于任务区域时将难以有效判定眩光源,因此都不太适用于较为复杂的人机界面照明环境。因此,采用第1种方法遍历视觉仿真图像中的像素点,判定出属于眩光源的像素点,眩光源像素点判定如图5-9所示。

2) 眩光源像素点整合与筛除

通过眩光源像素点判定,得到的是一些彼此独立的单点眩光源。而实际情况下,乘务员视觉中的眩光源是以区域为单位的,即包括一般光源和小光源。为了减少整合过程中程序运行的时间复杂度,使用并查集结构[17]将彼此邻近的眩光源像素点进行整合,得到若干个由独立眩光源像素点集合而成的眩光源区域,整合算法描述如表5-1所列。受模型处理精细程度的影响,视觉仿真图像中可能出现一些亮度很高的噪点,比如在整体亮度偏低的区域出现极高亮度的单个像素点,而在这些位置眩光往往并不存在,因此将这些眩光源区域进行筛除,经过整合与筛除后的某一眩光源区域如图5-10所示。

图 5-9 眩光源像素点判定

图 5-10 整合筛除后的眩光源区域之一

表 5-1 并查集结构整合眩光源像素点算法描述

输入	算法过程	输出
眩光源像素点判定值 Fa(a) 及该像素点位置 (i,j),其中 Fa(a)=0,1,…,n,非眩光源像素点判定值为-1	(1) 遍历眩光源像素点,将相邻两个眩光源像素点的判定值统一为数值较小者; 循环 For a=1 To n ①If 眩光点 Fa(a) 对应位置(i,j)满足 i=0 且 j=0,左侧点(i,j-1)也是眩光点 Fa(x) Then Fa(a)= Fa(x)=min(Fa(a),Fa(x)); ②If 眩光点 Fa(a) 对应位置(i,j)满足 i>0 且 j=0,左侧点(i-1,j)也是眩光点 Fa(x) Then Fa(a)= Fa(x)=min(Fa(a),Fa(x)); ③If 眩光点 Fa(a) 对应位置(i,j)满足 i>0 且 j>0,Then a. 上端点(i-1,j)也是眩光点 Fa(x) Then Fa(a)= Fa(x)=min(Fa(a),Fa(x)); b. If 左侧点(i-1,j)也是眩光点 Fa(x) Then Fa(a)= Fa(x)=min(Fa(a),Fa(x)); (2) If Fa(a)=a Then 该眩光点的判断值 Fa(a)=a,Else 该眩光点的判断值 Fa(a)= Fa(Fa(a)); (3) 将判断值 Fa(a) 相同的眩光点分别保存在同一集合中,输出眩光源集合,算法运行结束	眩光源区域,即 Fa(a) 中判定值相同的像素点集合

3) 模型计算参数获取

(1) 一般光源亮度。

对于一般光源的亮度 L_i,取该光源区域内所有像素点亮度均值作为一般光源的亮度值,其表达式为

$$L_i = \sum_{k=1}^{n} \frac{L_k}{n} \tag{5-7}$$

式中:L_k 为该光源区域内第 k 个像素点的亮度(cd/m^2);n 为该光源区域内像素点个数。

(2) 一般光源立体角。

对于任意曲面,立体角可用以下公式计算,即

$$\omega = \iint_S \frac{\boldsymbol{r} \cdot \mathrm{d}\boldsymbol{S}}{r^3} \tag{5-8}$$

这里取光源几何中心与乘务员眼点连线的法平面上的投影面积,将式(5-8)简化为

$$\omega = \frac{A_P}{r^2} \tag{5-9}$$

式中：A_P 为光源几何中心与乘务员眼点连线的法平面上的投影面积(m^2);r 为光源中心到人眼的距离(m)。

（3）小光源发光强度。

根据平方反比定律,光强与照度具有以下关系,即

$$E = \frac{I}{r^2} \tag{5-10}$$

式中：I 为反射面和仪表板光源的发光强度(cd);E 为光源在人眼处的照度(lx);r 为光源中心到人眼的距离(m)。平方反比定律适用于点光源,但是计算点与光源之间距离大于光源直径的4倍,该定律即成立[5],据此采集光源在被照面(乘务员眼点)上照度再换算成发光强度。

（4）光源中心到眼点距离。

计算光源几何中心坐标,使用 SPEOS 中的 GetDepth(X, Y)方法采集光源几何中心到乘务员眼点的距离 D_k,表达式为

$$D_k = \sqrt{(X_k - X_\mathrm{e})^2 + (Y_k - Y_\mathrm{e})^2 + (Z_k - Z_\mathrm{e})^2} \tag{5-11}$$

式中：(X_k, Y_k, Z_k) 为第 k 个光源的几何中心坐标;$(X_\mathrm{e}, Y_\mathrm{e}, Z_\mathrm{e})$ 为眼点的坐标。

（5）光源位置指数。

基于 Luchiesh 和 Guth 研究的位置指数,其表达形式有很多,如位置指数表、以人眼与光源之间夹角作为变量的位置指数表达式等。这里采用方便计算机运算的一种位置指数表达式[10],即

$$\frac{1}{P} = \frac{d^2 \mathrm{EXP}}{d^2 + 1.5d + 4.6} + 0.12(1 - \mathrm{EXP}) \tag{5-12}$$

式中：P 为位置指数；$\mathrm{EXP} = \mathrm{e}^{(-0.18s^2/d + 0.011s/d)}$；$d = |Y/Z|$；$s = |X/Z|$。

（6）背景亮度。

遍历所有非眩光源像素点,并求出这些点的亮度平均值作为背景亮度 L_b,其表达式为

$$L_\mathrm{b} = \sum_{g=1}^{m} \frac{L_g}{m} \tag{5-13}$$

式中：L_g 为仿真图像内的第 g 个非眩光源像素点的亮度($\mathrm{cd/m^2}$);m 为非眩光源像素点的个数。

4. 仿真方法验证

1) 照明方案设置

为了验证乘务员视觉仿真方法评估高速列车人机界面照明眩光的可行性,选取 CRH3 型动车组人机界面实物模型作为实验空间。该实验空间内的照明灯具布置如图 5-11 所示,其中,操纵台仪表面板上有 3 块开启的 10.4 英寸液晶显示屏和一个直径为 90mm 的发光速度表,L1~L6 为后端墙上既有照明射灯,A1 为加装的照明射灯,A1 射灯与既有照明射灯的型号均为 SZD-LSD3-110,光束角为 33°,光通量为 220lm。选取 L1~L6、A1 中的灯具组合成 12 种照明方案进行眩光评估,各照明方案的灯具配置如图(5-11)所示,其中方案 1~6 为 CRH3 既有照明射灯组合,方案 7~12 为 CRH3 既有照明射灯与加装照明灯具组合。

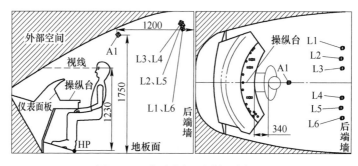

图 5-11 实验空间照明灯具布置

2) 仿真评估

按照上文中动车组乘务员视觉仿真过程在 CATIA 中构建 CRH3 型动车组人机界面数字模型,并根据照明方案设置,按图 5-11 所示在数字模型中相应位置补充了加装的灯具 A1、三脚架和夹具模型,使用 SPEOS 模块输出上述 12 种照明方案的乘务员视觉仿真结果 XMP 文件。设置视野内的平均亮度值的 4 倍作为眩光源判定的阈值[24],运行程序对各照明方案仿真结果 XMP 文件进行眩光源判定、整合、筛除并获取模型计算参数,通过计算得到这些照明方案下乘务员视野的 UGR 指数值,乘务员视野内的眩光源判定结果如图 5-12 中蓝色部分所示。

(1) L1+L6

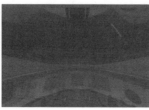
(2) L2+L5

(3) L3+L4

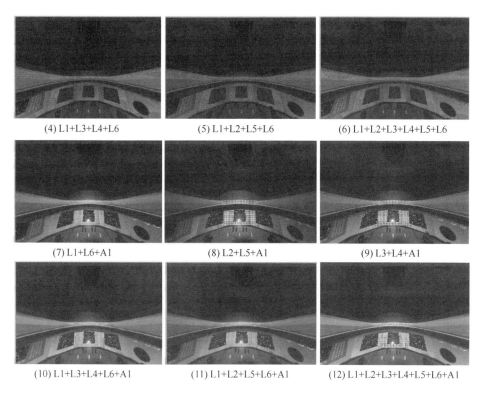

图 5-12 乘务员视野内眩光源判定结果(见书末彩图)

3)验证实验

实验环境参照《机车司机室照明测量方法》(TB/T 2011)[25]中有关机车室内照明测量条件的规定,在实验进行时屏蔽所有外部空间光源,以排除实验空间以外光线对照明环境的影响。实验采用的模型及实验空间如图 5-13 所示,使用三脚架和夹具将加装的照明灯具固定于图 5-11 中灯具 A1 所示位置。

图 5-13 实验模型及实验空间

实验共征集 10 名被试,其中男性 7 人,女性 3 人,年龄分布为 23~31 岁,身高在 163~179cm 范围内。实验开始前,不同身高的被试就座并调整座椅,使眼点位于操纵台脚踏下沿 HP 点上方约 1.23m,操作台前沿后方约 0.34m 处,视线保持水平。首先让被试对每种照明方案进行 3min 的适应过程,使其主观感觉趋于稳定,然后根据该照明方案所引起的眩光感觉填写主观评价量表,实验过程中通过开关灯具电源和遮盖部分灯具的出光口来切换照明方案,以完成上述 12 种照明方案的主观评价。主观评价量表采用 0~7 级,并在文献[12]中提到的相关实验研究得出的主观眩光感觉与 UGR 指数对应关系的基础上调整了主观感觉描述的表述方式,使各等级之间具有更好的区分度,主观感觉等级与 UGR 指数的关系如表 5-2 所列。

表 5-2 主观感觉等级与 UGR 指数关系

等级	主观感觉描述	UGR 指数
7	严重眩光,开始无法容忍	28
6	有眩光,有明显不舒适感	25
5	有眩光,有少许不舒适感	22
4	轻微眩光,似乎不太舒适	19
3	轻微眩光,感觉一般	16
2	轻微眩光,可以察觉	13
1	似乎可以察觉到	10
0	没感觉到眩光	7

4) 评估结果对比分析

通过实验采集每位被试对 12 种照明方案的主观眩光感觉所对应的 UGR 评分、每个方案所有被试评价所对应的 UGR 平均值以及通过仿真方法获得的 UGR 值如表 5-3 所列。两种方法的评估结果趋势对比如图 5-14 所示,可以看出主观实验得到的 UGR 平均值和仿真方法获得的 UGR 值大小相近,且随着照明方案的不同,通过以上两种方式获得的 UGR 值变化趋势也基本相同。

表 5-3 实验及仿真评估 UGR 值

方案	被试1	被试2	被试3	被试4	被试5	被试6	被试7	被试8	被试9	被试10	平均值	仿真值
1	25	22	25	22	22	19	19	19	25	13	21.1	21.5
2	16	10	16	16	13	13	10	13	13	16	12.6	13.4
3	13	19	13	13	16	16	10	10	16	16	14.2	11.2
4	16	13	13	16	13	10	10	22	19	13	13.9	12.4
5	13	16	13	13	13	10	13	16	10	19	14.2	12.5
6	19	25	16	19	13	16	22	22	13	16	18.1	20.8

续表

方案	被试1	被试2	被试3	被试4	被试5	被试6	被试7	被试8	被试9	被试10	平均值	仿真值
7	28	13	22	28	25	28	25	28	28	22	24.7	23.9
8	22	19	22	22	19	22	19	19	25	25	21.4	22.1
9	16	16	22	22	22	25	22	22	25	19	20.8	23.3
10	19	19	19	22	25	16	25	13	19	22	19.9	21.6
11	25	19	13	25	22	25	22	16	22	19	20.5	21.9
12	22	25	22	22	22	25	25	25	25	28	23.8	22.2

图 5-14 中的趋势对比还表明,对于 CRH3 型车,既有射灯组合出的人机界面照明方案(方案 1~6)眩光等级较低,而加装射灯后组合出的照明方案(方案 7~12)眩光等级较前者明显升高;照明方案 1~6 中,既有射灯全部关闭(方案 1)或开启(方案 6)时,眩光等级高于部分射灯开启的情况(方案 2~5),可能由无照明时显示装置过于明亮产生强烈亮度对比和既有射灯全部开启时人机界面整体照明亮度偏高所致。

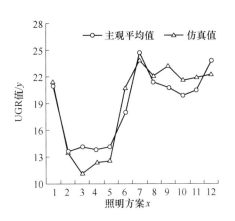

图 5-14 实验与仿真方法眩光评估趋势对比

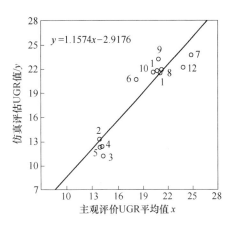

图 5-15 实验与仿真方法眩光评估结果

采用 SPSS 软件实验采集的主观眩光感觉与仿真方法获取的眩光评估结果进行线性回归分析,模型汇总如表 5-4 所列,回归线与回归方程如图 5-15 所示。$R^2 = 0.879$ 表明仿真方法眩光评估结果与主观眩光感觉之间具有较好的线性相关性。表 5-5 给出了方差分析结果,回归模型的 $F = 72.568$,$p = 0.000 < 0.05$ 进一步证明仿真方法所得评估结果与主观评价之间的线性关系显著[26],即该方法能够有效地反映主观眩光感觉,从而证明本节提出的基于视觉仿真方法的高速列车人机界面照明眩光评估方法具有可行性。

表 5-4 模型汇总

R	R^2	调整 R^2	标准估计的误差
0.937	0.879	0.867	1.79116

表 5-5 方差分析结果

参数	平方和	DF	均方	F 值	p 值
回归	232.817	1	232.817	72.568	0.000
残差	32.083	10	3.208		
总计	264.900	11			

回归方程为 $y=1.1574x-2.9176$，截距 $b=-2.9176<0$，而回归系数 $a=1.1574>1$，由回归直线还可以看出仿真方法评估结果相对于主观眩光感觉在 UGR 值较小时偏低，而在 UGR 值较大时偏高。造成这种偏差的可能原因有：构建视觉仿真模型的精度以及材质光学属性的测量误差；UGR 公式描述眩光感觉本身存在的误差；眩光源判定阈值的设定对仿真评估结果产生的影响等。

本小节分别通过视觉仿真方法和被试主观评价实验对 CRH3 型动车组驾驶界面的 12 种照明方案进行了眩光评估，在对这两种方法评估结果的对比分析的基础上，验证了视觉仿真方法评估高速列车驾驶界面照明眩光的可行性，同时也指出了可能导致该方法产生偏差的若干原因。该方法可用于设计阶段的动车组驾驶界面照明眩光预测评估，能为驾驶界面相关设计与优化提供合理的依据。

5.1.2 动车组驾驶室照明方案优化设计

驾驶室照明布置一般根据照明工程师自身的工程经验，结合具体车型驾驶室的整体布置情况，在满足工作面照度的基础上进行照明灯具的布置设计。照明方案优化可以使照明布置过程从以往的被动分析、测试转变为主动设计，从而有效提高驾驶室照明设计的整体质量，改善照明环境。

采用传统的基于数字样机与工程样机相结合的方法，不但成本高、周期长，而且无法模拟司机室内乘务员的视觉环境。由于眩光是动车组驾驶室内影响照明质量的重要因素，照明灯具选用不当、照明布置方案与内饰设计方案不合理、不合适的空间布局方案，均会引起驾驶室内出现反射眩光，进而影响行车安全。本节以速度为 160km/h CJ3 城际动车组驾驶室为例，阐述动车组驾驶室照明方案优化设计的方法。通过选择合适的灯具、调整驾驶室灯具数量、布置位置，有效控制驾驶室内眩光对乘务员驾驶作业的影响。

1. 确定照明标准与布局约束条件

1）照明设计标准与规范

动车组驾驶室照明方案的优化设计，首先应对室内照明布置的相关标准与规范进行了解，以确保照明设计方案的选择因素具有实际意义。参考室内照明布置的《水力发电厂照明设计规范》（NB/T 35008）、《电厂和变电站照明设计技术规定》（DL/T 5390）、《建筑照明设计标准》（GB 50034）、Q/SWS 56-010 等相关标准与规范，归纳总结动车组驾驶室照明设计方案需满足以下条件。

（1）照明灯具布置应满足工作面照度要求。

（2）灯具布置应与被布置对象相协调，在满足照度下应尽量布置合理、美观。

（3）为了满足照度均匀的要求，均匀布置的照明灯具不应超过其最大距高比。

2）布局约束

确定灯具可布置的平面高度及尺寸。驾驶室的顶板一般为平面布置，在进行照明灯具布置时灯具应安装在同一高度平面内。速度为160km/h CJ3 城际动车组驾驶室顶板的横向尺寸最大为2730mm，最小为2470mm，可取其平均值2600mm 作为顶板的横向距离，顶板的纵向尺寸为2400mm，如图5-16所示。

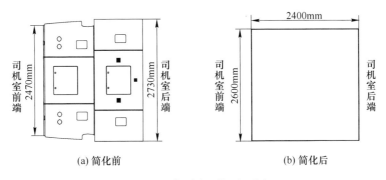

图 5-16 驾驶室顶板平面图

2. 照明灯具选择与布置

1）照明灯具的选择

灯具光源是驾驶室照明布置的基础。灯具光源的选择对照明设计是否节能以及光环境是否舒适有着重要的影响。对我国现行的动车组驾驶室照明灯具光源的类型进行调查，发现目前主要采用荧光灯与LED灯两种类型的灯具。采用荧光灯的车型主要有CRH1型车、CRH2型车和CRH5型车；采用LED灯的车型主要有CRH3、CRH3G、CIT400和160km/h CJ3城际动车等。两种灯具的比较如表5-6所列。

表 5-6 荧光灯与 LED 灯的比较

光源	光源光效/(lm/W)	电源效率/%	光照效率/%	灯具效率/%	发光角
荧光灯	55~80	65	60	60	较大
LED 灯	80~95	95	85	90	较小

动车组驾驶室照明灯具数量的确定主要根据驾驶室工作面所需照度、灯具光通量与配光方式、驾驶室内部表面的反射率等因素综合考虑。针对速度为160km/h CJ3 城际动车组驾驶室照明方案的优化设计，选取动车组驾驶室照明

常用光束角的灯具,即光束角分别为 36°、80°和 120°三个水平,其对应的配光曲线如图 5-17 所示。

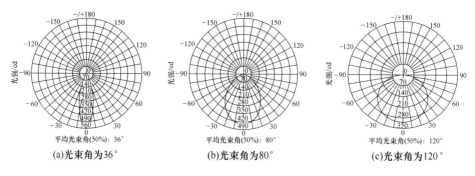

图 5-17　灯具配光曲线

2) 灯具的布置方式

驾驶室一般主要采用单灯布置和多灯布置两种形式。采用单灯布置的车型一般选取一只 18W 双管荧光灯,将灯具布置于驾驶室顶板的中央位置,灯安装在顶板内部,灯光的投射角度为垂直于驾驶室地板,以使整个驾驶室获得较为均匀的照度。采用多灯布置的车型一般选取功率为 5W 左右的 LED 射灯,多将灯具布置于驾驶室顶板后方,并采取一定的灯光投射角度,以满足操纵台的照度需求。

照明灯具布置应考虑照明的均匀性,因此灯具的布置间距应符合一定的距高比要求,驾驶室 LED 照明灯具距高比的计算可参照《LED 筒灯性能测量方法》(GB/T 29293)中的确定方法。当两个类似的常规灯具以最大间距相邻时,在灯具下 P 点的直接照明主要来自于上方的灯具 A,可能的最低照度是在两个灯具之间的中点 Q 点,如图 5-18 所示。由于两个灯具在灯下点的照度都只来源于一个灯具,因此灯下点照度相等时,对一个工作面上方的给定安装高度,选择的最大布置间距是使两个灯具间的中点各得到灯下点一半的照度。

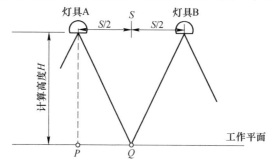

图 5-18　照明灯具距高比

对于具有旋转对称光强分布的照明灯具,若具有灯具的全套光强分布数据,只需找到最大光强的1/2值时对应的γ角,然后代入下式计算即可得到该灯具的最大允许安装间距,即

$$S/H = 2 \cdot \tan(\gamma_{1/2}) \tag{5-14}$$

式中:S为两个相邻灯具最大允许间距;H为工作面计算高度;$\gamma_{1/2}$为1/2最大光强时对应的γ角度。

由式(5-14)可知,灯具发光角度越大,允许的最大布置间距越大,因此灯具布置的间距以最小发光角度36°为基准来确定。速度为160km/h CJ3城际动车组驾驶室顶板净高为2000mm,假设灯具为嵌入式安装,将相关数据代入公式计算可得相邻灯具的最大允许布置间距为 $S = 2 \cdot \tan(\gamma_{1/2}) \cdot H = 2 \times \tan 18° \times 2000\text{mm} = 1300\text{mm}$。灯具布置另外需要考虑的是灯具至侧墙或边墙的距离,一般要求灯具到墙的距离为灯具布置间距S的1/3~1/2。

在满足灯具的最大允许布置间距下,结合160km/h CJ3城际动车组驾驶室顶板的外形结构尺寸,在顶板的横向选取了5个可布置位置,纵向选取3个可布置位置,如图5-19所示。设左下角交点为坐标原点,则5个横向位置坐标分别为 $X_1 = 260\text{mm}$、$X_2 = 780\text{mm}$、$X_3 = 1300\text{mm}$、$X_4 = 1820\text{mm}$、$X_5 = 2340\text{mm}$;3个纵向位置坐标分别为 $Y_1 = 400\text{mm}$、$Y_2 = 1200\text{mm}$、$Y_3 = 2000\text{mm}$。

驾驶室若采用单灯布置,一般遵循驾驶室顶板居中布置的规律;若采用多灯布置,由于驾驶室横向尺寸大于纵向尺寸,且驾驶室基本是左右对称布置设计,所以采用左右对称布置,以使驾驶室获得最大水平的照度。因此,采用不同数量的照明灯具可形成不同的灯具布置形式,现采用1~5只照明灯具进行情况说明,照明布置设计方案如表5-7所列。

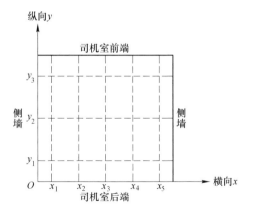

图5-19 灯具布置的实验水平确定示意图

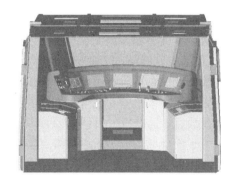

图5-20 简化后的160km/h CJ3驾驶室模型

表 5-7　160km/h CJ3 驾驶室照明布置设计方案

布置形式	布置形式描述
Ⅰ	灯具数量为 1,居中布置于 X_3
Ⅱ	灯具数量为 2,对称布置于 X_2 和 X_4
Ⅲ	灯具数量为 3,一只灯布置于 X_3 位置,其余 2 只灯对称布置于 X_2 和 X_4 位置
Ⅳ	灯具数量为 3,一只灯布置于 X_3 位置,其余 2 只灯对称布置于 X_1 和 X_5 位置
Ⅴ	灯具数量为 4,其中两只灯分别布置于 X_1、X_2 位置,另两只灯分别布置于 X_4、X_5 位置
Ⅵ	灯具数量为 5,分别将其布置于 X_1、X_2、X_3、X_4、X_5 位置

3. 照明方案优化实验设计

由于在动车组驾驶室内照明布置过程中,影响驾驶室反射眩光的因素较多,因此通过设计正交实验来研究这些因素的影响。

根据实验条件和实验执行的复杂程度,确定的实验因素包括照明灯具的数量、灯具纵向布置位置与灯具发光角度 3 个因素。3 个影响因子各自所采用的水平如表 5-8 所列。

表 5-8　正交设计水平表

因素水平	实验因素		
	A 灯具布置形式	B 纵向布置位置/mm	C 发光角度/(°)
1	Ⅰ	$Y_1 = 400$	36
2	Ⅱ	$Y_2 = 1200$	80
3	Ⅲ	$Y_3 = 2000$	120
4	Ⅳ		
5	Ⅴ		
6	Ⅵ		

照明设计方案为 1 因素 6 水平和 2 因素 3 水平的混合正交,对照标准正交表选取正交表 $L_{18}(1^6 \times 3^3)$ 进行照明设计方案评估。各仿真实验中,灯具的光通量固定为 300lm,灯具布置高度距离地板面均为 2000mm 且灯具轴线垂直于地板面。选取第 50 百分位身高的动车组乘务员眼点位置处的 UGR 值为考察指标来反映该位置的反射眩光情况,UGR 值是通过仿真软件获取相应的眩光评估参数后计算获得。具体实验步骤如下。

步骤 1:将速度为 160km/h CJ3 城际动车组列车驾驶室数字模型导入 SPEOS 并简化,去除对结果没有影响的部件,简化较为复杂的曲面,处理后的模型见图 5-20。

步骤 2:对驾驶室模型中所有零件加载带光学参数的材质文件,文件格式为 .Brdf 或 .Bsdf。

步骤 3:根据正交实验表中的实验方案将灯具移动至图 5-19 所示相应位置处。

步骤4:加载驾驶室照明灯具光源,并根据表5-8所列方案中对应的灯具发光角度来选择相应的配光曲线。

步骤5:在第50百分位乘务员眼点位置处设置视觉探测器,探测方向为水平向前。

步骤6:运行仿真得到仿真结果,保存为.xmp文件。

步骤7:打开驾驶室眩光评估系统,加载.xmp文件,设置相关参数后得到各个方案下的UGR值,该值的大小反映了反射眩光的高低。

4. 对眩光的影响因素分析

1) 直观分析

正交实验可通过比较直观分析表的极差或平均极差来分析各实验因素对实验指标影响的相对大小。混合水平正交表安排实验的方法和步骤与等水平正交表基本相同,但对实验结果的直观分析稍有不同。由于各因素的水平数目不同,当两个因素对实验指标有同等影响程度时,水平多的因素理应极差要大些,因此其水平导致结果之和的极差 R_j 之间无可比意义,但对结果之和按水平的数量取平均值,然后对平均极差进行比较,就能避免上述问题。

如图5-21所示,在3个因素中,灯具发光角度的平均极差值最大,灯具布置形式的平均极差值次之,灯具纵向布置位置的平均极差最小,即各因素对实验指标影响大小次序为:灯具发光角度>灯具布置形式>灯具纵向布置位置。

由于直观分析法无法定量判断各个因素对实验指标的影响程度,也无法表明因素影响的显著性,因此通过方差分析法来研究各个因素对实验指标的影响是否显著。

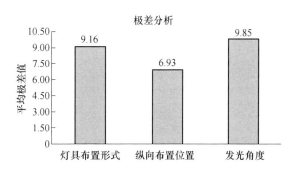

图5-21 反射眩光各影响因素的平均极差值

2) 方差分析

本节采用Minitab软件进行正交实验的方差分析。用Minitab对实验数据进行分析,结果如表5-9和表5-10所列。由方差分析可知,灯具布置形式、灯具纵向布置位置、灯具发光角度3个实验因素的 $p<0.01$,可以判定它们均为非常显著的影响因素。

表 5-9　UGR 值的估计效应与系数

项	效应	系数	系数标准误	t 值	p 值
常量		15.394	0.5146	29.91	0
灯具布置形式	8.748	4.374	0.7533	5.81	0
纵向布置位置	6.933	3.467	0.6303	5.50	0
发光角度	9.850	4.925	0.6303	7.81	0
$S = 2.18329$				PRESS = 103.685	
$R^2 = 0.8993$		R^2(预测)= 0.8435		R^2(调整)= 0.8777	

表 5-10　UGR 值的方差分析

来源	自由度	SeqSS	AdjSS	AdjMS	F 值	p 值	P/%
主效应	3	596.05	596.05	198.684	41.73	0	—
灯具布置形式	1	160.69	160.69	160.694	33.75	0	24.2
纵向布置位置	1	144.21	144.21	144.213	30.29	0	21.8
发光角度	1	291.14	291.14	291.145	61.15	0	43.9
残差误差	14	66.66	66.66	4.761			10.1
合计	17	662.71	662.71				100

图 5-22 所示为实验各因素的效应 Pareto 图,图中超过红线的因素表示具有显著性的影响,标准化效应值越大,表示该因素对指标的影响越大。从图中可以直观地看出,灯具发光角度的影响最大,灯具布置形式影响次之,纵向布置位置影响最小。

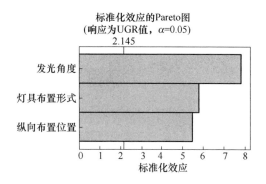

图 5-22　实验因子效应 Pareto 图 I

由于灯具布置形式是根据灯具数量不同而定义的,图 5-23 所示为灯具数量、纵向布置位置和反光角度 3 个因素对实验指标的影响效应 Pareto 图。对比

图 5-22 与图 5-23 可知，灯具布置形式对 UGR 值的影响效应与灯具数量对 UGR 值的影响效应一致。因而可得灯具布置数量对反射眩光也有显著的影响。

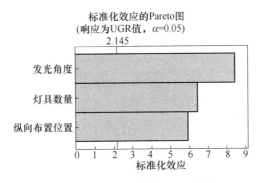

图 5-23　实验因子效应 Pareto 图 Ⅱ

3）线性拟合

对实验数据进行拟合前需了解各个因素对实验指标的影响趋势，从而方便判断与选取合适的曲线模型进行拟合。利用 Minitab 可导出正交实验中各因素影响的主效应图。图 5-24 所示为实验的主效应图，从图中可以直观地看出各因素对实验指标的影响趋势。

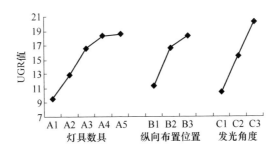

图 5-24　实验因子主效应图

由图 5-24 可知，UGR 值与灯具数量、纵向布置位置、灯具发光角度 3 个因子之间存在着近似正线性相关的关系。因此，首先对上述因素进行线性拟合分析，表 5-11 所列为正交实验中 UGR 指标值与 3 个因素之间的关系数据，根据该数据进行线性拟合的结果如图 5-25 所示。

表 5-11　UGR 值与 3 个显著因子关系

因素	灯具数量				
水平	1	2	3	4	5
UGR 值均值	9.5	12.8	16.6	18.3	18.6

续表

因素	纵向布置位置			灯具发光角度		
水平	1	2	3	1	2	3
UGR 值均值	11.3	16.6	18.3	10.4	15.5	20.3

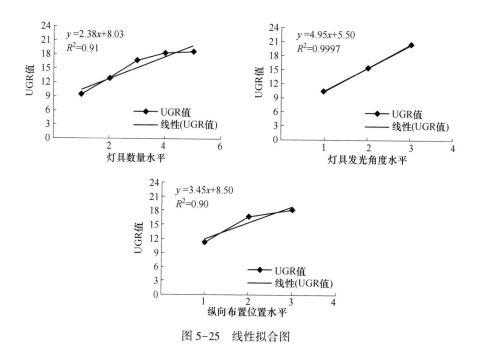

图 5-25 线性拟合图

由上述拟合结果来看,各个因素与指标值之间的拟合优度均较好,但是并不能证明拟合的回归方程必有意义。因此,还需对其进行方差分析,方差分析的结果如表 5-12 所列,结果显示线性拟合效果较好。

表 5-12 方差分析结果

A 灯具数量					
模型	平方和	自由度	均方	F 值	p 值
回归	56.454	1	56.454	32.207	0.011
残差	5.259	3	1.753		
总计	61.712	4			
B 纵向布置位置					
模型	平方和	自由度	均方	F 值	p 值
回归	23.805	1	23.805	9.391	0.021
残差	2.535	1	2.535		
总计	26.340	2			

C 灯具发光角度					
模型	平方和	自由度	均方	F 值	p 值
回归	49.005	1	49.005	3267.000	0.011
残差	0.015	1	0.015		
总计	49.020	2			

通过设计正交实验分析灯具数量、纵向布置位置和灯具发光角度 3 个实验因素对司机室反射眩光的影响可以看出以下几点。

(1) 灯具数量、纵向布置位置和灯具发光角度均会对司机室反射眩光产生显著的影响。其原因在于,上述 3 个因素不同水平的变化均会引起司机室操纵台及前窗部位的亮度分布及亮度对比不一,从而导致乘务员视野内产生明显的反射眩光。

(2) 灯具布置形式与灯具数量对指标 UGR 值具有一致的影响效果。司机室反射眩光随着照明灯具数量的增加而变大,其原因是灯具数量的增加使得经操纵台和前窗玻璃反射的光线进入乘务员视野的概率大大增加,从而增大了反射眩光效应。

(3) 灯具纵向布置位置与反射眩光值呈现较好的相关关系,当灯具纵向布置位置越靠近司机室操纵台,乘务员视野内的反射眩光越大;反之反射眩光越小。原因:一是随着灯具布置位置越靠近操纵台,灯具照射的大量光线通过操纵台仪表面板以及显示屏玻璃表面反射后进入乘务员眼内,从而在乘务员视野内形成较大的亮度对比,因此眩光等级变高,该反射眩光主要为一次反射眩光;二是灯具靠前布置时,经操纵台台面以及地板面反射的光线入射到前窗玻璃发生二次反射后进入乘务员的视野范围内,该眩光主要为二次反射眩光,如图 5-26 所示。

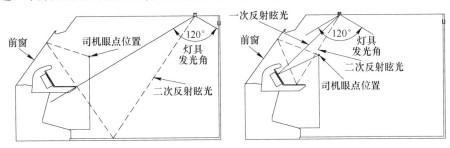

图 5-26 灯具纵向布置位置的影响分析

4) 影响驾驶室内眩光的其他因素

为最大限度地降低动车组驾驶室的反射眩光,除了对驾驶室照明灯具的选型及安装方式进行考虑外,还需兼顾以下方面的因素。

(1) 驾驶室的内饰,包括地板、墙壁、操纵台、顶棚等所选用的材料及涂装颜色均会对反射眩光产生一定影响。

（2）驾驶室操纵台的显示面板及显示屏幕的设计与安装，若不考虑驾驶室的照明布置将增加驾驶室的反射眩光，主要包括显示面板的材质与颜色、显示屏幕选用的玻璃类型、显示屏的安装模式等因素的影响。由于照明灯具的光线难免会照射至操纵台部位，若操纵台显示面板采用淡色且具有较高反射率的材料则会导致反射眩光的产生，因此建议采用低反射率的材质且涂装为不易反射的深色。驾驶室显示屏幕的玻璃应尽量选用低反射的玻璃，显示屏幕及仪表的安装倾角应设计成不利于产生反射眩光的角度。

（3）驾驶室前窗的倾角也是影响反射眩光的因素之一，在顾及驾驶室内饰材质与颜色选择的同时，还应考虑前窗的倾角设计，设计过程中在满足乘务员视角范围的基础上应尽量使反射眩光最小。

5. 动车组司机室照明优化布置

表 5-13 所列为 18 组照明设计方案仿真计算所得到的 UGR 值与驾驶室地板照度值。UIC 651 与 GB/T 6769 中明确规定，列车驾驶室照明应满足地板平面 30lx 的平均照度值。在满足地板面照度要求的所有照明布置方案中，方案 11 的 UGR 值最低，即反射眩光影响最小，此时灯具数量为 3，灯具纵向布置于距离驾驶室后墙约 1200mm 的位置，灯具的发光角度为 36°。因此方案 11 为速度为 160km/h CJ3 城际动车组驾驶室的最优照明布置方案，如图 5-27 所示。

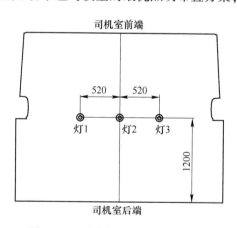

图 5-27 照明布置最优方案示意图

表 5-13 18 组正交方案 UGR 值及地板照度值

序号	灯具数量	纵向布置位置	灯具发光角度	UGR 值	地板照度/lx
1	1	1	1	2.1	22.8
2	1	2	2	8.7	27.3
3	1	3	3	17.6	19.7

续表

序号	灯具数量	纵向布置位置	灯具发光角度	UGR 值	地板照度/lx
4	2	1	1	3.5	29.3
5	2	2	2	16.0	61.1
6	2	3	3	18.9	43.5
7	3	1	2	11.6	79.3
8	3	2	3	24.5	80.8
9	3	3	1	15.2	66.9
10	4	1	3	16.8	60.7
11	4	2	1	11.2	72.7
12	4	3	2	20.3	46.7
13	5	1	2	14.6	91.1
14	5	2	3	24.6	95.6
15	5	3	1	15.6	61
16	6	1	3	19.2	119
17	6	2	1	14.9	127.8
18	6	3	2	21.8	62.6

5.1.3 动车组驾驶室昼光环境评估

对于动车组乘务员,昼光环境最主要的影响是产生日眩光,即在白天正常行车过程中,由于日光直接或间接射入驾驶室,使乘务员视野内亮度分布不均或存在高亮区域,而引起的视觉功能降低或视觉不舒适的现象。日眩光不仅会引起乘务员视觉疲劳,影响工作舒适感,同时还会对乘务员查看道路信号机状态产生影响,易造成乘务员忽略道路重要信号,从而引发铁路事故。本小节对日光环境进行模拟,并以此为基础讨论动车组驾驶室日眩光的评估。

1. 昼间眩光评价方法

日眩光存在以下几个特点:①当存在阳光直射情况时,眩光区域亮度非常高,数据显示太阳中心亮度约为 $0.67 \times 10^9 \mathrm{cd/m^2}$,约是一般日光灯(40W)亮度的 10^5 倍;②日眩光受时间及运行方向影响较大;③日眩光受天气状况影响较大;④对于室内环境,日眩光一般透过窗形成,通常窗的面积较大。动车组司机室眩光形成的原因是阳光透过司机室前窗玻璃直接入射到司机室内,致使乘务员视野范围内亮度分布不均匀。

20 世纪 60—70 年代,Cornell 大学[5]和英国 Hopkinson 对大面积光源不舒适眩光进行了研究,提出 DGI 计算公式。之后 Chauvel[27-28]等针对窗外景物、地面和天空亮度对不舒适眩光的影响,对 DGI 公式进行了修正,修正后的计算公式为

$$G_n = 0.478 \frac{\sum L_s^{1.6} \Omega^{0.8}}{L_b + 0.07 \omega^{0.5} L_w} \quad (5-15)$$

$$\mathrm{DGI} = 10\log \sum G_n \quad (5-16)$$

式中:L_s 为透过窗所看到的天空、地面及遮挡物的亮度($\mathrm{cd/m^2}$);L_b 为室内观察者视野范围内各表面的平均亮度($\mathrm{cd/m^2}$);L_w 为窗的平均亮度($\mathrm{cd/m^2}$);ω 为窗的总体立体角(sr);Ω 为考虑位置修正窗的立体角,单位球面度 $\Omega = \int \frac{\mathrm{d}\omega}{P^2}$,$P$ 为位置指数。

由 DGI 的计算公式可得到昼间眩光的评价计算过程如图 5-28 所示。依据室内不舒适眩光评估标准[29](表 5-14),即可对动车组司机室昼间眩光计算结果进行分析评估。这里以速度为 160km/h 城际动车组列车司机室为例进行昼间眩光分析。

2. 动车组司机室昼间眩光评估

透过司机室前窗玻璃所看到的天空、地面的亮度可通过计算获得,并根据其所占乘务员视野范围的情况,求取司机室前窗的平均加权亮度。其中,可以通过 CIE 给出的全晴天天空模型计算天空亮度,前窗外地面亮度可由计算的室外水平照度和地面反射率计算得到,乘务员视野范围内亮度将由光学仿真软件 SPEOS 进行模拟计算得到,DGI 眩光评估指数具体计算过程如下。

表 5-14 窗外不舒适眩光评价标准

眩光评价等级	眩光感觉程度	眩光指数DGI限制值
A	无感觉	20
B	有轻微感觉	23
C	可接受	25
D	不舒适	27
E	能忍受	28

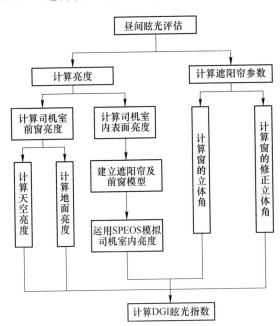

图 5-28 昼间眩光的评价计算过程

第5章 动车组视觉光环境设计

1) 天空亮度的计算

采用 CIE 提供的 16 种天空模型中的晴天模型[14,30-31]，计算出天空各个位置的相对亮度，其计算公式为

$$\frac{L(Z,\alpha)}{L_z} = \frac{f(\delta)\phi(Z)}{f(Z_s)\phi(0)} \quad (5-17)$$

式中：$f(\delta)$ 为标准扩散特性函数，其计算公式为

$$f(\delta) = 0.91 + 10\exp(-3\delta) + 0.45\cos^2\delta \quad (5-18)$$

式中：δ 为计算面元与太阳之间的角距离，由面元天顶角度 Z、太阳天顶角 Z_s 以及该面元和太阳之间的方位角度之差 $|\alpha - \alpha_s|$ 计算得到。其计算公式为

$$\delta = \arccos(\cos Z_s \cdot \cos Z + \sin Z_s \cdot \sin Z \cdot \cos|a - a_s|) \quad (5-19)$$

$f(Z_s)$ 为天顶值，其计算公式为

$$f(Z_s) = 0.91 + 10\exp(-3Z_s) + 0.45\cos^2 Z_s \quad (5-20)$$

$\phi(Z)$ 为亮度色调函数，其计算公式为

$$\phi(Z) = 1 - \exp\left(\frac{-0.55}{\cos Z}\right) \quad (5-21)$$

CIE 晴天天空模型只给出了天空各部分亮度与天顶亮度之间的比值，并未给出天空的亮度。为获得天空亮度情况，须先给出天顶的绝对亮度值。天顶亮度的绝对值可由美国国家标准局根据常年实测天空亮度的初步结果提出的式 (5-22) 计算得到[32]，即

$$L_z = 0.5139 + 0.0011\theta_s^2 \quad (5-22)$$

式中：θ_s 为太阳高度角 (°)。

这里以北京 (东经 116°24′、北纬 39°54′) 为计算点，分别计算其正东方、正南方、正西方以及正北方 4 个方向上的天空亮度，模拟计算时间为 2015 年 6 月 22 日 (夏至日)。根据上述原理以及相关天文地理知识，分别计算出列车朝向正东、正南、正西以及正北方向行驶时其正前方天空亮度，计算结果如图 5-29 所示。

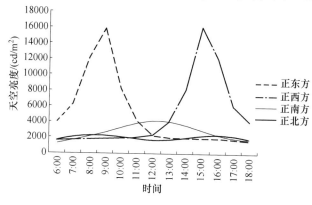

图 5-29　天空亮度统计图

2) 地面亮度计算

地面亮度采用计算机模拟的方法计算得到,通过 SPEOS 对室外地面照度情况进行模拟,具体步骤如下:

步骤1:构建列车运行环境场景模型。

步骤2:加载日光光源,设置仿真分析所需的地理位置和时间节点。

步骤3:通过材质库或实物测量等方法,定义环境场景模型中各模型的光学属性。

步骤4:设置照度探测器,记录地面照度值。

步骤5:设置逆向仿真参数,依据仿真结果分析地面照度值。

根据照度与亮度的关系[33]:$L = \dfrac{\rho E}{\pi}$ 计算得到地面亮度,其中 ρ 为表面反射率,由于铁路沿线周围的地貌千奇百状,各种地貌的反射特性各不相同,故取中国各地貌反射率的平均值[34] $\rho = 0.194$,地面亮度计算结果模拟状况如图 5-30 所示。

图 5-30 地面模拟状况

图 5-31 和图 5-32 分别为模拟计算得到的从 6:00 至 18:00 的地面平均照度和平均亮度。

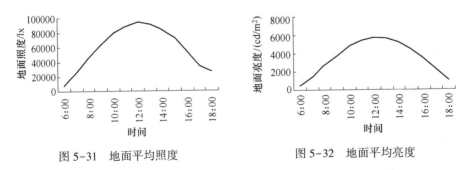

图 5-31 地面平均照度　　图 5-32 地面平均亮度

3) 窗平均亮度 L_w 的计算

根据透过窗所看到的天空、地面所占的前窗面积比,考虑司机室玻璃透射比,计算加权平均亮度[1]。速度为 160km/h CJ3 城际动车组列车司机室玻璃透射比 $\tau = 0.88$,透过玻璃所看到的天空和地面所占列车前玻璃的面积比为 1:1,

计算得出的列车朝向正东、正南、正西及正北方向行驶时司机室前窗平均亮度如图 5-33 所示。

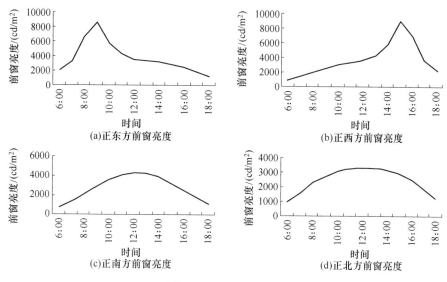

图 5-33 前窗亮度统计

4）乘务员视野亮度的计算

乘务员视野范围内的亮度主要包括视野内前窗的亮度和司机室内表面的亮度，计算过程比较复杂，并且与司机室环境有着密切的关系，这里采用计算机模拟的方法进行仿真计算。为了计算昼间眩光评估指数 DGI，建立 160km/h CJ3 城际动车组司机室模型，根据乘务员瞭望铁路周边信号的要求[35]以及乘务员对遮阳帘的最低遮阳要求，对司机室昼间眩光的情况进行分析，根据第 95 百分位人体眼点位置，以不遮挡司机瞭望高柱信号的视线为条件，确定遮阳帘的拉伸位置，建立计算机仿真模型，具体步骤如下：

步骤 1：构建司机室三维数字模型。

步骤 2：设置司机室内光源，并按照 SPEOS 的要求定义光源参数。

步骤 3：加载日光光源，设置仿真分析所需的地理位置和时间节点。

步骤 4：加载环境光源，环境光源主要提供司机室外场景环境，根据所得的地面亮度设置环境光源参数。

步骤 5：通过材质库或实物测量等方法，定义司机室内饰材质的属性。

步骤 6：依据相关标准定义乘务员参考眼点，构建视觉探测器如图 5-34 所示。

步骤 7：启动逆向仿真进行设置，得到仿真结果，图 5-35 所示为列车向东行驶时乘务员视野亮度的渲染图。乘务员视野亮度实时分析结果如图 5-36 所示。

图 5-34 第 95 百分位乘务员眼点位置

图 5-35 乘务员视野亮度
仿真图-东向 9:00am

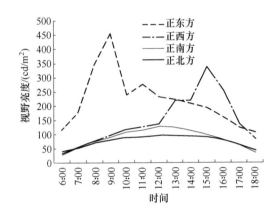

图 5-36 乘务员视野亮度统计

5) 前窗的立体角度 ω 及修正立体角 Ω 的计算

立体角[36]为球面面积与半径平方的比值,即 $\omega = \dfrac{A}{r^2}$,A 为前窗的球面投影面积,r 为球面半径。将司机室前窗玻璃进行球面投影,并以乘务员眼点为球面圆心,计算列车前窗的修正立体角为

$$\Omega = \int \frac{\mathrm{d}\omega}{P^2} \tag{5-23}$$

式中:针对第 95 百分位人体眼点的 $\omega = 0.51$;P 为 Guth 位置指数,计算公式为

$$P = \exp[(35.2 - 0.31389a - 1.22\,\mathrm{e}^{-2a/9})10^{-3}\beta \\ + (21 + 0.2667a - 0.002963\,a^2)10^{-5}\beta^2] \tag{5-24}$$

式中:α、β 角度如图 5-37 所示。

根据修正立体角 Ω 公式,计算出的列车朝向正东、正南、正西和正北方向行驶时各个时刻的修正立体角如图 5-38 所示。

6) 昼间眩光指数(DGI)的计算

根据 DGI 计算公式,计算 160km/h CJ3 城际动车组列车分别向正东、正南、

第5章 动车组视觉光环境设计

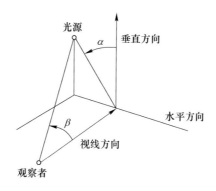

图 5-37 修正立体角计算位置指数

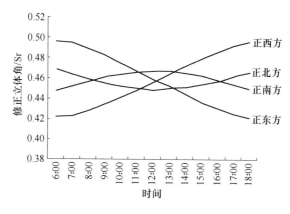

图 5-38 前窗修正立体角统计

正西和正北 4 个方向运行时的 DGI 情况(白昼阶段:6:00—18:00),计算结果如图 5-39 所示。由图 5-39 可知,列车朝向不同方向运行时的不同时段,其司机室 DGI 并不相同。列车朝正东方向运行时,最大眩光指数发生时间为 9:00 左右,DGI 值为 32.4;朝正西方向运行时 DGI 最大的发生时间段为 15:00 左右,DGI 值为 30.04;而朝正南和正北方向运行时,最大眩光值发生的时间段为 12:00—13:00,DGI 值为 28 左右。

根据计算出的 DGI,对 160km/h CJ3 城际动车组列车司机室昼间眩光情况进行分析评估,可以得出以下结论。

(1) 列车司机室昼间眩光变化规律与列车运行方向、运行时间段有关。

(2) 依据相关评价标准,DGI 大于 28 的昼间眩光会使乘务员无法忍受。该列车在北京地区朝正东方向行驶时,15:00 前均会存在较严重的昼间眩光;列车在朝正西方向行驶时,14:00—16:00 会存在较严重的眩光;列车在正南方向行驶时,全天均不会存在严重的眩光;列车在朝正北方向行驶时,10:00—12:00 会

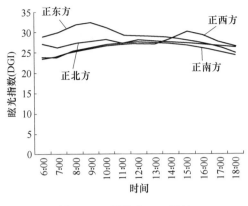

图 5-39 司机室 DGI 统计

存在较严重的眩光。

（3）眩光产生的原因为亮度分布不适当，或亮度变化的幅度太大，或空间、时间上存在极端对比，从而引起人眼的不舒适或降低观察重要物体的能力，在列车运行眩光较为严重时，可适当提高乘务员周围的环境亮度，减小亮度比例，减轻眩光对乘务员视觉的影响。

5.1.4 基于视觉仿真的动车组驾驶台遮光檐设计

动车组的运行离不开昼光环境，乘务员在驾驶过程中观察窗外轨道、信号和其他信息，或是查看驾驶室内仪表板时都会受到日光环境的影响。一方面日光为乘务员观察室内外信息提供了所需的照度，另一方面极端的光环境和不适宜的驾驶室设计可能导致眩光的出现。日光环境下的仪表板显示设备对比亮度下降，严重时还可能出现反射眩光，导致乘务员出现不舒适感，降低仪表板信息的可读性，从而影响行车安全。动车组驾驶台遮光檐是有效防止驾驶台仪表面板眩光的主要手段，其长度和角度的设置对遮光效果有着直接的影响，遮光檐的设置不仅与车型和控制台的形式有关，还与列车运行的区域有关。在设计阶段如何对驾驶室遮光檐进行有效光学设计一直是动车组驾驶界面中亟待解决的问题，本节将对针对这一问题进行探讨。

以 CRH2 型动车组驾驶台遮光仿真分析为例，利用 SPEOS 建立接近真实人眼视觉感受的视觉仿真模型，并通过光学仿真计算对遮光檐参数进行优化。设计过程主要分为模型建立和仿真分析两个阶段，如图 5-40 所示。

1. 遮光檐视觉仿真模型构建

1）动车组驾驶室模型建立

仪表板遮光仿真分析采用 CATIA 对 CRH2 型动车组驾驶室进行三维建模。首先，根据驾驶室光学分析的模型需求对驾驶室操纵台及显示面板内部与分析

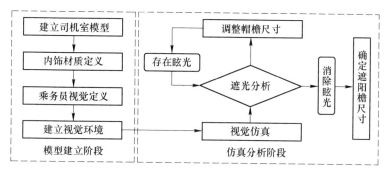

图 5-40 驾驶台仪表板视觉仿真分析流程

无关的机构进行精简,删除重复面,这将有利于后期提高仿真运算速度;在此基础上,将车体、台面、显示面板补充完整并加以封闭,建立动车组驾驶室三维模型,如图 5-41 所示。

2) 定义内饰材质

在 CATIA 环境下的 SPEOS CAA V5 Based V16.1.1 光学仿真分析模块中定义人机界面模型材质的光学属性,材质光学属性通过 OMS2 光学属性测量仪采集,包含材质颜色、对不同波长光线的反射率、透射率、吸收率和散射等信息。

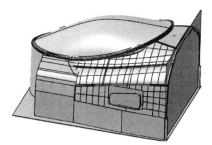
(a) 动车组驾驶室模型(外部)

(b) 动车组驾驶室模型(内部)

图 5-41 动车组驾驶室模型建立

3) 乘务员视觉探测器

通过 CATIA 人机工程学设计与分析模块建立第 50 百分位中国人体模型,按照《在产品设计中应用人体百分位数的通则》(GB/T 12985)中乘务员坐姿眼点的确定方法,选择第 50 百分位乘务员坐姿眼高、穿衣修正值、座椅 SRP 点高度和作为眼点竖直方向高度。使用 SPEOS 中的视觉工效学模块,创建人眼探测器如图 5-42 所示。

4) 日光环境建立

由于大气层对阳光的漫射作用,在进行日光环境仿真时,使用 SPEOS 同时建立自然光源和环境光源来分别模拟太阳直射光线和天空漫射光线。首先选

动车组人因设计

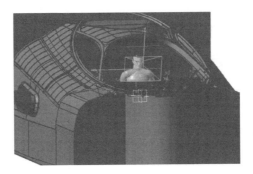

图 5-42　司机视觉的定义

取 Natural Light 类型光源,设置一条直线为正北方向,选取 2013 年 6 月 21 日(夏至日)作为此次仿真的日期,地点选择北京,设置模拟的时刻为早晨 7 时,如图 5-43(a)所示;然后使用 CIE 晴天模型定义天空亮度,新建另一光源,使用 Environment 类型,加载含 BRDF 属性的室外环境贴图,并按照图 5-29 中不同时段的 CIE 晴天天空亮度值进行环境光源亮度定义,如图 5-43(b)所示。

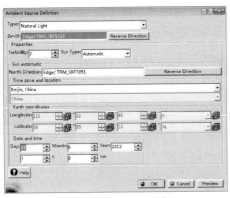

(a) 太阳直射光源的建立　　　　　　　(b) 天空漫射环境光源的建立

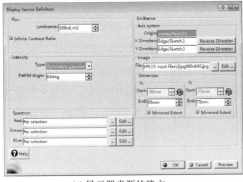

(c) 显示器光源的建立

图 5-43　日光环境的建立

第5章 动车组视觉光环境设计

为了使仿真结果更加贴近真实,对操纵台仪表面板上的显示器光源也进行了定义。设定显示器光源亮度为 $300cd/m^2$,光强类型为均匀高斯型,FWHM 角度为 $60°$,最后赋予显示屏贴图,如图 5-43(c)所示。

2. 无遮阳檐仪表盘昼间光环境仿真分析

驾驶台仪表板遮光仿真分析基于 SPEOS 视觉工效学模块,建立了 CRH2 型动车组光分析模型,选定的时间为夏至日,地点为北京。首先在无遮阳檐情况下对动车组向正东、正西、正南、正北方向行驶,从 7:00 至 18:00 乘务员的视觉进行仿真,统计乘务员视觉仿真结果中由于太阳光直射导致仪表板眩光的时刻,如表 5-15 所列。

表 5-15 乘务员视觉仿真结果统计

时刻	方向							
	正东		正西		正南		正北	
	直射光	眩光	直射光	眩光	直射光	眩光	直射光	眩光
7:00	无	无	无	无	有	无	有	无
8:00	无	无	无	无	有	无	有	无
9:00	无	无	有	无	有	无	有	无
10:00	无	无	有	有	有	无	有	有
11:00	有	无	有	有	有	无	有	无
12:00	有	无	有	无	有	无	有	无
13:00	有	无	有	无	有	无	有	无
14:00	有	有	有	无	有	无	有	无
15:00	有	无	无	无	有	无	有	无
16:00	有	无	无	无	有	无	有	无
17:00	无	无	无	无	有	无	有	无
18:00	无	无	无	无	有	无	有	无

为了说明阳光对仪表面板显示屏可读性的影响,同时对动车组在不同方向行驶过程中仪表板的照度进行统计,如图 5-44 所示。参考 JIS 9110 中有关 VDT 作业的规定照度推荐值 700lx 进行分析。

当仪表板在日光环境下的照度值大于 700lx 时,乘务员在监视仪表板显示装置时会出现可读性降低的现象。通过图 5-44 所示仪表板照度统计发现,动车组向正东方向行驶时,10:00—15:00 仪表板照度均超过推荐值,13:00 达到照度峰值 1454lx;动车组向正西方向行驶时,10:00—14:00 仪表板照度均超过推荐值,照度在正午达到峰值 1364lx;动车组向正南方向行驶时,9:00—16:00 仪表板照度均超过推荐值,正午照度峰值达到 1068lx;动车组向正北方向行驶时,9:00—16:00 仪表板照度均超过推荐值,正午照度峰值达到 1089lx。个别时

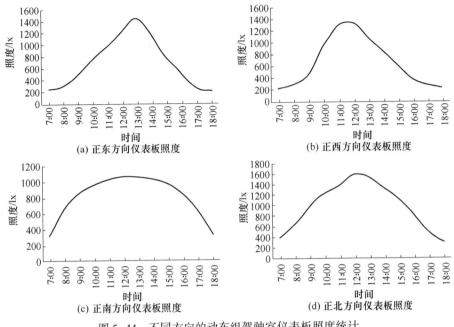

图 5-44　不同方向的动车组驾驶室仪表板照度统计

段的眩光会导致屏幕信息读取困难,如图 5-45 所示。

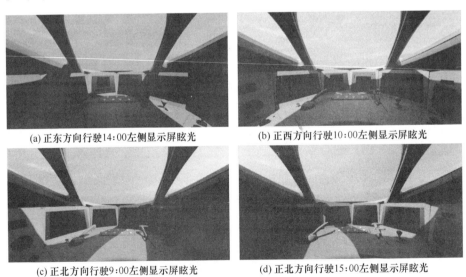

图 5-45　动车组驾驶员仪表板出现眩光时段

3. 仪表盘遮光檐尺寸的设计

遮阳檐尺寸包括遮阳檐伸出长度和遮阳檐倾角,其中遮阳檐伸出长度是指其伸出处与伸出最前端连线的长度,遮阳檐倾角是指该连线与台面的夹角,如

图 5-46 所示。遮阳檐的遮光效果与其长度和角度都相关。日光入射角度一定的情况下,当遮阳檐倾角较小时,达到同等遮光效果所需的长度相应减小,但是遮阳檐倾角过小可能导致眼点较高的驾驶员观察仪表板时视线受阻;当遮阳檐倾角较大时,达到同等遮光效果所需的长度相对增加,同时可能导致眼点较低的乘务员观察外部矮柱信号受阻。

通过驾驶室仪表板照度统计结果,按动车组向正东、正西、正南、正北行驶中驾驶台仪表板照度峰值时段的太阳高度角及方位角,初步设定遮阳檐与显示面板垂直(倾角为 25°),遮阳檐长度为 150mm。对加入遮阳檐后的模型进行遮光仿真分析,如图 5-47(e)~(h)所示。

遮阳檐伸出长度
遮阳檐倾角
遮阳檐
台面
仪表面板

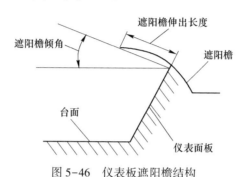

图 5-46　仪表板遮阳檐结构

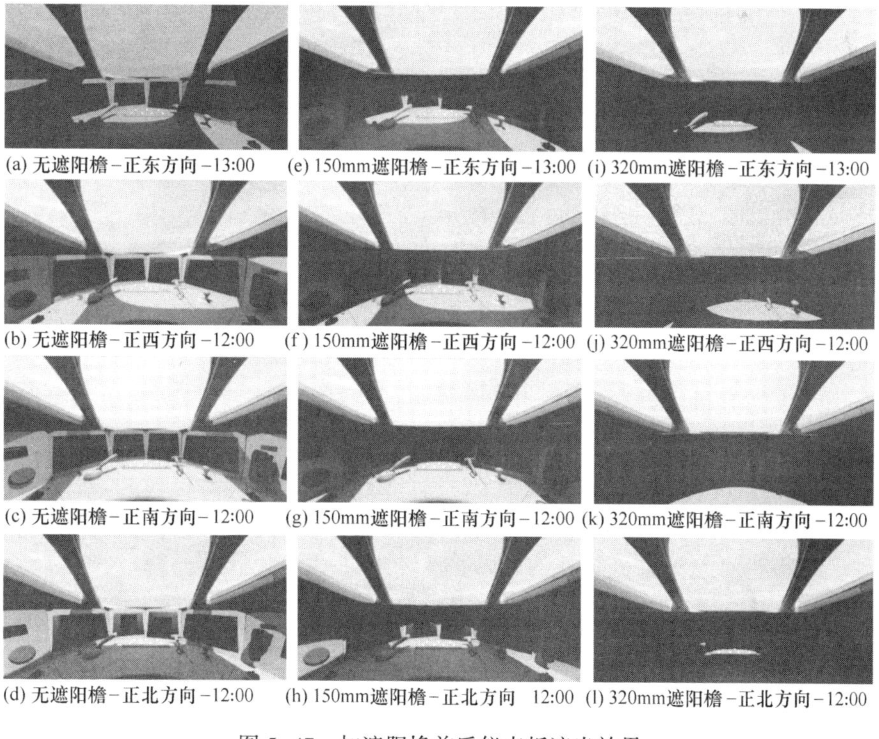

(a) 无遮阳檐-正东方向-13:00
(e) 150mm遮阳檐-正东方向-13:00
(i) 320mm遮阳檐-正东方向-13:00
(b) 无遮阳檐-正西方向-12:00
(f) 150mm遮阳檐-正西方向-12:00
(j) 320mm遮阳檐-正西方向-12:00
(c) 无遮阳檐-正南方向-12:00
(g) 150mm遮阳檐-正南方向-12:00
(k) 320mm遮阳檐-正南方向-12:00
(d) 无遮阳檐-正北方向-12:00
(h) 150mm遮阳檐-正北方向 12:00
(l) 320mm遮阳檐-正北方向-12:00

图 5-47　加遮阳檐前后仪表板遮光效果

针对向正东、正西、正南、正北行驶中的驾驶台仪表板照度峰值时段加150mm垂直于仪表面板的遮阳檐,通过遮阳檐加入前后遮光效果对比,可以看出动车组向正南方向行驶时照度峰值时刻的遮光效果较好,仪表面板直射光完全被消除;而向其余方向行驶时照度峰值时刻的直射光均有一定程度削减,但并未完全消除,因此继续调整遮阳檐尺寸并进行仿真分析。

通过调整遮阳檐尺寸后仿真分析发现,当遮阳檐长度增加到320mm,倾角减少至15°时,动车组向正东、正西、正南、正北行驶中的动车组驾驶台仪表板照度的遮光效果均已达到理想水平,其中照度峰值时段遮光效果如图5-47(i)~(l)所示。

在上述遮阳檐尺寸调整仿真分析过程中,驾驶台仪表板照度值较高时的直射光线已消失,与此同时,眩光发生时段的仪表板遮光效果如图5-48所示,可以看出反射眩光已基本消除。

(a) 正东方向行驶14:00左侧显示屏眩光

(b) 正西方向行驶10:00右侧显示屏眩光

(c) 正北方向行驶9:00左侧显示屏眩光

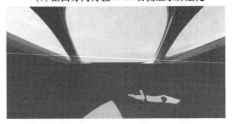
(d) 正北方向行驶15:00右侧显示屏眩光

图5-48 动车组驾驶仪表板出现眩光时段遮光效果

通过上述分析可以看出,采用视觉仿真的方法可以对不同时段动车组向正东、正西、正南、正北方向行驶过程中仪表板光照情况进行模拟。根据仿真的计算情况最终确定CRH2型动车组驾驶台仪表板遮阳檐长度为320mm、倾角为15°时,仪表板遮光效果达到理想水平。从而改善了驾驶室人机界面的光环境,减少了有害光对驾驶人机交互的影响。

5.1.5 动车组驾驶室仪表照明设计要求及测量方法

1. 设计观察位置和照明场景

在动车组驾驶室仪表照明设计中,首先需确定驾驶员的观察位置。如果仪表固定在车辆上,则测量位置应该位于单眼的眼椭圆最远点。如果仪表方向可调节,则调节仪表方向,以便找到一个位置能够同时满足所有相关要求,也可采用标准默认角度值作为阳光直射测量的替代方案[37]。

在设计照明范围时确定了4个照明场景:夜晚、黄昏、白天漫反射和白天阳光直射,场景设置如表5-16所列。

表5-16 4个照明场景设置[37-38]

环境照明	环境照度范围/lx	环境照度推荐值/lx
夜晚	0~50	10
黄昏	50~500	250
白天漫反射	500~10000	5000
白天阳光直射	10000~100000	45000

2. 显示照度、最小对比度、亮度

由于确定驾驶员适应水平的环境照明范围非常广泛,仪表照明应具有亮度控制,允许在合适的范围内进行调节。字符与背景之间的最小对比度要求如表5-17所列。

表5-17 字符与背景之间的最小对比度要求[38]

夜晚	黄昏	白天漫反射	白天阳光直射
5:1	3:1	3:1	2:1

如果无法为字符与背景之间提供充足的对比度,则应采取一些措施:①为字符添加轮廓,在这种条件下应在字符/未填充区域的主体与其轮廓之间提供最小对比度;②为字符添加阴影,字符与其背景保持75%的最小对比度。在这种条件下,最小对比度应由字符/未填充区域的主体与其阴影提供。在使用阴影时,光源的方向应与水平方向成25°~155°。字符及其背景的颜色不应都是深色。阴影与字符必须相连,且不能遮挡其他字符或背景中的信息。阴影宽度应小于常规字符宽度的70%。阴影与轮廓的使用应限制在静态字符、非动态文本或文本字段标题上。

如果文本或符号周围的背景在亮度或颜色上发生空间变化,则应使得文本或符号与最坏情况下的附近区域背景达到最小对比度。对比度应在仪表不同区域至少进行两次测量来计算。如果背景是动态的,则应在字符周围添加轮廓以提供足够的对比度。在这种情况下,应在轮廓和边界线之间测量对比度。

所有对比度测量应在单眼椭圆的中心点进行。对于台式显示屏的测量,阳光直射角度以45°/20°作为标准值;对于仪表盘应使用0°/25°作为标准值。对于矩阵显示,测量的区域至少覆盖3像素×3像素。如果测量区域小于3像素×3像素,测量精度将会降低。如果测量的字符区域小于3像素×3像素,则寻找亮度与之相同的更大区域来测量。对于段式显示,测量应在单个分段内进行。收集区域的直径应小于待测分段相关尺寸的80%。

如果显示器在深色背景上显示浅色符号,则称为负显示模式;如果在浅色背景上显示深色符号,则称为正显示模式。两种显示模式都能提供令人满意的性能。两种模式的选择取决于经常按顺序查看的那些区域的平均亮度。因此,应在夜晚条件下使用负显示模式,而在白天条件下可以使用任一模式,同时需要考虑仪表在隧道环境中的使用。对于非遮蔽的显示屏,应使用正显示模式来降低反射的影响。

3. 颜色组合

无论符号或字符与其背景之间的颜色和颜色组合如何,都应提供最小亮度对比度。出于生理和心理原因,并非所有符号/背景颜色组合都是可接受的。因此,在全色显示中选择颜色时,应选择某些符号/背景颜色组合。关于颜色组合的信息推荐如表5-18所列。

表5-18 符号/背景颜色组合推荐[38]

背景颜色	符号颜色						
	白	黄	橘	红	绿	蓝	黑
白		-	o	+	+	++	++
黄	-		-	o	o	+	++
橘	o	-		-	-	o	+
红	+	o	-		-	-	+
绿	+	o	-	-		-	+
蓝	++	+	o	-	-		-
黑	++	++	+	+	+	-	

注:++首选的;+ 推荐的;o 可以接受的;- 不推荐的。

4. 字符尺寸

所有字符尺寸都以从指定观察点看到的角度值作为特征来测量。以弧度表示的角度值公式为

$$\alpha_R = \frac{x}{d} \tag{5-25}$$

式中:α_R 为以弧度为单位的角度尺寸;x 为字符投影在垂直于观察方向平面上的线性尺寸;d 为从眼椭圆后焦点的观察距离。

字符的高度应使用字符"H"作为参考来测量,并应符合表5-19的规定。

表 5-19　字符高度[38]

对角度尺寸		适用性水平
弧分	弧度	
20	5.815×10^{-3}	推荐值
16	4.652×10^{-3}	可接受值
12	3.489×10^{-3}	最小值

如果字体满足上述字母"H"的要求,也可以使用与该字体相关联的所有其他字符,如较小的上下标。嵌入符号的字母应排除在高度要求以外。

字体不应太窄或太宽。字母"H"的宽高比应在 65%~80%之间。字体不应太细或太粗。字体笔画的宽度与高度之比应在 10%~20%之间。

字体的间距应均匀且成比例,垂直笔画之间的间距应是笔画宽的 150%~240%。对角线字符与垂线字符之间的间距应至少为笔画宽度的 85%。两个对角线字符不应接触。词间距与字符间距相关。词间距与字符间距的比例在 250%~300%之间。行间距应保持至少一个笔画宽度。

5. 像素矩阵字符格式

最小的字符应占据 5 像素×7 像素的字符矩阵。如果单个字符的易读性对于任务很重要,则 7 像素×9 像素的字符矩阵为最小值。如果使用带有下行的字符,则 7 像素×11 像素字符应为最小值。在以下条件下,4 像素×5 像素字符矩阵应为最小值:上下标、以单字符位置显示的分数的分子和分母、与任务无关的信息。上下标不必延伸到主字符的下方或上方。

16 像素×16 像素字符矩阵应该是汉字和日文字符的最小值。如果单个中文字符或日文字符的易读性是解释消息的关键,则 24 像素×24 像素字符矩阵应是最小值。

6. 图像的呈现特征

图像不应出现时间不稳定性(闪烁)和空间不稳定性。空间不稳定的一个因素是显示器内图像几何位置的变化(抖动),这种抖动不应超过 $0.0002d$,其中 d 是眼椭圆中心与显示屏中心之间的距离。图像闪烁应仅用于吸引注意力来告知紧急情况需要处理,为了吸引注意,应使用 1~5Hz 的闪烁频率,占空比为 50%~70%。

5.2　动车组客室视觉光环境设计

在经济快速发展的当下,以人为中心的感性化消费时代使得设计师们更加关注对人自身的情感解析,并且从创造感性体验的角度展开设计研究。在铁路运输中,"乘客付费是为了购买车辆在运行中所需要的空间",人们越来越注重高品质舒适性的出行乘坐体验,而动车组客室照明系统作为动车组环境的重要组成部分,不仅能营造美的空间享受,对改善运输服务质量、提高乘客满意度也有着十分重要的意义。

动车组客室照明设计相较建筑等有其自身的独特性。首先,其车辆空间狭长封闭、客室空间有限、客容量大、环境嘈杂、运行时间长,车体运行中时刻处于振动状态;其次,车辆易受地形地貌、室外光环境等因素的影响。此外,动车组客室除了要考虑一般照明设计外,还要考虑突发情况下应急照明的需求,因此客室照明设计具有一定的复杂性及特殊性,这些特点无疑给动车组客室照明设计提出了挑战。

随着人类对生活质量的需求日益提高,为了满足人的视觉舒适,现代室内照明设计已从原来的视觉层面转变为涵盖从物质到精神、从设计理念到设计方式、从视觉满意到心理舒适的一个综合设计过程。动车组客室空间中,人始终是最重要的部分,乘客作为被服务的主体,不仅追求安全可靠和方便快捷的服务,更期望能享受到愉快舒适的旅程。视觉的舒适与否,直接影响乘客对室内环境的评价,动车组客室照明设计的目的是从乘客的视觉舒适角度出发,创造良好的列车客室环境。因此,探讨列车客室照明的设计方法对于提高乘客的旅行安全、乘坐舒适度和客运服务品质具有十分重要的作用。

相对于航空、汽车和船舶舱室照明研究,列车客室照明研究相对较少[39]。关于影响列车客室照明的指标研究方面,饶鹏飞[39]通过国内外现状纵横向对比总结后阐述了关于高速列车室内照度、色温、室内表面反射率、应急照明的设计建议,但理论依据不足且没有进行可行性验证,实用价值还有待探究。章勇[40]从环境照明、局部照明、装饰照明3个方面就色温、照度和灯具布置对心理舒适性的影响进行了论述,并提出采用合理间接照明的方式,避免乘客直接看到光源,防止眩光。孙利苹等[41]以窄轨客车室内照明为例,考虑了照度、照度均匀度的设计要求。刘静[42]提出了一种适用于轨道车辆的照明设计仿真分析方法,但该理论对影响设计好坏因素的评估也仅局限在照度、照度均匀度上。董楠[43]认为现有城铁车辆客室照明设计均能满足轨道车辆标准中对于车辆照明舒适性的基本要求,但是对于车辆光环境舒适性的研究还不够深入,设计仅从照明系统独立考虑,而没有将其与内装整体的设计统一考虑,如内饰表面的反射眩光等问题。

计算机辅助三维建模及照明仿真技术的应用给轨道列车客室照明设计提供了支持。张莉等[44]通过三维建模,模拟计算出测量面的照度、照度均匀度,验证室内照明系统的照明效果。吴姗[45]在对车载控制舱无眩光设计研究时,通过DIALux软件从照度、照度均匀度两方面对控制舱照明质量做综合评价,从眩光的规避角度确定光源布置区域,在此基础上进行合理的灯光布局,控制舱内照明达到理想状态,其结论证明了通过照明仿真确定最优设计方案的合理性。但现有的列车照明设计从防眩光角度的研究局限于司机室,如从日眩光[1,46]出发评价驾驶室照明环境,而客室照明的眩光问题尚未引起学者注意,与航空、汽车照明仿真设计相比,从乘客视觉舒适性需求角度进行视觉仿真照明设计的研究还有所欠缺。

目前从人性化角度进行照明设计逐渐得到重视,一些学者针对列车客室照明对乘客的心理舒适影响展开了探讨。支锦亦[47]在铁路客车色彩研究过程中,结合色彩地理学理论,根据我国青藏地域人文特点分析了乘客心理需求,进而为客车用色设计提出建议。范静静[48]将现有成熟的建筑空间照明设计方法放置到高速列车客室照明中,同时从中国人的审美要求出发进行照明设计。饶鹏飞[39]指出有必要从工业设计和视觉心理学的角度对列车客室照明设计进行研究。

总体来看,国内列车客室照明设计尚未形成自己的创新技术及设计特色,与国外先进水平相比存在一定的差距[48],主要不足如下:

(1) 影响列车客室照明环境的因素较多,但国内现有的列车客室照明设计标准仅针对照度、照度均匀度两项指标,尚未统筹考虑其他相关因素,如内饰表面、不舒适眩光对乘客的影响[43]以及采光、显色性、色温、眩光指数、亮度比等参数缺少协调统一。另外,对于乘客应急救援、撤离等车辆安全照明也缺乏深入细致的研究,无法满足高品质照明环境的要求[49]。国外关于此类指标的要求较为详细,但在实际工作中如何指导设计并不明确,各部分照明指标具体使用原则也缺乏技术支撑,如标准中虽然给出眩光测量方法和以统一眩光值为评价规范的方法,但其在列车客室灯具布局设计过程中的指导作用还有待商榷。列车客室照明设计是一个较为复杂的工程,需要考虑的因素庞杂且相互影响,如何进行有效的照明设计并兼顾视觉舒适,标准并不能给出有效的实施指导意见。

(2) 现有列车客室照明设计方法与航空、汽车和船舶领域照明设计相比,还存在一定的差距。在理论深度上,已有学者专注于研究影响飞机客舱照明环境的多因素集,将视觉工效学和环境心理学理论应用在客舱照明设计中,提出"小空间"[50]的概念,对照度、照度均匀度、色温等指标进行最优配置,以期创造出符合人视觉响应、心理需求、色彩舒适的客舱照明环境[51]。在飞机前期概念设计阶段,有学者着眼于可视性、视觉舒适等人机交互特性,并以此评价照明系统,将量化评价和虚拟设计融入照明设计中,提出的综合设计方法在设计阶段就能够实现人在环境的人机工效评估进而反馈设计。在设计后期,采用飞行员、专家等问卷调查、计算机辅助评价进而改进设计的方法已经成熟,并日趋标准化、规范化[52]。而在列车客室照明设计方面,目前还缺乏以标准为约束和依据、指标要素考虑全面、具有可通用性的优化照明设计方法。

本节立足于我国列车客室照明设计现状的基础上,结合国外列车照明设计特点及经验,提出基于光学仿真的列车客室照明设计方法,为客室光环境的早期设计提供评价方法及改进意见,最大限度地指导设计人员在初期阶段解决潜在的设计缺陷,具有重要的工程应用价值。

5.2.1 基于乘客行为的动车组客室照明设计需求分析

1. 动车组客室照明对乘客生理和心理的影响

列车客室照明设计就是从乘客角度出发,探究影响乘客视觉舒适性的照明设计方法,以最大程度地减少明暗适应、眩光等对人的生理、心理影响。视觉舒适性,不仅是乘客眼睛对客室某一视觉形象的感受,更是对整体室内环境的视觉评价,因此列车客室照明视觉舒适性的设计不应仅停留在简单的某几个视觉指标上,而应该是涵盖从物质到精神、从设计理念到设计手段、从视觉生理到心理感受的一个综合设计过程。

人的生理、心理的产生和发展受社会环境和自然环境的影响[53]。一方面,乘客的乘车体验受自身个性、偏好、认知等因素的影响;另一方面,也受列车和社会环境的影响,如乘客群体、乘车习惯、列车环境、设施功能、服务质量等。乘客的生理、心理感受的变化来自于列车环境,生理、心理的变化过程实质上是对客室空间环境的动态反映[53],因此对于列车客室照明环境来说,有必要从影响其照明质量的各个因素出发分析其对人的生理、心理的影响,用于指导列车客室的照明设计。

1) 照度与照度均匀度

照度是指单位面积上的光通量,计算公式为

$$E = \frac{\mathrm{d}\Phi}{\mathrm{d}A} \tag{5-26}$$

式中:E 为平面照度(lx);$\mathrm{d}\Phi$ 为光通量(lm);$\mathrm{d}A$ 为面积(m^2)。

根据在空间的分布,照度分为水平照度和垂直照度。一般来说,实际较常使用的是水平照度这一表征值,如《建筑照明设计标准》(GB 50034)中对大部分场所照度推荐值的相关规定仅关注水平照度。然而随着人们对空间照明的功能、审美等需求越来越苛刻,单方向的水平照明显然不能满足实际需要,垂直照度的作用日趋重要[54]。研究发现,单方面的照度并不能独立存在,如垂直照度往往依附于水平照度,两者之间达到合理的比例才能创造更佳的客室空间照明环境[55]。

照度均匀度表示给定平面上照度变化的度量,可用下列方法中的一种表示:①最小与平均照度之比;②最小与最大照度之比。

照度与照度均匀度是客室照明最基本也是最重要的因素。照度高低决定了车厢环境的明暗程度,高照度的室内环境使人兴奋、清醒,给人以空间想象,产生延伸感;低照度则让人感觉亲切、轻松并产生收缩感。合适的过道、走廊及座位区域照明照度有助于乘客快速找到座位,熟悉车内环境并获取车辆信息等。照度不合理或不均匀,一方面会降低乘客对周围的可视性感知,长时间处于恶劣的照明环境会引起视觉疲劳、眼痛头痛、视弱等症状;另一方面,会降低乘客的视觉舒适性和满意度体验,使处于有限空间中的乘客感到烦躁,甚至影响乘客健康。

2) 亮度、亮度分布与反射率

从物理层面来说,亮度是指光源表面沿法线方向上单位面积的光强。从人眼视觉特性来说,通常情况下,在人眼不同的视线范围即各方向上亮度都不相同,光源或受照体在指定方向上的投影面积决定了物体大小,物体在该方向上的发光强度决定人眼对其的明暗知觉,即光源亮度影响人眼能够感知物体的形状和明暗。因此,亮度是保证人眼视觉功能正常发挥的又一重要因素。一般来说,亮度越高,越有利于视觉,但当亮度超过 $10^6 \mathrm{~cd/m^2}$ 时,视网膜就可能被灼伤[56]。

亮度对比则是指视场中的目标与背景或两表面之间的亮度之比。在列车客室中,视野内的亮度分布与乘客眼睛的适应水平密切相关,合理的亮度分布能增强人的视觉敏锐度,对比灵敏度和眼睛功能效率。应避免因亮度比过大而带来的眩光风险,特别是对于年龄较大、营养状况不佳者,亮度分布不均匀或明暗对比过强,都会影响人眼正常视觉。亮度比过大会带来适应上的困难,易引起视觉疲劳,甚至影响乘客身心健康,因此室内照明设计要充分考虑这一因素,避免过度照明,通过不同区域间的照明过渡改善乘客空间的亮度分布和亮度对比情况,营造良好的照明环境,确保乘客的视觉健康舒适。

亮度是描述光源物体最直接的物理量,与之相关的是反射率,室内材料的反射率在一定程度上对室内平均照度、亮度分布产生影响。一般来讲,光源的亮度分布是由被照表面的照度和表面材料的反射率决定的。例如,浅色材料反射的光线较多,更易形成均匀、舒适的照明环境。当下列车客室较多采用间接照明方式,反射性能优良的车厢侧墙表面及顶棚材料对于保障客室整体舒适性、营造宽敞明亮的氛围起到了至关重要的作用。

3) 光源颜色与显色指数

光源颜色和环境色彩共同作用影响着人的视觉,它不仅直接影响视觉的生理机能,还影响人的心理状态。当一个光源颜色与完全辐射体在某一温度下发出的光色相同时,此温度称为该光源的色温。现代照明的人工光源种类很多,其光谱特性各不相同,低色温光源发红光、黄光,高色温光源发白光、蓝光。光源色温的选择营造了不同的环境气氛,低色温给人以温暖,高色温给人以冷感。文献[56]定量地提出了光色舒适区范围和 Kruithof 三原则。为了显示所视对象的正常颜色,应根据不同照度选择不同颜色的光源,低照度时采用暖色,高照度时采用冷色。只有在适当的高照度下,颜色才能真实反映出来,低照度无法显示出颜色的本性。低照度时低色温的光使人舒适、愉悦,高照度则有刺激感;高色温的光在低照度情况下使人感觉阴沉寒冷,高照度下则使人舒适、愉快。照度、色温与人的感受之间的关系见图5-49,低照度时宜用暖色光营造黄昏般轻松亲切的氛围;高照度时宜用冷色温,营造一种紧张、活泼的氛围。另外,可根据人的"昼夜节律"对照度水平和色温进行改变,比如在乘客进站乘车时设置高色温环境,使之保持清醒、快速找到座位并入座,在乘车途中设置低色温的休息照明环境,使乘客放松并得到好的休息。

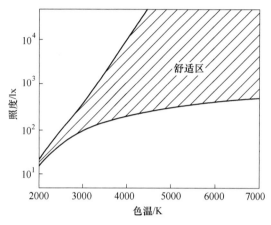

图 5-49 照度、色温与感觉的关系

显色性是光源照明与标准光源的照明对比,各种颜色在视觉上的变化(失真)程度。CIE 用显色指数来评价光源显色性,用 Ra 来表示,是 CIE 规定的前 8 个色样的特殊显色指数的平均值,色差越大,显色性越差。在列车客室有限的空间内,乘客的色彩视觉感官可能会产生多种作用和效果。一方面,悦目的车内色彩给人以美感,从而引发人的生理变化,如视觉变化的适应性问题,客室照明可以用适当的背景色作为补色以减少视觉干扰、消除乘客视觉疲劳,使人眼得到平衡和休息;另一方面,不同的情感性照明色彩又营造引人联想的氛围,进而影响着人们的情绪和心理状态,如对于长时间在旅途中的乘客,在休息区、卧铺内要减少使用偏红的光色,减少对其神经系统的刺激,而橙色光有利于增强食欲,助于消化,保持身心镇静和平衡;蓝光能够消除乘客相互之间的紧张情绪和气氛,营造优雅、宁静之感。

4)自然采光

从可持续性发展和乘客健康等方面考虑,动车组客室照明设计需要关注天然光照明。与人工照明相同,天然光照明是一种策略,需要精心设计。天然光的主要作用有两点:①使人与外界保持环境联系;②减少人工照明所需能耗。

人们每天都经历昼夜交替,并适应了太阳辐射的光谱范围,长时间处于没有窗户和自然光照的室内工作者更渴望每隔一段时间的"晒晒太阳、呼吸新鲜空气"。自然光给人更优良的视觉感受,传达一种积极向上的心理,有利于提高工作效率[57]。即使在人工照明愈发先进的今天,也无法取代自然采光,因此列车客室的照明设计也需要适宜的自然采光来改善乘客的身心健康,缓解旅途疲劳。

现代医学研究表明,人体生理节奏是存在于哺乳动物及其他生物体内的"生物钟",控制着人体正常的激素分泌等一系列新陈代谢活动。列车室内空间狭小,时刻处于颠簸振动状态,较长的旅途导致身体健康状况不佳的乘客因生理节奏失衡而出现时差、眩晕、失眠等症状。这时,自然光线作为最重要的外部影响因素提供了适宜的光环境,能够对生理节奏起到刺激校正的作用,通过刺激视网膜的感光细胞,使人体激素正常分泌,平衡生理节奏。从心理的角度来看,自然光提供了人工照明无法满足的舒适光环境,同时随着列车运行,外部环境的不断变化,为拥挤列车空间中的乘客提供了享受室外美景的机会,有助于紧张、疲劳的乘客舒缓神经、舒畅心情[58]。然而光照必须加以控制,过度的光照除了给车厢带来过多热量、增加车厢空调能耗之外,阳光辐射还会损害皮肤和眼睛,这对列车车窗的采光设计提出了更高的要求。

目前,动车组列车的采光设计已经成为照明设计的重要内容,如瑞士联邦铁路的列车设计就采用的大侧窗以增大采光度(图5-50),而英国水星高速列车则添加了天窗的设计(图5-51)。

图5-50 瑞士联邦铁路的侧窗设计　　图5-51 英国水星高速列车天窗及侧窗设计

5) 不舒适眩光

限制列车客室中的眩光对于避免疲劳和不舒适非常重要[59]。车厢内,顶部灯带边缘与周围区域产生的亮度不均匀极易造成不舒适眩光。另外,临窗的位置更容易产生眩光[60]。在列车密集型的座位空间中,多数人为了乘坐更舒适、不受过道行人往来的干扰、获得更佳的窗外风景和开阔的视野等原因而选择靠窗的位置。因此,通过对列车客室照明的合理设计来尽可能地减少眩光的危害也是目前的主要工作。

2. 动车组客室空间照明特点及需求

1) 乘客行为与客室空间

乘坐列车时,乘客处于封闭、人员密度较大的客室空间中,大部分彼此陌生的人与人之间的距离不超过 2m 且需要保持较长的时间。在这样狭小的个人空间中,个体时刻保持戒备状态,神经紧张,容易导致心理和生理上的不舒适、疲劳、无力等旅行症状,这就对乘客空间的设计提出了诸多挑战。

乘客空间决定了乘客行为的范围和方式,影响着人际距离,是影响乘车体验的外在环境约束。一方面,乘客空间的设施设置、尺寸设计等需满足乘客出行、休息、工作和娱乐等功能需求;另一方面,空间的布置、内饰设计及客室光环境等因素影响乘客的心理、生理及行为,光线及其颜色又对身处其中的人的情绪有影响[61],是乘客空间设计不可忽略的重要因素[62]。此外,人意识形态中的空间是物质和精神的综合体,精神空间是人的意识形态中物质的延伸[63],从这个角度来说,乘客空间的设计还决定了身处其中的乘客的意识,乘客空间包含了人的想象空间和思考空间等。所以在研究乘客行为时,从人的角度出发探究人的思维意识对外在乘客物质空间的感知同样不能忽略。

乘客需求反映了对列车服务中某种生理、心理及行为的渴求。乘客进入车厢,希望能够看到一个整洁大方、宽敞明亮的客室空间环境;身处车厢中,希望其可以提供必要的设施功能和服务交流;久坐时,希望可以调节身体姿势来缓解疲劳;列车运行时,希望车身的振动、噪声、温度和照明等都能在一个舒适的范围内等。因此,乘客在整个旅途过程中,其心理、生理的舒适性以及乘车体验总会受到个体行为需求以及对客室空间环境的情感需求的影响,人的这种特征和需求是列车客室空间照明设计不断改进完善的动因。

2) 公共空间照明特点及设计需求

公共空间是指车厢中每位乘客都有权共同使用的空间,如室内过道和走廊、洗手台、卫生间等。乘客通过门厅进入客室,沿过道搜寻自己的座位,找到座位、放置好行李后便会入座,观察熟悉周围区域,与邻座乘客打招呼或休息、进行阅读等活动,这个过程乘客因携带行李登车的身心劳累,急需能够快速熟悉车厢环境并入座,这种行为的特殊性也很大程度上给人带来了负面的心理感受,如旅途劳累所引起的烦躁等。因此,公共空间的照明应在满足乘客的通行、搜寻、安置行李等照明需求的同时,更应该考虑到舒适性的设计方式以缓解疲劳,营造放松愉快的氛围。

早期列车多采用车顶单列荧光灯带直接照明的方式,客室内部公共空间的照度得到保障,但顶部空间显得压抑,眩光问题较严重。后来的空调车逐渐改为顶部两侧双荧光灯带直接照明方式,并采用了漫射式的亚克力灯具,公共空间照明效果得到改善。近年来的新车型客室逐渐向航空式客室靠拢,部分动车采用车顶和侧壁双荧光灯带或四荧光灯带间接照明,辅以行李架下方内透光照明的方式。以"和谐号"动车组为例,该车客室照明采用顶部日光色荧光照明,光线均匀柔和,行李架下方为橙黄色荧光灯辅助照明,照度水平满足了乘客在公共空间中活动的基本需求,但仍存在照度分布不均、对比度强、光色不适宜、车厢内整体照明呆板、单调、略显昏暗等情况,对于长途旅客来说难以改善其视觉和心情上的不舒适和疲劳[50]。因此,客室内部公共空间照明设计既要在空间布局上进行合理设计,增强空间光环境效果,烘托照明氛围的同时,力求照明节能环保,又要在功能上满足照度、照度均匀度、亮度及亮度比、表面材料及反射、色温显色以及眩光等设计需求。

国内外照明相关标准为客室照明环境的设计提供了参考。例如,《Railway applications-Electrical lighting for rolling stock in public transport systems》(BSEN 13272)[64]针对不同类型的列车车厢的公共空间照明照度、照度均匀度、防眩光设计、照明色温等参数设计均提出了要求;《Recommended Practice for Normal Lighting System Design for Passenger Cars》(APTA SS-E-012-99)[65]和《Specification for PRIIA Single-Level Passenger Rail Car》(PRIIA 305-003/Amtrak 964)[66]中给出了客室多个区域的照度最小推荐值及其测量位置;《铁道客车照明设计基本参数》(GB/T 12815)[67]还规范了公共空间亮度比的设计需求。对国内外多个标准和相关规范中照明设计要求进行整理,如表5-20所列,其中对于作业区、周围区域和较远区域的规范如图5-52和图5-53所示。

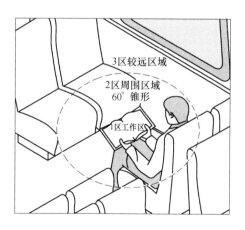

图5-52 亮度比区域1

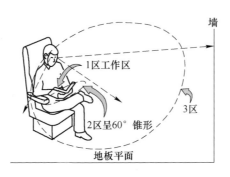

图 5-53 亮度比区域 2

表 5-20 客室公共空间的各个照明参数设计

区域	照明参数	可接受范围	标准	参考章节
一般	平均照度	荧光灯≥150lx，白炽灯≥120lx	TB/T 2917	5.1.1
一般	照明均匀度	01:01.3	TB/T 2917	5.1.1
过道	照度	≥323lx	PRIIA305	11.4.2
前厅	照度	≥323lx	PRIIA305	11.4.2
前厅	照度均匀度	0.8~1.2	BS EN 13272	4.1.2
站立区/多功能区/走廊	平均照度	≥75lx	BS EN 13272	4.1.2
站立区/多功能区/走廊	照度均匀度	0.5~2.5	BS EN 13272	4.1.2
台阶和楼梯	平均照度	≥75lx	BS EN 13272	4.1.2
台阶和楼梯	照度均匀度	0.8~1.2	BS EN 13272	4.1.2
厕所	平均照度	≥150lx	BS EN 13272	4.1.2
厕所-镜子	照度	≥323lx	APTA RP-E-012-99	4.5
厕所	照度	≥323lx	PRIIA305	11.4.2
厨房-桌面	照度均匀度	0.7~1.3	BS EN 13272	4.1.2
厨房-地板	照度均匀度	0.5~2.5	BS EN 13272	4.1.2
地板	照度	≥54lx	APTA RP-E-012-99	4.5
门槛	照度	≥54lx	APTA RP-E-012-99	4.5
洗手/洗碗区	照度	≥215lx	APTA RP-E-012-99	4.5
卧铺	照度	≥215lx	APTA RP-E-012-99	4.5
镜子	照度	≥325lx	APTA RP-E-012-99	4.5
行李车-地板	照度	≥54lx	APTA RP-E-012-99	4.5
行李架	照度	≥54lx	APTA RP-E-012-99	4.5

续表

区域	照明参数	可接受范围	标准	参考章节
普通天花板	照度	≥323lx	PRIIA305	11.4.2
走廊尽头/隔板区域	照度	≥108lx	PRIIA305	11.4.2
单车/行李架区域	照度	≥108lx	PRIIA305	11.4.2
行李架塔架	照度	≥108lx	PRIIA305	11.4.2
咖啡车厢-休息区	照度	≥323lx	PRIIA305	11.4.2
服务柜台区	照度	≥323lx	PRIIA305	11.4.2
作业区和周围区域	亮度比	1:1/5	APTA RP-E-012-99	4.8
作业区和较远的较暗表面	亮度比	1:1/10	APTA RP-E-012-99	4.8
作业区和较远的较亮表面	亮度比	1:10	APTA RP-E-012-99	4.8
灯泡/窗户和与之邻近的表面	亮度比	20:1	APTA RP-E-012-99	4.8
正常视觉范围内的任何地方	亮度比	40:1	APTA RP-E-012-99	4.8
走廊与客室	亮度比	1/4	GB/T 12815	2.2
通过台/车门附近与客室	亮度比	≥1/2	GB/T 12815	2.2
洗脸室与客室	亮度比	1/1	GB/T 12815	2.2
厕所/盥洗室与客室	亮度比	1/2	GB/T 12815	2.2
一般	眩光	≤22	BS EN 13272	4.1.3
一般	色温	2800~7000 K	BS EN 13272	4.1.4
一般	色温	3500~4100K	PRIIA 305	11.4.1

3) 乘客座席区照明特点及设计需求

乘客座席区域是乘客的个人空间区域,乘客大部分时间都会在座席上度过,座席区承载了乘客的大部分活动,直接决定了整段旅途体验的感受。有研究表明,乘客座席区域影响乘客对领域性、私密性和安全性的综合评价[68],因此对于经受旅途劳累后登车入座后的乘客来说,能够为其提供一个舒适、温馨、放松的环境进行休息是首要的,因此座席区的照明设计除了提供必要的照明外,应从乘客需求出发,设计出令人心情舒畅、心理得到慰藉的光环境。

(1) 乘客座席区应具有合理的照度与照度均匀度,以满足乘客的一般视觉需求,如阅读、交谈、娱乐等活动。

(2) 乘客座席区应选择合理的显色性及色温的LED灯具。客室环境的营造需要不同光源色温所表达出的空间气氛。即不同的照明环境对光源显色性有不同的要求。

(3) 座席区应避免眩光及阴影。在设置灯具时应控制其角度和布置位置,尽量避免产生光幕反射和直射,也可通过增强亮度或材料表面属性的方式来消除眩光。

（4）乘客座席区还应考虑人的舒适感和视觉的满足感。照明方式、灯具数量与类型的选择、光源功率的分布与搭配布局[69]对于车厢餐厅、酒吧等座席区域也尤为重要。此外，通过灯具的布置形式，结合座席空间结构特点，根据上下车、行车途中以及休息、用餐等不同场景设置不同的照明形式，将照明科学与艺术审美结合起来，以达到增强客室空间艺术效果、烘托空间气氛和增添情趣等功能，创造出符合人们的视觉响应、心理需求、温馨活跃的列车客室内照明环境。

对国内外多个标准和相关规范中照明设计要求进行整理，客室座席区的各个照明参数设计如表5-21所列。

表5-21 客室座席区的各个照明参数设计

区域	照明参数	可接受范围	标准	参考章节
座席区	平均照度	≥300lx	T HR RS 12001	第6章
座席区	照度均匀度	0.8~1.2	BS EN 13272	4.1.2
无阅读灯的座席区	平均照度	≥150lx	BS EN 13272	4.1.2
无阅读灯的座席区	照度均匀度	0.7~1.3	BS EN 13272	4.1.2
阅读区	平均照度	≥150lx	BS EN 13272	4.1.2
阅读区	照度均匀度	0.7~1.3	BS EN 13272	4.1.2
通勤、普通座席区	照度	≥215lx	APTA RP-E-012-99	4.5
餐桌	照度	≥161lx	APTA RP-E-012-99	4.5
桌子	照度	≥215lx	APTA RP-E-012-99	4.5
休息区座椅	照度	≥215lx	APTA RP-E-012-99	4.5
普通座席区	照度	≥323lx	PRIIA305	11.4.2
阅读灯	照度	≥215lx	PRIIA305	11.4.2

4）应急安全照明特点及设计需求

应急照明是列车安全保障体系中的一个重要组成部分，包括备用照明、安全照明、疏散照明。应急照明灯具按灯具类型可分为出口标志灯、指向标志灯、疏散照明灯、应急导向标志灯等。在紧急情况下，为保障车内乘客和列车乘务员能够确定自身方位、快速找到通道并迅速撤离，同时保证救援人员看清方向、找出故障，设置应急照明十分必要[70-71]。

IEC 62267[72]中指出，在列车中，不同乘客应对紧急情况的意识能力差异可能很大，乘客可能携带各种体积和形状的物品；携带小孩或怀抱婴儿；行动不便；感知能力受到限制；患有精神疾病；听力和/或视力受损。因此，列车应急照明设计风险评估中应考虑乘客不同的应对能力和携带儿童、行李箱、物品行为的影响[72]。

目前国内外已制定了适用于现有机车车辆的应急照明行业行为准则。以目前国内"和谐号"动车组为例,其内部照明系统由4个单独电路为其供电,分别为两路主照明和两路应急照明。对于主照明和应急照明,根据 EN 50155 和 IEC 60571 规定,将使用直流 110V 供电电压。在每辆车内的左右各安装一组灯带。这两组灯带中每个单独模块的供电在每辆车的中间分开。如果发生局部火灾,可能由于温度原因引起主照明或应急照明电路出现短路,单独的照明模块会出现故障,但其余照明设备仍继续运行,从而保证了列车室内照明系统的正常工作[44,73]。表 5-22 列出了《Standard for Emergency Lighting System Design for Passenger Cars》(APTASS-E-013-99)[70] 和《Emergency Lighting System Design for Rail Transit Vehicles》(APTA RT-VIM-S-020-10)[71] 中对应急照明照度的设计要求。

表 5-22 应急照明照度的设计要求

区域	最低照明照度/lx	1.5h 后最低照度/lx
门出口处	10.8	6.5
入口/出口/门厅	10.8	6.5
楼梯(内部)	10.8	6.5
走廊	10.8	6.5
通道	10.8	6.5
厕所区域	10.8	6.5
MU 乘务员区域	10.8	6.5
其他车厢/专设车厢区域	10.8	6.5

此外,美国公共交通协会在 APTA SS-E-013-99 中对应急照明的电源设置、安装位置及进出口照度、照度均匀度等方面也作出了相关规定。要求应急照明至少应安装于下列位置。

(1) 在旅客包间、厕所、司机室、厨房等独立空间。
(2) 在接近门、门踏板、紧急出口处。
(3) 在走廊、通过台区域。
(4) 楼梯表面,含台阶鼻翼(包边)和楼梯踏板。
(5) 在车厢橡胶槽和邻近区域内。
(6) 专设车厢位置,如乘务员室、食品服务区、卧铺客房等。
(7) 任何用于人员通过的地板平面有改变处。

总地来说,列车室内照明系统稳定无故障工作关系到乘客的路途舒适度与安全,在国内线路实际运行过程中列车室内照明要求高可靠性与冗余,因此应急照明设计及应用具有同样重要的意义。

5）无障碍照明特点及设计需求

列车公共空间照明设计应考虑乘客的生理状态，包括视力和听力障碍者，尤其是客舱的常规照明环境，需要将受众范围扩展到极限，包括弱视、严重视觉障碍者等人群，尽可能优化集成各种需求。

无障碍照明设计是考虑到视觉伤残、行动不便者的照明需求来进行的照明设计。例如，老年人由于身体机能退化，眼睛聚焦能力和辨色能力减弱，对光的敏感度下降，由眩光引起的短暂性失明时间也会加倍[74-75]。列车客室无障碍照明设计，就需从老人、视力残障等这类人群的生理、心理出发，尽量为其提供舒适空间、充足光照的同时，又需尽量避免刺眼的光线及眩光的产生。客室整体色彩、光源色温等也是影响心情的重要因素，应考虑暖色温的光源设置、选择适合老年人嗜好的轻松、宁静的空间色彩及光影方案。此外，还应设置局部照明、视觉引导系统等设备来满足老年人的不同程度上行为能力的需求。综上，列车客室无障碍照明设计就是要设计出令人满意与舒适的空间光环境，以满足其空间行为需求，对稳定人的身心变化，保证出行安全具有重要意义。

目前，国际标准如 ISO/IEC 指南中提出了无障碍设计原则，并在 ISO/TR 22411 中加以扩展（相关标准梳理汇总见表 5-23），但有关无障碍照明设计的研究还不够深入。国内尚未得到足够的重视，无障碍照度设计的缺失成了阻碍老年人、残障人士积极参与社会活动、安全舒适地生活的又一大障碍。

表 5-23 无障碍通用照明标准要求

标准	章节	条目	内容
BS 8300	9.4.1	照明一般原理	光线影响着人脸外观特征，聋哑人和听力障碍者需要看到和理解嘴唇的运动，以便读唇语，打手势时需要看到并理解手的运动
			人工照明系统应维持舒适的照明水平，并提供适合失明或者部分失明人士的安全环境
			人工照明应避免任何闪烁，且不产生光污染
			采光设计应避免关键表面接受过多的照度而产生眩光，应避免光线在高度反射的表面传播，并使用遮阳装置
	9.4.2	避免眩光和阴影	失明和部分失明者容易被视野内亮斑发出的强光分散注意力，且照度不均匀容易发生混淆，因此，在通道上应避免低亮度的逆光灯造成眩光问题
			人工光源的定位应避免产生眩光和强光阴影
	9.4.4	唇读亮度	在交谈场合，灯光应照亮说话人的脸，让人更容易读唇语
GB/T 20002.2	8.4.1	照明要求	合适的照明可以确保视力残障者更好地看清说明和控制装置，应为听力障碍人士考虑，帮助其清楚地唇读或看清手语交流
	8.16.9	应急路线	应急疏散路线对于使用轮椅的使用者和其他行为或视觉有障碍的人要非常明显、直观且易于达到

续表

标准	章节	条目	内　　容
49 CFR Pt. 38[76]	38.31	照明	车门开启时,紧邻司机的所有阶梯井或门道至少应具有21.5lx(从梯级踏板或升降平台处测量时)
			其他阶梯和门道在沿车辆地板部署时,均应始终具有21.5lx(从梯级踏板或升降平台或斜坡处测量时)
			车辆门道均应配备外部照明,在开门时,外部灯至少应为街道面3英尺(915mm)距离提供10.8lx,与底部梯级踏板面或升降装置边缘垂直。应对此类灯具进行屏蔽,以保护上下车乘客的眼睛不受伤害

列车无障碍照明设计要注意以下几点:①列车空间照明应充分利用自然光源,避免室内采光的不足;②灯光的设置应从人眼视觉角度出发,避免产生阴影妨碍正常活动。除了利用吸顶灯作为普通照明外,还应在座位区域、洗手台和卫生间等区域安装局部照明光源,如在洗手台的上方使用多个光源点,采用均匀的光线布置来保证足够的亮度,避免单点强光带来的不便;③客室内座位区域不宜选用对比强烈的彩色灯光,应根据其视力特点选择较为柔和、显色性好的电光源,整体空间以明快的暖色光为主,使人心情愉快,消除烦躁与不安等情绪[63]。④列车室内装饰注重色彩的搭配,避免使用高反光材料,避免眩光,同时不宜过多地应用黑色、深黄色材料,以免引起老年人心理的失落感[77]。

5.2.2　基于视觉仿真的动车组客室照明设计

动车组客室照明环境仿真旨在为前期设计阶段客室照明环境的视觉特征参数的量化评估提供真实、可靠的虚拟环境,而计算分析方法的研究及验证则是在论证照明参数虚拟评估方法可行性和科学性的基础上,深入探究客室光环境设计与乘客视觉需求之间的关系,进而探究适合于动车组客室的照明设计方法。

动车组客室照明设计及其量化评估研究路线如图5-54所示。首先在CATIA设计开发环境下进行动车组客室三维参数化建模;接着使用SPEOS在CATIA环境下建立客室内表面材质光学属性库、室内光源文件库,进行光学仿真;最后使用二次开发手段对SPEOS/CATIA环境下各照明水平进行量化评估、分析。

1. 客室仿真模型的建立

1) 仿真对象分析

以CRH380B动车组列车二等车厢客室为例探讨CATIA/SPEOS视觉仿真方法在照明设计中的应用。

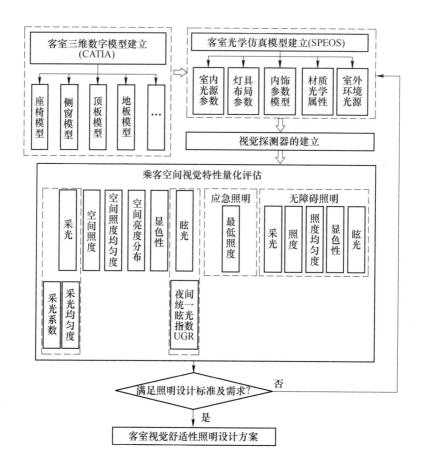

图 5-54　动车组客室照明设计及其量化评估研究路线

CRH380B 型动车组内部乘客空间采用"航空化"设计,如图 5-55 所示。该车二等座车厢内部设置乘客座席区、乘务员室、洗手间、间壁柜等区域;座席采用"2+3"座位布置形式,座椅均可旋转,定员 80 人;侧墙板组件的车窗区墙板与窗玻璃外形相适应,窗框密封设计,并配备聚酯纤维 CS 材料的遮阳帘;位于行李架与客室中部顶板间的边顶板由玻璃纤维塑料(GRP/SMC)制成,一般由铰链锁定;车辆通过台及端部区域的平顶板集成了照明、扬声器、电缆和空调通风格栅等功能,具有较好的防火性能;乘务员室配备通信设备和控制设备,外墙由胶合板制成并固定;沿车体纵向,塞拉门罩板与玻璃间壁、侧墙及卫生间墙壁相邻,并直接与车门入口衔接;间壁柜用于灭火器、垃圾箱、热水器等功能部件的存放;地板材料负载能力强,不易变形、开裂和弯曲,同时又防水耐腐蚀,其上覆盖有耐磨防滑、抗撕裂性能的地板布。

第5章 动车组视觉光环境设计

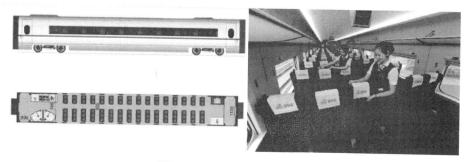

图 5-55 二等车厢客室布局

2）客室三维数字模型构建及内饰光学仿真

在对 CRH380B 车体及内饰材质分析的基础上，在 CATIA 环境中完成车辆内饰数字化三维建模，在保证内装完整性的同时对模型进行简化，以期在不影响视觉效果的情况下缩短后期 SPEOS 光学仿真的计算时间。使用 OMS^2 光学属性测量仪采集实车客室内饰材质属性，建立 CRH380B 列车内饰材质库（图 5-56），用于模型后续的光学仿真。对三维数字化模型进行光学仿真及参数设置，搭建仿真环境，如图 5-57 所示。

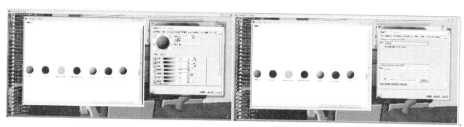

图 5-56 OMS^2 采集的内饰材质属性和光学属性

3）照明灯具及光源建模

CRH380B 动车组列车客室照明灯具分为客室主体照明模块和通过台 LED 射灯两部分。客室主体模块分别位于行李架与车窗墙板连接处和行李架与边顶板连接处的内置灯槽处，为条形 LED 灯具，4 条灯带分列车厢两侧。通过台射灯位于车厢端部区域平顶板上，呈圆筒形内嵌式布置。灯具的主要供应商为西安斯比夫照明有限公司，其中客室主体照明灯具根据其长度、安装位置不同分为 4 种照明模块类型；通过台射灯采用普通车厢射灯，两种灯具的灯罩均采用聚碳酸酯材料。表 5-24 显示了照明灯具的实际结构三维模型。

测量获取灯具配光曲线，在 SPEOS 中根据灯具的 IES 配光文件即可获得光源的亮度分布、色温等参数，完成灯具照明建模。此外，还基于 SPEOS 的 Visual Ergonomics 模块对客室中部、端部的显示屏进行光源建模，如图 5-58 所示。

图 5-57　客室三维模型的建立及内饰材质光学属性

表 5-24　客室照明灯具的基本参数

类型	名称	型号	尺寸/mm	三维结构
客室主体照明	照明模块(18W) 照明模块左(36W) 照明模块右(36W) 照明模块(30W)	SZD-LZM-110	长×宽×高： 625×108×91 1235×108×91 1235×108×91 932×108×91	
LED 射灯	普通车厢射灯	SZD-LSD1-110	直径×高度： 56×50	

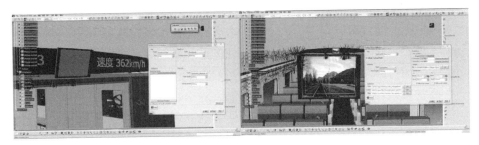

图 5-58　速度显示屏光源模型

4)视觉探测器的建立

选取第 50 百分位乘客的眼点位置为仿真点。由于客室最后一排座椅位置的乘客视觉范围(图 5-59)能够涵盖最大的客室空间,因此选择该位置作为被测区域。根据乘客的眼点位置、视野方向和范围设置视觉探测器,从人眼视线范围出发,模拟真实环境下的人眼感受。

图 5-59 乘客视觉探测器建立

2. 基于乘车登车行为的客室照明水平的计算与验证

在建立客室光学仿真模型的基础上,运用视光学的基本理论和相应算法对列车客室照明水平进行计算验证,通过对影响光环境的内饰及灯具布局等因素的量化分析以及不同照明方案的比较,提出改进措施。本小节重点研究客室照明环境对乘客行为的影响,以乘客登车过程为例,即从乘客进入端门开始,经过过道搜寻座位,放置好行李后入座的整个过程,分析其照明需求,在正常照明情境下分别对相应位置的照明水平进行量化评估。

1)照度及照度均匀度分析

运用 SPEOS 的 Virtual Photometric Lab 模块可以仿真得到列车客室各部位的亮度云图,如图 5-60 所示。客室各部位的照度、照度均匀度的测量计算结果见表5-25。通过将计算结果与客室照明设计需求参考值对比可以看出,客室前庭出入门口的照度均匀度、电器柜处地板上照度、座位处上方照度值不能达到设计需求的最小值,因此客室正常照明存在部分区域照度、照度均匀度不合理的情况。

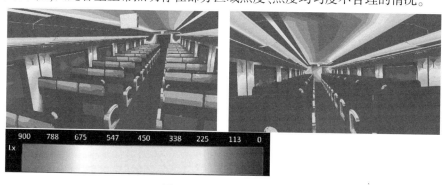

图 5-60 客室照度分布

表 5-25 照度及照度均匀度的计算验证

照明空间	照明区域	照度参考值/lx	计算值/lx	照度均匀度参考值	计算值
公共空间照明	前庭出入口	54	61.3	0.8~1.2	0.5~1.9
	地板/门槛/台阶	22	61.3	0.8~1.2	0.5~1.9
	走廊	108	158.6	0.5~2.5	0.6~1.7
	过道照明	323	68.5	0.5~2.5	0.9~1.6
	电器柜	323	223.3	—	—
	行李架	54	68.5	—	—
座席区照明	普通座位区域	300	244.4	0.7~1.3	0.7~1.1
	阅读灯关闭状态	100	244.4	0.7~1.3	0.7~1.1
	休息区座位	215	156.4	—	—
	桌子区	161	178	—	—
	普通天花板	323	178	—	—

为了进一步探究导致客室照度、照度均匀度不满足需求的原因,以乘客座位区桌面的照度为例,从灯具自身特性和内饰材质属性两个角度进行分析,影响桌面照度不满足需求的原因可能有:所测灯具发光强度较实际小,导致照度过低;客室内饰表面特性影响光线的空间传播,如侧墙板、顶板及座椅面等对光线的反射吸收作用导致最终到达桌面的照度过低。

针对上述两种原因,在不改变其他条件的情况下,分别增大灯具的光通量、更换中央顶板材质(更改表面反射参数),对改进后的方案再次计算,并与改善前照明水平进行对比(表 5-26)。可以看出,通过改变灯具参数、增大灯具的光通量、更换客室中央顶板材质或者增大表面反射,乘客区桌面照度水平均有明显增加,能达到客室照明设计的需求,这说明客室照明效果是由多个因素相互影响的结果。传统设计仅通过更改灯具参数的方法难以满足实际的照明需求,在列车照明设计时应综合考虑各方面影响,而基于视觉仿真的设计方法则提供了优化改进的可能。

表 5-26 客室桌面照度水平改善前后对比

状态	增大灯具光通量			更换顶板材质		
	光通量/lm	桌面照度/lx	是否达标	顶板表面反射	桌面照度/lx	是否达标
改善前	3979.2	178.0	否	0.381	178.0	否
改善后	10000.0	429.9	是	0.638	219.0	是

2) 亮度比分析

根据 MIL-STD-1472G[78] 中关于避免一般眩光的设计要求:视野内的非反射表面,应避免在人的正常视野 60° 范围内放置光滑、高度抛光的表面。另外,参考 APTA RP-E-012-99[65]中关于亮度比的规定:紧靠任务周围区域(一个60°的锥体,其轴线与视线一致)的亮度比任务亮度大 2 倍,或者小于任务亮度的1/2,会导致不适,分散注意力。因此,定义乘客座位区域的60°锥体范围为任务区域(图 5-61)。在 SPEOS 中设置三维照度探测功能,得到客室光环境的人眼视觉效果图,然后对视野域各表面光照情况进行模拟计算,其中空间亮度分布计算结果见表 5-27。可以看出,在乘客视觉范围内,客室相应表面之间的亮度比均在合理的标准范围内,满足视觉属性的基本要求。

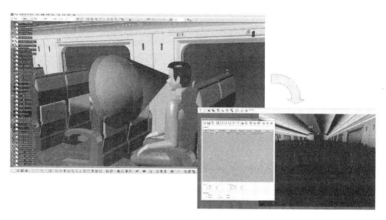

图 5-61 锥形视野范围

表 5-27 视野区域的亮度比分析

对比区域	亮度比	亮度比测量值		
		亮度值 1	亮度值 2	亮度值 3
任务中较亮和较暗的表面之间	5:1	127	27.5	4.6:1
在任务和相邻较暗的环境之间	3:1	200.1	78.4	2.6:1
在任务和相邻较亮的环境之间	1:3	200.1	445.7	2.2:1
在任务和较遥远较暗的表面之间	10:1	200.1	45.1	4.4:1
在任务和更遥远更亮的表面之间	1:10	200.1	1827.5	9.1:1
灯具/窗户和相邻表面之间	20:1	28780.7	8062.2	3.6:1
在直接工作区域和其他环境之间/正常视觉范围内的任何地方	40:1	136.4	4325.5	7.3:1

3) 显色性分析

由于人眼习惯于在自然光下辨别物体的颜色,人工照明下的物体在人眼视觉中的颜色会随光源显色性的变化而改变。通常以光源的一般显色指数来评定光源的显色性,CIE 标准按一般显色指数将光源区分为 4 个显色性等级(表 5-28)。

表 5-28 光源显色性的评价等级

一般显色指数	评价等级	一般显色指数	评价等级
80~100	优	50~65	中
65~80	良	30~50	差

目前关于列车客室的光源显色性暂无相关规定,可借鉴铁路站房照明和建筑照明。如《铁路照明设计规范》(TB 10089)对铁路站房主要场所的显色指数给出了标准值;《建筑照明设计标准》(GB 50034)对 LED 灯提出的要求如下:长时间停留的场所,光源一般显色指数应达到 80 以上,特殊显色指数 R_9 应大于零。

采用 SPEOS 建立视觉探测器后,基于光谱分析功能,仿真出的列车客室照明环境的人眼视觉效果图并进行 CRI 接口计算,得到光源的显色指数。根据 CIE 规定,第 1~8 种标准颜色样品显色指数的平均值为一般显色指数的计算方法,如图 5-62 所示,通过从客室内多个视觉角度进行计算求平均,得到客室一般显色指数 R_a 为 99.3,不难看出,客室光源显色性能优良,人眼视感较好。

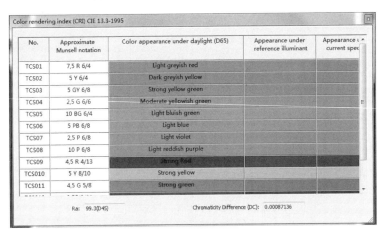

图 5-62 计算显色指数

5.2.3 客室采光对视觉光环境的影响

1. 客室采光的定义及计算方法

采光系数是指 CIE 全阴天条件下,室内给定水平面上某一点由天空漫射光所产生的照度和同一时间同一地点,在室外无遮挡水平面上由天空漫射光所产生照度的比值;采光均匀度是空间参考平面上采光系数的最低值与平均值之比,用于评价室内采光质量的好坏,是侧窗采光设计中重要的评价指标。

$$C = \frac{E_n}{E_w} \times 100\% \tag{5-27}$$

$$U = \frac{C_{\min}}{C_{\text{ave}}} \tag{5-28}$$

式中：E_n 为全阴天漫射光照条件下室内测量平面上的照度值(lx)；E_w 为同样环境下，同一时间、同一地点，室外无遮挡时，该面上的照度值(lx)；$C_{\min}$ 为测量面上的采光系数最小值；C_{ave} 为测量面上采光系数的平均值。

传统的利用照度计算采光系数的方法具有以下3点不足：①采光系数是指在同一时刻、同一地点处室内外的照度比，传统测量方法很难满足这一点要求；②采光系数要求全阴天条件，而实际测量时天空状况很难和标准天空一致；③传统的照度测量方法不能完全排除测量点周围空间及表面材质对光线分布的影响，使得传统测量的采光系数不能有效地分析出各种因素的影响。

本节基于建筑采光理论探讨列车客室自然采光的设计方法，建立一种列车客室自然采光的计算与评估方法（图5-63）。在所建立的列车客室光学仿真环境下，运用SPEOS的Virtual Photometric Lab模块计算得到客室采光参考平面上的照度。通过建立侧窗采光模型，仿真计算出标准天空模型光照条件下客室地板面的照度数据，进而根据采光公式计算得到客室的采光系数和采光均匀度指标。CATIA/SPEOS可以模拟全气候天空条件下室内的采光及光照分布，且仿真工况精度已得到验证，以此进行车窗采光研究具有较好的可信度[84-85]。

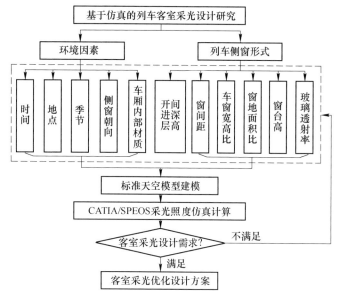

图5-63　列车侧窗采光设计方法

2. 客室采光的影响因素分析

影响室内采光的因素很多,如时间、地点、季节、天空工况等。其中,窗户是解决自然采光的主要因素,窗形、透光面积、窗墙比及窗户结构等对采光起到至关重要的作用。本节分别对车窗宽高比、窗地比、窗台高及玻璃的透光率进行分析[79-83],研究列车客室侧窗指标参数变化对客室采光系数、采光均匀度的影响,总结侧窗形式改变时室内采光效果的变化规律。

1) 侧窗尺寸

表5-29梳理了国内外列车车窗尺寸相关标准,可以看出,窗宽尺寸范围推荐值为1014~2400mm,窗高尺寸推荐值为614~1464mm,车窗窗底高(距地板)尺寸范围推荐值为710~860mm。

表5-29 列车客室车窗尺寸标准规定

序号	标准	车窗尺寸要求
1	TB/T 3413[84]	在不需供需双方商定的情况下,车窗较长边尺寸一般不超过2400mm
2	GB/T 18045[85]	
3	TB/T 3107[86]	速度不大于200km/h的动车组用单元式组合车窗窗口的基本尺寸选择有:1014mm×614mm、1014mm×1064mm、1014mm×1264mm、1014mm×1464mm
4	UIC 560[87]	Z型标准客车包间和侧走廊窗必须具有以下尺寸:一等车窗玻璃净开度为1400mm,二等车窗玻璃净开度为1200mm;玻璃窗的净高度为950mm
5	UIC 567[88]	为了尽可能使旅客列车外观统一,应遵循高度尺寸要求,其中车窗底高(距地板)尺寸范围为:710~860mm;窗顶高(距地板):1770~1890mm;车窗净高度:950~1140mm

2) 侧窗窗地面积比

已有研究表明,窗地比与采光系数近似成正比的关系。窗地面积比是指窗洞口的面积与地面面积之比。《建筑采光设计标准》(GB 50033)[29]、《办公建筑设计规范》(JGJ 67)[89]中都对第Ⅲ类光气候区房间的窗地面积比最小值规定如表5-30所列。

表5-30 采光等级规范中对窗地面积比的规定

标准	采光等级	采光类型	窗地面积比
《建筑采光设计标准》(GB 50033)[29]	Ⅲ类采光等级	侧面采光	1/5
《办公建筑设计规范》(JGJ 67)[89]	Ⅲ类采光等级	侧面采光	1/5

3) 侧窗玻璃透射率

光线射入玻璃后会发生反射、吸收和透射3种情况。透射是指光线透过玻璃的性质。平行光通过折射率为n、厚度为$l$mm的均匀连续透明介质时,第二表面S_2上的反射光I_{2-f_0}会发生反复的反射和透射,如图5-64所示。

第5章 动车组视觉光环境设计

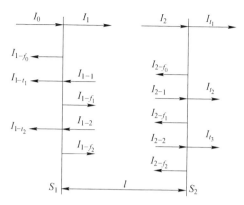

图 5-64 光束垂直通过端面平行透明介质时的透射和反射

考虑到介质的吸收和表面的反射,根据式(5-29)可求得光束通过介质的总通量为

$$I_t = \sum_{l=1}^{\infty} I_{t_l} = I_0 (1-R)^2 \cdot \frac{e^{-Kl}}{1-R^2 \cdot e^{-2Kl}} \quad (5-29)$$

式中: I_0 为入射光强度; R 为光垂直入射时的表面反射。

于是可计算出介质的透射率为

$$\tau = \frac{I_t}{I_0} = \frac{(1-R)^2 \cdot e^{-Kl}}{1-R^2 \cdot e^{-2Kl}} \quad (5-30)$$

从而求得介质的光吸收系数 K 的一般计算公式为

$$K = \frac{1}{l} \ln \left[\frac{\sqrt{(1-R)^4 + 4R^2 \tau^2} + (1-R)^2}{2\tau} \right] \quad (5-31)$$

因此,只要测出列车侧窗玻璃的折射率,厚度为 l cm 的玻璃吸收系数,便可计算出玻璃透射率。根据《铁道客车及动车组用安全玻璃》(TB/T 3413)[84],目前动车组使用的安全玻璃类型依据相适应的车速等级而定,安全玻璃的可见光透射比宜大于 25%。

3. 基于正交实验的侧窗采光研究

1) 采光模型的建立及参数设置

CRH380B 型动车组的车窗部分主要有挡风玻璃、侧窗,其中客室侧窗分为两类,即普通客室侧窗、紧急出口侧窗[90]。本节研究普通客室侧窗设计对列车室内采光的影响。基于 SPEOS,对已建立的列车客室模型进行简化,客室为一个 16960mm×3150mm×2630mm(开间×进深×层高)三维模型,内饰布局及材质属性依据实车保持不变。

根据列车客室采光的设计需求,天空条件选择 CIE 全阴天模型,仿真地点选择北京(东经 116.28°、北纬 39.93°),该地区属于第 Ⅲ 类光气候区,侧面采光参考平面上的采光系数标准值为3%,室内自然光照度标准值为450lx,且一般情况下采光系数不宜高于7%,采光均匀度一般不宜小于0.7。选择的仿真时间为2018年6月21日中午12时,测量平面选择车厢地板面。

CIE标准阴天条件下认为天空均匀分布,研究表明,阴天时室内东、南、西、北4个方向所对应照度分布完全一样,照度均匀度的差异是由房间尺寸产生的,即窗户朝向对室内采光没有影响[79]。梁树英等[91]对全晴天、全阴天两种天空条件下同一时段的建筑进行采光分析,通过对比实测数据和模拟结果,认为全阴天北向的采光系数与软件模拟结果最为接近,因此采光测量方向选择北向。

窗间距即窗户间墙的宽度也会影响室内采光效果[92]。由于列车车体结构的特殊性,此处将车窗间距固定为2188mm。

有研究表明,内饰表面反射系数是室内采光效果的决定因素[93]。为防止其对研究指标的影响,固定使用前期调研采集并建立的列车内饰材质属性库模型以保持表面光学仿真不变。

2) 实验方案设计

列车侧窗形式是影响客室采光的最直接因素,基于正交实验法,对窗台高度、窗地面积比、车窗玻璃可见光透射率进行分析,以采光系数及采光均匀度为评价指标,模拟客室采光情况,并进行量化研究,各实验因素的水平选取如下。

(1) 侧窗窗地面积比的选取要保证车窗窗形不发生变化,即保证相同的车窗宽高比。宽高比固定为2.5,选择以下3个水平:600mm×1500mm、700mm×1750mm、807mm×2018mm,相对应的窗地面积比分别为0.26、0.36、0.48。

(2) 侧窗窗台高即为侧窗底到车厢地板面的高度,结合实际车窗结构尺寸,分别从极限位置均匀选取600mm、730mm、860mm这3个水平。

(3) 依据现有玻璃参数选取8种玻璃类型,可见光透射率分别取0.29、0.61、0.89这3个水平进行研究。

通过以上分析形成了三因素三水平的正交实验,各因素对应的水平数见表5-31,并选择$L_9(3^4)$正交表安排实验。

表5-31 正交设计水平表

因素水平	实验因素		
	窗地面积比	窗台高/mm	玻璃透射率
1	0.26	600	0.29
2	0.36	730	0.61
3	0.48	860	0.89

3) 实验结果分析

在CATIA/SPEOS中已建立的客室环境中,按照$L_9(3^4)$正交表的实验方案进行仿真实验,计算得到相应各方案下列车客室的采光系数(C)和采光均匀度(U),见表 5-32。

表 5-32 客室采光方案的仿真计算结果

序号	A 窗地面积比	B 窗台高/mm	C 玻璃透射率	采光系数 C/%	采光均匀度 U/%
1	1	1	1	1.753	91.099
2	1	2	2	4.001	91.368
3	1	3	3	6.077	89.270
4	2	1	2	5.689	90.835
5	2	2	3	8.635	89.708
6	2	3	1	2.285	89.673
7	3	1	3	11.847	90.754
8	3	2	1	3.154	90.171
9	3	3	2	7.128	89.020

由于方差分析对数据的正态性有很强的鲁棒性[94],因此在采用 Levene 检验数据间的方差齐性的基础上,使用方差分析方法研究各因素对实验指标的影响显著程度。分析结果显示如下。

(1) 车窗窗地面积比对客室采光系数($F_{(2,6)} = 0.788, p = 0.497, \eta^2 = 0.792$)和客室采光均匀度($F_{(2,6)} = 0.370, p = 0.705, \eta^2 = 0.890$)的影响均不显著。

(2) 窗台高对客室采光系数的影响不显著($F_{(2,6)} = 0.109, p = 0.899, \eta^2 = 0.965$),而对客室采光均匀度的影响则显著($F_{(2,6)} = 6.703, p = 0.030, \eta^2 = 0.309$)。

(3) 车窗玻璃透射率对客室采光系数的影响具有显著性($F_{(2,6)} = 8.292, p = 0.019, \eta^2 = 0.266$),对客室采光均匀度的影响则不具有显著性($F_{(2,6)} = 0.240, p = 0.794, \eta^2 = 0.926$)。

4. 不同开窗形式对客室采光的影响

1) 侧窗玻璃透射率

由上述分析可知,列车侧窗玻璃透射率对室内采光系数具有显著性影响。因此在设定 3 种尺寸的侧窗结构和窗台高的组合工况条件下,通过改变玻璃材质的透射率,分别计算客室地板表面采光系数和采光均匀度,探究列车客室采光环境的具体变化情况。3 种尺寸组合工况如表 5-33 所列,玻璃可见光透射率设定 11 个等级,分别为 0.20、0.29、0.35、0.44、0.54、0.58、0.61、0.64、0.73、0.81、0.89。图 5-65 和图 5-66 显示了 3 种侧窗工况下相应的客室采光系数、采光均匀度变化曲线。

表 5-33　3 种工况的侧窗结构尺寸和窗台高度

工况组合	侧窗结构尺寸	窗台高度
工况 1	600mm×1500mm	600mm
工况 2	700mm×1750mm	730mm
工况 3	807mm×2018mm	860mm

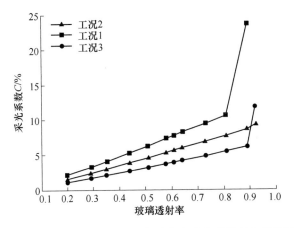

图 5-65　侧窗玻璃透射率改变时客室采光系数变化示意图

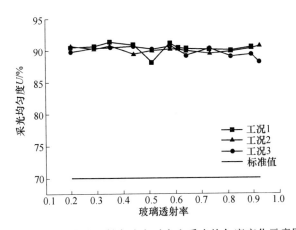

图 5-66　侧窗玻璃透射率改变时客室采光均匀度变化示意图

从图 5-65 可发现,其他条件不变的前提下,窗口尺寸为 600mm×1500mm,窗台高为 600mm 的车厢采光系数在三者中最大,窗口尺寸为 807mm×2018mm,窗台高为 860mm 的车厢采光系数为三者中最小;玻璃透射率在小于 0.81 时,3 种车窗工况对应的采光系数都随着玻璃透射率增大呈线性递增关系,随着玻璃透射率继续增大到一定范围时,三者的采光系数均呈指数增加。根据标准规定,参考平面上的采光系数标准值,一般情况下不宜高于7%,因此客室采光并非采光越多越好,而应对室内采光照明、室温调节、空调能耗等综合考虑[79]。

从图5-66可知,3种情况下车厢侧窗采光均匀度均在推荐标准值0.7(70%)以上,实际采光均匀度在0.9(90%)左右,说明不同于传统建筑的采光设计[82-83,92],对于列车车厢这种小进深、窗口呈两侧对称密集分布的客室内部结构来说,不管车窗玻璃透射率如何变化,车窗采光均匀度均较优。通常认为对于室内进深较小的空间,采用侧窗式采光更为适宜,这与列车客室采光现状一致。

2) 窗台高

列车窗台高度决定了窗户的布局位置,影响到自然光照射进车厢的角度,是影响客室采光效果的重要因素。由上文数据分析知,窗台高度对采光均匀度影响显著,因此在设定3种尺寸的侧窗结构和玻璃透射率的组合工况条件下,通过改变窗台高度,分别计算客室地板表面采光系数和采光均匀度,探究列车客室采光环境的具体变化情况。3种尺寸组合工况如表5-34所列,窗台高在600~860mm之间以20mm为单位均匀选取,共14个水平,图5-67和图5-68显示了3种侧窗工况下相应的客室采光系数、采光均匀度变化曲线。

表5-34 3种工况的侧窗结构尺寸和玻璃透射率

工况组合	侧窗结构尺寸	玻璃透射率
工况1	600mm×1500mm	0.61
工况2	700mm×1750mm	0.61
工况3	807mm×2018mm	0.61

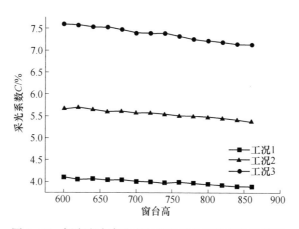

图5-67 侧窗窗台高改变时客室采光系数变化示意图

从图5-67可知,总体上客室采光系数与窗台高近似成反比关系,随着窗台高度增大,客室采光系数呈现逐渐减小的趋势。同时发现,其他条件不变的情

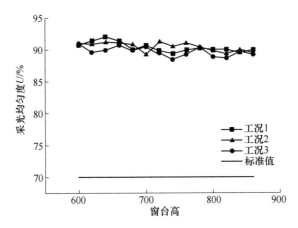

图 5-68 侧窗窗台高改变时客室采光均匀度变化示意图

况下,窗口尺寸越大,所对应的客室采光系数越高,即在正常开窗尺寸范围内,客室采光系数与开窗面积成正比关系。

客室窗台高度越小,小进深的车厢结构使得近窗处客室地板照度越高,室内整体采光效果好;反之则不利于室内采光。这与建筑采光中的情况有所不同,由于建筑空间侧窗数量和面积有限,室内进深较大,窗台高度过低会因为近窗部分的高照度而导致房间采光不均匀的问题,因此有学者提出通过提高侧窗窗台高的方法来避免近窗地面的高照度,使室内采光更为均匀[83]。

从图 5-68 可知,3 种车窗结构下车厢侧窗采光均匀度均在推荐标准值 0.7(70%)以上,并趋近于 0.9(90%),说明小进深的车厢结构和两面密集开窗的方式,不管窗台高如何变化,室内整体采光均匀度均较优。同时发现,随着窗台高度增加,在一定范围内,虽然采光系数下降,但客室整体采光均匀度变化并不明显;随着窗台高度增大到一定程度后,3 种工况的客室采光均匀度均开始减小,与图 5-67 所示的采光系数变化趋势相对应,均说明小进深的空间结构下,窗台高度增大,近窗地板照度的减小是影响室内采光效果下降的主要原因。

3) 侧窗尺寸

(1) 宽高比。

不同的宽高比决定了侧窗外形对客室采光分布有一定的影响。为了探究不同窗地面积比对列车客室采光效果的影响,因此在设定 3 种尺寸的窗台高和玻璃透射率的组合工况条件下,保证车窗面积不变,根据实际侧墙尺寸设置不同的宽高比水平进行仿真分析,分别计算客室地板表面采光系数和采光均匀度,探究列车客室采光环境的具体变化情况。3 种尺寸组合工况如表 5-35 所列,图 5-69 和图 5-70 绘制了 3 种工况下随宽高比改变时客室采光效果的变化折线图。

第5章 动车组视觉光环境设计

表5-35 3种工况的玻璃透射率和窗台高

工况组合	玻璃透射率	窗台高度
工况1	0.61	600mm
工况2	0.61	730mm
工况3	0.61	860mm

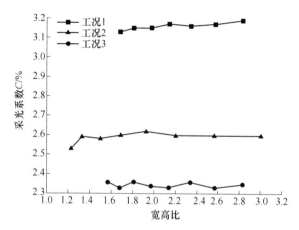

图5-69 侧窗宽高比改变时客室采光系数变化示意图

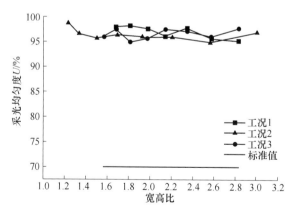

图5-70 侧窗宽高比改变时客室采光均匀度变化示意图

从分析计算结果来看,由图5-69再一次验证了图5-67中窗台高与室内采光系数成反比的结论,即窗台越低客室采光效果越好。这与办公建筑采光有一定的区别,相关研究表明,在房间室内进深1.2m的范围内,扁平形窗户对应的室内采光照度值明显高于瘦高形窗户,当进深在1.2m以外区域时结果正好相反,扁平形窗户对应的采光照度值低于瘦高形窗户[79]。

窗台高为 600mm 时,增大侧窗的宽高比,采光系数呈递增趋势;窗台高为 730mm 时,增大宽高比,采光系数同样随之递增,但递增趋势逐渐减缓;窗台高为 860mm 时,这种趋势则不再明显,说明采光系数受到窗台高、侧窗宽高比共同作用的影响。同时可以看出侧窗窗台高度在正常水平范围内时,随着窗口宽高比的增大,室内采光效果会随之提升,此结论与办公建筑采光规律[79]相似,即阴天时,室内采光的平均照度随窗宽增加而小幅度增加。图 5-70 则显示了 3 种工况下客室采光均匀度均保持在较高水平不发生较大变化。

(2)窗地面积比。

窗地面积比为描述空间最小窗口面积的手段,由图 5-67 中 3 种工况对比可以发现,采光系数与开窗面积成正比,即车窗面积越大,客室采光系数越大,这与建筑侧窗采光结论一致[79]。然而,采光均匀度方面却存在区别,刘煜[92]的研究表明,在其他条件不变的情况下,窗地面积比越大,却越有利于室内远窗处的采光,采光均匀性就越好,同时人工照明的能耗就越小。但由图 5-68 发现,对于列车客室小进深的空间结构来说,客室的采光均匀度与建筑采光并不相同,窗地面积比的影响有限,客室采光均匀度保持在较优水平并不发生较大变化。另外,车窗面积也并非"越大越好",面积过大则会导致空调能耗的增大,因此列车客室采光要综合考虑各种可能的影响因素进行优化设计。

5. 客室侧窗优化设计方案的实验验证

本节在以上实验结果分析的基础上,获取侧窗采光设计的优组合方案,进行客室采光仿真实验,通过分析和讨论的方法来验证基于视觉仿真实验优化侧窗采光设计策略的可行性。

在正常范围内,列车侧窗的开窗面积与客室采光系数成正比关系,同时对正交实验的结果进行数据分析可以看出,开窗面积最大(807mm×2018mm)时采光系数最大,但此时室内采光系数达到了 7.38%,考虑到室内采光量过大将导致的室内热辐射增多使乘客体验下降、增加空调能耗等一系列后果,所以选择车窗窗地面积比 0.36 作为该因素的优水平,所对应的窗口尺寸为 700mm×1750mm,窗口宽高比为 2.5。

由图 5-67 可知,客室空间结构下,正常范围内窗台高与客室采光系数成反比关系,同时结合 UIC 567[95]关于窗台高的一般规定,选取标准范围内的下限值即 710mm 作为模拟实验中车窗窗台高度水平。

图 5-65 中的工况 2 通过统计分析得到的车窗玻璃透射率与客室采光系数的回归模型,同时参考 TB/T 3413[84]对动车组侧窗玻璃材料的相关规定可知,国内现有列车均能达到 200km/h 的速度等级,侧窗玻璃一般采用夹层玻璃、夹层玻璃+中空层+钢化玻璃或者夹层玻璃+中空层+夹层玻璃 3 种,参考与之对应的车窗玻璃透射率的标准规范[29,96],选取透射率为 0.68。

采用 SPEOS 在保证天空模型不变的情况下,对夏至日中午 12:00 朝向为北向的列车侧窗采光进行仿真模拟,客室的采光系数(C)及采光均匀度(U)的计算结果如表 5-36 所列,此时列车客室的采光系数为 5.21%,采光均匀度为 93.0%,均达到了较好的采光效果,能够很好地满足列车客室自然采光设计的需求,可以看出基于视觉仿真实验的方法获得的侧窗采光的优化设计方案是可行的。

表 5-36 客室采光的模拟验证结果

客室地板照度/lx								平均照度 /lx	采光系数 C/%	采光均匀度 U/%
1	2	3	4	5	6	7	8			
727.1	786.9	797.9	816.6	798.6	800.1	781.2	749.2	782.2	5.21	93.0

5.2.4 客室眩光对视觉光环境的影响

通过对我国动车组列车客室调研发现,客室顶部灯具边缘与周围区域产生的亮度不均匀极易造成不舒适眩光,另外车厢临窗位置、显示屏反射、端门玻璃隔断等部位也易产生眩光。客室照明设计应尽量避免和降低眩光及阴影[97],这对保证乘客身心健康、缓解旅途疲劳、增加舒适体验具有十分重要的意义。目前国内对列车室内眩光研究大多集中在驾驶室且与驾驶员绩效或任务相联系,对客室不舒适眩光的成因研究较少,而列车客室照明有其自身的独特性和复杂性,因此本节将探讨客室眩光的评估及光环境设计。

客室眩光仿真评估方法与驾驶室眩光评估相同,基于视觉仿真技术对 CRH380B 动车组列车二等车厢室内照明眩光环境进行仿真,为后续动车组客室光环境优化设计提供理论依据和技术支撑。

1. 客室眩光测量位置的确定

光源与视线之间的相对位置及角度是影响眩光的一个重要因素,需要对 CRH380B 二等客室中的 80 个座位进行眩光测量位置的筛选,从而确定客室中产生眩光最大的位置。CIE 117[11]中规定了常规采用均匀座席阵列的照明"最坏情况",即对于设施整齐、规律、同向摆放的室内环境,两个墙面中心离地面高度 1.2m 处不舒适眩光感最强。如图 5-71(a)和图 5-71(b)所示,CRH380B 列车座椅为纵向布置,方向统一,从理论上看,列车客室眩光感最大位置为左右墙或前后墙中心点,即图 5-71(c)和图 5-71(d)所示位置,距离地面 1.2m 处。

但对于图 5-71(c)、图 5-71(d)所示视点,若采用上述位置为眩光测量位置,由于座椅遮挡,其计算的眩光值将与无遮挡条件下的眩光值有较大偏差;图 5-71(d)所示视点所对应区域与乘客实际视野范围不符。因此,本节选取客室前后端图 5-71(c)所示视点对应位置,以第 5 百分位女性和第 95 百分位男性站姿时人眼高度作为眩光测量点的高度尺寸,确定该范围为乘客视野内的最坏视觉条件范围

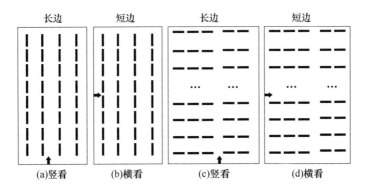

图 5-71 均匀灯具阵列的照明系统中"最坏视觉条件"位置

进行眩光计算,该范围基本涵盖了列车客室绝大部分乘客视线内最糟糕的眩光情况。图 5-72 所示为在 SPEOS 中构建位于图 5-71(c) 所示视点的乘客视觉探测器,客室眩光测量点的具体测量位置如图 5-73 中红点所示,分别为车厢两端及车厢中部的中间位置,其视线位于车厢的中轴线上。

图 5-72 视点(c)所对应的客室中乘客视觉探测器的建立

图 5-73 客室眩光测量点的平面示意图(见书末彩图)

2. 灯具对客室眩光的影响研究

总体来讲,影响眩光程度的关键物理参数有以下 5 类,即眩光源亮度、背景亮度、眩光源发光面尺寸、眩光源数量和观察者位置[98]。从列车客室照明的角度来说,座席区的照明方式、灯具遮光角、灯具布置形式、灯具类型和数量、灯具发光面尺寸、灯具亮度、背景亮度、视看角度等都是影响客室眩光的因素。另外,光源的分布与布置形式对于车厢客室座席区域照明也尤为重要[69]。

现有动车组列车客室通常采用 LED 灯具照明,其照明效果的好坏直接影响乘客的视觉满意度。故本小节以 CRH380B 动车组二等车厢顶部 LED 灯带为研究对象,探讨灯具布置形式、安装间距和发光面尺寸这 3 种影响因素对列车客室不舒适眩光的影响规律。

1) 灯具布置形式

通过对国内外 60 种动车组列车客室泛光灯具的布置进行调研,发现动车组列车客室灯具的布置大多数采用纵向布置,如西门子 Desiro ML NMBS/SNCB 动车的双列纵向对称布置;另外两种常见的形式是横向布置和纵横混合布置,如日本 JR East"隼鹰"E5 系 GranClass 新干线的横向均布、我国"复兴号"标动(CR400AF)的纵横交错布置,如图 5-74 所示。选取这 3 种典型的布置形式进行眩光分析。

(a) 纵向布置　　　　(b) 横向布置　　　　(c) 纵横混合

图 5-74　3 种常见的客室灯具布置形式

2) 灯具安装间距

一般照明设计的灯具安装间距是根据灯具的安装高度和安装间距之间的最优组合来确定的,以此满足照明规范的要求。根据 CIE 的室内照明"最坏视觉条件"位置理论,车厢中乘客视线保持水平且垂直于前后端的墙壁,采用小间距多灯具安装形式时,由统一眩光值计算原理可知,处于其中的乘客位于任何位置时,都有均匀的多个灯具对其视觉中的眩光产生影响,即对其视线内的 UGR 值有贡献,所以此时视野内的 UGR 值是恒定不变的,不受观察者位置影响;当使用同样的灯具进行大间距布置时,有些地方的乘客视野中 UGR 值很低,有些位置则很高,UGR 值分布不均匀,会随着观察者位置的变化而变化。大间距的灯具布置会使客室内照度分布的均匀性降低。因此,对于列车客室而言,将灯具安装间距作为乘客视野范围内眩光的影响因素之一进行研究具有一定的合理性。

照明灯具布置考虑照明的均匀性,因此灯具的布置间距应符合一定的距高比要求,驾驶室 LED 照明灯具距高比的计算可参照《LED 筒灯测试高度》(GB/T 29293)中的确定方法(见 4.1.3 小节)。CRH380B 动车组列车二等车厢的净空高度为 2045mm,地板面距轨面高度为 1260mm,桌面高度为 800mm,灯具到工作面的高度 H 为 1245mm,由灯具的配光曲线文件中测得 $\gamma_{1/2}$ 为 53°(图 5-75),

因此可以得到列车客室中灯具的最大安装间距 $S = 2 \cdot \tan(\gamma_{1/2}) \cdot H = 3.3\text{m}$,此范围超出了车厢天花板横向尺寸 2180mm。根据实际车厢顶板结构,结合现有的两列灯具对称布置形式,在合理范围内均匀选取 550mm、670mm、790mm、910mm、1030mm、1150mm 这 6 种安装间距,展开进一步的研究。

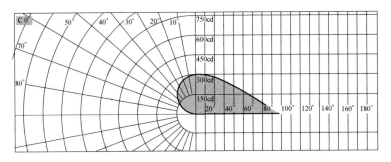

图 5-75 客室主体照明灯具的光强分布

3) 发光面尺寸

对于相同的光源,其亮度随着发光面尺寸的增大而增大[99-100],在计算 UGR 时,需要确定光源的发光面尺寸及有效投射面积,发光面上的亮度不均等会影响有效透射面积,给 UGR 的计算造成影响[101]。本节采用 CRH380B 客室灯具进行仿真研究,其灯具长度为 2m,为了简化灯具模型结构,暂不考虑灯具厚度,仅通过灯具宽度来改变光面尺寸,探究其对客室眩光的影响,选用的灯具宽度分别 56mm、108mm、200mm。

3. 基于正交实验设计的客室眩光仿真分析

采用正交实验研究灯具布局(即灯具布置形式、安装间距和发光面尺寸)对列车客室照明质量的影响。选取混合正交设计表 $L_{18}(1^6 \times 2^3)$ 如表 5-37 所列。

表 5-37 影响因素正交实验表

序号	A 安装间距/mm	B 灯具布置形式	C 灯具宽/mm	序号	A 安装间距/mm	B 灯具布置形式	C 灯具宽/mm
1	1(550)	1(横向)	1(56)	10	4(910)	1	3
2	1	2(纵向)	2(108)	11	4	2	1
3	1	3(纵横混合)	3(200)	12	4	3	2
4	2(670)	1	1	13	5(1030)	1	2
5	2	2	2	14	5	2	3
6	2	3	3	15	5	3	1
7	3(790)	1	2	16	6(1150)	1	3
8	3	2	3	17	6	2	1
9	3	3	1	18	6	3	2

为保证仿真实验精确可靠,每次仿真实验需保证其他因素保持不变,分别对18种布局方案进行计算,共需进行72次仿真。实验在CATIA/SPEOS上完成,实验流程如图5-76所示。表5-38则显示了18组方案108种情况的计算结果。

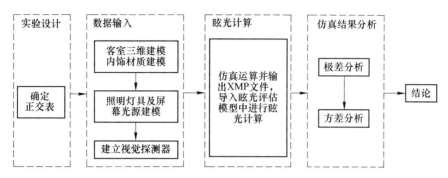

图5-76 灯具对眩光影响研究实验流程

表5-38 灯具布局方案的UGR计算结果

序号	A 安装间距	B 布置形式	C 灯具宽度	前端部 UGR1		后端部 UGR2		中部 UGR3	
				第5百分位 女	第95百分位 男	第5百分位 女	第95百分位 男	第5百分位 女	第95百分位 男
1	550	横向	56	37.6	39.4	38.8	41.5	20.8	34
2	550	纵向	108	49.7	52.4	49.3	52.9	20.8	35.1
3	550	混合	200	36.3	46.4	38.2	43.4	20.1	18.2
4	670	横向	56	39.6	41.6	38.8	44.6	18.5	34.8
5	670	纵向	108	50.2	50	50.6	52.1	17.7	36.3
6	670	混合	200	38.7	37.8	35.7	38.1	20.8	28
7	790	横向	108	43.9	44.6	40.7	42.2	18.3	35.2
8	790	纵向	200	40.4	41.1	46	52.5	35.6	39.2
9	790	混合	56	48.8	52.5	47.6	52.3	21.7	16.2
10	910	横向	200	43.5	45.7	43	43.4	24.6	42.4
11	910	纵向	56	51.9	56.3	51.8	54.9	31.1	40
12	910	混合	108	40.7	50.4	38.6	50.1	23	19.8
13	1030	横向	108	43.9	43.9	44.4	43.1	28.2	40.7
14	1030	纵向	200	48.9	53.1	48.7	50.7	28.9	41.2
15	1030	混合	56	49.7	50.2	47.8	50.7	21.9	22.5
16	1150	横向	200	42.7	45.4	44.1	43.8	35.6	39.9
17	1150	纵向	56	52.5	54.6	52.6	55.5	47.6	55.5
18	1150	混合	108	36.3	50.4	36.2	50.4	21.2	46.9

1) 极差分析

表 5-39~表 5-41 所列为客室前、后、中 3 个部位 UGR1、UGR2 和 UGR3 影响因素的极差分析结果。其中 I_j~VI_j 代表各实验因素水平的实验数据之和；$\overline{I_j}$~$\overline{VI_j}$ 代表各因素水平对应的实验数据的平均数；R_j 代表各因素 $\overline{I_j}$~$\overline{VI_j}$ 的最大值与最小值之差，即 $\overline{I_j}$~$\overline{VI_j}$ 的极差。

表 5-39　客室前端部眩光 UGR1 极差分析结果

计算指标	实验因素				计算指标	实验因素			
	A	B	C	空列		A	B	C	空列
I_j	261.8	511.3	574.7	539.4	$\overline{I_j}$	43.6	42.6	47.9	45.0
II_j	258.5	601.7	557.0	543.9	$\overline{II_j}$	43.1	50.1	46.4	45.3
III_j	271.3	538.7	520.0	568.4	$\overline{III_j}$	45.2	44.9	43.3	47.4
IV_j	288.5	—	—	—	$\overline{IV_j}$	48.1	—	—	—
V_j	289.2	—	—	—	$\overline{V_j}$	48.2	—	—	—
VI_j	282.4	—	—	—	$\overline{VI_j}$	47.1	—	—	—
R_j	30.7	90.4	17.7	29.0	$\overline{R_j}$	5.1	7.5	1.5	2.4

表 5-40　客室后端部眩光 UGR2 极差分析结果

计算指标	实验因素				计算指标	实验因素			
	A	B	C	空列		A	B	C	空列
I_j	264.1	508.4	576.9	529.7	$\overline{I_j}$	44.0	42.4	48.1	44.1
II_j	259.9	617.6	550.6	559.2	$\overline{II_j}$	43.3	51.5	45.9	46.6
III_j	281.3	529.1	527.6	566.2	$\overline{III_j}$	46.9	44.1	44.0	47.2
IV_j	281.8	—	—	—	$\overline{IV_j}$	47.0	—	—	—
V_j	285.4	—	—	—	$\overline{V_j}$	47.6	—	—	—
VI_j	282.6	—	—	—	$\overline{VI_j}$	47.1	—	—	—
R_j	25.5	109.2	49.3	36.5	$\overline{R_j}$	4.3	9.1	4.1	3.0

表 5-41　客室中部眩光 UGR3 极差分析结果

计算指标	实验因素				计算指标	实验因素			
	A	B	C	空列		A	B	C	空列
I_j	149.0	373.0	364.6	366.4	$\overline{I_j}$	24.8	31.1	30.4	30.5
II_j	156.1	429.0	343.2	346.7	$\overline{II_j}$	26.0	35.8	28.6	28.9
III_j	166.2	280.3	374.5	369.2	$\overline{III_j}$	27.7	23.4	31.2	30.8
IV_j	180.9	—	—	—	$\overline{IV_j}$	30.2	—	—	—
V_j	183.4	—	—	—	$\overline{V_j}$	30.6	—	—	—
VI_j	246.7	—	—	—	$\overline{VI_j}$	41.1	—	—	—
R_j	97.7	148.7	31.3	22.5	$\overline{R_j}$	16.3	12.4	2.6	1.9

由表 5-39 前端部眩光计算结果中可以看出,B 因素灯具布置形式的平均极差值最大,A 因素灯具安装间距的平均极差值次之,C 因素发光面尺寸的平均极差最小,因此各因素对列车客室前端部 UGR1 的影响大小次序为:灯具布置形式>安装间距>发光面尺寸。

同理,对客室后端部和中间部位的眩光计算进行分析,由表 5-40 可以得出各因素对客室后端部 UGR2 的影响大小次序为:灯具布置形式>安装间距>发光面尺寸。由表 5-40 可以得出各因素对客室中间部位 UGR3 的影响大小次序为:安装间距>灯具布置形式>发光面尺寸。

从客室车厢两端部眩光的影响因素分析可以看出,灯具布置形式的影响程度均高于安装间距和发光面尺寸;而在客室中部,由于乘客视线范围在空间纵深方向上的减半,灯具安装间距的影响程度会相应地增大,此时乘客视线范围减小,视野内的灯具数量减少,因此灯具布置形式对 UGR3 的影响程度小于灯具安装间距的影响程度。

2) 方差分析

采用方差分析法对实验数据作进一步分析,以探究各因素对客室眩光的影响显著程度从而确定关键影响因素。首先采用 Levene 检验数据间的方差齐性,结果如表 5-42 所列。UGR1、UGR2 在 AC 因素下和 UGR3 在 ABC 因素下的 p 值均大于 0.05,不能拒绝方差齐性假设,均满足方差分析的条件。

方差分析结果如表 5-43 所列,由此得出:灯具安装间距和发光面尺寸对于前端部、后端部及中间的眩光(UGR1、UGR2 和 UGR3)均不具有显著性;灯具布置形式对列车中间端的眩光(UGR3)具有显著性影响。

表 5-42 UGR1、UGR2 和 UGR3 在各因素下的方差齐性检验结果

客室端部	影响因素	p 值
UGR1	A 灯具安装间距	0.135
	B 灯具布置形式	0.002
	C 发光面尺寸	0.277
UGR2	A 灯具安装间距	0.246
	B 灯具布置形式	0.000
	C 发光面尺寸	0.472
UGR3	A 灯具安装间距	0.846
	B 灯具布置形式	0.398
	C 发光面尺寸	0.504

表 5-43 客室前、中、后端部在各因素下的方差分析结果

影响因素	客室端部		平方和	df	均方	F 值	显著性 p
A 灯具安装间距	UGR1	组之间	149.725	5	29.945	0.911	0.487
		组内	986.072	30	32.869	—	—
		总计	1135.796	35	—	—	—
	UGR2	组之间	99.056	5	19.811	0.577	0.717
		组内	1030.332	30	34.344	—	—
		总计	1129.387	35	—	—	—
	UGR3	组之间	1030.505	5	206.101	2.335	0.066
		组内	2647.898	30	88.263	—	—
		总计	3678.403	35	—	—	—
B 灯具布置形式	UGR3	组间	940.027	2	470.014	5.664	0.008 *
		组内	2738.376	33	82.981	—	—
		总计	3678.403	35	—	—	—
C 发光面尺寸	UGR1	组之间	129.844	2	64.922	2.130	0.135
		组内	1005.952	33	30.483	—	—
		总计	1135.796	35	—	—	—
	UGR2	组之间	101.422	2	50.711	1.628	0.212
		组内	1027.966	33	31.150	—	—
		总计	1129.388	35	—	—	—
	UGR3	组之间	42.657	2	21.329	0.194	0.825
		组内	3635.746	33	110.174	—	—
		总计	3678.403	35	—	—	—

UGR1、UGR2 在 C 因素下的 Levene 检验结果显示 p 值小于 0.05,拒绝方差齐性检验,不满足方差分析的条件,因此采用 Welch 检验进行分析,结果如表 5-44 所列。可以看出,对于 UGR1、UGR2 来说,B 因素的 p 值均小于 0.01,其影响极为显著,故 B 因素为关键影响因素。进一步对其各水平进行多重比较,当方差不齐时,选用 Dunnett 的 T3 检验,结果见表 5-45 和表 5-46。由此得出以下结论:

(1) 对列车前端部 UGR1:横向布置与纵向布置下的眩光值有显著性差异。

(2) 对列车后端部 UGR2:纵向布置与横向、混合布置下的眩光值均有显著性差异。

表 5-44 客室各部位眩光在灯具布置形式下的 Welch 检验

客室端部	统计 a	df_1	df_2	显著性 p
UGR1	10.999	2	19.119	0.001
UGR2	43.808	2	19.888	0.000

表 5-45 灯具布置形式下 UGR1 的多重比较

灯具布置形式 I	灯具布置形式 J	平均差（I-J）	标准误差	显著性 p
1	2	-7.533	1.583	0.001
1	3	-2.283	1.982	0.591
2	1	7.533	1.583	0.001
2	3	5.250	2.313	0.096
3	1	2.283	1.982	0.591
3	2	-5.250	2.313	0.096

表 5-46 UGR2 在灯具布置形式下的多重比较

灯具布置形式 I	灯具布置形式 J	平均差（I-J）	标准误差	显著性 p
1	2	-9.100	0.960	0.000
1	3	-1.725	1.931	0.755
2	1	9.100	0.960	0.000
2	3	7.375	1.991	0.006
3	1	1.725	1.931	0.755
3	2	-7.375	1.991	0.006

结合多重比较结果发现,列车客室顶板提供泛光照明的灯具采用横向均匀布置时,乘客视觉范围内能感受到的不舒适眩光最小,为首选方案;采用纵横交错的混合设灯形式则次之;而纵向布置形式产生的眩光最大,考虑到列车客室狭长形空间结构,客室灯具在纵向布置时可以采用聚碳酸酯材质的灯罩来减少眩光,或通过间接照明的方式使光线分布更加均匀柔和,完全避免眩光。反观近年来迅速发展的动车组列车技术,以中国、日本为代表的多个新型车型均开始采用灯具横向、纵横交错的混合布置形式,在减少眩光的同时也增添了客室空间照明的艺术氛围。

5.2.5 动车组客室照明设计的综合评价

1. 客室照明环境评价指标综合分析

1）客室照明环境评价的客观因素

目前,国内外的照明标准中对照度、照度均匀度、亮度比、眩光和色温等客观因素都有明确的规范,以满足基本的照明环境要求。然而这些参量并不完全适用于客室照明环境的评价。对照明环境的评价,主要是从照度、色温、照度均匀度、亮度比和眩光等客观因素出发,确定一个或多个客观因素所对应的舒适度。其中照度和色温是评价舒适度的最重要指标,其他指标通常出现在综合评价中。国内外学者针对客室照明环境客观因素的评价开展了大量的研究。

照度是评价视觉舒适性的重要指标。丁勇等[102]发现不同光源作用下,人对光感觉较舒适的区间存在一定差异,节能灯舒适照度区间为310~600lux,白炽灯为400~500lux。苏燕辰等[103-104]基于广义的韦伯-费希勒定律建立了高速列车车内照度和照度变化率与舒适性之间的回归模型。王书晓[105]使用逐步回归分析发现照度和照度均匀度是室内光环境质量的重要影响因素。Kevin[106]通过实验对比了多种视觉舒适指标,包括垂直照度、水平照度、IES照度比、日光眩光概率(DGP)和日光眩光指数(DGI),认为垂直照度是最优的视觉舒适指标。

照明环境色温的改变会影响人对照度舒适性的感受。Kruithof曲线(图5-49)描述了一定范围内的照度、色温与舒适性之间的关系。Kruithof曲线表明,在高色温低照度环境中,人们会感到压抑和寒冷,而在低色温高照度环境中,人们会感到不自然,只有在色温和照度同步增加或减少的区域内,才能产生舒适的感觉。尽管在室内照明中,该曲线所表达的人的偏好值受到一定的质疑,但是很多学者都在此基础上进行了研究和验证。Boyce等[107]通过颜色辨别实验发现色温对人们对室内环境的影响很小。Fotios等[108]研究发现色温及光谱成分对照度会产生影响。Park等[109]认为色温可调节照明系统比固定色温的照明系统更能让人们感到舒适。Pardo等[110]通过实验发现色温与观察者的颜色辨别能力之间存在显著关系。Shamsul等[111]发现色温对工作效率、警觉水平、视觉舒适度和偏好均有显著性影响,其中高色温下的工作效率较高,但舒适度和偏好上则较低。Cheng等[112]发现高色温有利于老年人对颜色的鉴别。林丹丹等[113]研究发现高色温、高照度的环境下视觉感受较好。高帅[114]通过实验分析得出偏好色温与偏好照度之间没有明显的线性关系,影响偏好照度调节的主要因素为灯具照度量程,而偏好色温的调节与人体生理节律及性别差异有关。黄海静[115]采用问卷和语义差别量表分析的方式对教室视觉环境整体感受进行调研,结果表明教室照明首先应保证足够照度,同时考虑光色对学生情绪和行为的影响。基于《作业疲劳症状自评量表》[116],结合光源种类、色温、照度等条目,田海[117]制定了视觉作业光环境评价量表。

从以上研究可以看出,光环境的客观指标可以精确反映光环境的某些特性。然而由于光环境与人对光环境舒适性的关系复杂,客观指标无法直接反映人对光环境的感受。不仅如此,有些光环境的特性是无法用客观指标衡量的。因此,在评价光环境时,需要使用主观指标来刻画光环境的这些特性,使得评价结果更加精确。

2) 客室照明环境评价的主观因素

在照明环境评价的研究中,一般使用问卷将客观因素与主观感受联系起来。对于单一因素或关系较为简单的问题,这种关系可以用简单模型来描述。然而照明环境受多种因素综合影响,且这些因素之间关系复杂,因此主观问卷仍是评价照明环境的通用方法。

评价照明环境视觉质量的方法主要为语义差别量表[118]，它是由一对反义的形容词和一个奇数的量表组成，如评价一个照明环境的明亮程度就可以用表 5-47 所列的量表[119]。Flynn 等[120-121]首次将语义差别量表引入照明环境评价，提出了照明环境主观评价方法，其中主观因素的分类如表 5-48 所列。根据以上分类分析，Flynn[118,121]制定了度量照明环境主观印象的语义差别量表。该量表能够区分不同的照明环境，需要根据实际情况增减主观因素[118,121]。

在研究照明环境评价量表中，许多学者都尝试从以上语集中提炼出重要因素来快速评价照明环境，如图 5-77 所示。Flynn[122]利用因子分析，将以上语集归结为 5 个因素，分别为评价性、知觉清晰性、空间复杂性、宽敞度和正规性。雍静等[123]采用均方差决策法，确立空间感、愉悦性、隐私感、清晰度、有序性、放松感、色温建立了光环境综合评价函数。

无论是 Flynn 提出的比较详尽的指标，还是之后学者提出的精简指标，都存在一些指标能用客观指标衡量，如清晰度可以用亮度衡量。纯粹的主观评价具有较大的随机性。为了解决该问题，通常采用大样本来减少随机误差。然而大样本耗时耗力，同时在实施过程中存在很多限制条件。因此，结合客室照明环境评价的特点，可以将主观因素和客观因素结合起来评价光环境。

表 5-47 语义差别量表示例

-3	-2	-1	0	1	2	3
昏暗的						明亮的

表 5-48 照明环境主观因素分类

分 类	指 标
知觉分类	视觉清晰度印象
	空间感印象
	空间复杂度印象
	色调印象
	眩光印象
行为环境	公共或私人空间
	放松或紧张的空间
整体偏爱	偏爱度（喜欢-不喜欢）
	愉悦感

2. 基于 LSP 的列车客室照明设计综合评价

单独使用客观因素无法完整刻画整个照明环境，而单独使用主观因素具有较大的主观性。为全面且尽可能精确地描述照明环境，可以将主、客观因素相结合。然而，由于因素的量纲和重要程度均不同，直接将这些因素结合起来形

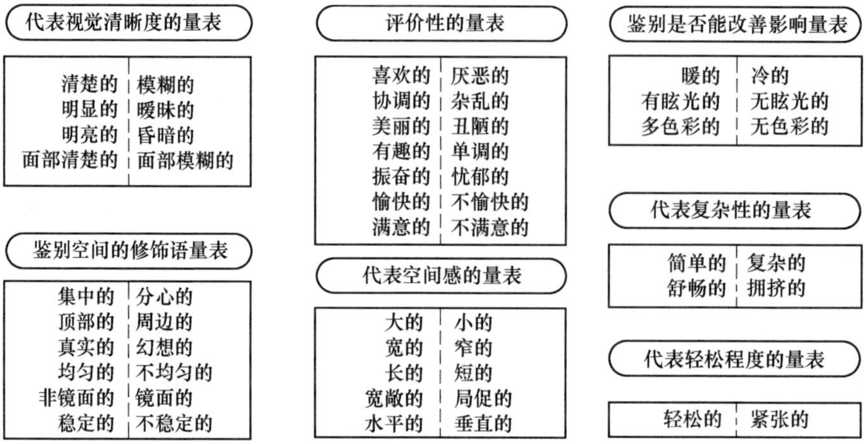

```
┌─────────────────┐         ┌─────────────┐      ┌───────────────────┐
│ 代表视觉清晰度的量表 │         │  评价性的量表 │      │ 鉴别是否能改善影响量表 │
└─────────────────┘         └─────────────┘      └───────────────────┘
   清楚的  │ 模糊的              喜欢的  │ 厌恶的        暖的    │ 冷的
   明显的  │ 暧昧的              协调的  │ 杂乱的        有眩光的│ 无眩光的
   明亮的  │ 昏暗的              美丽的  │ 丑陋的        多色彩的│ 无色彩的
   面部清楚的│面部模糊的           有趣的  │ 单调的
                                振奋的  │ 忧郁的      ┌─────────────┐
┌─────────────────┐              愉快的  │ 不愉快的     │ 代表复杂性的量表 │
│  鉴别空间的修饰语量表 │           满意的  │ 不满意的     └─────────────┘
└─────────────────┘                                   简单的 │ 复杂的
   集中的 │ 分心的             ┌─────────────┐        舒畅的 │ 拥挤的
   顶部的 │ 周边的             │  代表空间感的量表 │
   真实的 │ 幻想的             └─────────────┘      ┌─────────────┐
   均匀的 │ 不均匀的              大的   │ 小的       │ 代表轻松程度的量表 │
   非镜面的│ 镜面的              宽的   │ 窄的       └─────────────┘
   稳定的 │ 不稳定的              长的   │ 短的         轻松的 │ 紧张的
                                宽敞的 │ 局促的
                                水平的 │ 垂直的
```

图 5-77 照明环境主观印象的语义差别量表

成综合评价依然不能准确地描述照明环境。因此,本节基于逻辑偏好评分(logic scoring of preference,LSP)提出列车客室照明环境的综合评价模型。

1) 客室照明环境评价的客观指标的确定

将照度、照度均匀度、亮度比、眩光和色温这 5 个指标作为客室照明环境评价的客观指标。由于各标准规定的照明参数及其可接受范围均有不同,以客室过道为照明环境评价的参考区域,以所有标准中规定最严格的标准为基准,确定各客观指标的合适范围。

2) 客室照明环境评价的主观指标的确定

根据客室环境特点并结合文献调研,明确客室照明环境评价的主观指标为舒适/拥挤感、隐私感、放松/紧张感、偏爱度、愉悦感、协调感,其语义差别量表如表 5-49 所列。

表 5-49 客室照明环境评价主观量表

指标正向语义	舒适的	隐私的	放松的	喜欢的	令人愉悦的	协调的
指标负向语义	拥挤的	公共的	紧张的	不喜欢的	令人不愉快的	杂乱的

由于主观性较强,各等级之间的区别较为模糊,由一个评定等级确定指标评价容易产生偏差,因此结合模糊数学和多级评估量表,提出适用于客室照明环境评价的模糊语义差别量表,过程如下:

步骤 1:确定评价对象的因素集。$U = \{u_1, u_2, \cdots, u_m\}$ 是客室照明环境评价主观指标的相反语义词,m 为相反语义等级个数。设定客室照明环境评价量表为 5 级量表,即 $m = 5$。设定 $U = \{u_1, u_2, u_3, u_4, u_5\}$ = {非常差,差,一般,好,非常好}。以清晰程度为例,因素集为{非常模糊的,模糊的,一般的,清楚的,非常清楚的}。

步骤2：确定评语集。$V=\{v_1,v_2,\cdots,v_n\}$是评价者对被评价对象可能做出的评价等级的组合，n为评价等级数，通常为3~5个等级。在客室照明环境评价中，n等于5，分别为完全赞同、基本赞同、中立、基本不赞同、完全不赞同。

步骤3：根据因素集和评语集，制定模糊语义差别量表。以清晰程度为例，其量表如表5-50所列。在填写量表时需要在每个指标等级，即每一行确定置信度。

步骤4：发放问卷确定评价矩阵。

步骤5：计算指标评价分数。设定因素集和评语集都以1~5分记分，分别表示非常差、差、一般、好、非常好，或是完全不赞同、基本不赞同、中立、基本赞同、完全赞同。记评价分数为R_i，i为题项，S_j为指标等级，C_j为置信度，则其值为

$$R_i = \frac{\sum_{j=1}^{m} S_j C_j}{\sum_{j=1}^{m} C_j} \tag{5-32}$$

表5-50　模糊语义差别量表

指标等级	置信度				
	完全赞同	基本赞同	中立	基本不赞同	完全不赞同
非常模糊的					
模糊的					
一般的					
清楚的					
非常清楚的					

3）客室照明环境评价的指标权重的确定

由于客室照明环境评价的指标数量较少，且指标间没有明确的关联，因此采用层次分析法（analytical hierarchy process，AHP）来确定权重。AHP是由美国运筹学家匹茨堡大学T. L. Satty在20世纪70年代提出的一种将定性与定量相结合的决策方法，现已被广泛使用在权重分配等方面。AHP方法的分析过程如下：

（1）根据具体要求分析问题性质和预期总目标，将问题分解为不同性质的指标因素，并按照指标因素间的相互关联影响，把指标因素按照不同层次归类，形成多层次的分析结构模型。

（2）对属于同一层次的指标进行两两比较，根据评判标度确定该层各指标因素之间的相对重要程度。

（3）根据各指标因素之间的两两比较结果，利用特征向量法得出判断矩阵。

(4) 得到层次指标因素之间重要度排序，继而得到相应层次指标因素的重要程度次序的权值，即各指标因素的权重。

4) 基于 LSP 的照明环境评价模型构建

LSP 的基本思想是将系统逐层细分到可以直接度量的程度，通过各个子指标满足用户需求的程度，得出子指标的偏好分数，再逐层聚合得出最终系统满足用户需求的程度，从而实现对复杂系统的评估、选择和优化。LSP 方法主要应用在各种决策问题上，应用领域主要有两大类：①系统评估，进行偏好函数的建模、系统的比较、选择和优化；②模式匹配的分类，对象识别和信息检索。

LSP 的理论基础是模糊逻辑理论，是将传统的经典逻辑运算（逻辑与、或、非、异或等）模糊化。引入 PCD(partial conjunction/disjunction)函数将与运算和或运算统一成一个连续函数，将多个位于[0,1]之间的变量映射到一个单一的[0,1]之间的量，即 $[0,1]^n \to [0,1]$，且随着参数的变化函数从或运算过渡到与运算。函数属于与的程度（以下称为与度）用 $\alpha \in [0,1]$ 来衡量，相对的或度用 $\omega = 1-\alpha$ 表示，当 $\alpha = 1$ 时，PCD 函数转变为完全与运算，当 $\omega = 1$，转变为完全或运算，当 $\alpha = \omega = 0.5$ 时，转变为线性运算。经典逻辑运算只能取两个变量中的最小值、最大值或非，模糊逻辑运算则可以取从最小值到最大值之间的任一值，这就是经典逻辑不适合作为系统评估和比较方法的原因。基于 LSP 方法，结合客室照明环境的特点，本节提出客室照明环境评价模型，其实施步骤如下：

步骤 1：确定指标层级结构。基于上文确定的指标，客室照明环境评价的指标层级结构如图 5-78 所示。

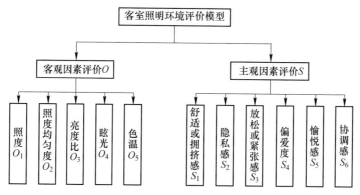

图 5-78 客室照明环境评价的指标层级结构

步骤 2：计算各指标满意度水平。满意度计算一般存在 3 种标尺情况：①越接近标尺最小值，满意度值越高，数值越靠近标尺最大值，满意度越低；②越接近标尺最大值，满意度值越高，数值越靠近标尺最小值，满意度越低；③中间标尺的情况，即给出一个可容忍的数值上限与下限，超过最小值与最大值均无法满足。

对于每个指标 x_i，可定义一个指标值的可接受范围，并创建选择顺序函数，即基本标尺，用于评估满意度得分。假设满意度函数 $0 \leq E_i \leq 100\%$。$E_i = 100\%$ 为完全满意，$E_i = 0$ 为完全不满意。对于每一个可以直接量化的指标一般有一个可接受的最小值 $x_{\min}$ 和最大值 $x_{\max}$，$x_{\min} < x_i < x_{\max}$ 为可接受范围。当 $x_i \leq x_{\min}$ 时完全接受，$E_i = 100\%$；当 $x_i \geq x_{\max}$ 时，$E_i = 0$。x_i 的满意度得分 E_i 可表示为关于 x_i 的分段减函数 $E(x)$，即

$$E(x) = \begin{cases} 1 & (x \leq x_{\min}) \\ \dfrac{x_{\max} - x}{x_{\max} - x_{\min}} & (x_{\min} < x < x_{\max}) \\ 0 & (x > x_{\max}) \end{cases} \quad (5-33)$$

基于极小端标尺的满意度函数为分段减函数，数值越接近标尺最小值，满意度值越高；数值越靠近标尺最大值，满意度越低，如图 5-79 所示。对于极大端满意度标尺，情况则刚好相反。

对于中间满意度标尺，x 的偏好得分 E 可以表示为关于 x 的分段减函数 $E(x)$，即

$$E(x) = \begin{cases} \dfrac{x - x_{\min}}{x_{\text{ave}} - x_{\min}} & (x_{\min} < x \leq x_{\text{ave}}) \\ \dfrac{x - x_{\max}}{x_{\text{ave}} - x_{\max}} & (x_{\text{ave}} < x < x_{\max}) \\ 0 & (x \leq x_{\min} \text{ 或 } x > x_{\max}) \end{cases} \quad (5-34)$$

可接受的范围为 $x_{\min} < x_i < x_{\max}$。当 $x_i \leq x_{\min}$ 或 $x_i \geq x_{\max}$ 时完全不能接受，$E_i = 0$；当 $x_i = x_{\text{ave}}$，$E_i = 100\%$。基于中间标尺的满意度函数为分段函数，数值越接近标尺中值，满意度值越高。数值越靠近标尺两端，满意度越低，如图 5-80 所示。

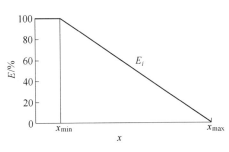

图 5-79　极小端满意度标尺

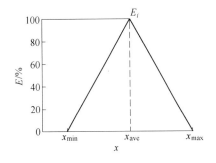

图 5-80　中间满意度标尺

客观指标的基本标尺应根据各个标准中的要求来定。而对于主观指标，从

模糊语义差别量表的记分可以看出,这些指标均为极大端满意度标尺。因此,各个指标的满意度标尺定义为

$$E(O_1) = \begin{cases} 0 & (O_1 \leq 54\text{lx}) \\ \dfrac{323\text{lx} - O_1}{269\text{lx}} & (54\text{lx} < O_1 \leq 323\text{lx}) \\ 1 & (O_1 > 323\text{lx}) \end{cases}$$

$$E(O_2) = \begin{cases} 0 & (O_2 \leq 0.5 \text{ 或} O_2 > 2.5) \\ O_2 - 0.5 & (0.5 < O_2 \leq 1.5) \\ 2.5 - O_2 & (1.5 < O_2 \leq 2.5) \end{cases}$$

$$E(O_3) = \begin{cases} 0 & (O_3 \leq 0.1 \text{ 或} O_3 > 10) \\ \dfrac{10}{9} O_3 - \dfrac{1}{9} & (0.1 < O_3 \leq 1) \\ \dfrac{10}{9} - \dfrac{1}{9} O_3 & (1 < O_3 \leq 10) \end{cases}$$

$$E(O_4) = \begin{cases} 0 & (O_4 > 22) \\ \dfrac{11}{6} - \dfrac{1}{12} O_4 & (10 < O_4 \leq 22) \\ 1 & (O_4 \leq 10) \end{cases}$$

$$E(O_5) = \begin{cases} 0 & (O_5 \leq 3500\text{K} \text{ 或} O_5 > 4100\text{K}) \\ \dfrac{1}{300} O_5 - \dfrac{35}{3} & (3500\text{K} < O_5 \leq 3800\text{K}) \\ \dfrac{41}{3} - \dfrac{1}{300} O_5 & (3800\text{K} < O_5 \leq 4100\text{K}) \end{cases}$$

$$E(S) = \begin{cases} 0 & \left(S \leq \dfrac{27}{13}\right) \\ \dfrac{13}{24} S - \dfrac{27}{24} & \left(\dfrac{27}{13} < S \leq \dfrac{51}{13}\right) \end{cases}$$

步骤3:聚合计算。对每一个变量 x_i,都有一个相应的偏好函数 $E(x)$,全局偏好 $E_0 = L(E_1, E_2, \cdots, E_n)$,函数 L 通过选择合适的权重将这些变量结合起来,如图5-81所示。

在 LSP 中,函数 L 为 PCD 函数。以上述结构为例,代入 PCD 函数,得到全局偏好,即综合评价公式为

$$E_0 = (W_1 e_1^r + W_2 e_2^r + \cdots + W_n e_n^r)^{1/r} \tag{5-35}$$

其中,$\sum_1^n W_i = 1$,$W_i > 0$,r 的取值与指标数量 n 和指标之间的关系 ω 有关。

PCD 运算用统一符号 $\diamond$ 表示,则 $y = L(x_1, x_2, \cdots, x_n; \omega) = x_1 \diamond x_2 \diamond \cdots \diamond$

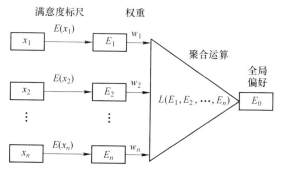

图 5-81 各层指标聚合结构

x_n。指标之间的关系由或度(orness) ω 和与度(andness) α 衡量。由 $\alpha(E_1, E_2) = 1 - \omega(E_1, E_2) = [(E_1) \vee (E_2) - (E_1 \diamond E_2)]/[(E_1) \vee (E_2) - (E_1) \wedge (E_2)]$,$W_1 = W_1 = 0.5$,可以得到与度计算的一般形式($w_1 = w_2 = \cdots = w_k$),即

$$\alpha = 1 - \omega = \frac{\overline{(E_1 \vee \cdots \vee E_k)} - \overline{(E_1 \diamond \cdots \diamond E_k)}}{\overline{(E_1 \vee \cdots \vee E_k)} - \overline{(E_1 \wedge \cdots \wedge E_k)}} \tag{5-36}$$

$$\overline{(E_1 \diamond \cdots \diamond E_k)} = \int_0^1 \cdots \int_0^1 \left(\frac{E_1^r + \cdots E_k^r}{k}\right)^{1/r} dE_1 \cdots dE_k = \mu(k,r) \tag{5-37}$$

$$\overline{(E_1 \wedge \cdots \wedge E_k)} = \int_0^1 \cdots \int_0^1 (x_1 \wedge \cdots \wedge x_k) dx_1 \cdots dx_k = \frac{1}{k+1} \tag{5-38}$$

$$\overline{(E_1 \vee \cdots \vee E_k)} = \int_0^1 \cdots \int_0^1 (x_1 \vee \cdots \vee x_k) dx_1 \cdots dx_k = \frac{k}{k+1} \tag{5-39}$$

$$\alpha(k,r) = \frac{k - (k+1)\mu(k,r)}{k-1} \tag{5-40}$$

$$\omega(k,r) = \frac{(k+1)\mu(k,r) - 1}{k-1} \tag{5-41}$$

r 的取值与变量个数 K 有关,当 $K=2$ 时,r 的值随变量之间关系变化如表 5-51 所列。当 $K>2$ 时,r 的取值稍有不同,在计算时可以近似取 $K=2$ 时的 r 值。依据其运算关系的强弱分为 17 个等级,如表 5-51 所列。阴影部分是 $r<0$ 的情况,表示强制性约束,即对于某一聚合体的 K 个变量,如果有一个变量满意度为 0,则这个聚合体的输出为 0。当 $r=0$ 和 $r=-1$ 时,输出转变为几何平均 $E = E_1^{W_1} E_2^{W_2}$ 和调和平均 $E = E_1 E_2/(W_1 E_2 + W_2 E_1)$,如果 $E_i = 0$ ($i = 1, 2$),则 $E = 0$。因此,如果希望得到一个正的输出结果,所有的需求都应该得到满足。在与运算中变量之间逻辑关系的确定规则是:对于没有强制性要求的变量,判断是用 C--还是 C-;对于具有强制性要求的变量关系,判

断是用 C-+或其他运算算子。

表 5-51　$K=2$ 时 r 与变量间关系

算子		等级	符号	或度 ω	与度 α	指数 r
完全析取(或)		最强	D	1.000	0	$+\infty$
部分析取		非常强	D++	0.9375	0.0625	20.63
		强	D+	0.8750	0.1250	9.521
		中等稍强	D+-	0.8125	0.1875	5.802
		中等	DA	0.7500	0.2500	3.929
		中等稍弱	D-+	0.6875	0.3125	2.792
		弱	D-	0.6250	0.3750	2.018
		非常弱	D--	0.5625	0.4375	1.449
无偏向运算			A	0.5000	0.5000	1
部分合取	非强制性	非常弱	C--	0.4375	0.5625	0.619
		弱	C-	0.3750	0.6250	0.261
	强制性	中等稍弱	C-+	0.3125	0.6875	-0.148
		中等	CA	0.2500	0.7500	-0.72
		中等稍强	C+-	0.1875	0.8125	-1.655
		强	C+	0.1250	0.8750	-3.510
		非常强	C++	0.0625	0.9375	-9.06
完全合取(与)		最强	C	0	1.0000	$-\infty$

根据 LSP 方法,在进行评估之前首先要确定变量 r,即需要确定指标之间的关系是属于 D、D++、D+、D+-、DA、D-+、D-、D--、A、C--、C-、C-+、CA、C+-、C+、C++、C 等 17 个关系中的哪一个。但是要想从这些关系中选取一种关系作为衡量变量之间关系密切程度并不容易,很多关于 LSP 评估方法的研究在这一点上往往较多地依据专家的经验,但是由于缺少这方面的专家,因此在此不宜采用。Yager 提出的 OWA(ordered weighted averaging)方法可以很好地确定 LSP 方法聚合运算中变量之间的关系[124-125]。

设一组变量 $(x_1, x_2, \cdots, x_n) \in I^n$,将其按从大到小重新排列得到新的变量序列 $(x_{(1)}, x_{(2)}, \cdots, x_{(n)})$,其对应的权重为 $(v_1, v_2, \cdots, v_n) \in I^n$,变量之间的与度和或度可以定义为

$$\alpha = \frac{1}{n-1} \sum_{i=1}^{n} (i-1) v_i \qquad (5-42)$$

$$\omega = \frac{1}{n-1} \sum_{i=1}^{n} (n-i) v_i \qquad (5-43)$$

式中,$\alpha + \omega = 1$,从定义可以看出,如果 $v_i = 1/n (i=1, 2, \cdots, n)$,OWA 运算代表算

术平均，$\alpha=\omega=1/2$；如果 $v_1=1$（$v_i=0$，$i>1$），$\omega=1$ 表示完全或运算；如果 $v_n=1$（$v_i=0$，$i<n$），$\alpha=1$ 表示完全与运算。当 $n=2$ 时，$\omega=v_1$，$\alpha=v_2$（较大变量的权重表示或度，较小变量的表示与度）。

参 考 文 献

[1] 孙铭壑．高速列车驾驶室光环境研究[D]．北京：北京交通大学，2012．

[2] 周晓易．动车组列车司机室照明灯具布置对反射眩光的影响[D]．北京：北京交通大学，2014．

[3] 詹自翔，郭北苑，方卫宁．高速列车驾驶界面设计中的照明眩光评估[J]．机械工程学报，2016，52（8）：170-178．

[4] BOYCE P R. Human factors in lighting[M]. 3rd ed. Boca Raton: CRC Press, 2014.

[5] 庞蕴凡．视觉与照明[M]．北京：中国铁道出版社，1993．

[6] Commission Internationale de l'Eclairage. ILV: International Lighting Vocabulary: CIE S 017/E:2011[S]. Vienna: CIE, 2011.

[7] PETHERBRIDGE P, HOPKINSON R G. Discomfort glare and the lighting of buildings[J]. Transactions of the Illuminating Engineering Society, 1950, 15(2): 39-79.

[8] GUTH S K. A method for the evaluation of discomfort glare[J]. Illuminating Engineering, 1963, 58(5): 351-364.

[9] MANABE H. The assessment of discomfort glare in practical lighting installations[J]. Otemon Economic Studies, 1976, 9: 1-80.

[10] TC 3.4 Discomfort Glare. Discomfort Glare in the Interior Working Environment: CIE 55-1983[R]. Vienna: CIE, 1983.

[11] TC 3-13 Division 3 "Interior Environment and Lighting Design". Discomfort Glare in Interior Lighting: CIE 117[S]. Vienna: CIE, 1995.

[12] AKASHI Y, MURAMATSU R, KANAYA S. Unified glare rating (UGR) and subjective appraisal of discomfort glare[J]. International Journal of Lighting Research and Technology, 1996, 28(4): 199-206.

[13] DELACOUR J, FOURNIER L, HASNA G, et al. Development of a new simulation software for visual ergonomy of a cockpit[J]. Optis Corporation, 2002(7): 11.

[14] TC Division 3 "Interior Environment and Lighting Design". Glare from small, large and complex sources: CIE 147:2002[R]. Vienna: CIE, 2002.

[15] 周恩临．视野仿真在汽车设计中的应用[D]．长沙：湖南大学，2016．

[16] 文学．汽车内饰件的防眩目仿真分析及优化[D]．湘潭：湘潭大学，2018．

[17] 张炜，马智，俞金海．基于SPEOS/CATIA的飞机驾驶舱眩光量化评估方法[J]．系统工程理论与实践，2012，32(1)：219-224．

[18] 陈奎．某型SUV驾驶舱眩光仿真分析与实车评价[D]．重庆：重庆大学，2017．

[19] MARINE T. OPTIS|光与虚拟现实解决方案[EB/OL]．（2019-04-29）[2019-04-29]．https://www.optis-world.com/cn.

[20] GLASSNER A S. An Introduction to Ray Tracing[M]. San Diego: Academic press, 1989.

[21] 谷绪地，方卫宁，李东波，等．动车组列车司机室照明反射眩光分析及照明方案设计[J]．照明工程学报，2017，28(001)：83-88．

[22] 方卫宁，郭北苑．列车驾驶界面人因设计理论及方法[M]．北京：科学出版社，2013．

[23] International Union of Railways. Layout of driver's cabs in locomotives, railcars, multiple unit trains and

driving trailers: UIC 651[S]. Paris: International Union of Railways, 2002.

[24] WIENOLD J, CHRISTOFFERSEN J. Evaluation methods and development of a new glare prediction model for daylight environments with the use of CCD cameras[J]. Energy and Buildings, 2006, 38(7): 743-757.

[25] 铁道部劳动卫生研究所. 机车司机室照明测量方法: TB/T 2011[S]. 北京: 中国铁道出版社, 1987.

[26] 陈平雁. SPSS 统计软件应用教程[M]. 北京: 人民卫生出版社, 2005.

[27] CHAUVEL P, COLLINS J B, DOGNIAUX R, et al. Glare from windows: current views of the problem [J]. Lighting Research & Technology, 1982, 14(1): 31-46.

[28] NAZZAL A A. A new evaluation method for daylight discomfort glare[J]. International Journal of Industrial Ergonomics, 2005, 35(4): 295-306.

[29] 中国建筑科学研究院. 建筑采光设计标准: GB 50033[S]. 北京: 中国建筑工业出版社, 2013.

[30] 全国照明电器标准化技术委员会. 日光的空间分布 CIE 一般标准天空: GB/T 20148/CIE S 001/E [S]. 北京: 中国标准出版社, 2006.

[31] TC Division 1 "Vision and Colour". CIE equations for disability glare: CIE 146:2002[R]. Vienna: CIE, 2002.

[32] 詹庆旋. 建筑光环境[M]. 北京: 清华大学出版社, 1994.

[33] 北京市照明学会照明专业设计委员会. 照明设计手册[M]. 北京: 中国电力出版社, 2017.

[34] 李国平, 陈仲林. 近年来我国地面反射率的若干重要特征[J]. 地理科学, 1996, 16(1): 46-50.

[35] 国家铁路局. 机车司机室瞭望条件: GB 5914.1[S]. 北京: 中国标准出版社, 2000.

[36] 刘加平. 建筑物理[M]. 北京: 中国建筑工业出版社, 2009: 206-209.

[37] SAE. Standard Metrology for Vehicular Displays: J1757-1[S]. Warrendale: SAE International, 2015.

[38] ISO/TC 22/SC 39 Ergonomics. Road vehicles - Ergonomic aspects of transport information and control systems - Specifications and test procedures for in-vehicle visual presentation: ISO 15008:2017[S]. Geneva: International Organization for Standardization, 2017.

[39] 饶鹏飞. 中国高速列车室内照明环境设计研究[D]. 成都: 西南交通大学, 2012.

[40] 章勇, 徐伯初. 高速列车内室照明舒适性设计研究[J]. 包装工程, 2012, 33(6): 28-31.

[41] 孙利苹, 姜东杰, 王彦卓, 等. 窄轨客车客室内照明设计[J]. 铁道车辆, 2013, 51(6): 10-13.

[42] 刘静, 李作良. 福州地铁 1 号线车辆客室照明系统设计与验证[J]. 中国高新技术企业, 2016(7): 17-18.

[43] 董楠. 城铁车辆客室照明舒适性的设计说明[J]. 黑龙江科技信息, 2016(15): 138.

[44] 张莉, 颜平, 苏文煜, 等. 高速动车组内部照明设计分析[J]. 照明工程学报, 2013, 24(2): 112-114.

[45] 吴姗, 余隋怀, 杨延璞, 等. 车载控制舱无眩光照明设计方法[J]. 制造业自动化, 2014, 36(2): 35-38.

[46] 李仕栋, 方卫宁, 李东波, 等. 时速 160km/h 城际动车组列车司机室昼间眩光分析[J]. 铁道科学与工程学报, 2017, 14(4): 839-844.

[47] 支锦亦. 铁路客车色彩研究[D]. 成都: 西南交通大学, 2006.

[48] 范静静. 中国高速列车内室照明设计研究[D]. 成都: 西南交通大学, 2010.

[49] 刘毅军. 光与空间一体化视觉设计研究初探[D]. 泉州: 华侨大学, 2004.

[50] 吴春泽. 基于视觉工效学的小空间照明优化策略研究[D]. 上海: 复旦大学, 2010.

[51] 高温成. 运输类飞机驾驶舱视野的人机工效评估研究[D]. 天津: 中国民航大学, 2016.

[52] 马智. 飞机驾驶舱人机一体化设计方法研究[D]. 西安: 西北工业大学, 2014.

[53] 陈祥.高速铁路客车乘坐舒适度综合评价模型研究[D].成都:西南交通大学,2010.
[54] 李农,于猛.体育建筑照明设计中垂直照度问题的研究[J].照明工程学报,2017,28(3):41-44.
[55] 宣言.空间照明设计探讨[J].光源与照明,2018(2):19-22.
[56] 李文华.室内照明设计[M].北京:中国水利水电出版社,2007.
[57] GOSLING W A. To go or not to go? Library as place[J]. American Libraries, 2000, 31(11):44-45.
[58] REA M, MANICCIA D. Lighting controls: A scoping study[R]. New York: Rensselaer Polytechnic Institute, 1994.
[59] 项震.照明眩光及眩光后视觉恢复特性[J].照明工程学报,2002,13(2):1-4.
[60] 张立超.基于动态采光评价的办公空间侧向采光研究[D].天津:天津大学,2014.
[61] KüLLER R, BALLAL S, LAIKE T, et al. The impact of light and colour on psychological mood: A cross-cultural study of indoor work environments[J]. Ergonomics, 2006, 49(14):1496-1507.
[62] 林玉莲,胡正凡.环境心理学[M].2版.北京:中国建筑工业出版社,2006.
[63] 李书玲.老年整体橱柜的无障碍设计与研究[D].济南:山东轻工业学院,2010.
[64] Technical Committee RAE/4/-/7. Railway applications – Electrical lighting for rolling stock in public transport systems: BS EN 13272[S]. London: BSI Standards, 2012.
[65] The American Public Transportation Association. Recommended Practice for Normal Lighting System Design for Passenger Cars: APTA SS-E-012-99[S]. Washington, D.C.: The American Public Transportation Association, 1999.
[66] Amtrak Mechanical Department Bureau of Rolling Stock Engineering. Specification for PRIIA Single-Level Passenger Rail Cars: PRIIA 305-003/Amtrak 964[S]. Washington, D.C.: Amtrak, 2011.
[67] 铁道部四方车辆研究所.铁道客车照明设计基本参数:GB/T 12815[S].北京:中国标准出版社,1992.
[68] 陈祥,李芾.基于乘客调查问卷对乘客心理、行为与列车空间环境的分析[J].人类工效学,2011,17(1):5-8,22.
[69] 李强,金新灿.动车组设计[M].北京:中国铁道出版社,2008.
[70] The American Public Transportation Association. Standard for Emergency Lighting System Design for Passenger Cars: APTA SS-E-013-99, Rev. 1[S]. Washington, D.C.: The American Public Transportation Association, 2007.
[71] APTA Vehicle Inspection and Maintenance Working Group. Emergency Lighting System Design for Rail Transit Vehicles: APTA RT-VIM-S-020-10, Rev 1[S]. Washington, D.C.: The American Public Transportation Association, 2017.
[72] TC 9 - Electrical equipment and systems for railways. Railway applications – Automated urban guided transport (AUGT) - Safety requirements: IEC 62267[S]. Geneva, Switzerland: International Electrotechnical Commission, 2009.
[73] 张泽.浅析X型智能化高速动车组内部照明系统[J].无线互联科技,2013(1):176.
[74] HIROUKI S. Lighting and Human Color Perception[C]// 中国照明学会,日本照明学会,韩国照明电气设备学会.中国、日本和韩国第4届照明会议.北京:中国照明学会,2011.
[75] ANDO K, MORI N, HAYASHI K. Study of Intensity of Illuminance Required by Pedestrian Lighting[C]// 10th International Conference on Mobility and Transport for Elderly and Disabled People, Hamamatsu, Japan. Tokyo: Japan Society of Civil Engineers, 2004:1-6.
[76] Americans with disabilities act (ADA) accessibility specifications for transportation vehicles: 49 CFR Pt. 38[S]. Washington, D.C.: Office of the Federal Register, 2016.
[77] 吴淑英,颜华,史秀茹.老年人视觉与照明光环境的关系[J].眼视光学杂志,2004,6(1):56-58.

[78] Department of Defense. Human Engineering：MIL-STD-1472G[S]. Washington, D. C.：Department of Defense, 2012.
[79] 陈红兵. 办公建筑的天然采光与能耗分析[D]. 天津：天津大学, 2004.
[80] 李志红, 秦翠翠. 基于正交实验对建筑采光影响因素的显著性分析[J]. 建筑技术, 2015, 46(11)：1002-1005.
[81] 于传坤, 王立雄, 冯子龙. 天津地区天然采光下的办公室空间型体研究[J]. 照明工程学报, 2017, 28(3)：14-19.
[82] 丁新东. 办公照明天然采光特性及控制策略研究[D]. 重庆：重庆大学, 2008.
[83] 窦锦梅. 山东地区办公建筑侧窗自然采光优化设计研究[D]. 长春：吉林建筑大学, 2018.
[84] 青岛四方车辆研究所有限公司. 铁道客车及动车组用安全玻璃：TB/T 3413[S]. 北京：中国铁道出版社, 2015.
[85] 中国建筑材料科学研究院玻璃科学与特种玻璃纤维研究所. 铁道车辆用安全玻璃：GB 18045—2000[S]. 北京：中国标准出版社, 2000.
[86] 青岛四方车辆研究所有限公司. 铁道客车单元式组合车窗：TB/T 3107[S]. 北京：中国铁道出版社, 2011.
[87] 国际铁路联盟. 客车和行李车的车门、通道、车窗、脚蹬、手把和扶手(翻译稿)：UIC 560—2002[S]. 唐山：中国北车集团唐山机车车辆厂, 2006.
[88] 国际铁路联盟. 客车一般规定(翻译稿)：UIC 567[S]. 青岛：中国北车集团四方车辆研究所, 2006.
[89] 浙江省建筑设计研究院. 办公建筑设计规范：JGJ 67[S]. 北京：中国建筑工业出版社, 2006.
[90] 王颜明. CRH380B 型动车组车窗检查与维护[J]. 广东蚕业, 2017, 51(8)：13.
[91] 梁树英, 杨春宇, 陈霆, 等. 建筑采光测量方法实验研究[J]. 灯与照明, 2017, 41(3)：10-14.
[92] 刘煜. 基于天然采光和能耗的教学建筑外窗特性研究[D]. 武汉：华中科技大学, 2016.
[93] 杨艳梅. V 类光气候区地下车库天窗采光技术研究[D]. 重庆：重庆大学, 2015.
[94] SAURO J, LEWIS J R. Quantifying the User Experience：Practical Statistics for User Research[M]. 2nd ed. Cambridge, Massachusetts：Morgan Kaufmann, 2016.
[95] International Union of Railways. General provisions for coaches：UIC 567[S]. Paris：UIC, 2004.
[96] 中国建筑科学研究院. 民用建筑热工设计规范：GB 50176[S]. 中国建筑工业出版社, 2016.
[97] 金旭东, 李爱惠. 现代动车车厢室内照明设计——以"CRH2 型"为例论述 LED 车厢照明设计应用[J]. 广西职业技术学院学报, 2012(6)：1-4.
[98] 陈聪, 宋立, 李晓妮, 等. 眩光测量的不确定度分析和测量方案探讨[C]// 2018 年中国照明论坛——半导体照明创新应用暨智慧照明发展论坛论文集. 北京：中国照明学会, 2018.
[99] 魏婷, 顾芳波, 钱枫, 等. LED 灯具的眩光评价与防治概述[J]. 中国照明电器, 2015(7)：32-35.
[100] 夏冬, 李锐. 室内照明设计中的眩光防治[J]. 家具与室内装饰, 2008(7)：54-55.
[101] 孙礼腾. LED 灯具眩光特性的研究与评价[D]. 杭州：浙江大学, 2012.
[102] 丁勇, 丁正辽, 伍积明, 等. 不同光源对室内光感觉评价的影响与应用[J]. 照明工程学报, 2012, 23(2)：20-24.
[103] 苏燕辰, 张瑞萍, 林菲菲. 高速列车车内照度舒适性数学模型的研究[J]. 中国测试, 2013, 39(S2)：1-4.
[104] 苏燕辰, 张瑞萍, 李俊. 高速列车车内照度舒适性评价指标研究[J]. 中国测试, 2013, 39(S2)：15-17.
[105] 王书晓. 办公室光环境评价体系研究[D]. 北京：中国建筑科学研究院, 2007.
[106] WYMELENBERG K V D, INANICI M. A critical investigation of common lighting design metrics for predicting human visual comfort in offices with daylight[J]. Leukos, 2014, 10(3)：145-164.
[107] BOYCE P R, CUTTLE C. Effect of correlated colour temperature on the perception of interiors and colour discrimination performance[J]. Lighting Research & Technology, 1990, 22(1)：19-36.
[108] FOTIOS S A, CHEAL C. A comparison of simultaneous and sequential brightness judgements[J]. Light-

ing Research & Technology, 2010, 42(2): 183-197.

[109] PARK B-C, CHANG J-H, KIM Y-S, et al. A study on the subjective response for corrected colour temperature conditions in a specific space[J]. Indoor and Built Environment, 2010, 19(6): 623-637.

[110] PARDO P J, CORDERO E M, SUERO M I, et al. Influence of the correlated color temperature of a light source on the color discrimination capacity of the observer[J]. Journal of the Optical Society of America A, 2012, 29(2): A209-A215.

[111] SHAMSUL B M T, SIA C C, NG Y G, et al. Effects of light's colour temperatures on visual comfort level, task performances, and alertness among students[J]. American Journal of Public Health Research, 2013, 1(7): 159-165.

[112] CHENG W T, JU J Q, SUN Y J, et al. The effect of LED lighting on color discrimination and preference of elderly people[J]. Human Factors & Ergonomics in Manufacturing & Service Industries, 2016, 26 (4): 483-490.

[113] 林丹丹, 郝洛西. 关于中小学生视力健康与光照环境关系的实验研究[J]. 照明工程学报, 2007, 18(4): 38-42.

[114] 高帅. 基于自主调光的大学教室光环境研究[D]. 重庆: 重庆大学, 2014.

[115] 黄海静. 大学教室照明中的光生物效应研究[D]. 重庆: 重庆大学, 2010.

[116] 张作记. 行为医学量表手册[M]. 北京: 中华医学电子音像出版社, 2005.

[117] 田海. 基于现代心理物理法的大学教室光环境研究[D]. 重庆: 重庆大学, 2013.

[118] 杨公侠. 视觉与视觉环境[M]. 上海: 同济大学出版社, 1985.

[119] HOUSER K W, TILLER D K, BERNECKER C A, et al. The subjective response to linear fluorescent direct/indirect lighting systems[J]. Lighting Research & Technology, 2002, 34(3): 243-260.

[120] FLYNN J E, SPENCER T J. The effects of light source color on user impression and satisfaction[J]. Journal of the Illuminating Engineering Society, 1977, 6(3): 167-179.

[121] FLYNN J E, HENDRICK C, SPENCER T, et al. A guide to methodology procedures for measuring subjective impressions in lighting[J]. Journal of the Illuminating Engineering Society, 1979, 8(2): 95-110.

[122] FLYNN J E, SPENCER T J, MARTYNIUK O, et al. Interim study of procedures for investigating the effect of light on impression and behavior[J]. Journal of the Illuminating Engineering Society, 1973, 3 (1): 87-94.

[123] 雍静, 张瑞, 王晓静, 等. 住宅起居室人工照明光环境视觉印象综合评价[J]. 土木建筑与环境工程, 2010, 32(3): 94-99.

[124] LARSEN H L. Importance weighted OWA aggregation of multicriteria queries[C]// DAVE R N, SUDKAMP T. 18th International Conference of the North American Fuzzy Information Processing Society. Piscataway: IEEE, 1999.

[125] DUJMOVIĆ J J, LARSEN H L. Generalized conjunction/disjunction[J]. International Journal of Approximate Reasoning, 2007, 46(3): 423-446.

6 动车组热环境舒适性设计

改善轨道车辆的舒适性是提高铁路运输系统吸引力的重要因素之一,由于动车组车辆空间封闭,外界环境随着地理位置、时间的变化而不断改变,列车车厢内温度、湿度等参数的设计对乘客在车内的舒适性感觉有很大的影响[1]。因此,改善和提高车辆的热舒适性对于提升乘客的满意度有着十分重要的作用。

随着动车组运行速度的提高,司机室作为列车运行的控制中枢,其热环境直接影响乘务员的工作状态。司机室内良好的热舒适环境不仅可以使乘务员精神愉快,而且有助于提高工作效率,减缓驾驶疲劳,确保安全驾驶,从而在很大程度上减少行车安全事故的发生。

热舒适性是动车组环境设计中一项十分重要的指标,由于动车组车体结构比较复杂,如果不对空调系统的气流进行合理的组织,空调安装后往往达不到预期的效果。温度场、速度场分布不合理,会造成局部温度过高或过低,或者在某些区域空气流速太快,而在另一些区域出现气流死角,不符合人体对热的体觉特征。温度、速度场的不合理分布不仅会影响乘务员的工作效率,还可能对乘客健康造成危害,降低乘客的乘坐舒适体验。本章主要从热舒适性角度对动车组司机室和客室的空调设计进行探讨。

6.1 动车组热舒适性需求分析

6.1.1 动车组热环境的影响因素

当乘客感觉到周围环境的空气温度、湿度、空气流动和热辐射是理想的,并且不喜欢更暖或更冷的空气或不同的湿度水平时,即为实现了热舒适性。

热舒适性受以下因素影响:
(1) 个人因素,如活动程度、衣服、旅程时间。
(2) 空间因素,如辐射温度、封闭表面的温度。
(3) 通风因素,如气温、风速、相对湿度。

这些因素对乘客的热平衡有着复杂的影响。因此,要使得大多数人感觉舒适必须考虑所有的影响因素。影响热舒适性的其他因素还包括空气质量、噪声、照明、配色等,虽然这些因素并没有直接影响环境温度,但是它们可能会影响到乘客对热舒适的主观感受。

目前我国空调列车车厢内热舒适性差的根源在于不合理地直接应用建筑空调中的某些成果,并把它作为列车空调设计的依据[2]。列车车厢内热环境与建筑热环境存在着不同之处,主要差别体现在以下几个方面。

1. 热环境的非稳态性

由于室外气象、室内人员数量、室内照明和设备散热等的变化,造成了建筑热环境的非稳态性。相比之下,列车车内热环境的非稳态性更为显著。这是因为列车运行区段长、车外的气象条件复杂多变、昼夜温差大、围护结构热惰性小、窗户在围护结构面积中占的比例大,乘客人数的变化及车速的改变造成车外空气侵入量的变化等许多不确定因素的影响。

2. 昼夜差距的影响

首先,人体白天与夜间的产热、产湿量相差较大。建筑空调与列车空调的热负荷计算中,计算车内人员的散热、散湿量时虽然顾及了这一点,但这不过是为了计算出最大的热负荷以便设备选型之用。由于乘客在车厢内的活动空间小,所以每个人的产热、产湿比建筑热环境中要少,白天更容易采取行为热调节,而夜间难采取行为热调节。

其次,白天与夜间车厢中的传热过程有极大不同,这是因为到了夜晚,人的活动逐渐减少,最后进入睡眠状态,这是一个新陈代谢减慢的过程,人体的散热、散湿量逐渐减少,进而造成车内人员放出的总热量减少。与此同时,由于夜间车外环境温度低于车内温度,夜间车内物体向车外辐射热量造成热量由车内传向车外。白天的情况正好相反,并且白天比夜间还多了向车内辐射的太阳辐射。这种传热过程的变化在建筑空调中也存在,但是建筑物围护结构的热惰性比车厢大得多,所以其对热舒适性的影响不明显。

3. 控制权的差异

用户对空调的控制权有差别。在建筑物中,单个用户可以对空调的开停及室内温度的设定值享有很大的自主权,同时用户也能方便地采取改变衣着量或其他保暖用具等行为调节。在列车车厢中的情形则正好相反,乘客对空调没有控制权,而且他们的意见不能及时地被采纳。此外,乘客的行为调节程度也有限,因为乘客为了旅途方便不会带过多的衣物。

正是由于列车空调设计的特殊性,国内外学者针对这个问题展开了专题研究,国内中南大学陈焕新[3]在2002年率先展开了热舒适评价指标PMV-PPD在空调列车上应用的探讨,并对空调列车中的气流组织与人体热舒适性进行了设计。目前,在轨道车辆领域已颁布了GB/T 33193.1[4]、EN 13129-1[5]、EN 14813-1[6]、EN 14750-2[7]等一系列空调舒适性设计标准。

众所周知,在一个既定空间的空气环境,一般要受到两方面的干扰:一是来自空间内部的热、湿和其他有害物质的干扰;二是来自空间外部太阳辐射和气候变化所产生的热作用及外部空气中有害物质的干扰。用以消除上述干扰的技术手段主要是通过对空间输送并合理分配一定质量(按需要处理)的空气,与内部环境的空气之间进行热质交换,然后排出等量的已经完成调节作用的空气来实现。

动车组处于自然环境之中,其车体内空气环境必然受到存在于外部和内部的两类热源的综合作用。外部热源主要是指太阳和大气;内部热源则可能包括人体以及与乘务员、乘客活动相关的照明、机电设备、器具或其他一些能量消耗与传递装置。热源总是具有与车厢内环境不同的能量品位,并且以导热、辐射或对流方式与外部环境之间进行着热能的交换,进而形成加载于环境的热负荷。高温热源总是将热量传进车厢内,形成正值热负荷(夏季常称为"冷负荷");低温热源则自车厢内带走热量,形成负值热负荷(冬季往往表现为"热损失")。

太阳是影响最大的外部高温热源,它以辐射的方式与车体围护结构或车体内器具表面进行热交换,在材料层中产生吸热、蓄热和放热效应。材料蓄热升温后,或者分别向车体内外两个方向传导热量,或者在车体内各表面间反复进行长波辐射热交换,与此同时又逐渐向空气中释放出对流热,形成车体内的热负荷。

大气温度受自然环境和某些人为因素的影响,随时间、空间而有显著变化,属于一种典型的变温热源。它对动车组车内环境的热作用分为两种形式:一是通过围护结构壁体以温差传热的形式直接或间接地将热量传入或传出车内,进入车体室内的热量以与太阳辐射类似的传递过程逐渐形成车体内的热负荷;二是伴随通风空调系统的新风供应或外围护结构的新风渗透将一定的热量带入或带出车内,并即时地转化为室内热负荷。

各种车内热源主要是借助温差作用与环境之间进行着显热交换,这种显热量同围护结构传热量一样包含着辐射成分和对流成分,故其在车内逐渐形成热负荷的过程与上述外热源的作用机理是完全一致的。

在自然环境中,动车组车内空气环境在接受外部、内部热源综合作用的同时,也受到存在于外部和内部两类湿源的综合作用。湿源表面与环境空气间总会存在一定的水蒸气分子浓度差或分压差,由此推动水蒸气分子的迁移,并借助其蒸发、凝结或渗透、扩散作用实现与动车组车内环境之间的湿交换,形成相应的湿负荷。

动车组车外大气由于自然界中水分的蒸发、汽化而常以湿空气的形式出现,并成为主要的外部湿源。当然,这种湿空气中的水汽含量也因时间、空间和气候等影响而有差异,大气中的湿分主要借助通风空调系统新风供应传进动车组车内。

动车组车内的湿源一般情况下是人体。人体通过呼吸和体表汗液蒸发散发湿量,其他湿源则借助自由液面或器具、材料表面水分的蒸发、汽化,通过对流扩散将水蒸气混入空气中。

动车组车内湿负荷的大小影响着空气相对湿度的高低,而相对湿度既是影响人体热舒适的一个重要参数,也是影响人体健康的一个重要因素。人体热平衡在气温较高时更多地依靠汗液蒸发,这时相对湿度的影响将显得更为重要,因为高温高湿会令人感觉闷热难耐,并易导致疾病。相对湿度超过70%时,还将为许多微生物的滋长提供充足的水分和营养源,当然相对湿度过低也是不利的,特别在低温环境里会令人产生干冷的感觉。相对湿度过低还会促使呼吸系统黏膜上黏液和黏毛运动速度减缓,由此也为细菌、病菌的繁殖创造了良好的条件。

应当指出,湿源散湿过程中,伴随水蒸气的移动同时发生潜热的迁移,热源和湿源以及热传递与湿传递这两种物理概念在这里也就变得难以区分。因此,在研究动车组车内空气环境控制时,人们已习惯于将湿源视为一种广义的热源,并且将湿负荷对环境的影响同热负荷以及空气流动一道归入热污染这一范畴。

为了减少动车组车内热负荷就必须注意动车组车体的密封性和隔热性,动车组车体的密封性和隔热性优劣,不但反映了空调利用率的高低,也反映了动车组运行噪声的大小程度。实践证明,夏季通过动车组车窗玻璃侵入的太阳直射辐射热与周围环境温度的散射辐射热的热量对空调效果的影响相当大,采取相关有效措施可以降低20%~30%的制冷负荷。

6.1.2 人体热平衡与热舒适感

"热舒适性"(thermal comfort)这一术语在研究人体对热环境的主观热反应时已经被广泛应用。在美国供暖制冷空调工程师学会的标准(ASHRAE Standard 55)中,热舒适有明确的定义:热舒适是指对热环境表示满意的意识状态。维基百科明确指出,热舒适性为人体对温度、湿度、风速等物理环境的感受与喜好状态,可以通过主观评估的方式来确认。

在人体稳态条件下,热舒适环境一般与人体代谢率、空气温度、相对湿度、空气流速、平均辐射温度、衣服热阻等6个因素密切相关。

人体是靠食物的化学能来补偿机体活动所消耗的能量。人体新陈代谢过程产生的能量以热量的形式释放进入环境,从而使体温维持在36.5℃左右。人体的热平衡可以用下式来表示,即

$$\Delta q = q_\mathrm{m} \pm q_\mathrm{c} \pm q_\mathrm{r} - q_\mathrm{w} \tag{6-1}$$

式中:Δq 为人体热负荷,即人体产热率与散热率之差(W/m^2);q_m 为人体新陈代

谢产热率(W/m²);q_c为人体与周围环境的对流换热率(W/m²);q_r为人体与环境的辐射换热率(W/m²);q_w为人体蒸发散热率(W/m²)。

从式(6-1)看出,人体与周围环境的换热方式有对流、辐射和蒸发3种,而换热的余量即为人体热负荷Δq。在正常情况下,$\Delta q = 0$,这时人体因为保持了热平衡而感到舒适。据卫生学研究,Δq与人们的体温变化率成正比。当$\Delta q>0$时,体温将升高;当$\Delta q<0$时,体温将降低。如果这种体温变化的差值不大、时间也不长,则可以通过环境因素的改善和肌体产生本身的调节,逐渐消除,恢复正常体温状态,不致对人体产生有害影响;若变动幅度大、时间长,人体将出现不舒适感,严重者将出现病态征兆甚至死亡。因此,从环境条件上应当控制Δq的值,而要维持人体体温的恒定不变,必须使得$\Delta q = 0$,使人体处于热平衡状态,即

$$q_m \pm q_c \pm q_r - q_w = 0 \qquad (6-2)$$

式(6-2)的意义是人体的新陈代谢产热量正好与人体所处环境的热交换量处于平衡状态。显然,人体的热平衡是达到人体热舒适的必要条件。由于式中各项还受到其他一些条件的影响,可以在较大的范围内变动,许多种不同的组合都可能满足上述热平衡方程,但人体的热感觉却可能有较大的差异。换句话说,从人体热舒适考虑,单纯达到热平衡是不够的,还应当使人体与环境的各种换热方式限制在一定的范围内。据研究,当达到热平衡状态时,对流换热占总散热量的25%~30%,辐射散热量占45%~50%,呼吸和有感觉蒸发散热量占25%~30%时,人体才能达到热舒适状态,能达到这种适宜比例的环境便是人体热舒适的充分条件。

6.1.3 影响人体热舒适的因素

人体热舒适是人们对周围热环境感到满意的一种主观感觉,它是多种因素综合作用的结果。热舒适性涉及车内温度、相对湿度、气流速度、平均辐射温度、空气品质等物理因素,同时也取决于乘客的活动、衣着状况,以及生活习惯等主观因素。人对环境的要求常因体质、年龄、性别、习惯和健康状况而不一样。但在正常情况下,多数人的要求还是大致相同的。适宜的温度、适宜的湿度、适宜的气流和清洁的空气,构成了舒适性环境的基本要素。一个完整的动车组空气环境控制系统是通过调节温度、湿度、风速和换气等,来达到营造一个舒适热环境的目的。

1. 空气温度

一般来说,空气温度是影响人体热舒适的最主要因素,人体对空气温度的变化也最敏感,它直接影响人体通过对流及辐射的热交换。微量的热刺激会因机体反射性血管束所调整而引起感觉,室内环境的热污染必然导致室内空气温度、内壁面温度以及平均辐射温度偏离舒适范围,打乱人体的正常热平衡。高

温环境导致体温上升,产生热感;低温环境必然导致体温下降,产生冷感。在稳定的环境条件下,人体靠自身的调节可以保持能量平衡,即人体产热量与散热量相等。在能量平衡的基础上,人们会有一个温度感觉舒适的区间。

2. 相对湿度

相对湿度习惯上简称为湿度,是表征大气中含有水蒸气多少的物理量。它是湿空气中的分压力与同一温度、同样压力的饱和湿空气中的水蒸气分压力的比值,是衡量空气环境的潮湿程度对人体和物体及生产过程是否适宜的一项重要指标。人们所在的环境空气的湿度过大或过小都会影响到人们的感觉,影响舒适度。相对湿度越高,其中水蒸气的分压力越大,通过人体的汗液蒸发量就越少,人体的皮肤表面湿润度越大,人体就会感觉到潮湿闷热。

在夏季,当动车组室内的温度小于 26.7℃ 时,湿度对人的热舒适性的影响不明显,但当车内温度超过 28℃ 后,空气的相对湿度对人的热舒适性的影响就明显了。相对湿度小于 30% 或大于 70%,都将使人感到不舒服,而在 45%~60% 之间人会感到比较舒适。根据我国"高速实验列车供水、采暖、卫生、密封等技术条件"的规定,夏季车厢内平均湿度为 40%~70%,冬季的相对湿度为不低于 30%。

3. 空气流速

空气流速也会在一定的程度上影响人体的舒适度。舒适的环境要求人体附近的空气流速应足够大,以排除人体产生的热量,但又不能有明显的吹风感。空气的流动在一定程度上加快人体的对流散热和蒸发散热,提供冷却效果,能够促进室内空气的更新,带走室内的余温余湿,使人体达到热舒适。空气的流动就是为了加强人体与周围环境之间的热交换和湿交换。合适的空气流速是靠空调和通风设备的合理分布来获得的。与无风相比,在 1m/s 的风速下,人体感觉的温度会低 1℃;而在 2m/s 的风速下,人体感觉的温度会低 2℃。一般情况下,单个人体的周围,空气流速为 0.25m/s 左右时,人体是感到舒适的。有专家建议,周围的空气流速,在夏季不应小于 0.15m/s,在冬季不应超过 0.3m/s。由于动车组的空间相对狭小,而且乘客较为靠近车窗,靠近车窗的地方温度梯度较大,所以空气流速对室内的舒适度影响较大。

6.1.4 热环境综合评价(PMV-PDD)指标

由于影响热环境的因素很多,且它们具有综合性和相互补偿性,因此,难以用单个指标来衡量热环境的舒适度。数十年来大量的学者研究了对热环境的评价方法和评价指标,目前列车采用的评价指标为丹麦学者 P. O. Fanger 教授等[8]提出的关于热舒适性的 PMV-PPD 指标体系。

Fanger 在人体热平衡方程的基础上进行研究与推导,得出预测热感指数 PMV。他指出:人体的蓄热量 Δq 是空气温度 t_i、相对湿度 φ_i、气流速度 v 和平

均辐射温度 t_r 这 4 个环境参数及人体新陈代谢产热率 q_m、皮肤平均温度 t_{sk}、肌体蒸发率 q_w、所着衣服热阻 R_{clo} 的函数。

1. 热舒适性预测平均评价 PMV

美国的 ASHRAE 热感觉 7 级分级法的指标值从冷到热依次为 1~7[9],PMV 指标值在此基础上减去 4,变成 -3~+3 的指标值,0 代表热中性,小于 0 的指标值代表冷感觉,大于 0 的指标值代表热感觉,通过主观感觉实验确定出绝大多数人的冷暖感觉如表 6-1 所列[10]。

表 6-1 PMV 与热感觉对应表

热感觉	热	暖和	稍暖	中性	稍凉	凉	冷
PMV	+3	+2	+1	0	-1	-2	-3

PMV 代表了对同一环境绝大多数人的冷热感觉,因此可用 PMV 预测热环境下人体的热反应。

PMV 是根据人体热平衡预计一大群人对 7 级热感觉量表(表 6-2)投票的平均值。当人体内部产生的热等于向环境中散失的热量时,人处于热平衡。在中等环境中,人体热调节系统将自动通过调整皮肤温度和出汗量以维持热平衡。

PMV 可根据以下公式得出[11],即

$$\text{PMV} = (0.303e^{-0.036M} + 0.028)\{(M - W) - 3.05 \times 10^{-3} \times [5733 \\ - 6.99(M - W) - p_a] - 0.42 \times [(M - W) - 58.15] - 1.7 \\ \times 10^{-5} M(5867 - p_a) - 0.0014 M(34 - t_a) - 3.96 \times 10^{-8} f_{cl} \times [(t_{cl} + 273)^4 \\ - (t_r + 273)^4] - f_{cl} h_c (t_{cl} - t_a)\} \quad (6-3)$$

其中

$$t_{cl} = 35.7 - 0.028(M - W) - I_{cl}\{3.96 \times 10^{-8} f_{cl} \times [(t_{cl} + 273)^4 \\ - (\bar{t}_r + 273)^4] + f_{cl} h_c (t_{cl} - t_a)\}$$

$$h_c = \begin{cases} 2.38(t_{cl} -)^{0.25} & (2.38(t_{cl} - t_a)^{0.25} > 12.1\sqrt{v_{ar}}) \\ 12.1\sqrt{v_{ar}} & (2.38(t_{cl} - t_a)^{0.25} > 12.1\sqrt{v_{ar}}) \end{cases}$$

$$f_{cl} = \begin{cases} 1.00 + 1.29 I_{cl} & (I_{cl} \leq 0.078 \text{m}^2 \cdot \text{℃/W}) \\ 1.05 + 0.645 I_{cl} & (I_{cl} \leq 0.078 (\text{m}^2 \cdot \text{℃/W}) \end{cases}$$

式中:PMV 为预计平均热感觉指数;M 为代谢率(W/m²);W 为外部做功消耗的热量,对大多数活动可忽略不计(W/m²);I_{cl} 为服装热阻(m²·C/W);f_{cl} 为着装时人的体表面积与裸露时人的体表面积之比;t_a 为空气温度(℃);$\bar{t}_r$ 为平均辐射温度(℃);v_{ar} 为空气流速(m/s);p_a 为水蒸气分压(Pa);h_c 对流换热系数(W/(m²·C));t_{cl} 为服装表面温度(℃)。

PMV 可由代谢率、服装热阻、空气温度、平均辐射温度、空气流速及水蒸气分压计算得出。t_{cl}及h_c可由迭代法得到。

2. 热舒适性预测不满意百分比 PPD

由于人体的生理方面是有差别的,所以热感觉不一定相同,为了说明这一关系引入了 PPD 来表示对热环境不满意的百分率。PPD 可对于热不满意的人数给出定量的预计值,可预计群体中感觉过暖或过凉的人的百分数。当确定 PMV 以后,PPD 可根据换算公式得出,即

$$PPD = 100 - 95 \times e^{-(0.03353 \times PMV^4 + 0.2179 \times PMV^2)} \quad (6-4)$$

用 PMV-PPD 指标评价环境的热舒适状况要比用热等效温度法所考虑的因素全面。ISO 7730[12]中两者的对应关系如图 6-1 和表 6-2 所列。

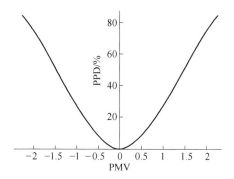

图 6-1 PPD 与 PMV 的函数关系

表 6-2 PMV 与 PPD 对应表

PMV	2	1	0.5	0	-0.5	-1	-2
PPD/%	75	25	10	0	10	25	75

我国国家标准 GB/T 18049[11]中对 PMV-PPD 指标的推荐值可以根据表 6-3 从 A、B 和 C 等 3 类中选择。每一类中的所有准则应同时满足。

表 6-3 热环境分类

分类	全身热状态	
	PPD/%	PMV
A	< 6	-0.2 < PMV < +0.2
B	< 10	-0.5 < PMV < +0.5
C	< 15	-0.7 < PMV < +0.7

表 6-3 中每一种类型都给出了人整体的最大不满意率(PPD),这 3 种类型适用于人体暴露在相同的热环境中的空间。如果在一个空间内可以实现对每个人的热环境某种程度的单独控制,这是有优势的。对于局部空气温度、平均辐射温度和风速的分别控制,有助于平衡个体需求之间的巨大差异,并且可以

减少不满意。ISO 7730[12]中 PMV-PDD 等舒适性参数最初是为了描述建筑物的热舒适性,但它们也越来越多地被用于分析轨道车辆的舒适性[13]。

6.1.5 轨道车辆的热舒适性要求

在过去的几十年中,国外学者进行了许多实验和测试来确定机车车辆的热舒适性。UIC 553 首次确定了铁路车辆的舒适性要求,并描述了证明符合这些标准所必需的测试。

从 2003 年开始,欧洲铁路考虑到铁路车辆的不同运营要求(使用类型、气候环境等),开发了新的欧洲轨道车辆空调标准,以确保车辆的热舒适性,表 6-4 所列为欧盟轨道车辆热舒适性相关标准。

表 6-4 欧盟轨道车辆热舒适性相关标准

欧盟标准号	标准名称
EN 13129-1	Railway applications – Air conditioning for main line rolling stock – Part 1: Comfort parameters
EN 13129-2	Railway applications – Air conditioning for main line rolling stock – Part 2: Type tests
EN 14750-1	Railway applications – Air conditioning for urban and suburban rolling stock – Part 1: Comfort parameters
EN 14750-2	Railway applications – Air conditioning for urban and suburban rolling stock – Part 2: Type tests
EN 14813-1	Railway Applications – Air conditioning for driving cabs – Part 1: Comfort parameters
EN 14813-2	Railway Applications – Air conditioning for driving cabs – Part 2: Type tests

我国在过去很长一段时间内对铁路车辆热舒适性标准和规范方面的研究缺乏针对性,早期的铁路车辆空调设计主要依据 GB/T 12817[14]和 GB 50019[14]。随着高铁技术的引进,人们生活水平的提高,轨道车辆制造企业对铁路车辆热舒适性也越来越关注,目前,我国与轨道车辆热舒适性最新相关的标准具体情况如表 6-5 所列。

表 6-5 我国轨道车辆热舒适性相关标准

国家标准号	标准名称
GB/T 33193.1	铁道车辆空调 第 1 部分:舒适度参数
GB/T 33193.2	铁道车辆空调 第 2 部分:型式实验

目前 GB/T 33193 还不能覆盖所有的轨道车辆车型,仅适用于除市郊车辆、地铁、有轨电车和司机室以外的客运干线铁道车辆及动车。

下面分别对欧盟和中国的轨道车辆的热舒适性标准进行探讨。在表6-4中欧盟标准的第1部分规定了舒适性参数,并进一步说明了空调系统在规定条件下的空调容量,而第2部分描述了用于评估空调系统的测试程序和测量过程。通过比较可以发现,欧盟干线机车车辆标准中规定的舒适度要求适用于所有类型的车辆(单层或双层),而城市、郊区轨道车辆以及司机室自行定义了两个具有不同舒适度要求的类别,运营商必须根据标准中的分类在采购协议中指定适当的类别。

对于城市和郊区线路的轨道车辆通常属于A类,而所有其他车辆,如地铁和有轨电车等都属于B类(表6-6)。针对司机室而言,A类的舒适性标准一般适用于干线和郊区列车,而城市列车的司机室则属于B类(表6-7),特别是当没有通过隔板与乘客区域分开时。

表6-6 城市和郊区机车车辆分类

标　准	A类	B类
站立的乘客	<4人/m²	≥4人/m²
平均乘客旅行时间	>20min	≤20min
两站停站之间的平均时间	>3min	≤3min

表6-7 司机室的分类

标　准	A类	B类
司机室空间	≥9m³	<9m³
司机室内的连续值乘时间	>60min	≤60min

根据车辆使用的地理位置,夏季和冬季的气候运行条件分为3个气候区。例如,在南欧运行的列车车辆不需要过于考虑供热,但必须要有一个强劲的空调系统,即使在40℃的温度、40%的相对湿度和800W/m²等效太阳辐射强度下,也能保证良好的车内内部气候。中欧国家为第二区,这意味着供热系统必须能满足低至-20℃的室外温度,而空调系统必须适应外部温度35℃、相对湿度50%、等效太阳辐射强度700W/m²的环境。

欧盟根据每个气候区的气候条件(温度、相对湿度和等效太阳辐射强度)、运行要求(干线或城市/郊区车辆、司机室或车厢)、夏季预期载客量来确定轨道车辆内所需的空气温度、相对湿度以及冷却和供热系统的设计标准。

标准中的这些要求主要是根据车辆的用途进行设计,确保热舒适性达到预期水平,而不至于在极端条件下使空调或供热系统过于庞大。例如,在盛夏只需将有轨电车或地铁(B类)乘客区的温度降低几度,同时提供适当的除湿就可以满足要求(表6-8)。

表 6-8 欧盟不同标准中最大平均室内温度/相对湿度的设计条件比较

气候区		干线列车 (EN 13129-1)	城市/郊区列车 (EN 14750-1)		司机室 (EN 14813-1)	
区	温度、相对湿度和等效太阳辐射强度		A 类	B 类	A 类	B 类
夏季①	Ⅰ	+40℃/40%/800W/m²	+27℃/51.6%	+30℃/50.0%	+32℃/57.4%	+27℃/50.0 %	+30℃/60.0 %
	Ⅱ	+35℃/50%/700W/m²	+27℃/51.6%	+30℃/50.0%	+33℃/55.0%	+26℃/52.5 %	+28℃/65.0 %
	Ⅲ	+28℃/45%/600W/m²	+25.25℃/57.5%	+26℃/63.0%	+29℃/64.5 %	+22℃/60.0 %	+24℃/75.0 %
冬季②	Ⅰ	-10℃	+22℃	+15℃	+10℃	+18℃	
	Ⅱ	-20℃					
	Ⅲ	-40℃					

① 占用区:干线车辆和司机室的所有座位区,城市和郊区车辆的所有座位+2人/m²站立区。
② 没有等效太阳辐射强度和人员占用,但有风(正常运行)。

欧盟标准定义的舒适参数是空气温度、表面温度、空气速度和相对湿度。空气温度的参数包括平均车内温度以及水平和垂直温度分布,目的是将局部热不适区域减少到最小。表面温度也定义了不同的要求,这些要求代表了主观感受与实际环境之间的一种折中。

表 6-9 提供了欧盟干线和城市/郊区轨道车辆及司机室的空气和表面温度要求。为了最小化和分析通风区域,标准中通过限制曲线定义了可接受的空气速度作为局部空气温度的函数。

表 6-9 空气和表面温度的不同要求比较

标准要求	干线列车 (EN 13129-1)	城市/郊区列车 (EN 14750-1)		司机室 (EN 14813-1)	
		A 类	B 类	A 类	B 类
相对于车内设置温度 T_{ic},乘客区域车内平均温度范围 T_{im}	+/-1 K①	+/-2 K	+/-2 K	+/-1 K	+/-2 K
距离地面 1.10m 温差分布	2K 3K(卧铺)	4K	8K		
垂直温差分布	3K	4K	8K	3K	6K
走廊的平均室内温度	> T_{ic}-6K(加热模式) < T_{ic}+5K(制冷模式)	—	—		

续表

标准要求	干线列车 （EN 13129-1）	城市/郊区列车 （EN 14750-1）		司机室 （EN 14813-1）	
		A类	B类	A类	B类
通过台室内温度 T_i	+10℃$<T_i<T_{ic}$（加热模式） $T_i<T_{ic}$ + 9K 且<+35℃（制冷模式）	+3℃ $< T_i < T_{im}$（加热模式） $T_i < T_{em}^{②}$（制冷模式）		—	—
车内附属设施室内温度	> T_{ic} - 6 K（加热模式） < T_{ic} + 6 K（制冷模式）	> T_{im}-6 K 且>3℃（加热模式） < T_{im} + 6 K（制冷模式）		—	—
育婴室室内温度 T_i	$T_{im}<T_i<T_{ic}$+4K	—	—	—	—
加热模式下车厢墙和车内顶板的表面温度	> T_{im} - 7 K（单层列车） > T_{im} - 10 K（双层列车）	> T_{im}-10 K	> T_{im}-13 K	> T_{im} - 7 K	> T_{im} - 12 K
加热模式下窗户/窗框的表面温度	> T_{im} - 12K 或 > T_{im} - 9 K	> T_{im} - 15 K		> T_{im} - 12 K	> T_{im} - 15 K
地板表面温度	> +8℃（预热开始后1h） > T_{im} - 10 K（预热开始后3h） < +27℃（地板采暖）	—	—	—	—
特殊表面温度标准		≥ +3℃（最低表面温度，窗户除外）		< +35℃（所有加热区域）	

① K：传热系数。
② T_{em}：车外平均温度。

表6-10比较了干线和城市/郊区轨道车辆及司机室的乘客区两种局部车内平均温度条件下的最大空气速度。

表6-10 两种局部车内平均温度条件下最大空气速度的比较

局部车内空气平均温度 T_i	干线列车 （EN 13129-1）	城市/郊区列车（EN 14750-1）		司机室 （EN 14813-1）
		A类	B类	
+22℃	0.25m/s	0.25m/s	0.35m/s	0.25m/s
+27℃	0.6m/s	0.8m/s	1.1m/s	0.6m/s 0.3m/s（乘务员头部）

在欧盟标准中相对湿度要求以图表的形式定义,以确保空调车车辆中的充分除湿,同时还定义了新鲜空气流量和总传热系数(K),这些值对舒适性参数具有显著影响。高浓度的二氧化碳会导致疲劳和注意力不集中,并产生一种让人感到闷热和陈腐的氛围。因此,列车必须提供一定新风量。表 6-11 所要求的值是能源消耗和降低二氧化碳水平之间的一种折中。

表 6-11 欧盟标准中最低新鲜空气率汇总

车外平均温度 T_{em}	干线列车 (EN 13129-1)	城市/郊区列车(EN 14750-1)		司机室(EN 14813-1)
		A 类	B 类	
$T_{em} \leq -20℃$	10(m^3/h)/人	15(m^3/h)/人	12(m^3/h)/人	30(m^3/h)/人
$-20℃ < T_{em} \leq -5℃$	15(m^3/h)/人	(在极端条件下,只要满足舒适标准,空气流量可降至 10(m^3)/h/人)	(在极端条件下,只要满足舒适标准,空气流量可降至 8(m^3/h)/人)	
$-5℃ < T_{em} \leq +26℃$	20(m^3/h)/人			
$T_{em} > +26℃$	15(m^3/h)/人			

表 6-12 中定义的传热系数描述了车辆隔热效率和热泄漏的影响。隔热不良将直接影响车厢内的表面温度,由此产生的辐射温度又会对乘客的热舒适性产生影响。

表 6-12 欧盟不同气候区和车辆类别所需的传热系数

(单位:W/(m^2·K))

气候区 (冬季)	干线列车(EN 13129-1)		城市/郊区列车(EN 14750-1)		司机室(EN 14813-1)	
	单层车厢	双层车厢	A 类	B 类	A 类	B 类
Ⅰ	2.0	2.5	2.5	3.5	2.2	4.0
Ⅱ	1.6	2.5	2.2	3.0	2.2	3.0
Ⅲ	1.2	2.0	2.0	2.5	2.0	3.0

可以看出欧盟干线和城市/郊区车辆的空调标准规定了适用于整个欧洲的轨道车辆乘客区和司机室的热舒适的统一规范。这些标准除了提高安全性和降低轨道车辆制造商的风险外,还能确保铁路运营商能够获得更高质量的车辆,并最终有助于改善乘客的舒适度。

GB/T 33193.1 规定了铁道车辆(单层或双层客车)车厢或包间的舒适度参数与空调装置的性能要求,舒适度参数适用于除餐饮服务区以外的车组工作人员专区。在 GB/T 33193.1 中对夏季和冬季的气候区进行明确的定义。气候区的最低与最高外部温度与 EN 13129-1 的区别见表 6-13 和表 6-14。

表 6-13 冬季气候区的最低外部温度与 EN 13129-1 的区别

冬季	最低外部温度/℃	
	GB/T 33193.1	EN 13129-1
Ⅰ	-10	-10

续表

冬季	最低外部温度/℃	
	GB/T 33193.1	EN 13129-1
Ⅱ	-25	-20
Ⅲ	-40	-40

表 6-14　夏季气候区的最低与最高外部温度与 EN 13129-1 的区别

夏季	最高外部温度/℃		相对湿度/%		等效太阳辐射强度/(W/m²)	
	GB/T 33193.1	EN 13129-1	GB/T 33193.1	EN 13129-1	GB/T 33193.1	EN 13129-1
Ⅰ	+40	+40	46	40	800	800
Ⅱ	+35	+35	60	50	700	700
Ⅲ	+28	+28	50	45	600	600

GB/T 33193.1 对热舒适性的指标划分与 EN 13129-1 对比情况见表 6-15。

表 6-15　GB/T 33193.1 热舒适性的指标划分与 EN 13129-1 的对比

序号	指标名称技术要求		
	GB/T 33193.1	指标类型	EN 13129-1
1	车内设置温度:应在图 6-2 所示调整曲线限值范围内($T_{em}>15℃$)和实线以上($T_{em}≤15℃$)	A	应在图 6-3 所示调整曲线限值范围内
2	车内平均温度:基于车内设置温度(T_{ic})的车内平均温度(T_{im}),温度变动范围不应大于±2K	A	相对于车内设置温度 T_{ic},乘客区域车内平均温度 T_{im} 变化范围为±K
3	在距地面 1.1m 高度处测得的车内最大水平空气温差不应大于 3K,对于卧铺车和坐卧两用车的卧铺区域,温差不应大于 3K	B	距离地面 1.10m 温差分布不应大于 2K,对于卧铺车温差不应大于 3K
4	车内同一断面距地板面 0.1～1.7m 间的最大垂直空气温差:制热时该温度不应低于舒适区车内设置温度(T_{ic})6K 以上;制冷时该温度不应高于舒适区车内设置温度(T_{ic})5K 以上	B	垂直温差分布不大于 3K
5	走廊的平均温度:制热时不应低于车内设置温度(T_{ic})6K 以上;制冷时不宜高于舒适区车内设置温度(T_{ic})5K 以上	B	大于 $T_{ic}-6K$(加热模式); 小于 $T_{ic}+5K$(制冷模式)
6	通过台的平均温度:制热时宜在 10℃ 和舒适区的车内设置温度(T_{ic})之间;制冷时不宜高于舒适区车内设置温度(T_{ic})9K 以上,且不超过 35℃;制热时地板面以上 0.1m 处的平均温度应高于 4℃	C	$+10℃<T_i<T_{ic}$(加热模式);$T_i<T_{ic}+9K$ 且 $<+35℃$(制冷模式)

续表

序号	指标名称技术要求		指标类型
	GB/T 33193.1	EN 13129-1	
7	盥洗室、厕所和电话区的内部温度:制热时不应低于14℃;制冷时不宜高于舒适区车内设置温度(T_{ic})6K以上	大于T_{ic}-6K(加热模式);小于T_{ic}+6K(制冷模式)	B
8	空气的相对湿度:最大相对湿度不应大于规定值的5%,具体见图6-4	空气的相对湿度应满足图6-5的要求	B
9	车厢壁和车内顶板表面温度:相对于车内平均温度(T_{im}),这些内表面的温度与车内平均温度(T_{im})之间的温差范围应满足:单层列车不应大于7K;双层列车不应大于10K	大于T_{im}-7K(单层列车); 小于T_{im}-10K(双层列车)	B
10	车窗表面温度:窗玻璃的内表面温度不宜低于车内平均温度(T_{im})12K以上。窗框的内表面温度不宜低于车内平均温度(T_{im})9K以上	大于T_{im}-12K/或T_{im}-9K	C
11	地板表面温度:预热结束1h后,地板的表面温度不应低于8℃,预热3h结束后,无论外部温度如何,地板表面温度与车内平均温度(T_{im})间的温差不应大于10K以上。如果采用地板辐射加热,地板的表面温度应限定到27℃以下	大于+8℃(预热开始后1h);大于T_{im}-10K(预热开始后3h);小于+27℃(地板采暖)	B
12	送风口温度:制热时不超过45℃;预热时不超过65℃;预冷和制冷时不低于5℃		B
13	车内微风速:舒适区的风速应符合图6-6的要求,稳态条件下,通过同一送风口的平均风速的变动范围应小于±20%。低速通风系统宜满足以下要求: (1)送风道内:5~8m/s; (2)回风道内:3~5m/s; (3)距离送、回风口50mm处:1~3m/s	舒适区的风速应符合图6-7的要求,稳态条件下,通过同一送风口的平均风速的变动范围应小于±20%	B
14	新鲜空气量:人均新鲜空气量应大于或等于表6-16。	T_{em}≤-20℃时新鲜空气量为10(m³/h)/人;-20℃<T_{em}≤-5℃时新鲜空气量为15(m³/h)/人	A

第6章 动车组热环境舒适性设计

续表

序号	指标名称技术要求		
	GB/T 33193.1	指标类型	EN 13129-1
15	预热:预热结束时,车内平均温度(T_{im})应大于或等于18℃	B	预热结束时,车内平均温度(T_{im})应大于或等于18℃
16	制热:在表6-13规定的气候区最低外部温度条件下,无乘客且无太阳辐射的运行情况下,车内平均温度(T_{im})应大于或等于20℃。在高寒地区(Ⅲ)使用的车辆,在最低外部温度下,车内平均温度(T_{im})应大于16℃	A	在表6-13规定的气候区最低外部温度条件下,无乘客且无太阳辐射的运行情况下,车内平均温度(T_{im})应大于或等于20℃
17	预冷:预冷结束时,车内平均温度(T_{im})不应高于车内设置温度(T_{ic})2K以上	B	预冷结束时,车内平均温度(T_{im})不应高于车内设置温度(T_{ic})2K以上
18	制冷:在表6-14规定的气候区最高外部温度条件下,在定员和有太阳辐射以及空调系统正常运行情况下,车内平均温度(T_{im})应满足图6-2所示调整曲线限值范围内(外温>15℃)和实线以上(外温大于或等于15℃)	A	在表6-14规定的气候区最高外部温度条件下,在定员和有太阳辐射以及空调系统正常运行情况下,车内平均温度(T_{im})应等于商业服务中图6-5中规定的正常内部温度设置(T_{ic})
19	车体传热系数应小于或等于表6-17中规定的值	A	车体传热系数应小于或等于表6-12中规定的值
20	新鲜空气的紧急通风:通风量不应少于每人10(m³/h)/人,通风时间应在30min以上	A	

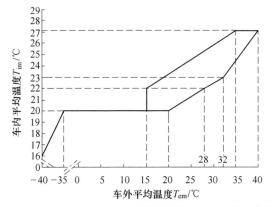

图 6-2　GB/T 33193.1 车内设置温度(T_{ic})的调整曲线

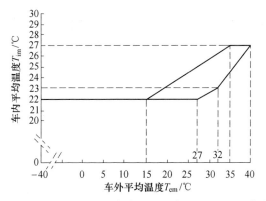

图 6-3　EN 13129-1 车内设置温度(T_{ic})的调整曲线

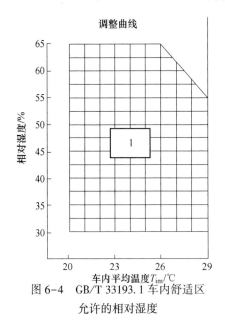

图 6-4　GB/T 33193.1 车内舒适区
允许的相对湿度

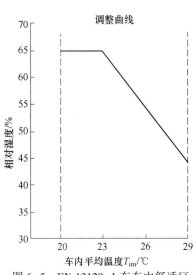

图 6-5　EN 13129-1 车车内舒适区
允许的相对湿度

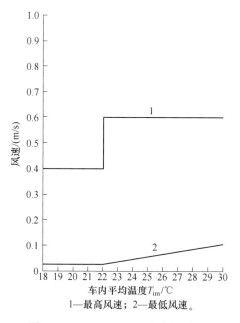

图6-6 GB/T 33193.1 车内舒适区允许的微风速　　图6-7 EN 13129-1 车内舒适区允许的微风速

表6-16 配有全部空调装置的车辆随车外平均温度(T_{em})变化的新鲜空气量

车外平均温度	车内温度20℃、相对湿度50%条件下,最小新鲜空气量对应值
$T_{em} \leq -20$℃	每座位(卧铺):10m³/h
-20℃ $< T_{em} \leq -5$℃	每座位(卧铺):15m³/h
-5℃ $< T_{em} \leq +26$℃	每座位(卧铺):20m³/h
$+26$℃ $< T_{em} \leq +40$℃	每座位(卧铺):15m³/h
$T_{em} > +40$℃	每座位(卧铺):10m³/h

表6-17 GB/T 33193.1 中静止车辆的传热系数

气候区	车　　辆	
冬季	1级/(W/(m²·K))	2级/(W/(m²·K))
Ⅰ	2	2.5
Ⅱ	1.6	2.5
Ⅲ	1.2	2.0

在 GB/T 33193.1 中,将舒适度参数分为 A、B、C 三类,A 类是重要指标,B 类是次重要指标,C 类是参考指标。这里仅列出与热舒适性相关的指标,除了热舒适性指标外,GB/T 33193.1 还规定了噪声、车内压力、防水、雪和灰尘等指

标,共计26项。26个指标中A类指标是必须要达到的,B类指标不符合与标准要求的偏差应在±20%之内(车内相对湿度除外)。

从GB/T 33193.1与EN 13129-1比较可以发现,两者的框架结构和项目条款是十分相似的,但是在条款的具体内容和参数指标上,GB/T 33193.1根据我国的实际情况进行了重新标定,将舒适度参数作了进一步分级,除了A类指标必须要满足外,其他指标相对EN 13129-1要更为宽松些。

6.1.6 动车组热舒适性研究方法

这里以动车组司机室为例探讨动车组热舒适性的研究方法,司机室是乘务员执行驾驶任务的工作场所,其对热舒适性的要求与客室相比更为严格。目前我国动车组热舒适性尚未形成专门的标准,主要依据EN 14813-1进行设计。

列车司机室是动车的主控中心,考虑列车前行所受阻力、室内各器件布置等因素,其室内结构、布局往往都受到限制,空调系统的布置需在设计阶段完成。在20世纪90年代以前,空调系统的设计通常是按照我国铁路标准中规定的铁路客车热工计算方法及相关客车技术条件要求做一些简单的计算,经验性较强,不能准确定量地进行风量分配,导致列车室内纵向断面和横向断面温度、风量分布不均匀现象,满足不了高水平的舒适性要求。

但随着近几年高速列车的快速发展,单一化的经验设计已经不能满足设计要求。随着计算机技术和计算流体动力学(computational fluid dynamics,CFD)技术的快速发展,仿真技术已成为列车空调系统设计与评价的重要工具。

这里以某新型动车组司机室为例,着重介绍如何利用CFD软件Airpak对某型高速列车司机室内热舒适性进行计算。Airpak是一个专用的空调通风系统设计软件,利用Fluent求解器进行流场计算,可计算超复杂空间模型的流动传热问题。Airpak软件应用领域非常广泛,包括建筑、汽车、楼房、化学、环境、HVAC、造纸、石油、制药等行业。目前Airpak已在很多方面的设计得到了应用,包括住宅通风、排烟罩设计、污染控制、工业空调、工业通风、建筑外部绕流、运输通风、矿井通风、厨房通风、餐厅和酒吧、电站通风、体育场等。

1. Airpak软件在列车空调设计中的优势

列车司机室室内气流组织是影响乘务员热舒适性的主要因素。气流组织的研究内容包括速度场、温度场、浓度场及相对湿度的分布等。传统的列车空调室内气流组织设计是将送风气流看成射流,通过求解射流的经验公式来确定车厢内各个截面的温度和速度分布,并采用调整送风口位置及尺寸、送风风速等方法改变温度分布和速度分布使其满足设计要求。射流的经验公式无法考虑到具体司机室内的形状及座椅、设备等因素的影响,也不能考虑排风气流对射流造成的影响。所以,采用经验公式获得的结果较粗糙,不能准确预测室内气流组织的分布特征。数值模拟需要的时间和花费相对较少,且能得到较准确的结果,如果在列车设计制造的初期对司机室内气流组织进行计算机模拟,预测流场、温度场,就能避免损失。

CFD 的发展和应用在一定程度上解决了空调系统设计中单凭经验和感觉进行设计而造成的不足。

2. Airpak 软件用于室内流场模拟的优点

(1) 能有效快速建模。Airpak 是基于"object"的建模方式,这些"object"包括空间人体、风扇、通风孔、墙壁、隔板、热负荷源、阻尼板(块)、排烟罩等模型。另外,Airpak 还提供了各式各样的 diffuser 模型,以及用于计算大气边界层的模型。Airpak 同时还提供了与 CAD 软件的接口,可以通过 IGES 和 DXF 格式导入 CAD 图形。

(2) 能实现自动网格划分。Airpak 具有自动的非结构化、结构化网格生成,能支持四面体、六面体及混合网格,因而可以在模型上生成高质量的网格。Airpak 还提供了强大的网格检查功能,可以检查出质量(长细比、扭曲率、体积)较差的网格。另外,网格疏密可以由用户自行控制,如果需要对某个特征实体加密网格,局部加密不会影响到其他对象。非结构化的网格技术——可以逼近各种复杂的几何形状,大大减少网格数目,提高模型精度。

(3) 具有丰富的模型能力。强迫对流、自然对流和混合对流模型、热传导模型、流体与固体耦合传热模型、热辐射模型、层流、湍流,稳态及瞬态问题。

(4) 提供数值报告和可视化工具。Airpak 提供了较强的数值报告,可以模拟不同空调系统送风气流组织形式下室内的温度场、湿度场、速度场、空气龄场、污染物浓度场、PMV 场、PPD 场等,以便对空间的气流组织、热舒适性和室内空气品质进行全面综合评价;同时得到速度矢量、云图和粒子流线动画等,可以实时描绘出气流运动情况。

这里将围绕某型动车组司机室内的热舒适性展开研究,针对夏季和冬季两个极端工况,采用数值计算的方法对某型动车组司机室内温度场、速度场等研究对象进行研究分析,评估现有的空调送回风系统的合理性,并对司机室内空调送风系统的优化设计提供参考依据。

6.2　动车组驾驶室热环境舒适性设计

当动车组以高速运行时,如果司机室密闭不严或开启车窗,则车内会产生强烈的紊流和噪声。因此,高速动车组与常速列车的区别之一就是它的司机室在列车运行时几乎是个密闭的空间。动车组的工作条件造成了它内部环境的特殊性,具体表现在以下诸方面。

(1) 司机室空间相对狭小,加上车内设施布置紧密,因此不利于空气流通,难以达到合理的气流组织。

（2）流线形的列车头部结构单位空间的外表面积大,与外界的热交换量大,近司机室壁面处空气的温度梯度较大,所以司机室内不易形成均匀的温度场。

（3）前窗及侧窗所占比例相对较大,易受阳光直射,因此由辐射热引起的空调负荷较大。

因此,若要使司机室内环境达到温度、湿度适宜,空气清洁的要求,在司机室热环境控制系统的设计中必须充分考虑上述特点。

6.2.1 列车司机室模型的建立及边界条件的确定

1. 列车司机室模型的建立

列车司机室模型包括实际几何模型、物理数学模型和网格简化模型。每个阶段的模型受设计人员、实际工况、软件及计算机资源的限制。确保模型的高近似性在很大程度上保障了结果的可信度。

1）物理数学模型的建立

这里的研究对象是某型动车司机室的热环境,其实际几何模型是基于专业流线外形设计软件 CATIA 设计而成。设计模型可以清晰地显示该型动车司机室的外形、送回风口的布置及热源分布。由于完整 CATIA 设计图形的内部元件极多,考虑计算成本,在进行网格划分前,对动车司机室模型进行必要的简化。司机室简化模型如图 6-8 所示。

图 6-8 某型动车司机室简化模型

模型简化原则为:保证外形轮廓尺寸误差在 10% 以内;送回风位置轮廓及布置位置基本相同;司机台、乘务员及热源中心的绝对位置与原几何模型基本重合。

2）网格的建立

好的网格能使计算结果可信且更容易收敛,网格数量需要在满足计算结果精度的前提下尽量少以节省计算时间。经过反复测试计算,确定的网格模型如图 6-9 所示。

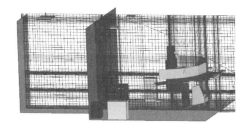 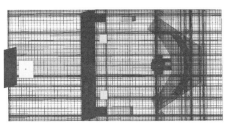

图 6-9 某型动车司机室简化模型的网格

所划网格最小尺寸为 0.1mm,最大尺寸为 8mm;总共网格数为 1709916 个。网格划分原则为:整体网格最大尺寸不能过大,最小网格应满足最小间隙约为 0.1mm;边界、人体、热源及送风口位置应局部加密。

3) 控制方程

流动与传热现象出现在列车车厢内,室内空气流动应遵循不可压黏性流体的控制方程,控制方程一般包括连续性方程、动量方程及能量方程。

(1) 连续性方程:即质量守恒定律在流体力学中的具体表述形式。它的前提是对流体采用连续介质模型,速度和密度都是空间坐标及时间的连续、可微函数。任何流动问题都必须满足质量守恒定律。该定律可表述为:单位时间内流体微元体中质量的增加,等于同一时间间隔内流入该微元体的净质量。按照这一定律,可以得出质量守恒方程,又称连续性方程[15],即

$$\frac{\partial \rho}{\partial t} + \frac{\partial (\rho u)}{\partial x} + \frac{\partial (\rho v)}{\partial y} + \frac{\partial (\rho w)}{\partial z} = 0 \qquad (6-5)$$

式中:ρ 为流体密度;u、v、w 为矢量 V 在 x、y、z 在 3 个坐标轴上的速度分量。对于不可压缩流体,密度 ρ 为常数,式(6-5)变为

$$\frac{\partial u}{\partial x} + \frac{\partial v}{\partial y} + \frac{\partial w}{\partial z} = 0 \qquad (6-6)$$

对于定常流动,则密度 ρ 不随时间变化,即 $\frac{\partial \rho}{\partial t} = 0$,则式(6-6)变为

$$\frac{\partial (\rho u)}{\partial x} + \frac{\partial (\rho v)}{\partial y} + \frac{\partial (\rho w)}{\partial z} = 0 \qquad (6-7)$$

(2) 动量方程。动量守恒定律也是任何流动系统都必须满足的基本定律。该定律可表述为:微元体的动量对时间的变化率等于外界作用在该微元体上的各种力之和。该定律实际上是牛顿第二定律。下面是动量守恒方程的表达式,即

$$\frac{\partial (\rho u)}{\partial t} + \nabla \cdot (\rho u U) = -\frac{\partial p}{\partial x} + \frac{\partial \tau_{xx}}{\partial x} + \frac{\partial \tau_{yx}}{\partial y} + \frac{\partial \tau_{zx}}{\partial z} + \rho f_x \qquad (6-8)$$

$$\frac{\partial(\rho u)}{\partial t} + \nabla \cdot (\rho u U) = -\frac{\partial p}{\partial y} + \frac{\partial \tau_{xy}}{\partial x} + \frac{\partial \tau_{yy}}{\partial y} + \frac{\partial \tau_{zy}}{\partial z} + \rho f_x \qquad (6-9)$$

$$\frac{\partial(\rho u)}{\partial t} + \nabla \cdot (\rho u U) = -\frac{\partial p}{\partial z} + \frac{\partial \tau_{xz}}{\partial x} + \frac{\partial \tau_{yz}}{\partial y} + \frac{\partial \tau_{zz}}{\partial z} + \rho f_x \qquad (6-10)$$

(3) 能量守恒方程。能量守恒定律是包含有热交换的流动系统必须满足的基本定律。该定律可表述为:微元体中能量对时间的变化率等于单位时间进入微元体的净热流量加上体力与面力对微元体所做的功。该定律实际是热力学第一定律,即

$$\frac{\partial(\rho T)}{\partial t} + \frac{\partial(\rho u T)}{\partial x} + \frac{\partial(\rho u T)}{\partial y} + \frac{\partial(\rho u T)}{\partial z} = \frac{\partial}{\partial x}\left(\frac{k}{c_p}\frac{\partial T}{\partial x}\right) + \frac{\partial}{\partial y}\left(\frac{k}{c_p}\frac{\partial T}{\partial y}\right) + \frac{\partial}{\partial z}\left(\frac{k}{c_p}\frac{\partial T}{\partial z}\right) + S_T$$
(6-11)

式中:c_p 为比热容(J/(kg·K));T 为温度;k 为流体的传热系数;S_T 为流体的内热源及由于黏性作用立体机械能转换为热能的部分,有时简称 S_T 为黏性耗散项。

能量方程是流体流动与传热问题的基本控制方程,但对于不可压缩流动,若热交换量很小至于可以忽略时,可不考虑能量守恒方程。这样,只需要联立求解连续方程和运动方程。

车厢内大部分气流属于湍流,可忽略分子黏性的影响,仅考虑湍流黏性,仅在壁面附近可看作边界层流动。湍流是一种高度复杂的非稳态三维流动。湍流模型采用 k-ε 双方程湍流模型对高速列车司机室内的气流流动及传热过程进行描述。

司机室内的流动与传热过程受质量守恒、动量守恒以及能量守恒定律的支配。在数值传热学中,将这3个守恒定律的偏微分方程称为控制方程,结合湍流模型,其通用形式为[15]

$$\frac{\partial(\rho \Phi)}{\partial t} + \text{div}(\rho U \Phi) = \text{div}(\Gamma \text{grad}\Phi) + S \qquad (6-12)$$

通用控制方程中的广义通用变量 Φ、广义扩散系数 Γ 以及广义源项 S 的表达式见表6-18[15-16]。

表6-18 通用控制方程广义变量、广义扩散系数及广义源项

方程	Φ	Γ	S
连续方程	1	0	0
动量方程	U_i	$\mu + \mu_t$	$-\frac{\partial}{\partial X_j}\left\| \frac{p}{\rho} + \frac{2}{3}k \right\| - \beta(T - T_0)g$
能量方程	T	$\mu/Pr + \mu_t/\sigma_T$	$q/\rho c_p$
湍动能	k	$\mu + \mu_t/\sigma_k$	$v_t + G - \varepsilon$
湍能耗散率	ε	$\mu + \mu_t/\sigma_\varepsilon$	$\varepsilon(C_1 vS - C_2 + C_3 G)/k$

表 6-18 中，U_i 为空气速度；p 为空气压强；ρ 为空气密度；T 和 T_0 分别为空气温度和送风温度；q 为热源热流密度；c_p 为空气定压比热容；Pr 为层流普朗特常数；μ 和 μ_t 分别为动力黏度和湍流黏度；G 为浮力产生项；β 为体积膨胀系数；g 为重力加速度；C_1、C_2、C_3、σ_T、σ_k、σ_ε 为经验常数。

2. 列车司机室模型边界条件的确定

列车司机室热环境受室外条件和室内条件的综合影响。其中室外条件包括室外几何、室外温度、空气湿度、迎风速度、太阳辐射强度等；室内条件包括室内几何布局、热源分布、人体、空调系统参数等。边界条件设定的合理与否会对仿真计算结果精确度产生影响，对计算过程的收敛好坏产生影响。

夏季和冬季极端工况下，司机室所受到的热环境相对普通工况较为恶劣，参考司机室空调系统的设计标准可确定夏季和冬季极端工况下室内外的温度和湿度条件，如表 6-19 所列。

表 6-19 夏季和冬季极端工况下室内设计标准

外部干球温度/℃		外部相对湿度/%		内部干球温度/℃		内部相对湿度/%	
制冷	制热	制冷	制热	制冷	制热	制冷	制热
35	−20	50	95	25	20	45	50

1）夏季极端工况的边界条件

（1）车内外边界条件的确定。

通过对该型列车车内热环境的分析得到，车内边界条件如下：

① 空气温度：$t_1 = 25℃$；
② 相对湿度：$\varphi = 50\%$；
③ 送风温度：t_2 为 $16 \sim 20℃$，取 $17℃$；
④ 回风温度：t_3 为 $25 \sim 29℃$，取 $27℃$。

综合考虑夏季的高温酷暑和车用冷气系统经常使用的环境，结合相关资料，将车外边界条件确定为：

① 环境温度：$t_4 = 35℃$；
② 日照强度：$I_{水平} = 1.00 kW/m^3$，$I_{垂直} = 0.16 kW/m^3$，$I_{散} = 0.04 kW/m^3$；
③ 车辆的行驶速度：$v = 250 km/h$。

（2）夏季极端工况的热负荷计算。

车内的总热负荷为

$$Q = Q_1 + Q_2 + Q_3 + Q_4 + Q_5 \tag{6-13}$$

式中：Q_1 为通过前挡风玻璃进入司机室的热负荷，其分为两部分，即单纯热传导热负荷 Q_{1a} 和太阳辐射热负荷 Q_{1b}。

前挡风玻璃经过测量面积为 $S = 2.07 m^2$，有面积 $S_{遮}$ 为 $0.87 m^2$ 有遮阳系数 $\kappa = 0.1$ 的遮阳帘来阻挡辐射。车外空气与车体外表面的对流放热系数 $a_1 =$

$1.35(4.2+13.5v^{0.5}) = 294\text{W}/(\text{m}^2 \cdot \text{K})$,车内对流换热系数 $a_2 = 15\text{W}/(\text{m}^2 \cdot \text{K})$,车体传热系数 $K = 1.85\text{W}/(\text{m}^2 \cdot \text{K})$,车窗的传热系数 $K_{玻}$ 为 $4.2\text{W}/(\text{m}^2 \cdot \text{K})$,前挡风玻璃垂直的投影面积 $S_{垂直} = 1.035\text{m}^2$,水平的投影面积 $S_{水平} = 1.793\text{m}^2$,故可得

$$Q_{1a} = K_{玻}(S - S_{遮})(t_4 - t_1) = 50.4 \text{ W} \tag{6-14}$$

没有遮阳帘的太阳辐射 Q_{1b1},即

$$Q_{1b1} = \frac{(I_{垂直} + I_{散})}{2} S_{垂直} \frac{S - S_{遮}}{S_{总}} + I_{水平} S_{水平} \frac{S - S_{无遮}}{S_{总}} = 1082\text{W} \tag{6-15}$$

有太阳遮阳板的太阳辐射 Q_{1b2},即

$$Q_{1b2} = \left[\frac{(I_{垂直} + I_{散})}{2} S_{垂直} \frac{S_{遮}}{S_{总}} + I_{水平} S_{水平} \frac{S_{遮}}{S_{总}}\right] \kappa = 77\text{W} \tag{6-16}$$

总太阳的辐射为

$$U = Q_{1b1} + Q_{1b2} = 1159\text{W} \tag{6-17}$$

总体的太阳的辐射的修正值为

$$Q_{1b} = \left[\eta U + \frac{\rho \alpha_2}{\alpha_1 U}\right] S \tag{6-18}$$

式中:η 为太阳辐射通过玻璃的透入系数,取 0.84;ρ 为玻璃对太阳辐射的吸收系数,取 0.08;S 为遮阳修正系数,由于该车采用的是 18 mm 普通玻璃,取 1。

故太阳辐射透入的热负荷为

$$Q_{1b} = 978\text{W}$$

通过玻璃进入司机室内的热负荷为

$$Q_1 = Q_{1a} + Q_{1b} = 1028\text{W} \tag{6-19}$$

Q_2 为通过车顶、车底、车壁等外部传入车内的热负荷。

全车总面积约为 $S = 45.713\text{m}^2$

$$Q_2 = SK(t_1 - t_4) = 846\text{W} \tag{6-20}$$

Q_3 为车内灯的热负荷。

车内共有 5 盏灯,每盏灯是 36W,所以 $Q_3 = 36\text{W} \times 5 = 180\text{W}$。

Q_4 为司机的热负荷。

根据相关资料,查得 $Q_4 = 120\text{W}$。

Q_5 为微机及附属热源的热负荷。

车内微机及附属热源热负荷为 $Q_5 = 720\text{W}$。

Q 为车内的总热负荷,即

$$Q = Q_1 + Q_2 + Q_3 + Q_4 + Q_5 = 2894\text{W} \tag{6-21}$$

(3) 空调系统理论送风量的确定。

根据热平衡计算空调的送风量,空调的送风温度为 17℃,相对湿度为 55%,

其焓值 $h_{送}$ = 32.54 kJ/kg,空调的回风温度为 25℃,相对湿度为 45%,其焓值 $h_{回}$ = 56.02 kJ/kg。根据 $\Delta h \rho V = Q$,可以解得夏季极端工况下空调系统理论总送风量为

$$V = 653 \text{m}^3/\text{h}$$

考虑到司机室内部场的非均匀性,故理论送风量并不代表实际送风量,最佳送风量需根据后续仿真确定。

2) 冬季极端工况的边界条件

(1) 车内外边界条件的确定。

①由冬季极端列车运行工况确定车内边界条件为:环境温度 t_3 = 20℃。

②车外边界条件确定为:环境温度 t_4 = -20℃;夜间行驶时太阳辐射忽略不计;车辆的行驶速度 v = 250km/h。

(2) 列车冬季极端工况的热负荷计算。

冬季极端工况下主要考虑车体散热损失,即

$$Q = KS\Delta T \tag{6-22}$$

式中:Q 为车体总散热量(W);K 为冬季工况下车体传热系数,取 0.8W/(m²·K);S 为车体表面面积,45.713 m²;ΔT 为室内外温差,40℃。

故车体热损失为

$$Q = 1463\text{W}$$

针对冬季工况车体散热,车内除了送入略高于室内温度的空气外,还引入两套辅助加热设备,即 750W 风扇加热器和 180W 腿部加热器。其总功率为 1860W,基本补偿了由车体热损失散发的热量。

6.2.2 列车司机室热舒适性的仿真分析与评价

针对夏季和冬季极端工况,在现有条件下(给定最大送风量、送风温度、风量分配比、送风角度),司机室的热环境能否满足室内舒适环境的要求很大程度上决定了司机的工作状态和操作反应,进而影响到列车运行的安全性。

在给定设计条件下,空调送风系统的可变参数为总送风量。给定最大送风量后,在最大送风量范围内能否找到一个合适值满足高速列车司机室内热舒适性要求是首先需要确定的。

针对夏季、冬季极端工况设定合理的边界条件后,利用 Airpak 进行仿真计算,并对仿真结果进行分析与评价。确定人体重要部位的 PMV、PPD、头脚温差、风速等人体舒适性指标,对照列车关于司机室内热环境的设计要求和人体舒适度的理论要求,对司机室热环境进行评价。

1. 司机室空调系统布置及其设计参数

空调系统布置是按已设计布置确定,空调系统包括送风、排风及回风 3 部分。其中送风起到调节司机室内温度、湿度、空气新鲜度等作用,送风位置分布

在司机室的挡风玻璃下方及司机室工作区车顶后方;排风将司机室滞留的旧风排出,主要起到调节司机室空气新鲜度的作用,排风口共两个,分布在司机室工作区两侧;回风口将司机室内大部分空气回收结合部分新风重新送入司机室,回风口位于工作区后室与列车车厢连接区域。空调系统具体参数及意义如表6-20所列。

表6-20 司机室空调系统布置各参数说明

编号	名称	个数	作用	送风、回风、排风量最大值/(m³/h)	送风、回风、排风温度/℃ 夏季	送风、回风、排风温度/℃ 冬季	相对湿度/%
a	后送风口	2	送入冷/热量	—	17	22	50
b	前送风口	1	送入冷/热量	—	18	24	50
c	腿部送风口	2	送入冷/热量	—	18	24	50
	送风总量			800	—		
d	排风口	2	排风	—	约24	约20	约50
e	回风口	1	回风	—	约27	约18	约45
	出风总量			800	—		

夏季的冷量全部都由空调系统来提供。冬季除了空调输入的部分热量外,还有辅助加热设备,它们分别是:2个风扇加热器,作用是补偿车体热损失功率约750W,送风温度为35℃,送风量为180m³/h;2个腿部辅助加热器,作用是加强腿部加热,加热功率为360W。

2. 夏季极端工况下司机室热舒适性的仿真评价

夏季极端工况下,车外高温气体和强太阳辐射随着列车高速运行与司机室进行强烈的热交换,使得车体处于一个高强度加热状态。这部分随车体及车内热源带来的热量需要由空调送风系统的冷量来调和,满足司机室的热舒适性要求。表6-21显示了夏季工况下的车内外条件。

表6-21 夏季极端工况车内外条件

外部干球温度/℃	外部相对湿度/%	室内干球温度/℃	室内相对湿度/%	列车运行速度/(km/h)	辐射热量/W	车体导热量/W	热源散热量/W
35	50	25	45	250	1028	846	1020

1) 夏季工况热舒适性仿真结果及分析

在现有最大送风量800m³/h的前提下,不同总送风量下对司机室的热舒适性进行仿真研究并对仿真结果进行分析,评价现有设计是否符合热舒适性要求。

参考计算的理论总送风量为653m³/h,分别设置送风总量为500m³/h、

600m³/h、700m³/h、750m³/h、800m³/h 时对司机室的热环境进行了场的仿真计算。表 6-22 为不同总送风量下司机室内温度场和速度场的仿真结果；表 6-23 为不同总送风量下司机室内 PMV 和 PPD 的仿真结果。

表 6-22 夏季不同送风量下司机室内温度场和速度场的仿真模拟结果

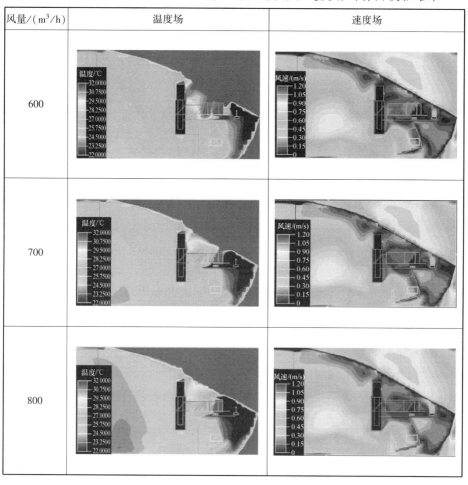

表 6-23 夏季不同送风量下司机室内 PMV 和 PPD 的仿真模拟结果

续表

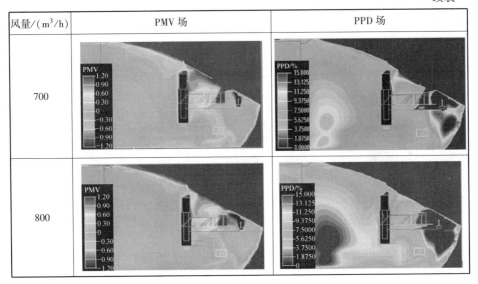

从表6-22和表6-23中可以看到,随着总送风量的增大,司机室内的温度明显下降;乘务员背部和胸部速度差减小;司机室内平均PMV和PPD基本不变,但乘务员头部PMV和PPD显著下降。

总送风量的大小决定了司机室内冷量输入的大小。送风量过小,不足以平衡从车体边界及司机室内热源的热流,导致司机室内温度过高。尤其需要说明的是,由于司机室前窗透入的辐射热量集中达到上千瓦,且微机散热功率达到750 W,故乘务员头部和胸部处的温度明显偏高,风量为600m³/h时最高温度达到29 ℃,大大高于EN14813-1中夏季室内设计不大于27 ℃的要求,故需提高风量以保证头、胸温度不致过高。从表6-22中可以看到,当总送风量为800m³/h时,人体胸部和头部的温度已经降至26.5 ℃左右,基本满足要求。

速度场体现了司机室内的气流组织情况,在温度较高的场所通常可以用提高风速来改善热舒适环境,但是风速过大会令人厌烦。根据EN 14813-1附录A中建议的空调室内风速宜采用0.1~0.5m/s。送风量的增大意味着送风速度的增大,从表6-22中可以看到,随着送风量的增大,司机背部的速度场影响不大,但乘务员头部的速度明显提高,速度从送风量为600m³/h的0.11m/s提高到800m³/h的0.33m/s左右。

人体头部的PMV在800m³/h时最小,为0.76,相比之下,人体感觉最舒适。虽然胸部和足部的PMV有不同程度的增加,但增加有限,且人体穿着衣服,头部暴露在热环境中,所以头部的PMV为重点考虑因素。

从PPD图像上分析,虽然随着风量的增大,司机室内某些区域的PPD呈现明显增加趋势,但乘务员的胸部和足部的PPD随着风量的增加变化较小,均保持在10%左右,满足设计要求。

2)夏季工况热舒适性评价

表6-22、表6-23从直观上得到了司机室内不同送风量下场的分布。乘务员位置附近尤其是乘务员头部附近的PMV、PDD、风速、头脚温差等是重要参数,有必要对其进行定性测量,从乘务员的角度评价分析乘务员附近的热舒适性情况,如图6-10所示。

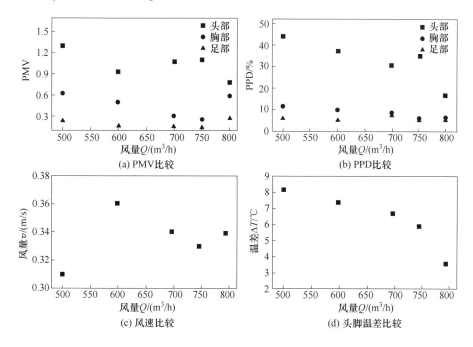

图6-10 夏季工况不同风量司机位置处计算结果

图6-10显示了不同风量下人体头部、胸部、足部的PMV。从图中可以看到,任意风量下乘务员头部的PMV要大于胸部和足部,头部PMV的大小决定了整个司机室内PMV热评价是否符合设计要求。图6-10显示在风量为800m³/h时,乘务员头部的PMV最小,为0.76满足热舒适性要求。

PPD是PMV的单值函数,其表征不同人对热环境的满意程度,PPD在-25%(稍冷)~25%(稍热)内都是符合室内人体舒适标准的。从图中可以看到,人体头部的PPD在风量小于800m³/h时均大于30%,不满足要求,800m³/h的PPD在15%附近,基本满足设计要求。

司机室内风速为0.1~0.5m/s是比较舒适的,从图6-10中可以看到总送风量在500~800m³/h内,人体颈部的风速范围均在0.33m/s左右,符合设计要求。

头脚温差需要限定在一个范围,一般规定1.8~0.1m之间的温差应不大于0.3℃。从图6-10中可以看到,头脚温差是随着风量的增大而几乎成线性降低,在总送风量为800m³/h时,其头脚温差最小,为3.67℃。

根据仿真计算得出800 m³/h为最佳送风量,人体的PMV、PPD、风速、头脚温差的结果如表6-24所列。

表6-24 总送风量为800m³/h的结果

指标	头PMV	胸PMV	足PMV	头PPD/%	胸PPD/%	足PPD/%	颈部风速/(m/s)	头脚温差/℃
计算值	0.76	0.54	0.31	15	6.90	5	0.33	3.67

从表6-24中可以看到,在夏季极端工况下,在给定最大总送风量、送风比例及分量分配比的条件下,除了头脚温差稍微超过标准(大于3℃)外,其余表征热环境的参数指标均符合热舒适性要求。

3. 冬季极端工况下司机室热舒适性的仿真评价

冬季极端工况下,外部气温低至-25℃,车体与外界环境剧烈的热交换导致车体有较大的热损失,这部分热损失主要由风扇加热器来完成。此外,为了保证合理的车内气流组织和提供额外的对司机室的热补偿,司机室内空调系统将送出一部分略高于室内温度的空气来满足司机室内的热舒适要求。表6-25显示了冬季工况下的车内外条件。

表6-25 冬季极端工况车内外条件

外部干球温度/℃	外部相对湿度/%	室内干球温度/℃	室内相对湿度/%	列车运行速度/(km/h)	辐射热量/W	车体导热量/W	热源散热量/W
-20	95	20	50	250	0	-1463	1020

1) 冬季工况热舒适性仿真结果及分析

在现有最大送风量800m³/h的前提下,不同总送风量下对司机室的热舒适性进行仿真研究并对仿真结果进行分析,评价现有设计是否符合热舒适性要求。分别设置送风总量为500m³/h、600m³/h、700m³/h、750m³/h、800m³/h时对司机室的热环境进行了场的仿真计算。表6-26为不同总送风量下司机室内温度场和速度场的仿真结果;表6-27为不同总送风量下司机室内PMV和PPD场的仿真结果。

从表6-26和表6-27中可以看到,随着总送风量的增大,司机室内的温度明显升高;风速场基本不变;PMV增大但乘务员背部PPD有明显降低。从各项指标来看,随着送风量的增大,司机室内的热环境有明显的改善。

由于送风温度比室内温度略高2℃,故空调系统提供了一部分热量进入司机室内。温度是衡量司机室内热量输入是否足够的重要指标。从表6-26中可以看到,当送风量小于700m³/h时,乘务员背部空间的温度仅为16.9℃左右,与EN 14813-1设计温度18℃有差距,人体感觉较冷;当送风量为800m³/h时,整个司机室尤其乘务员位置附近的温度有了较大提高,在 20.6℃左右,满足热舒适环境对温度的要求。

表 6-26 冬季不同送风量下司机室内温度场和速度场的仿真模拟结果

风量/(m³/h)	温度场	速度场
600		
700		
800		

表 6-27 冬季不同送风量下司机室内 PMV 场和 PPD 场的仿真模拟结果

风量/(m³/h)	PMV 场	PPD 场
600		
700		

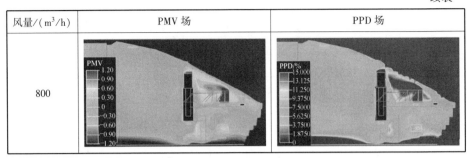

风量/(m³/h)	PMV 场	PPD 场
800		

从表6-26中可以看到,随着总送风量的增大,风速场的变化集中在司机室中心区域,该区域的高速区范围随送风量的增大而微增。

从表6-27中可以看到,随着总送风量的增加,司机室内的PMV在负值区间增大,更接近0。当总送风量为800m³/h时,司机室内PMV在-0.14左右,满足热舒适环境对PMV的要求。

当送风量小于700m³/h时,司机室中心区域的PPD约为32%,严重超过设计的25%,人体会感到明显的不舒服。从表6-27中还可以看到,乘务员位置处的PPD相比周围偏高约为20%。

2)冬季工况热舒适性评价

表6-26、表6-27从直观上得到了司机室内不同送风量下场的分布。乘务员位置附近尤其是乘务员头部附近的PMV、PDD、风速、头脚温差等是重要参数,有必要对其进行定性测量,从乘务员的角度评价分析乘务员附近的热舒适性情况,如图6-11所示。

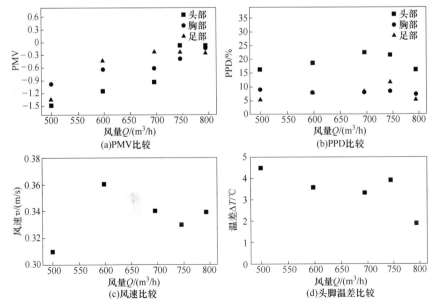

图6-11 冬季工况不同风量乘务员位置处计算结果

第6章 动车组热环境舒适性设计

图 6-11 显示了不同风量下人体头部、胸部、足部的 PMV。从图中可以看到任意风量下乘务员位置处的 PMV 均为负值,说明乘务员位置处的人体感觉是略微偏凉,且头部的 PMV 要小于胸部和足部,故头部 PMV 的大小决定了整个司机室内 PMV 热评价是否符合设计要求。在风量为 800m³/h 时,乘务员头部的 PMV 最大,为-0.08,满足热舒适性要求。

从图 6-11 中可以看到,人体头部的 PPD 在风量小于 800m³/h 时均大于 30%,不满足要求,800m³/h 的 PPD 在 15%附近,基本满足设计要求。

从图 6-11 中可以看到,总送风量在 500~800m³/h 内,人体颈部的风速范围均在 0.3m/s 左右,符合设计要求。

头脚温差需要限定在一个范围,一般要控制 0.3℃ 以内。从图 6-11 中可以看到,头脚温差是随着风量的增大几乎呈线性降低,在总送风量为 800m³/h 时,其头脚温差最小,为 1.74 ℃。

根据仿真计算得出 800m³/h 为最佳送风量,人体的 PMV、PPD、风速、头脚温差的结果如表 6-28 所列。

表 6-28 总送风量为 800m³/h 的计算结果

指标	头 PMV	胸 PMV	足 PMV	头 PPD /%	胸 PPD /%	足 PPD /%	颈部风速 /(m/s)	头脚温差 /℃
计算值	-0.28	-0.12	-0.25	16.30	7.58	5.47	0.3	1.74

从表 6-28 中可以看到,在冬季极端工况下,在给定最大总送风量、送风比例及分量分配比的条件下,表征热环境的参数指标均符合热舒适性要求。

6.2.3 列车司机室热舒适性优化

虽然列车司机室的热环境在现有空调送风系统及送风参数下基本可以满足热舒适要求,但仍有部分评价指标在热舒适范围的边缘。考虑到实际边界的复杂多变,列车实际运行时司机室内的热环境很容易超出舒适范围,从而不满足舒适性的设计要求。所以,有必要对司机室内的空调系统进行优化,改善其热环境。

在不改变原有设计结构的前提下,该型动车组司机室送风系统中的主要可调参数包括各送风口的送风温度、送风角度和风量分配比。送风温度是根据工况随时调整的,在夏季和冬季极端工况下,其送风温度一般是确定的。故优化对象主要从送风角度和风量分配比来考虑。

从送风系统上来看,由于脚下送风口的送风位置的特殊性,其送出的风基本是被限制的,故研究其送风角度意义不大。优化对象将集中在前、后风量分配及后送风口送风角度。

1. 夏季极端工况下司机室送风系统的优化

1) 前送风口角度及脚下送风口风量的调整

送风口送风去向受到司机室内结构的影响较大,尤其是前送风口和脚下送风口。前送风口布置在司机室前端,出口端与前挡风玻璃距离很短,送出的冷风将直接撞向挡风玻璃反弹而滞留在司机室前部区域,这不利于冷量的输送。一个好的解决方案是将前送风口送风方向往司机室中心偏置,约与竖直方向成 30°。

从 800m³/h 的温度场中可以看到,乘务员腿部区域的冷量明显充足,甚至过多,导致头脚温差过大。解决方法是降低腿部送风量,在给定最大总送风量的前提下可以将这部分冷量分配在前、后送风口,从而可以改善整个司机室的热环境。

将前送风口改为 30°,腿部送风量从 100m³/h 减为 50m³/h,其优化前后对比如图 6-12 所示。

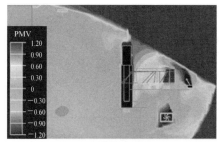

(a) 改进前PMV场

(b) 改进后PMV场

(c) 改进前PPD场

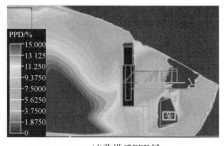

(d) 改进后PPD场

(e) 改进前温度场

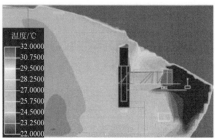

(f) 改进后温度场

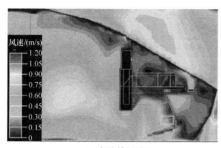

(g)改进前风速场　　　　　　　　　　(h)改进后风速场

图 6-12　脚下送风量及前送风口角度调整前后比较

从图 6-12 中可以看到,对腿部送风量减小至 $50\mathrm{m}^3/\mathrm{h}$,前送风口送风方向调整到与竖直成 30°后其 PMV 场有了明显改善,司机室内整体值明显降低;由于减小腿部风量,室内高温区明显减少,优化效果显著。

2) 后送风口送风角度及前送风口送风量的优化

后送风口送风角度直接影响司机室内的气流组织、冷量及空气新鲜度,考虑到后送风口送风量所占比例较大,其对司机室内热环境影响较大。

在确定脚下送风口送风量和总送风量前提下,前后送风口的风量分配比是影响司机室内冷量分配的决定因素。优化目的是找到前后送风口送风比例与后送风口的送风角度两者的最佳组合,使得司机室内的热舒适性达到最佳值。

研究方案是后送风口送风角度定为 -30°、0°、30°、45°、60°,前送风口送风量占总送风量的比例定为 1/8、1/4、3/8、1/2。对上述两个优化对象进行组合,仿真分析司机室内热环境,确定最佳组合。

(1) PMV-PPD 分析。

改变送风角度,前送风口送风量占总送风量的比例分别为 1/8、2/8、3/8、4/8 时,计算司机室热环境的 PMV,其仿真结果如表 6-29 所列。

从表 6-29 中可以看到,随着后送风口送风角度和前送风口送风量的改变,司机室内气流组织受到影响,冷量分配也出现差异,故而影响到司机室内的 PMV 场的分布。

表 6-29　夏季工况变风量变角度 PMV 仿真结果

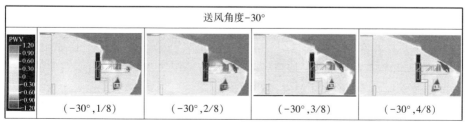

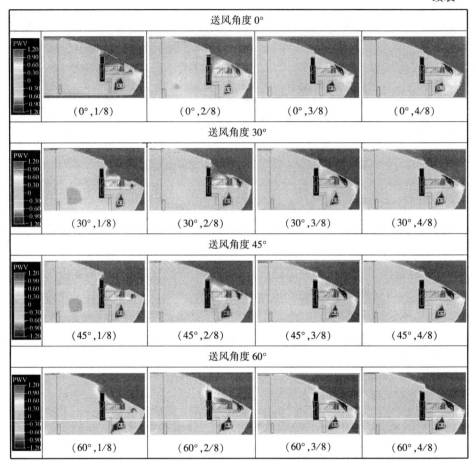

在同一送风角度下,随着前送风口送风比例的增大,乘务员头部位置的 PMV 明显降低,乘务员背后的广大区域 PMV 略微上升。经仔细比较对比,确定前送风口送出风量占总风量为 3/8 时,司机室内的 PMV 达到较低水平。

在前送风口送风量一定时,随着后送风口送风角度的增大,PMV 的变化更为显著。送风角度越大,PMV 场的小值区域呈现先大后小的趋势。综合考虑确定送风角度为 30°时,司机室内的 PMV 场总体较小,又不致过低而让人体感觉凉,且在该送风角度下司机位置处 PMV 场分布最为均匀。

综上分析,当前送风口送风量占总风量比例为 3/8(前送风口送风量为 300m³/h),后送风口送风方向为 30°时,司机室内的 PMV 场分布最佳。

为了进一步对乘务员位置处的 PMV 分布情况作定量了解,图 6-13 给出了头部、足部和胸部的 PMV 平均值,在图中只需确定最为接近 0 值所对应的风量分配比及送风角度的组合(已在图中圈出)。

从坐标图中可以看出,头部 PMV 的最佳组合为(30°,3/8)及(30°,4/8),足

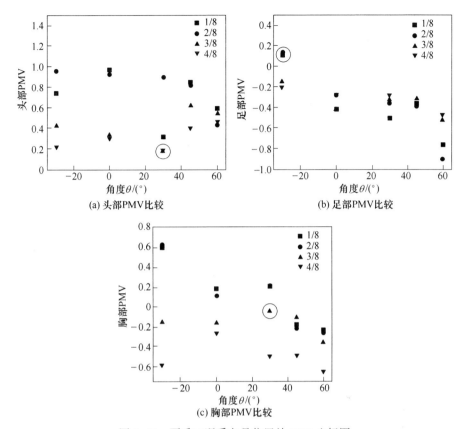

图 6-13 夏季工况乘务员位置处 PMV 坐标图

部 PMV 的最佳组合为(0°,1/8)及(0°,2/8),胸部 PMV 的最佳组合为(30°,3/8)。考虑到(30°,3/8)处的足部 PMV 为 0.22,也是较优值。故从乘务员位置处的 PMV 考虑,最佳组合为前送风口送风量占总风量比例为 3/8(前送风口送风量为 300m³/h),后送风口送风方向为 30°。

改变送风角度,前送风口送风量占总送风量的比例分别为 1/8、2/8、3/8、4/8 时,计算司机室热环境的 PPD 仿真结果如表 6-30 所列。

表 6-30 夏季工况变风量变角度 PPD 仿真结果

送风角度 -30°			
(−30°,1/8)	(−30°,2/8)	(−30°,3/8)	(−30°,4/8)

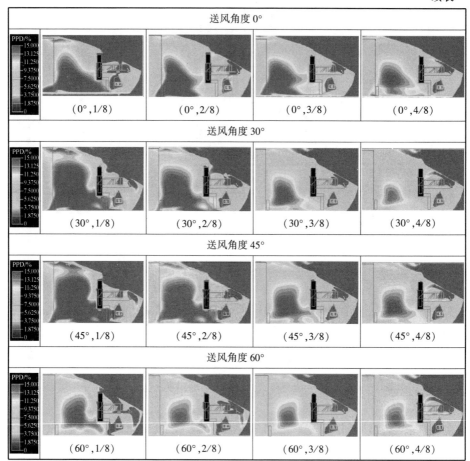

从表 6-30 中可以看到,随着后送风口送风角度和前送风口送风量的改变,司机室内的 PPD 场有相应的改变。在同一送风角度下,随着前送风口送风量的增大,其整体的 PPD 明显下降。但在前送风比例为 4/8 时,乘务员位置处的 PPD 出现局部升高,故前送风比例 3/8 为最佳。

在前送风口送风量一定时,前送风口比例为 1/8 和 2/8 时,随着送风角度的增大,其 PPD 场均值明显增大,PPD 接近 23%;前送风口送风比例为 3/8 和 4/8 时,PPD 在-30°时出现较低值,这是由于后送风口送出的冷风是经过列车隔板反弹进入司机室中心位置,气流趋于平缓,减小对人体的冲击感。

综上考虑,当前送风口送风量占总风量比例为 3/8(前送风口送风量为 300m³/h),后送风口送风方向为-30°时,司机室内的 PPD 场分布最佳。

为进一步对乘务员位置处的 PPD 分布情况作定量分析,图 6-14 给出了头部、足部和胸部的 PPD 平均值,在图中只需确定最为接近 0 值所对应的风量分配比及送风角度的组合(已在图中圈出)。

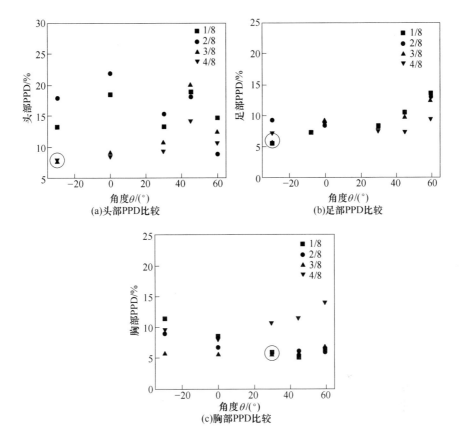

图 6-14 夏季工况乘务员位置处 PPD 坐标图

从散点图上分析,占主导作用的头部和足部的 PPD 在(-30°,3/8)时是最佳值,均小于5%。而其他点在头部 PPD 较小时而胸部的 PPD 会较大。足部的 PPD 在 0°~45°之间保持在较好的水平,所以足部不起决定性的作用。脚部的 PPD 在(-30°,3/8)时保持在8%左右,舒适度较好,所以 PPD 在(-30°,3/8)时为最佳。

(2) 风速分析。

适当的气流流动,一方面将人体表面的热量带走,保持人体表面的热湿平衡;另一方面也可以将人体附近的二氧化碳气体带走。但是风速过高,使得人体有明显的"吹风感",这将使人感觉不舒服。夏季工况下风速在 0.25m/s 附近,人体较为舒服。

改变送风角度,前送风口送风量占总送风量的比例分别为 1/8、2/8、3/8、4/8 时,计算司机室热环境的风速场仿真结果如表 6-31 所列。

表6-31 夏季工况变风量方变角度风速场仿真结果

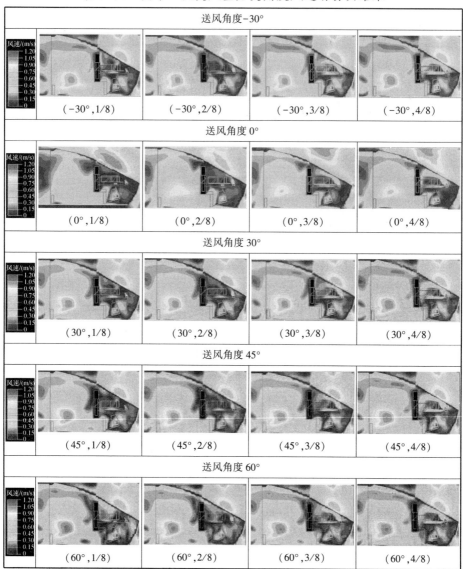

从表6-31中可以看到,改变后送风口送风角度以及前送风口送风量对司机室内的风速场影响不大。从云图中可以看到,不同送风角度和送风口送风量对风速场的微小影响是在乘务员所在位置附近。仅从乘务员位置观察,可以看到送风角度和前送风比例组合为(30°,3/8)及(60°,2/8)时,乘务员位置的风速较优,大约为0.25 m/s。

为了进一步对乘务员位置处的风速情况作定量分析,图6-15给出了头部风速平均值,在图中只需确定最为接近0.25 m/s所对应的风量分配比及送风角度的组合(已在图中圈出)。

从散点图上分析,乘务员头部的风速在(30°,3/8)及(60°,2/8)时出现较优值,分别为 0.23 m/s 和 0.228 m/s。

综合考虑散点图及司机室内风速场云图确定后送风口送风角度与前送风口送风比例组合为(30°,3/8)及(60°,2/8)时,乘务员位置处的风速处于人体舒适范围内。

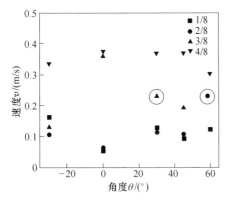 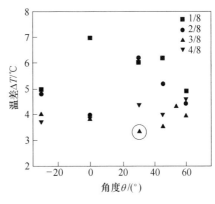

图 6-15 夏季工况乘务员位置风速坐标图　　图 6-16 夏季工况乘务员位置温差坐标图

(3) 温度分析。

温度是表征热环境的一个重要物理参数,人体对温度的敏感度很高,尤其在 28℃附近,夏季室内空调温度一般要求控制在 28℃以下。研究表明,夏季室内温度为 25℃左右人体较为舒适。

改变送风角度,前送风口送风量占总送风量的比例分别为 1/8、2/8、3/8、4/8 时,计算其司机室热环境风速场的仿真结果如表 6-32 所列。

表 6-32　夏季工况变风量变角度温度场仿真结果

送风角度 -30°			
(-30°,1/8)	(-30°,2/8)	(-30°,3/8)	(-30°,4/8)
送风角度 0°			
(0°,1/8)	(0°,2/8)	(0°,3/8)	(0°,4/8)

续表

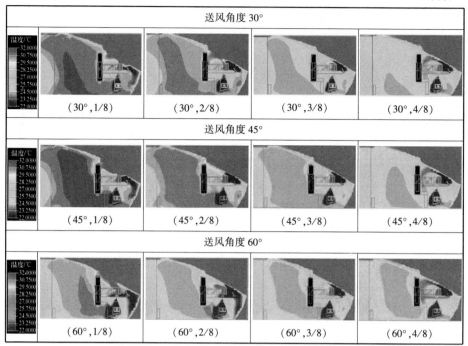

从表6-32中看到,改变风量分配比和后送风口送风角度,司机室内的温度场有明显的改变。相比之下,风量分配比对室内温度场分布影响较大。

在同一送风角度下,前送风口送风比例为1/8、2/8时,乘务员位置处前后温差很大。由于乘务员前窗的太阳辐射热流大,直接对乘务员头部位置空气加热,前送风量不足时,该处温度很高,最高温度为28℃;又由于后送风口输出冷量过大,导致乘务员背后温度很低,最低温度仅为22℃,人体感觉不舒服。而当前送风口送风量过大时,一方面乘务员头部有明显的冷量堆积,导致过冷;另一方面,后送风口输出冷量降低,导致司机室内平均温度升高。

综上分析,当前送风口送风量占总风量比例为3/8(前送风口送风量为300m³/h),后送风口送风方向为30°时,司机室内的温度场分布最佳。

人体头脚温差也是影响人体热舒适性的一个重要指标,头脚温差越大,人体越感到不舒适。一般来说,乘务员的头脚温差应不大于3℃。图6-16对不同送风角度和不同风量比下的乘务员头脚温差做了定量计算,确定头脚最小温差的角度、风量比组合(已在图中圈出)。从散点图确定,在后送风口送风角度和前送风口送风比例的组合为(30°,3/8)时,乘务员头脚温差最小,约为3.3℃,基本满足司机室内的热环境舒适要求。

综合考虑散点图及司机室内风速场云图,确定后送风口送风角度与前送风口送风比例的组合为(30°,3/8),司机室内的温度情况满足舒适性要求。

(4)最优组合的确定。

改变后送风口送风角度及前送风口送风量,并从 PMV、PPD、风速及温度 4 个因素考虑分析不同组合下司机室热舒适性情况,最终确定各舒适度指标与最优配置的对应如表 6-33 所列。

表 6-33 夏季司机室舒适度指标与最优配置对应表

舒适度指标	PMV	PPD	风速	头脚温差
最优配置	(30°,3/8)	(-30°,3/8)	(30°,3/8)	(30°,3/8)

从表 6-33 中可以看出,有 3 项舒适度指标的最优配置均为(30°,3/8),考虑到(30°,3/8)时的头、足和胸部的 PPD 为 12%、8%、5%,均处于热环境的舒适区间。综合考虑,选取(30°,3/8)作为后送风角度和前送风口送风量占总送风量比值的最佳组合。

夏季极端工况下,在总送风量保持不变(仍为 $800m^3/h$),且空调系统的送回风口布置不变的前提下,确定优化以下 4 个方面,即前送风口送风角度、脚下送风量、前送风口送风比例、后送风口送风角度,最终确定优化方案如下:

① 前送风口送风角度为与竖直向上方向成 30°且偏向乘务员位置处。

② 脚下的两个送风口送风量由原来 $100m^3/h$ 减小为 $50m^3/h$。

③ 前送风口送风量占总送风量的 3/8(此时前送风口送风量为 $300m^3/h$,后送风口送风量为 $200m^3/h$)。

④ 后送风口送风角度为与竖直向下成 30°偏乘务员位置方向。

空调优化前后的司机室内的场分布比较如表 6-34 所列,乘务员位置处的舒适度指标比较如表 6-35 所列。

表 6-34 夏季极端工况下司机室送风系统优化前后司机室内场分布对比

参数	PMV	PPD	风速	温度
优化前				
优化后				

表 6-35 夏季极端工况下司机室送风系统优化前后乘务员位置处舒适度指标比较

指标	头 PMV	胸 PMV	足 PMV	头 PPD/%	胸 PPD/%	足 PPD/%	风速/(m/s)	温差/℃
优化前	0.76	0.54	0.31	15	6.90	5	0.33	3.67
优化后	0.18	-0.04	-0.30	10.64	5.35	8.01	0.33	3.3

从表 6-35 中可以看到,除足部 PMV、PPD 比优化前略差外,其他人体的热舒适性指标尤其是乘务员头、胸部的 PMV 及头部风速的优化效果明显。

2. 冬季极端工况下司机室送风系统的优化

对于冬季极端工况下司机室送风系统的优化,同样可以从改变后送风口送风角度及前送风口送风量对司机室的热环境进行仿真计算,并从 PMV、PPD、风速及温度 4 个因素考虑分析不同组合下司机室热舒适性情况,最终确定各舒适度指标与最优配置的对应如表 6-36 所列。

表 6-36　冬季司机室舒适度指标与最优配置对应表

舒适度指标	PMV	PPD	风速	头脚温差
最优配置	(0°,2/8)	(0°,2/8)	(30°,3/8)	(0°,3/8)

从表 6-36 中可以看出,有 3 项舒适度指标的最优配置均为(0°,3/8),考虑到速度场随送风角度和风量分配比例的影响不大,且乘务员头部位置处在(0°,3/8)只是略微偏高于设计值,约为 0.33m/s,基本不会有明显吹风感,且考虑到司机台位置需要适当的通风以保证乘务员呼吸空气的新鲜度。综合考虑,选取(0°,3/8)作为后送风角度和前送风口送风量占总送风量比值的最佳组合,与优化前一致。

冬季极端工况下,在总送风量保持不变(仍为 800m^3/h),且空调系统的送回风口布置不变的前提下,确定优化对象为以下 4 个方面,即前送风口送风角度、脚下送风量、前送风口送风比例、后送风口送风角度,最终确定优化方案如下。

① 前送风口送风角度为与竖直向上方向成 30°且偏向乘务员位置处。

② 前送风口送风量占总送风量的 2/8(此时前送风口送风量为 200m^3/h,后送风口送风量为 200m^3/h)。

③ 后送风口送风角度为竖直向下。

空调优化前后司机室内的场分布比较如表 6-37 所列,乘务员位置处的舒适度指标比较如表 6-38 所列。

从表 6-38 中可以看到,除足部 PMV、PPD 比优化前略差、头部风速比优化前略高外,其他人体的热舒适性指标尤其是乘务员头、胸部的 PMV 的优化效果明显。

表 6-37　冬季极端工况下司机室送风系统优化前后司机室内场分布对比

参数	PMV	PPD	风速	温度
优化前				

续表

参数	PMV	PPD	风速	温度
优化后	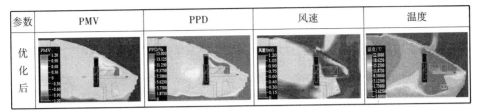			

表6-38 冬季极端工况下司机室送风系统优化前后乘务员位置处舒适度指标比较

指标	头PMV	胸PMV	足PMV	头PPD/%	胸PPD/%	足PPD/%	风速/(m/s)	温差/℃
优化前	-0.28	-0.12	-0.25	16.30	7.58	5.47	0.3	1.74
优化后	-0.16	-0.02	-0.28	7.89	5.52	15.00	0.30	1.01

从夏季和冬季极端工况下司机室送风系统优化仿真结果可以看出,在不改变原有设计结构前提下,确定优化对象将集中在前后风量分配比及后送风口送风角度,仿真结果表明,优化前后司机室热环境得到改善,具体的优化方案如表6-39所列。

表6-39 某型动车组司机室送风系统综合优化方案

状态	季节	前送风口送风方向	前送风口送风量/(m³/h)	脚下送风量/(m³/h)	后送风口送风方向	后送风口送风量/(m³/h)
优化前		竖直向上	200	100	竖直向下	200
优化后	夏季	竖直向上偏乘务员方向30°	300	50	竖直向上偏乘务员方向30°	200
	冬季	竖直向上偏乘务员方向30°	200	100	竖直向下	200

参 考 文 献

[1] 刘志明,史红梅. 动车组装备[M]. 北京:中国铁道出版社,2007.
[2] 赵恒. 空调列车室内微环境研究现状综述[J]. 铁道机车车辆,2005,25(1):44-48.
[3] 陈焕新,张登春. 空调硬卧车内人体热舒适性研究[J]. 铁道学报,2004,26(3):46-50.
[4] 国家铁路局. 铁道车辆空调 第1部分:舒适度参数:GB/T 33193.1[S]. 北京:中国标准出版社,2016.
[5] Technical Committee RAE/1. Railway applications Air conditioning for main line rolling stock Part 1 Comfort parameters:BS EN 13129-1[S]. London:BSI Standards,2003.
[6] Technical Committee RAE/4. Railway applications Air conditioning for driving cabs Part 1 Comfort parameters:BS EN 14813-1[S]. London:BSI Standards,2006.
[7] Technical Committee RAE/1. Railway applications Air conditioning for urban and suburban rolling stock Part 2 Type tests:BS EN 14750-2[S]. London:BSI Standards,2006.

[8] FANGER P O, TOFTUM J. Extension of the PMV model to non-air-conditioned buildings in warm climates[J]. Energy and Buildings,2002, 34(6): 533-536.

[9] American Society of Heating, Refrigerationg and Air-Conditioning Engineers. Thermal Environmental Conditions for Human Occupancy: ANSI/ASHRAE 55[S]. Atlanta: ASHRAE, 1992.

[10] 刘慧军, 方卫宁, 王红瑀, 等.时速160km城际动车组司机室热舒适性评价[J]. 电力机车与城轨车辆, 2018, 41(05): 70-75.

[11] 全国人类工效学标准化技术委员会. 中等热环境 PMV 和 PPD 指数的测定及热舒适条件的规定: GB/T 18049-2000[S]. 北京: 中国标准出版社, 2000.

[12] ISO/TC 159/SC 5 Ergonomics of the physical environment. Ergonomics of the thermal environment Analytical determination and interpretation of thermal comfort using calculation of the PMV and PPD indices and local thermal comfort criteria: ISO 7730[S]. Geneva: International Organization for Standardization, 2005.

[13] 杨培志, 陈焕新. 热舒适评价指标 PMV-PPD 在空调列车上的应用[J]. 发电与空调, 2002, 23(2): 22-24.

[14] 国家铁路局. 铁道客车通用技术条件: GB/T 12817[S]. 北京: 中国标准出版社, 2004.

[15] PATANKAR S V. Numerical Heat Transfer and Fluid Flow[M]. Boca Raton: CRC Press, 1980.

[16] 孙春华, 宁智, 付娟, 等. 高速列车司机室内热舒适性的评价与优化[J]. 铁道学报, 2014, 36(4):130.

附录 相关标准

编号	标准号	年份	标准名称	标准类别
1	DB11/826	2011	城轨电动车司机安全操作规范	总体规范
2	TB 10623	2014	城际铁路设计规范	总体规范
3	GB/T 12817	2004	铁道客车通用技术条件	总体规范
4	GB/T 21562	2008	轨道交通可靠性、可用性、可维修性和安全性规范及示例	总体规范
5	GB/T 25341.2	2019	铁路旅客运输服务质量 第2部分:服务过程	总体规范
6	UIC 660	2002	Measures to ensure the technical compatibility of high-speed trains	总体规范
7	EN 50126	1999	Railway Applications. The Specification and Demonstration of Reliability, Availability, Maintainability and Safety (RAMS)	总体规范
8	GB/T 6769	2016	机车司机室布置规则	司机室空间
9	TB/T 3491	2017	电动车组司机室设计规范	司机室空间
10	TB/T 3139	2006	机车车辆内装材料及室内空气有害物质限量	内装材料及空气质量
11	GB/T 2961	1999	机车司机室座椅	司机室座椅
12	TB/T 3264	2011	动车司机座椅	司机室座椅
13	TB/T 2963	2013	牵引动力单元标记和图形符号	司机室空间
14	TB/T 3255	2011	机车司机操纵台设计要求	司机操纵台
15	TB/T 3472	2017	动车组司机操纵台布置	司机操纵台
16	TB/T 3051.1	2009	机车、动车用电笛 第1部分:电笛	司机室设备
17	TB/T 3051.2	2016	机车、动车用电笛 第2部分:风笛	司机室设备
18	TB/T 3262	2011	动车组司机室门	司机室设备
19	TB/T 3265	2011	机车用刮雨器	司机室设备
20	TB/T 3405	2015	动车组司机制动控制器	司机操纵台、司机室设备
21	TB/T 1451	2017	机车、动车组前窗玻璃	司机室设备
22	TB/T 34573	2017	轨道交通司机控制器	司机室设备
23	TB/T 3427	2015	机车用制动控制器	司机室设备
24	TB/T 3266	2011	机车车门通用技术条件	司机室设备

续表

编号	标准号	年份	标准名称	标准类别
25	GB/T 5914.2	2000	机车司机室前窗、侧窗和其他窗的配置	司机室设备
26	UIC 612-0	2009	Driver Machine Interfaces for EMU/DMU, Locomotives and Driving Coaches -. Functional and System Requirements associated with harmonized Driver Machine Interfaces	司机操纵台
27	GB/T 5914.1	2015	机车司机室第1部分:瞭望条件	司机室瞭望
28	GB/T 14775	1993	操纵器一般人类工效学要求	控制器
29	TB/T 1591	1985	内燃机车和内燃动车主要控制装置的布置、型式和操纵方向的规定	控制器
30	UIC 612-01	2009	ROLLING STOCK CONFIGURATIONS AND MAIN ACTIVATED FUNCTIONS FOR EMU/DMU, LOCOMOTIVES AND DRIVING COACHES	显示器
31	UIC 612-02	2009	Specific sub-system requirements (traction, braking, etc.) for EMU/DMU, locomotives and driving coaches	显示器
32	UIC 612-03	2011	Display System in Driver's Cab (DDS) Technical and Diagnostic Display	显示器
33	UIC 612-04	2012	Display System in Driver's Cabs (DDS) Train Radio Display (TRD)	显示器
34	UIC 612-05	2012	Display System in Driver's Cab (DDS) – Electronic Timetable Display	显示器
35	ISO 9355-1	1999	Ergonomic requirements for the design of displays and control actuators—Part 1: Human interactions with displays and control actuators	显控设计
36	ISO 9355-2	1999	Ergonomic requirements for the design of displays and control actuators—Part 2: Displays	显示器
37	ISO 9355-3	2006	Ergonomic requirements for the design of displays and control actuators Control actuators—Part 3: Control actuators	控制器

续表

编号	标准号	年份	标准名称	标准类别
38	UIC 566	1994	LOADINGS OF COACH BODIES AND THEIR COMPONENTS	控制器(客室)
39	GB/T 18368	2001	卧姿人体全身振动舒适性的评价	气密、振动
40	GB/T 13441.1	2007	机械振动与冲击 人体暴露于全身振动的评价 第1部分:一般要求	气密、振动
41	TB/T 1828	2004	铁道机车和动车组司机室人体全身振动限值和测量方法	气密、振动
42	GB/T 3450	2006	铁道机车和动车组噪声限值及测量方法	噪声
43	TB/T 2325.1	2013	机车、动车组前照灯、辅助照明灯和标志灯 第1部分:前照灯	照明
44	TB/T 2325.2	2013	机车、动车组前照灯、辅助照明灯和标志灯 第2部分:辅助照明灯和标志灯	照明
45	TB/T 2011	1987	机车司机室照明测量方法	照明
46	BS EN 14813-1	2006	Railway applications–Air conditioning for driving cabs –Part 1: Comfort parameters	空调、通风、卫生
47	TB/T 2917.1	2019	铁路客车及动车组照明 第1部分:通用要求	照明
48	TB/T 2917.2	2019	铁路客车及动车组照明:第2部分:车厢用灯	照明
49	TB/T 2141	1990	铁路旅客列车车内照明卫生要求	照明
50	TB/T 1955	2000	铁道客车采暖通风设计参数	空调、通风、卫生、电磁
51	GB/T 33193.1	2016	铁道车辆空调 第1部分:舒适度参数	空调、通风、卫生、电磁
52	GB/T 33193.2	2016	铁道车辆空调 第2部分:型式试验	空调、通风、卫生、电磁
53	GB/T 5599	2019	机车车辆动力学性能评定及试验鉴定规范	气密、振动
54	TB/T 3250	2010	动车组密封设计及试验规范	气密、振动
55	UIC 513	1994	铁路车辆内旅客振动舒适性评价准则	气密、振动

续表

编号	标准号	年份	标准名称	标准类别
56	ISO 2631-1	2010	Mechanical vibration and shock-Evaluation of human exposure to whole-body vibration - Part 1: General requirements-Amendment 1	气密、振动
57	GB/T 18883	2002	室内空气质量标准	内装材料及空气质量
58	GB 9673	1996	公共交通工具卫生标准	空调、通风、卫生、电磁
59	TB/T 2142	1990	铁路旅客列车车内照明照度测量方法	照明
60	EN 12299	1999	Railway applications - Ride comfort for passengers - Measurement and evaluation	气密、振动
61	UIC 553	2004	客车的加热、通风和空调系统	空调、通风、卫生、电磁
62	UIC 555	1978	客车电照明	
63	TB/T 3286	2011	铁道客车行李架和衣帽钩	照明
64	TB/T 3263	2011	动车组乘客座椅	乘客座椅
65	TB/T 3337	2013	铁道客车及动车组整体卫生间	客室设备（行李架、衣帽钩、卫生间、餐车、卧铺等）
66	TB/T 37333	2019	铁道客车及动车组无障碍设施通用设计	无障碍
67	TB/T 3417	2015	铁道客车及动车组翻板、脚蹬及扶手	客室设备（行李架、衣帽钩、卫生间、餐车、卧铺等）
68	TB/T 3454.1	2016	动车组车门 第1部分：客室侧门	客室设备（行李架、衣帽钩、卫生间、餐车、卧铺等）
69	TB/T 3454.2	2016	动车组车门 第2部分：内部门	客室设备（行李架、衣帽钩、卫生间、餐车、卧铺等）
70	TB/T 3455	2016	动车组侧窗	客室设备（行李架、衣帽钩、卫生间、餐车、卧铺等）

续表

编号	标准号	年份	标准名称	标准类别
71	TB/T 3108	2005	铁道客车塞拉门	客室设备(行李架、衣帽钩、卫生间、餐车、卧铺等)
72	TB/T 3338	2013	铁道客车及动车组集便装置	客室设备(行李架、衣帽钩、卫生间、餐车、卧铺等)
73	TB/T 3552	2019	铁路车辆卧铺	客室设备(行李架、衣帽钩、卫生间、餐车、卧铺等)
74	TB/T 3418	2015	餐车结构性能设计	客室设备(行李架、衣帽钩、卫生间、餐车、卧铺等)
75	TB/T 1796	1986	铁路餐车车内设备设计参数	客室设备(行李架、衣帽钩、卫生间、餐车、卧铺等)
76	GB/T 31015	2014	公共信息导向系统 基于无障碍需求的设计与设置原则	信息引导
77	GB/T 15566	2007	公共信息导向系统	信息引导
78	GB/T 10001.1	2012	公共信息图形符号 第1部分:通用符号	信息引导
79	UIC 176	2001	列车内电子显示旅客信息技术条件	信息引导
80	UIC 560	2002	车门通道车窗脚蹬扶手拉手	客室设备(行李架、衣帽钩、卫生间、餐车、卧铺等)
81	UIC 565-3	2003	适于运送坐轮椅的残疾旅客的客车布置说明	无障碍
82	UIC 565-1	2003	适于夜间国际客运车辆的特殊设计和设施功能	客室设备(行李架、衣帽钩、卫生间、餐车、卧铺等)
83	UIC 565-2	1979	国际联运餐车特殊舒适条件、结构特性及卫生规则	客室设备(行李架、衣帽钩、卫生间、餐车、卧铺等)
84	UIC 413	2000	方便铁路旅行的措施	信息引导
85	UIC 561	1991	客车通过台	客室设备(行李架、衣帽钩、卫生间、餐车、卧铺等)

续表

编号	标准号	年份	标准名称	标准类别
86	UIC 562	1990	行李架和衣钩	客室设备（行李架、衣帽钩、卫生间、餐车、卧铺等）
87	UIC 563	1990	客车卫生和清洁设备	客室设备（行李架、衣帽钩、卫生间、餐车、卧铺等）
88	TB 1813	1986	客车车门设计参数	客室设备（行李架、衣帽钩、卫生间、餐车、卧铺等）
89	GB/T 15706	2012	机械安全设计通则风险评估与风险减小	机械安全
90	GB 12265.3	1997	机械安全 避免人体各部位挤压的最小间距	机械安全
91	GB/T 6770	2000	机车司机室特殊安全规则	规则、装置
92	GB/T 18717.1	2002	用于机械安全的人类工效学设计 第1部分:全身进入机械的开口尺寸确定原则	机械安全
93	GB/T 18717.2	2002	用于机械安全的人类工效学设计 第2部分:人体局部进入机械的开口尺寸确定原则	机械安全
94	GB/T 18717.3	2002	用于机械安全的人类工效学设计 第3部分:人体测量数据	机械安全
95	GB 23821	2009	机械安全 防止上下肢触及危险区的安全距离	机械安全
96	GB/T 30574	2014	机械安全 安全防护的实施准则	机械安全
97	GB/2893.1	2013	图形符号安全色和安全标志第1部分:安全标志和安全标记的设计原则	机械安全
98	GB/2893.3	2010	图形符号安全色和安全标志第3部分:安全标志用图形符号设计原则	机械安全
99	TB/T 3333	2013	机车及动车组警惕装置应遵循的条件	规则、装置
100	TB/T 3414	2015	动车组应急照明	应急、防火
101	TB/T 3500	2018	动车组车体耐碰撞性要求与验证规范	耐碰撞性
102	TB/T 3237	2010	动车组用内装材料阻燃技术条件	应急、防火

附录 相关标准

续表

编号	标准号	年份	标准名称	标准类别
103	TB/T 2640	1995	铁道客车防火保护的结构设计	应急、防火
104	DIN 5510-1	1988	铁路机车车辆预防性防火 第1部分 防火等级、防火技术措施和证明	应急、防火
105	DIN 5510-4	1988	铁路机车车辆预防性防火 第4部分 车辆设计安全要求	应急、防火
106	GB 8702	2014	电磁环境控制限制值	空调、通风、卫生、电磁
107	UIC 564-2	1991	国际联运客车和类似客车防火、灭火的规定	应急、防火
108	36 CFR Part 1192	2012	AMERICANS WITH DISABILITIES ACT (ADA) ACCESSIBILITY GUIDELINES FOR TRANSPORTATION VEHICLES	无障碍
109	49 CFR Part 38	1997	AMERICANS WITH DISABILITIES ACT (ADA) ACCESSIBILITY SPECIFICATIONS FOR TRANSPORTATION VEHICLES	无障碍
110	49 CFR Part 223	2005	Safety glazing standards - locomotives passenger cars and cabooses	规则、装置
111	49 CFR part 229	2011	RAILROAD LOCOMOTIVE SAFETY STANDARDS	规则、装置
112	49 CFR Part 238	2006	PASSENGER EQUIPMENT SAFETY STANDARDS	规则、装置
113	49 CFR Part 239	2011	PASSENGER TRAIN EMERGENCY PREPAREDNESS	应急、防火
114	49 CFR 571.207	2016	Seating systems	座椅
115	49 CFR 571.208	2008	Occupant crash protection	座椅
116	ADA	2010	2010 ADA Standards for Accessible Design	无障碍
117	APTA PR-CS-S-006-98	1999	Standard for attachment strength of interior fittings for passenger railroad equipment	规则、装置
118	APTA PR-CS-S-011-99	1999	Standard for cab crew seating design and performance	司机室座椅、座椅
119	APTA PR-CS-S-016-99	2010	Standard for passenger seats in passenger rail cars	乘客座椅、座椅

续表

编号	标准号	年份	标准名称	标准类别
120	APTA PR-CS-S-034-99	2006	Standard for the design and construction of passenger railroads rolling stock	规则、装置
121	APTA PR-E-RP-012-99	2006	Recommended practice for normal lighting system design for passenger cars	照明
122	APTA PR-M-S-18-10	2011	Standard for powered exterior side door system design for new passenger cars	客室设备(行李架、衣帽钩、卫生间、餐车、卧铺等)
123	APTA PR-PS-S-001-98	1999	Standard for passenger railroad emergency communications	应急、防火
124	APTA PR-PS-S-002-98	2007	Standard for emergency signage for egress/access of passenger rail equipment	应急、防火
125	APTA PR-PS-S-003-98	1999	Standard for emergency evacuation units for passenger rail cars	应急、防火
126	APTA PR-PS-S-004-99	2007	Standard for low-location exit path marking	信息引导
127	APTA RP-PS-PR-005-00	2000	Recommended Practice for Fire Safety Analysis of Existing Passenger Rail Equipment	应急、防火
128	APTA RT-VIM-S-020-10	2017	Emergency lighting system design for rail transit vehicles	应急、防火、照明
129	APTA SS-E-013-99	2007	Standard for emergency lighting system design for passenger cars	应急、防火、照明
130	ATOC/EC/GN/004	2015	Guidance Note - ETCS Cab Human Factors Design Guidance	总体规范、司机室空间、司机操纵台、司机室设备、控制器
131	AV/ST9001	2002	Vehicle Interior Crashworthiness	规则、装置
132	BS 6841	1987	Measurement and evaluation of human exposure to whole-body mechanical vibration and repeated shock	气密、振动
133	BS EN 12299	2009	Railway applications-Ride comfort for passengers-Measurement and evaluation	气密、振动
134	BS EN 13272	2012	Railway applications - Electrical lighting for rolling stock in public transport systems	照明

续表

编号	标准号	年份	标准名称	标准类别
135	BS EN 14531-6	2009	Railway applications – Methods for calculation of stopping and slowing distances and immobilisation braking Part 6: Step by step calculations for train sets or single vehicles	机械安全
136	BS EN 14752	2015	Railway applications–Body side entrance systems for rolling stock	客室设备(行李架、衣帽钩、卫生间、餐车、卧铺等)、规则、装置
137	BS EN 15152	2007	Railway applications – Front windscreens for train cabs	司机室瞭望
138	BS EN 15153-1	2013	Railway applications–External visible and audible warning devices for trains Part 1: Head, marker and tail lamps	照明
139	BS EN 15227-2008+A1-2010	2008	Railway applications–Crashworthiness requirements for railway vehicle bodies	耐碰撞性
140	BS EN 50125-1	2014	RAILWAY APPLICATIONS – ENVIRONMENTAL CONDITIONS FOR EQUIPMENT – PART 1: ROLLING STOCK AND ON – BOARD EQUIPMENT	总体规范、规则、装置
141	BS ISO 2631-1	1997	Mechanical vibration and shock – Evaluation of human exposure to whole-body vibration Part 1: General Requirements	气密、振动
142	BS ISO 2631-4-2001+A1-2010	2001	Mechanical vibration and shock – Evaluation of human exposure to whole-body vibration Part 4: Guidelines for the evaluation of the effects of vibration and rotational motion on passenger and crew comfort in fixed-guideway transport systems	气密、振动
143	CIE 117	1998	Discomfort Glare in Interior Lighting	照明
144	CIE 146-147	2002	CIE Collection on Glare	照明
145	COMMISSION DECISION of 21 December 2007	2007	concerning the technical specification of interoperability relating to 'persons with reduced mobility' in the trans-European conventional and high – speed rail system	总体规范、无障碍

续表

编号	标准号	年份	标准名称	标准类别
146	COMMISSION REGULATION（EU）No 1300/2014	2014	On the technical specifications for interoperability relating to accessibility of the Union's rail system for persons with disabilities and persons with reduced mobility	总体规范、无障碍
147	COMMISSION REGULATION（EU）No 1302/2014	2014	Concerning a technical specification for interoperability relating to the 'rolling stock – locomotives and passenger rolling stock' subsystem of the rail system in the European Union	总体规范
148	DOT-FAA-AM-01-17	2001	Human Factors Design Guidelines for Multifunction Displays	显示器
149	DOT/FAA/CT-96/1	1996	HUMAN FACTORS DESIGN GUIDE – FOR ACQUISITION OF COMMERCIAL-OFF-THE-SHELF SUBSYSTEMS, NON-DEVELOPMENTAL ITEMS, AND DEVELOPMENTAL SYSTEMS	总体规范
150	DOT/FRA/ORD-98/03	1998	Human Factors Guidelines for Locomotive Cabs	司机室空间、司机室座椅、司机操纵台、司机室设备、显示器、控制器、显控设计、气密、振动、噪声、空调、通风、卫生
151	EN 1363-1	2012	Fire Resistance Test – Part 1: General Requirement	应急、防火
152	EN 12464-1	2002	Light and lighting–Lighting of work places Part 1: Indoor work places	照明
153	EN 13272	2012	Railway applications – electrical lighting for rolling stock in public transport systems	照明
154	EN 14752	2015	Railway applications–Body side entrance systems for rolling stock	客室设备（行李架、衣帽钩、卫生间、餐车、卧铺等）
155	EN 15153-1	2013	Railway applications – External visible and audible warning devices for trains – Part 1: Head, marker and tail lamps	照明

附录 相关标准

续表

编号	标准号	年份	标准名称	标准类别
156	EN 15227-2008 + A1-2010	2008	RAILWAY APPLICATIONS-CRASHWORTHINESS REQUIREMENTS FOR RAILWAY VEHICLE BODIES	耐碰撞性
157	EN 45545-2-2013+ A1:2015	2013	Railway applications-Fire protection of railway vehicles – Part 2: Requirement for fire behaviour of materials and components	应急、防火
158	EN 45545-4	2003	Railway applications-Fire protection of railway vehicles-Part 4: Fire safety requirements of railway rolling stock design	应急、防火
159	EN 45545-6	2013	Railway applications-Fire protection of railway vehicles-Part 6: Fire control and management systems	应急、防火
160	EN 50125-1	2014	RAILWAY APPLICATIONS – ENVIRONMENTAL CONDITIONS FOR EQUIPMENT – PART 1: ROLLING STOCK AND ON-BOARD EQUIPMENT	总体规范
161	GM/GN2687	2010	Guidance on Rail Vehicle Interior Structure and Secondary Structural Elements	规则、装置、座椅
162	GM/RC2531	2008	Recommendations for Rail Vehicle Emergency Lighting	应急、防火、照明
163	GM/RT2100	2012	Requirements for Rail Vehicle Structures	规则、装置、耐碰撞性、座椅
164	GM/RT2130	2013	Vehicle Fire, Safety and Evacuation	信息引导、应急、防火、照明
165	GM/RT2131	2015	Audibility and Visibility of Trains	规则、装置
166	GM/RT2161	1995	Requirements for Driving Cabs of Railway Vehicles	总体规范、司机室瞭望、显示器、控制器、显控设计
167	GO/OTS220	1993	Emergency Egress from Passenger Rolling Stock	应急、防火
168	ISO 2631-4	2010	Mechanical vibration and shock-Evaluation of human exposure to whole-body vibration-Part 4: Guidelines for the evaluation of the effects of vibration and rotational motion on passenger and crew comfort in fixed – guideway transport systems	气密、振动

507

续表

编号	标准号	年份	标准名称	标准类别
169	ISO 3864-1	2011	GRAPHICAL SYMBOLS—SAFETY COLOURS AND SAFETY SIGNS—PART 1: DESIGN PRINCIPLES FOR SAFETY SIGNS AND SAFETY MARKINGS	信息引导
170	ISO 3864-4	2011	GRAPHICAL SYMBOLS—SAFETY COLOURS AND SAFETY SIGNS—PART 4: COLORIMETRIC AND PHOTOMETRIC PROPERTIES OF SAFETY SIGN MATERIALS	信息引导
171	ISO 7000	2004	GRAPHICAL SYMBOLS FOR USE ON EQUIPMENT—INDEX AND SYNOPSIS	信息引导
172	ISO 7001	2007	GRAPHICAL SYMBOLS—PUBLIC INFORMATION SYMBOLS	信息引导
173	ISO 10326-2	2001	Mechanical vibration - Laboratory method for evaluating vehicle seat vibration-Part 2: Application to railway vehicles	座椅、气密、振动
174	ISO 13406-2	2001	Ergonomics requirements for work with visual display based on flat panels -Part 2: Ergonomics requirements for flat panel displays	显示器
175	ISO 15008	2017	Road vehicles — Ergonomic aspects of transport information and control systems — Specifications and test procedures for in-vehicle visual presentation	信息引导
176	ISO 7193	1085	Wheelchairs — Maximum overall dimensions	无障碍
177	ISO 19026	2015	Accessible design — Shape and colour of a flushing button and a call button, and their arrangement with a paper dispenser installed on the wall in public restroom	无障碍
178	ISO 19028	2016	Accessible design — Information contents, figuration and display methods of tactile guide maps	无障碍

附录 相关标准

续表

编号	标准号	年份	标准名称	标准类别
179	ISO 24502	2010	Ergonomics – Accessible design – Specification of age-related luminance contrast for coloured light	无障碍、照明
180	ISO 24504	2014	Ergonomics – Accessible design – Sound pressure levels of spoken announcements for products and public address systems	无障碍
181	ISO 24505	2016	Ergonomics – Accessible design – Method for creating colour combinations taking account of age-related changes in human colour vision	无障碍
182	ISO TR 22411	2008	Ergonomics data and guidelines for the application of ISO/IEC Guide 71 to products and services to address the needs of older persons and persons with disabilities	无障碍
183	ISO-IEC GUIDE 71	2014	Guide for addressing accessibility in standards	无障碍
184	ISO/TS 19706	2004	Guidelines for assessing the fire threat to people	应急、防火
185	MIL-STD-1472G	2012	Human Engineering	总体规范
186	PB027143	2019	Key Train Requirements Version 5.1	总体规范
187	PRIIA SPECIFICATION No.305-003	2011	Specification for PRIIA Single-Level Passenger Rail Car	总体规范
188	PD CEN/TS 16635	2014	Railway application. Design for PRM Use. Equipment and Components onboard Rolling Stock. Toilets	客室设备（行李架、衣帽钩、卫生间、餐车、卧铺等）
189	RIS-2747-RST	2017	Functioning and Control of Exterior Doors on Passenger Vehicles	客室设备（行李架、衣帽钩、卫生间、餐车、卧铺等）
190	SAE J1757-1	2007	Standard Metrology for Vehicular Displays	显示器
191	T HR RS 12001 ST	2014	Interior and Exterior Lighting for Passenger Rolling Stock	照明
192	UIC 567	2004	General provisions coaches	乘客座椅

续表

编号	标准号	年份	标准名称	标准类别
193	UIC 580	1990	Inscriptions and markings, route indicators and number plates to be affixed to coaching stock used in international traffic	信息引导
194	UIC 651	2002	Layout of driver's cabs in locomotives, railcars, multiple unit trains and driving trailers	总体规范、司机室空间、司机室座椅、司机操纵台、司机室设备、噪声、空调、通风、卫生
195	BS EN 16186-1	2014	Railway applications – Driver's cab Part 1: Anthropometric data and visibility	司机室瞭望
196	BS EN 16186-2	2017	Railway applications – Driver's cab Part 2: Integration of displays, controls and indicators	司机操纵台、显示器、控制器
197	BS EN 16186-3	2016	Railway applications – Driver's cab Part 3: Design of displays	显示器
198	BS EN 16186-4	2019	Railway applications – Driver's cab Part 4: Layout and access	司机室空间、司机室座椅、司机室设备、应急、防火
199	BS EN 16186-5	2021	Railway applications – Driver's cab Part 5: External visibility for tram vehicles	司机室瞭望
200	BS EN 16186-8	2022	Railway applications – Driver's cab Part 8: Tram vehicle layout and access	司机室空间、司机室座椅、司机室设备、应急、防火

内 容 简 介

人因设计就是将人因学要素、人因工程原则与方法融于系统/产品设计的过程。高速铁路由于其速度快、客运量大、耐候性好、能耗污染低,已经成为了未来铁路、客运发展的必然趋势。动车组列车作为高速铁路重要的客运载体,为了应对日益激烈的航空、公路运输市场的竞争,对车辆的安全性和舒适性提出了更高的要求。本书主要结合我国动车组列车的工程实践,从驾驶界面和乘客界面两个维度对动车组行车显控界面适配性、客室设施及空间的无障碍性、旅客乘降及应急疏散影响因素以及光、热环境与行车安全等若干关键人因设计问题进行了探讨,重点阐述了人因工程学理论在工程实践中应用的技术和方法,为重大装备研发和设计中如何有效应用人因工程学理论和方法提供了一种有益的尝试。

本书适合轨道车辆研发人员、设计人员阅读,也可以供其他从事车辆、航空、船舶等复杂系统人因工程设计领域的相关专业人员,以及高等院校车辆工程、工业工程或工业设计专业师生参考。

About This Book

Ergonomic design is the process of integrating ergonomic elements, principles and methods into system/product design. The growing popularization of high-speed trains has become an inevitable trend in the development of railways and passenger transportation due to their high speed, large passenger volume, excellent weatherability, low energy consumption, and low pollution. As an important passenger transport carrier for high - speed railways, EMU trains have set higher requirements for the safety and comfort of vehicles to cope with the increasingly fierce competition with the aviation and road transport market shares. Based on the engineering practice of EMU trains in China, this book explores several key ergonomic design problems from two dimensions—the driving interface and the passenger interface, such as the adaptability of EMU driving display and control interface, accessibility of passenger compartment facilities and space, passenger boarding and landing and emergency evacuation factors, as well as light, thermal environment, and traffic safety. It focuses on the application technology and method of ergonomic theory in engineering practice, providing a helpful attempt for the effective application of ergonomic theory and method in the research, development, and design of major equipments.

This book is instructive for R&D personnel and designers of rail vehicles. It can also be used as a reference book for other professional staff engaged in ergonomic design of complex systems such as vehicles, aircrafts and ships, as well as teachers and students majoring in vehicle/ industrial engineering/design in colleges and universities.

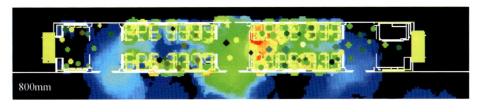

图 3-54　门宽 800mm 时的累积高密度图

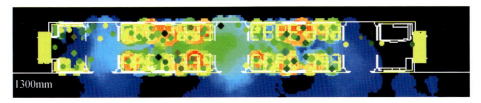

图 3-55　门宽 1300mm 时的累积高密度图

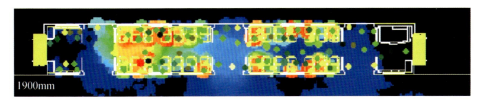

图 3-56　门宽 1900mm 时的累积高密度图

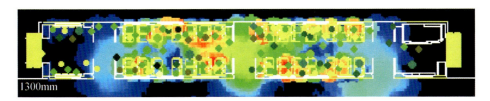

图 3-57　门厅宽 1300mm 时的累积高密度图

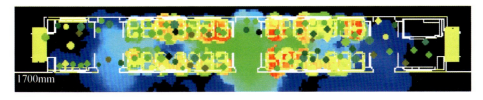

图 3-58　门厅宽 1700mm 时的累积高密度图

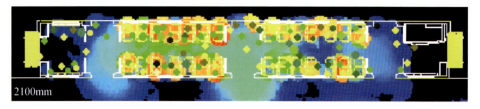

图 3-59　门厅宽 2100mm 时的累积高密度图

图 3-60　通道宽 450mm 时的累积高密度图

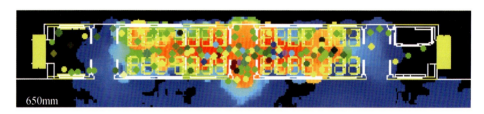

图 3-61　通道宽 650mm 时的累积高密度图

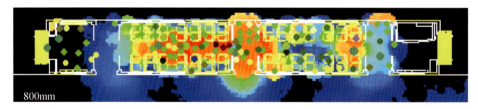

图 3-62　通道宽 800mm 时的累积高密度图

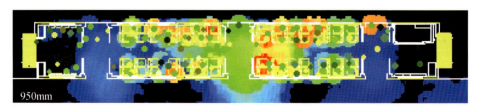

图 3-63　通道宽 950mm 时的累积高密度图

彩二

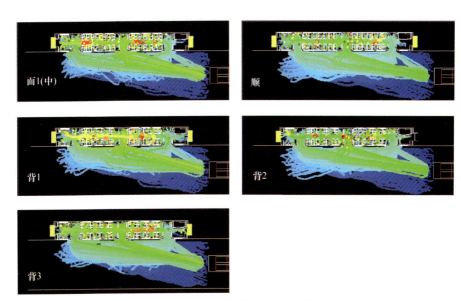

图 3-64　5 种布局方案疏散图

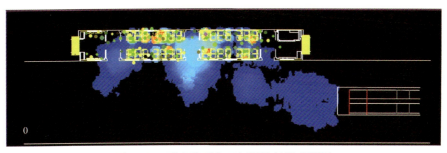

图 3-65　垂直扶手位于门框处场景疏散图

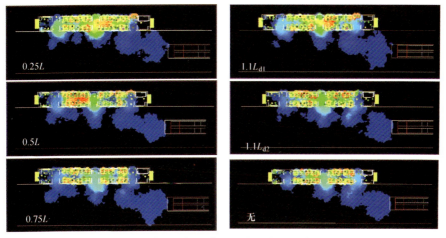

图 3-66　车厢内部垂直扶手位置布置方案疏散图

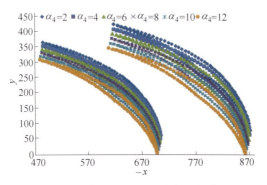

图 4-3 保证 90%的人能舒适操作

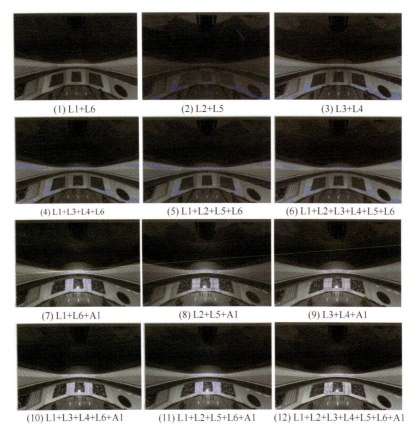

图 5-12 乘务员视野内眩光源判定结果

图 5-73 客室眩光测量点的平面示意图